经略海洋

（2020）

——健康海洋专辑

李乃胜　主编

海洋出版社

2020年·北京

图书在版编目（CIP）数据

经略海洋.2020/李乃胜主编. -- 北京：海洋出版社，2020.11

ISBN 978-7-5210-0666-7

Ⅰ.①经… Ⅱ.①李… Ⅲ.①海洋经济-经济发展-中国②海洋开发-科学技术-中国 Ⅳ.①P74

中国版本图书馆CIP数据核字（2020）第206154号

策划编辑：方 菁
责任编辑：鹿 源
责任印制：赵麟苏

海洋出版社 出版发行

http://www.oceanpress.com.cn
北京市海淀区大慧寺路8号 邮编：100081
北京朝阳印刷厂有限责任公司印刷 新华书店北京发行所经销
2020年11月第1版 2020年11月第1次印刷
开本：787mm×1092mm 1/16 印张：20.25
字数：420千字 定价：128.00元
发行部：62132549 邮购部：68038093

《经略海洋》（2020）编委会

前　言

当时光进入了公元2020年，一种不起眼的小小微生物居然在全球范围内掀起了史无前例的轩然大波，一场突如其来的疫情使全世界200多个国家几乎无一幸免，迫使整个人类社会不得不重新审视业已习惯的生活方式，甚至不得不重新思考现行的社会制度！这个小小的微生物就是新型冠状病毒！

尽管生物技术早已进入“分子”时代，各类超高倍电子显微镜多如牛毛，但人类对病毒的认知程度还非常肤浅。这一场抗击病毒的战役迄今还在如火如荼地进行中，何时结束尚无定论，但胜负已见分晓。70亿人对付一种小小的病毒几乎束手无策！因为这是一场“蚂蚁与大象”的战争！迄今全球感染人数已超过1 000万，每天还以数万量级的速度增加着。全世界成千上万的科学家和医学工作者殚精竭虑、夜以继日，但仍然不得不每天看着成千上万人被病毒夺去了鲜活的生命。

那么病毒是何方“神圣”？确切地说，病毒是一类最原始、最简单、最微小的“非细胞形态”“半生命状态”的微生物。其古老原始的历史和身体结构的简单超出了人们的想象，其生存状态飘忽不定，一会儿是生命，一会儿是“死物”，而且死物又能迅速复活，的确让科学家“找不着北”。

那么病毒藏身何处？确切地说，源于海洋，存于自然，几乎是无处不在，无时不在。病毒一方面对人类健康造成巨大威胁；另一方面又是自然界，甚至人体内不可或缺的特殊微生态系统。病毒是生命起源的界限，是基因传递的使者，是生态环境的桥梁，是各类细菌的杀手。人类抗击病毒首先是靠彻底“防控”；其次是靠有效的“疫苗”；最终是靠提高免疫力。而海洋盐卤可能是从“元素平衡”的机理出发、从根本上提升人体免疫功能的关键。

由此可见，病毒与海洋脱不了干系！海洋在全球范围内调控生态、滋养生命、影响经济、孕育文明。纵观林林总总的海洋生物，与陆地生物相比，无不表现出很强的抑菌抗毒特性。海洋植物，以大型藻类为代表，显示出天然阻燃、天然杀菌抗毒、天然放射性屏蔽。海洋动物，不管是掠食性的还是滤食性的，不管是底栖的还是游泳的，几乎没发现过因病毒传播而造成的全球性“疫情”，甚至“癌症”患者也远远低于陆地动物。这一切，不得不考虑盐卤的作用。

综上所述，不难看出一条隐形的盐卤链条紧紧地链接着海洋与健康。病毒与海洋密切相关，海洋与健康密切相关。归根结底海洋科技服务人类健康，既是经略海洋的重要选择，也是海洋科技的重要体现。

21世纪是人类崇尚健康的时代，也是健康产业大发展的时代。“小康不小康，关键看健康”，中华民族在实现伟大复兴的征途上，更加注重国民健康，正在打造“健康中国”。而健康海洋就是“健康中国”的重要基础。

海洋是人类环境的最后一块“净土”；广袤的海洋能为人类提供优质蛋白；海洋是未来人类最重要的“蓝色药库”。因此依靠海洋来保障人类健康是未来的必然选择。健康不健康，关键在海洋。只有海洋自身健康，才能有效地服务人类健康；也只有人类有效地呵护海洋，才能真正保障海洋的健康。

世界上的海洋是联通的，海水是流动的，全人类拥有同一片海洋。海洋是人类命运共同体的依托和支撑。只有全人类共同努力，实现真正意义上的人海和谐，才能真正维护海洋的健康。也只有健康海洋，才能真正把不尽的资源和空间奉献给当今人类，才能真正促进人类健康。

然而，海洋在无私奉献的同时也面临着严重的威胁，由于人类活动和全球气候变化的双重影响，海洋环境恶化、渔业资源枯竭、滨海湿地退化、海洋灾害频发等问题日趋严重。因此实现人海和谐，打造“健康海洋”，已成为当前经略海洋亟须关注的重要命题，也是全人类面临的可持续发展的共性问题。

为此，中国科学院适时启动了“近海与海岸带环境综合治理及生态调控技术和示范”研究项目，旨在瞄准国家海洋战略需求，突出我国“海情”和“国情”特色，为建设“健康中国”做出海洋科技应有的贡献。在项目资助下，本课题组邀请相关专家、学者潜心研究、撰文立论，形成了本专辑的初稿。期间，中侨联特聘专家海洋委员会、青岛市侨联、自然资源部第一海洋研究所、中国科学院海洋研究所等单位给予了大力支持，在此谨致谢忱！

经略海洋是一个深奥的命题，也是一项前所未有的伟大事业，本书作者们尽管倾其所学、通宵达旦，在疫情肆虐的严峻形势下，夜以继日地完成了初稿，但相对于经略海洋的伟大事业来说充其量勉强算作“一叶扁舟”，而且自知才疏学浅，难免差错百出，故恳请业内同道批评见谅！但几十位同仁之所以如此呕心沥血、孜孜以求，就是希望通过这本名不见经传的“小册子”，能够为建设“健康海洋”发挥丁点作用！

李乃胜

2020年初秋于青岛崂山

目　次

第一编　保护海洋　守护未来

第二编 科学治理 绿色发展

第一编　保护海洋　守护未来

海洋对人类社会生存和发展具有重要意义，海洋孕育了生命、联通了世界、促进了发展。作为生命的摇篮，海洋是提供人类健康食品的重要基地，是维护人类健康的医药宝库，是高质量发展的战略要地。因此，要全力遏制海洋生态环境不断恶化趋势，要像保护眼睛一样保护海洋生态环境。

直面健康海洋之问题一

——近海浒苔、水母、海星等生态灾害频发及其与生源要素的关系

宋金明[1,2,3,4]，温丽联

（1. 中国科学院 海洋生态与环境科学重点实验室 中国科学院海洋研究所，青岛 266071；2. 青岛海洋科学与技术试点国家实验室 海洋生态与环境科学功能实验室，青岛 266237；3. 中国科学院大学，北京 100049；4. 中国科学院海洋大科学研究中心，青岛 266071）

摘要：本文比较系统地总结了近年来近海海域时常发生的浒苔、水母、海星等新型生态灾害的基本状况，生态灾害的危害以及这些生态灾害与海水生源要素的关系，从而为科学治理生态灾害、持续利用海洋资源环境、建设健康海洋提供科学基础。浒苔在适宜的环境条件下，有更强的营养生长和对营养盐的吸收，特别是对无机氮的吸收能力、能更长地耐受不良环境条件，可以快速吸收并大量储存氮，这可能是浒苔暴发性生长形成绿潮的主要原因。水母暴发的关键环节是在适宜的海水环境条件，特别是在适宜的水温下，附着于海底部的附着物的水螅体，横裂形成碟状幼体释放到水体中，幼体水母迅速生长，形成水母生态灾害，而水母消亡使水体中营养盐浓度迅速增加，pH下降、溶解氧降低、富营养化程度降低，水体出现显著的富营养化–酸化–低氧/缺氧环境效应，又二次造成水体环境的恶化。海星在适宜的条件下暴发对池塘养殖特别是鲍鱼等高经济养殖品种造成巨大影响，甚至绝产，已成为一种新型海洋生态灾害。文末对建设健康海洋体系，防控近海生态灾害的策略进行了探讨。

关键词：浒苔；水母；海星；海洋生态灾害；生源要素；近海

本文观点：近海生态灾害的发生暴发消亡可能是社会经济发展到特定阶段的“必然产物”，海洋过程与人为影响的耦合关系十分复杂，其复杂程度远远超过人们的想象。

近年来，人为活动的加剧导致近海环境恶化，低氧、酸化以及生态灾害频发，使人类赖以生存的海洋命运共同体面临前所未有的威胁和影响（宋金明等，2016；2019；Song and Duan，2018a；2018b），保护海洋尽可能少受人类活动的影响，揭示海洋生态灾害发生消亡机制，研发有效治理技术，是全社会义不容辞的责任和义务。近年来，近海生态灾害的日趋频发，造成的危害也非常严重，其发生暴发消亡可能是社会经济发展到特定阶段的“必然产物”，但这并不说明研究探明近海生态灾害的发生消亡过程和机制，研发预防和减缓生态灾害技术不重要，恰恰说明海洋过程与人为影响的耦合关系十分复杂，远远超过人们的想象。

本文分析总结了近年来近海时常发生的浒苔、水母、海星等生态灾害的基本状况，生态灾害的危害以及这些生态灾害与海水生源要素的关系，以期为揭示它们发生消亡的机制，探明发生消亡与海水生源要素的关系，研发治理和预测生态灾害的有效技术奠定基础。

1　浒苔与生源要素

1.1　浒苔及其危害

作为人们熟知的绿潮是指由于大型绿藻过度增殖和生长而引起的一种海洋生态灾害现象，通常发生于河口、潟湖、内湾和城市密集的海岸区域，在许多国家的沿海都有报道（Soto et al.，2018），近年来绿潮的发生频率、影响规模和地理范围均呈明显的上升趋势，已经成为一个世界性的生态灾害（宋金明等，2020）。自2007年以来的十几年来，黄海几乎每年发生程度和范围不等的大规模浒苔就是一种典型绿潮（Liu et al.，2016）。

从生物形态上来看，浒苔藻体暗绿色或亮绿色，管状，有明显的主枝且高度分枝。分枝的直径小于主干，基部细胞根状化。从表面观察，叶绿体充满整个细胞，细胞表面呈暗绿色，中部和顶部细胞呈有圆角的不规则的多边形、矩形和正方形，纵向不明显或不纵列，但在幼体部分细胞呈矩形，摆列整齐，纵列。每个细胞通常含有一个蛋白核，体厚15~20胞呈，切面观细胞在单层藻体的中央（Liu et al.，2015）。

浒苔的生活史包括4个主要阶段：①配子囊的成熟及配子放散　在4—5月，藻体细胞发育成配子囊。配子囊的形成大多是从藻体顶端部分的细胞开始胞质分裂，形成众多堆积在一起细小的颗粒状配子。在配子囊成熟前，配子是不活跃的；随着配子囊的成熟，细小的颗粒状配子也逐渐发育成熟，并开始活跃。最初是少数配子在配子囊内旋转运动，最后大多数配子一起在配子囊内快速运动，然后配子持续不断地从配子囊中放散出去。一般经过暗处理过的成熟叶状体放在光照下即会有大量的配子集中释放，放散出来的配子呈长梨形，绿色的色素体占据配子后部，配子前端透明，一般有一个橘红色的眼点、一个蛋白核。顶生的两根鞭毛在左右两侧快速划动，从而导致配子快速运动，雌配子相对较大（叶乃好等，2008）。②无性生殖　单株藻体培养过程中，放散出去的配子比配子囊内未成熟的颗粒状配子大，根据放散的游动细胞的鞭毛数，可以确定其为该藻的配子体。当配子经过长时间的游动后，活动能力下降，配子原地不断地旋转，然后鞭毛渐渐消失，固着后呈球状单细胞体。此阶段可见细胞壁的形成，配子固着后开始萌发生长。细胞具有极性，一端发育成叶状体部分；另一端发育成假根部分，假根伸长成管状，可见色素体在其内流动；细胞继续分裂，依次发育成2~4细胞期藻丝体。此阶段假根部分继续伸长，但色素体含量少，透明，中间也不形成隔阂，仍为单个细胞。大量聚集的众多配子固着后萌发生长，聚集成簇，此阶段的小苗色素体不充满。小苗长到10 d左右就可看到大量的分支。并不是所有配子都会从配子囊中放散出去，有些配子囊中的最后一个或几个配子会直接在配子囊中萌发生长形成新的藻体，新的藻体可以脱离原来藻体单独发育，也可以聚集成簇，附着在已死去的发白的老藻体上（蔡永超等，2013）。③有性生殖　雌雄配子都具有很高的正趋光性，这种趋光性用肉眼就可清晰地辨别，在靠近荧光灯处培养皿壁上有一层颜色发绿的东西，镜检是大量的配子聚集，而另一端几乎看不到。这种趋光性非常有利于雌雄配子接合。雌雄配子接合时头部最先融合，头部融合后很短的时间内逐渐变圆，鞭毛消失，并附着。雌雄配子接合后，合子呈负趋光性，这就有利于它的附着。④孢子囊的成熟及孢子放散和发育　孢子囊与配子囊从外观上看不出区别。随着孢子囊的成熟，细小的颗粒状游孢子也逐渐发育成熟，并开始活跃，可看到少数游孢子在孢子囊内旋转运动，在光的刺激下大量的游孢子持续不断地从孢子囊中放散出去，孢子囊表面可看到圆形的散孔。放散出来的孢子也呈梨形，与配子不同之处在于其个体稍大且具有负趋光性和有4根鞭毛。几十分钟后游孢子的运动开始变得缓慢，逐渐变成球形，鞭毛消失，并附着在基质上。其后的生长发育与配子、合子的发育情况相同。

浒苔的生活史有两种不同类型：一是成熟的配子体放散顶生的两鞭毛雌雄配子，通过异配生殖形成的合子发育成孢子体，成熟后放散的四鞭毛游孢子发育成配子体，其生活史为同型世代交替；二是雌雄配子不通过接合，直接可进行单性生殖发育成配子体，甚至不放散出来直接附着在老藻体上生长，以此来完成生活史的循环（Zhou，2015）。

黄海发生的浒苔可长达1.5~2.0 m，藻体为丝状、管状、扁管状，主枝明显、单层细胞且中空，分枝细长且密集，细胞大小为（10~16）μm×（14~32）μm，每个细胞一般只有一个淀粉核。浒苔的繁殖方式包括有性生殖、无性生殖和营养繁殖等，繁殖能力强，在生活史周期中的任何一个中间形态都可以单独发育为成熟藻体。绿潮浒苔成熟藻体依据倍性的差异可以释放孢子或配子，孢子或配子或由配子结合形成的合子附着后进行分裂，第一次分裂形成基部和顶端 2 个细胞，基部细胞发育形成假根，顶端细胞发育形成新藻体。刚释放出的孢子具有聚集生长的趋势。同时海水中和潮间带底泥中含有大量的浒苔微观（或显微阶段）繁殖体，这些微观繁殖体包括浒苔孢子、配子、合子以及其发育不同程度的个体，它们和浒苔藻体都具有较强的抗胁迫能力（耿慧霞，2017）。在适宜的环境条件下，浒苔在与其他绿藻竞争营养盐和生存空间的过程中占据优势，表现出更强的营养生长和营养盐吸收能力，更长的耐受不良环境条件的能力。在营养盐适宜的水域中呈暴发性生长，海面聚集漂浮的浒苔日生长速率可达 10%~37%，其生物量急剧增加形成绿潮（Zhang et al.，2020）。

浒苔迅速生长繁殖导致浒苔生态灾害暴发，其标志是快速形成覆盖海面漂浮的“藻席”，“藻席”的出现是绿潮生物量形成的关键。从不同的浒苔生长阶段分析，浒苔孢子囊形成是对富营养化背景下海水溶解无机氮（DIN）中硝态氮高占比的响应，一氧化氮分子在对浒苔营养细胞向孢子囊的转化中起重要作用，浒苔细胞对逆境因子具有与常规状态下不同的响应途径与机制。浒苔的暴发源于人为或自然因素使固着浒苔处于漂浮状态，形成小规模“藻席”，富营养化背景下海水 DIN 中硝态氮占比的升高赋予了浒苔巨大的繁殖潜能（图 1），漂浮过程溶解无机碳（DIC）“充裕”和“不足”两个阶段的交替以及食藻动物啃食产生的藻片段使孢子囊形成比例大幅提升，孢子原位萌发等使释放的孢子在“藻席”中获得了附着基，个体数目随指数增长，伴随漂浮浒苔的高生长速率，啃食动物在浒苔生物量消长过程中发挥重要作用，在漂浮“藻席”系统中扮演着“生态引擎”的功能（图 2），“藻席”规模不断扩大，短时间内形成巨大生物量。

自 2007 年以来，浒苔绿潮在黄海海域连年暴发，对黄海及邻近海域的生态环境造成重大危害。目前关于黄海绿潮的起源地及发生原因，有多种观点。一种观点认为，漂浮绿藻来源于江苏沿海紫菜养殖筏架；一种观点认为漂浮藻体来源于水体中的微观繁殖体，并且沿岸海水池塘具有重要作用；也有观点认为漂浮藻可能存在多种来源。近几年的研究表明，黄海浒苔绿潮的发生时间、漂移路径和输运特征存在明显差异，这些差异使绿潮引发的次生环境效应和经济损失大不相同（于仁成等，2018）。2007 年 7 月中旬青岛海域漂来大量浒苔，经过近 20 d 的打捞，打捞浒苔 6 900 t。2008 年 5 月底浒苔绿潮又在黄海中部暴发，在持续东南风作用下向青岛近海漂移。在漂移过程中，浒苔的快速生长与繁殖导致短时间内就发展成为影响海域面积超过 2 万 km^2，覆

图 1　海水中无机氮和无机碳在“藻席”形成过程中有重要作用

资料来源：王广策等，2020

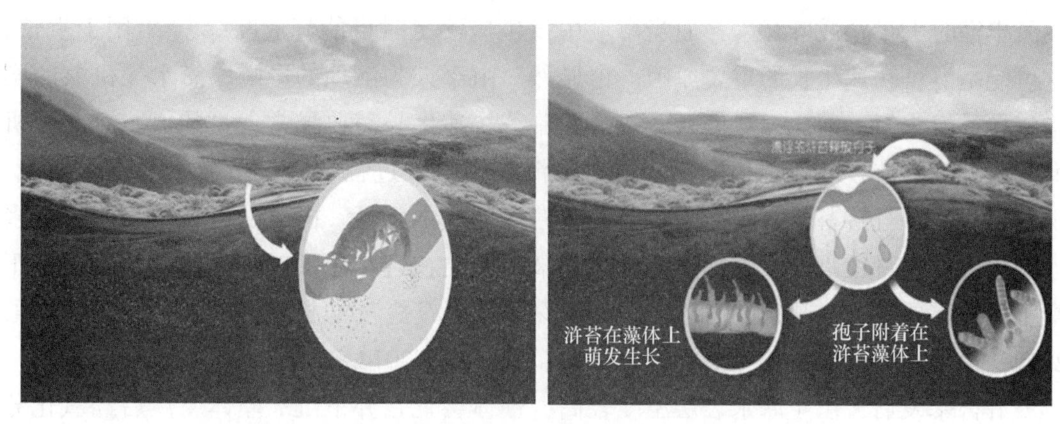

图 2　“藻席”形成过程中啃食动物的“破碎”（左）

和浒苔孢子的附着形成多倍“生长点”（右）所起作用巨大

资料来源：王广策等，2020

盖海域面积超过 400 km^2的绿潮，浒苔总生物量估计约百万吨，仅青岛近海就打捞 80 万 t（宋金明等，2020）。

绿潮等大型藻类有害藻华会对海洋生态系统产生诸如使水体和底质中溶氧降低的有害影响，导致无脊椎动物和鱼类死亡，改变海洋生态系统的群落结构，大量绿潮海藻生物量的堆积严重破坏了沿海的水产养殖业，2008 年的黄海浒苔造成了山东乳山、海阳、胶南和日照等地区海参鲍鱼围堰养殖、扇贝筏式养殖和滩涂贝类养殖等产业的重大经济损失，浒苔在青岛和乳山等城市沿海的大量聚积，严重影响海岸景观，同时腐败后产生的恶臭气味进一步造成了海岸环境的污染（乔方利等，2008）。

1.2 浒苔与生源要素的关系

浒苔更适合当今近海海水“高氮低磷”的环境中，其生长能力极强，与浒苔超强的营养盐吸收能力密切相关。浒苔可以高效利用水体中的营养物质，有很强的储存和积累营养物质的能力。浒苔和缘管浒苔在从水体中吸收和储存氮源（硝酸根和铵根）的过程中，浒苔比缘管浒苔明显具有竞争优势。这种差异直接通过生长速度表现出来，也是其竞争能力强弱的直接体现，在富营养化的海区环境中浒苔往往能成为优势种。黄海浒苔暴发的原因至今并不清楚，但与农业、养殖业造成的江苏近海海水富营养化、紫菜养殖收获时将浒苔碎片弃入近海、春夏季水温变化、合适的光照和增殖海域水动力交换缓慢导致局部种群密度增大、淡水的注入使盐度和 pH 降低等众多的因素有关肯定无疑。大量的研究已证实，浒苔在磷酸盐含量适中时，高浓度的 DIN 更能促进浒苔的生长。浒苔可以快速吸收并大量储存氮，这可能是浒苔成为优势种的原因。浒苔在氮丰富时大量合成叶绿素，而当海域中氮供应不足时可能释放叶绿素 N 用于生长，这可能是浒苔快速生长的重要原因。很显然，由于人为活动的影响，海水无机氮的剧增，导致海水氮、磷比异常偏高，契合了浒苔快速生长需要异常大量的氮，海水无机氮的高浓度为浒苔暴发提供了物质基础。浒苔在生长过程中会大量吸收水体中的氮、磷营养盐，并且浒苔具有快速吸收并储备营养物质的特性。国外的研究也表明，很多大型海藻会过量地吸收营养盐，并储存起来，以便在营养盐供应匮乏的条件下维持正常生长的需要，这与珊瑚的虫黄藻“奢侈消费营养盐”的机制相类似（宋金明等，2019；2020；Song，2010；Li et al.，2019；丁月旻，2014；杜锦，2014）。

浒苔暴发后，由于海水表层温度较高，藻体会死亡并下沉。藻体腐烂后经氧化分解，会向海水中释放营养盐物质，对当地的生态环境造成影响。沉水植物衰亡过程中营养盐的释放规律表明，沉水植物腐解过程会释放大量的氮磷，较大生物残留量会引起水体缺氧，水质严重恶化。并且，腐解过程中也存在氨氮的释放过程，水中氨含量增加，会抑制鱼体内氨的排泄，使血液和组织中氨的浓度升高，进而对机体产生一系列毒性作用。氨能够对海水中生物，特别是鱼类有明显毒害作用，可以麻痹动物神经，并使其呼吸、循环等系统功能降低。即使氨浓度很低，也会抑制鱼类生长，损害鳃组织，加重鱼病，对养殖生产有负面影响。氨氮也会抑制虾类各期幼体的生长，并因毒性的累积而导致其死亡。虽然，水生植物会优先吸收利用氨氮，但高浓度的氨氮也会对水生植物产生毒害作用。模拟培养实验发现，在浒苔衰亡过程中，到第 12 d 时，漂浮浒苔向水体中释放无机氮、磷含量平均值分别为 387.18 mg/kg 和 30.07 mg/kg，这异常大量的营养盐造成海水的急剧富营养化，海洋生态环境受到巨大影响（Liu et al.，2016）。

2　水母与生源要素

2.1　水母暴发及其成因

水母属于肠腔动物，作为胶质浮游动物的一大类群，包括刺胞动物门（Cnidaria）的水螅水母（*Hydromedusae*）、管水母（*Siphonophore*）、钵水母（*Scyphomedusae*）、立方水母（*Cubomedusae*）以及栉水母门（Ctenophora）的栉水母（*Ctenophore*）五大类。目前，全球已鉴定出大约 840 种水螅水母、200 种管水母、190 种钵水母、20 种立方水母以及 150 种栉水母。我国近海已经记录的水母有 420 余种，约占全球已记录种类的 1/3。由于水母种类多、数量大、分布广，因此它们在浮游动物群落中占有相当重要的地位（宋金明，2017）。

水母的生活史为雄性水母排出精子与卵子形成受精卵，再由雌性水母排出受精卵于水中，受精卵在一定温度和时间内形成浮浪幼虫，浮浪幼虫可通过固着和浮游两种状态发育成螅状体，螅状体在生长过程中再进行足囊繁殖和横裂生殖，其中足囊繁殖会产生新的螅状体，重复进行，横裂生殖形成碟状体，碟状体最后生长成水母（谢丛波，2017）。

水母暴发是指水母在特定季节、特定海域内数量剧增的现象。水母暴发原本是一种自然现象，水母生长具有季节性的特点，即使在未受干扰的情况下也可能发生暴发。但是在过去几十年中，由于人类活动的影响，海洋生态系统正发生着变化，一些海域出现了前所未有的水母暴发现象，已在国际上引起了广泛的关注。东海近年来也出现了大型水母类暴发现象，并有逐年加重的趋势，水母暴发已成为一种重要的海洋生态灾害。

近年来，由于全球环境的变化和人为活动的影响，诸如赤潮、绿潮、水母暴发和海星暴发等海洋生态灾害频发，给近海资源环境带来灭绝性危害，其中的水母暴发对海洋渔业资源及生态环境影响巨大，当海洋里的水母发疯似的增加，水母就变得不再美丽温柔，水母暴发就成为严重的海洋生态灾害（孙松，2012）。

水母生长本是具有季节性的，但在特定季节、特定海域内短时间内数量剧增就会带来很大的生态环境问题。从 21 世纪始，原来约 40 年一次的水母大暴发，目前变成几乎年年在世界各地发生，全球至少有近 20 处海域常发生水母大暴发，包括黑海、地中海、夏威夷沿岸、墨西哥湾、日本海、黄海和东海等，每当哪个海域水母大暴发，那里的海里和海滩上到处都是水母，对当地的渔业、旅游业、沿海电厂和核电站的安全构成了极大威胁（张芳等，2017）。

目前的研究表明，水母暴发的关键环节是在适宜的海水环境条件下，附着于海底部的附着物的水螅体，横裂形成碟状幼体释放到水体中，幼体水母迅速生长，形成水母生态灾害，即在附着的水螅体形成可游历于水中的水母幼体是水母暴发的生物学关键，合适的水温环境条件是其暴发的关键因素（宋金明等，2019；Song，2010）。

水母的暴发与富营养化和有害赤潮暴发存在密切关系，水体富营养化将改变水母的食物数量和食物种类。水体富营养化引发藻华的发生，特别是生态系统发生变化后，藻华发生从以硅藻为主的藻华过渡为以甲藻为主的藻华。在以甲藻为主的生态系统中，甲壳类的浮游动物（如磷虾和桡足类）会急剧减少，微型浮游动物会占据主导地位，由于甲壳类浮游动物的减少，会导致鱼类数量的减少，特别是以浮游动物为饵料的浮游食性上层鱼类，如沙丁鱼和鳀鱼的减少，水体中的次级生产力的表现形式主要为小型和微型浮游动物，这些生态系统的变化为水母的暴发提供了足够的物质基础。另外，水体富营养化的形成会减小光的通透性，这样浑浊的环境可能不利于用视觉捕食的鱼类而有利于无视觉捕食的水母类，所以在与其他类群的浮游动物竞争中，水母也会成为优胜者。一旦以鱼类为主的生态系统转变为以水母为主的生态系统，水母会通过食物竞争和对鱼卵、鱼类幼体的摄食使鱼类的数量减少，甚至发展不起来，导致海洋生态系统的性质发生根本改变，而且这种转变很难发生逆向转化（曲长凤等，2014；2015；2016；李建生等，2015）。

近20多年来，海洋中的胶质类生物（水母、被囊类等）明显增多，特别是水母类生物在世界许多海域出现的种群暴发现象，如自20世纪90年代中后期起，东海北部及黄海海域发生大型水母连年暴发的现象。水母是海洋生态系统中的重要组成部分，主要食物是海洋中的浮游动物，与鱼类等生物进行饵料竞争，也会摄食鱼类的卵和幼体，水母的数量增多将对海洋生态系统的结构与功能产生重要的影响，对渔业资源造成破坏，使渔业资源长期得不到恢复。水母的暴发导致一系列的经济和社会问题，被认为是一种非常严重的、因海洋动物的暴发而形成的生态灾害。水母在近海，特别是近岸的暴发引起社会和媒体的极大关注，一些核电站由于水母的暴发导致海水冷却系统堵塞而停止运转。仅2011年就发生了日本、以色列和苏格兰的核电站由于水母的暴发导致停止运行的事件，而这样的事件在近几年不断发生。因为很多水母带有刺细胞，可对人体造成伤害，甚至经常发生游客被水母蜇死的事件，因此水母暴发对旅游业也造成了很大的影响，一些沿海的旅游设施由于水母的暴发而关闭。水母的暴发也给海洋生态系统健康造成重要影响，由于水母的持续增加，水母有可能取代鱼类等大型生物成为生态系统的主导性生物，对海洋生态系统健康带来极大危害，甚至会导致生态系统的灾难（Gershwin et al.，2014；李聪，2018）。

水母暴发均可能与气候变化、过度捕捞、人类活动导致的海水富营养化、有害赤潮暴发以及海岸带的改变等有关。水母暴发的原因非常复杂，既受环境因素的影响，又受人类活动的影响，加之水母自身生长速度快，再生能力强，并具无性繁殖等快速繁殖方式，这些因素共同影响了水母的暴发，现有研究表明，海水温度（全球气温升高造成的区域海洋海水温度升高）是水母暴发的关键因素。水母暴发有两种表现形式，水母数量的快速增长，即真正的水母暴发；现有种群的重新分布，即表面的水母暴发。光照强度、海水跃层、表层流等因素的直接效果主要是造成水母在局部水域内大量聚集，不是真正意义上的水母暴发；而人类活动造成的水母生存环境的变化是引起真正的水母暴发的主要原因。

2.2　水母暴发/消亡与生源要素的关系

水母暴发/消亡过程中对海水化学物质的吸收和释放十分复杂，可用一个示意图来表示（图3）。水母既可通过捕食摄取溶解有机物质而获得碳、氮、磷，也可通过身体黏液、排泄物以及水母尸体分解向水中释放有机物质与无机氮、磷，使碳、氮、磷元素重生，因此水母暴发形成养分存储库，对海洋中碳、氮、磷的循环具有很大影响。水母下沉速度快，消亡腐烂多发生于海水-沉积物界面，暴发区域与消亡区域往往不同，因此水母暴发可使生源要素发生形态的转化和位置的转移，除增加海水中的生源要素量，也可进入沉积物，增加沉积物中的生源要素。

水母消亡时下沉到沉积物-海水界面后，开始迅速消亡，物质循环进入生物再利用——小水体释放阶段。①水母体是某些海底食腐动物、无脊椎动物的食物来源，可能被食腐动物消耗掉进而重新回到动物食物链中。②水母体释放的有机物质既可作为浮游细菌和其他浮游微生物的原料，供给微生物能量，对微生物群落有重要贡献；也可被小型和微型浮游动物吸收，将能量返还到浮游食物网中，其余未被消耗的部分有机无机物质是营养盐的重要来源，该过程是水母对海洋贡献的主要过程。③水母剩余残屑及水母体释放的未被利用的颗粒态物质会下沉到海底沉积物中，进入生物地球化学循环，除为海底底栖生物提供营养外，可增加深海层的沉积碳、氮、磷量（宋金明等，2012）。

水母消亡伴随的是一个生源要素快速释放的过程，水母消亡时碳、氮、磷的释放速率均在消亡初期最高，水母消亡释放的碳、氮、磷量远高于活体水母的排泄量，水母消亡可导致高碳、高氮负荷。水母消亡释放的溶解态物质远高于颗粒态，溶解态碳、氮、磷分别占总量的51.8%~81.9%、86.0% ~97.9%、53.6%~86.3%。水母消亡引

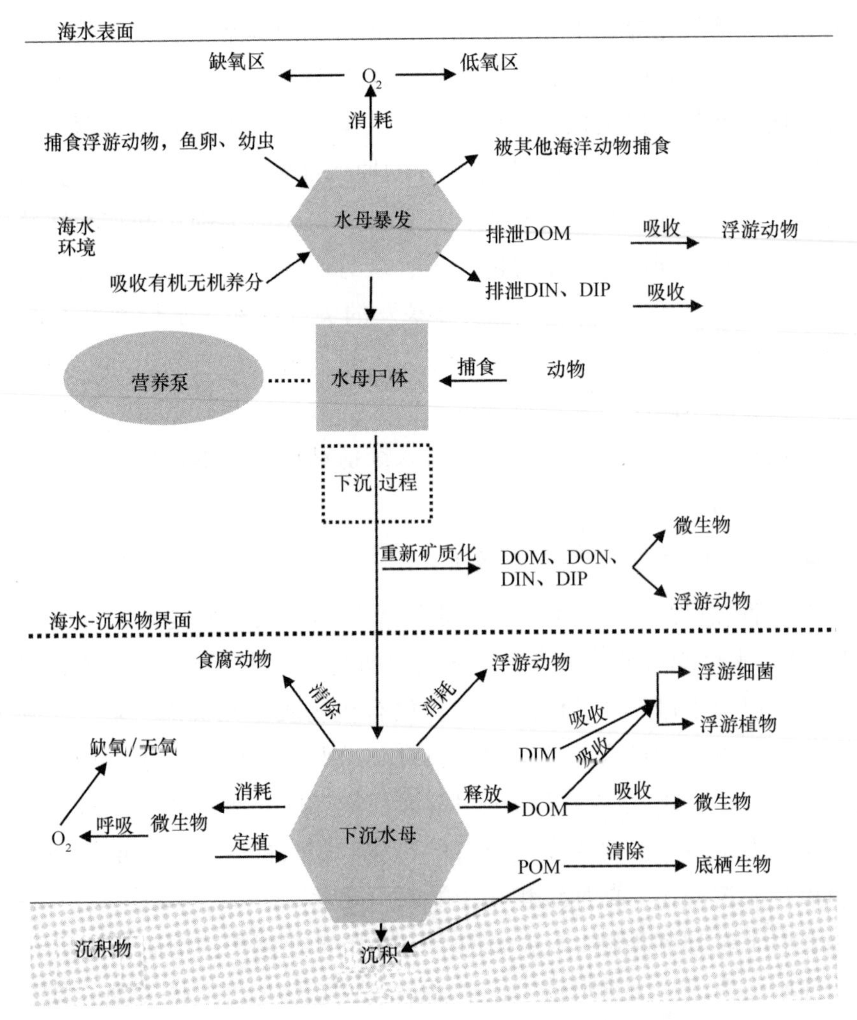

图 3　水母暴发/消亡过程中化学物质的吸收和释放

起水体营养盐的快速聚集和释放，加速了水体营养盐的循环速率。水母消亡时释放大量有机物质进入海水中，释放的颗粒态氨基酸以中性氨基酸与酸性氨基酸为主，约占总氨基酸（TAA）的 37%与 23%；颗粒态脂肪酸以饱和脂肪酸（SFA）为主，约占总脂肪酸（TFA）的 67.2%。水母消亡使水体中的颗粒态氨基酸组成从以基本氨基酸（组氨酸 His，精氨酸 Arg，赖氨酸 Lys）为主向以酸性氨基酸（谷氨酸、天冬氨酸）为主转变，颗粒态脂肪酸组成从以 SFA 为主向以单不饱和脂肪酸（MUFA）为主转变。颗粒态 TAA 与 POC、PN 均呈显著正相关，颗粒态 TFA 与 POC 呈显著正相关，说明水母释放的颗粒态氨基酸与脂肪酸可成为水体生物重要的碳源与氮源（Qu et al.，2015）。

水母消亡使水体中营养盐浓度迅速增加，pH 下降、溶解氧降低，水体出现显著的富营养化-酸化-低氧/缺氧环境效应，水体出现明显的酸化与低氧，但沉积物具有明显缓冲水体酸化与低氧的作用。水母消亡是持续快速的过程，不同种类水母的消亡存在差异，一般消亡时间为 7~14 d，消亡过程均有强烈臭味产生。在当今近海富营养化及海水温度升高的条件下，水母的暴发/消亡将使海洋生态系统更加失衡（宋金明等，2012）。

3　海星的发生及危害

归属棘皮动物门（Echinodermata）海星纲（Asteroidea）的海星（sea star，starfish）为海洋底栖常见的肉食性无脊椎动物。海星喜食软体动物（Mollusca），如牡蛎（*Ostrea*）、杂色蛤（*Venerupr*s）、文蛤（*Meretrix*）、鲍（*Haliotis*）、扇贝（*Chalmys*）、贻贝（*Mytilus*），是贝类和贝类养殖业的敌害。海星分布于海洋的广大空间，垂直分布于潮间带至水深 6 000 m 处，其种类以北太平洋最多。海星主要以软体动物、棘皮动物和蠕虫为食。进食时先用腕和管足抓住食物，再将胃从口中翻出，包住食物消化。山东近海的罗氏海盘车、砂海星及陶氏太阳海星数量较多。罗氏海盘车约占总采获量的 41%，砂海星约占 24%，陶氏太阳海星约占 9%，其他种类约占 26%。海星对贝类增养殖业的危害甚大。海星平时腹面着地慢慢活动，捕捉食物或逃避敌害。海星在水底移动时并不用臂，而是用长在每支臂下部的管状足。管足蠕动而产生运动，在海底每分钟可缓慢地爬行 10 cm，最快 20 cm。有些大个品种的海星行走起来很快，如砂海星每分钟可以移动 75 cm。海星吸附在岩石上时，将管足内的液体排到专门的囊中，使管足内部形成真空，所以吸附力非常强。

由于近海生态环境的剧烈变化，近海区域的海星暴发已成为一种生态灾害，特别是对池塘养殖危害尤为严重。2006 年 7 月中旬，青岛沿海鲍鱼养殖区突然暴发大量海星，密度最高达到 300 只/m^2。一时间，海星疯狂地蚕食鲍鱼和海参，对养殖区造成毁灭性打击（宋金明等，2020）。2007 年 3 月底至 4 月初，海星大肆泛滥捕食蛤蜊，造成胶州湾盛产的菲律宾蛤大量减产。海星能大量吞食贝类、珊瑚和海胆等。海星的食量很大，一只海盘车幼体一天吃的食物量相当本身体重的一半多。

4　健康海洋建设之生态灾害控制策略

从海洋生态灾害的成因分析，结合生态灾害发生的特点，合理布局和处置对策措施，可有效缓解生态灾害带来的“生态灾害”海洋污染，降低和减少海洋生态灾害暴发的规模和频次，从而使海洋生态环境进入良性循环中，构建健康可持续发展的海洋生态系统。

4.1 陆海统筹减少陆地污染物排放入海，从源头上预防生态灾害暴发

大量研究表明，主因于人为影响的海水富营养化是近海生态灾害暴发的重要因素，预防海水富营养化是减缓近海生态灾害的首选措施，从根本上降低生态灾害发生的人为因素。

随着我国经济的发展，尤其是临海工农业发展以及临海生活活动的加剧，陆源工农业污染物排放入海量大幅增加，严重超出了海洋的自净化能力，加剧了海洋的污染程度，排放中的富营养物质是造成海洋生态灾害暴发的主要原因。因此，应该多方联动，多管齐下，加大污染治理力度，提高污水处理质量，制定更加严格的排放标准，控制污染物的排放，特别是氮、磷的排放，从而达到改善海洋生态环境的目的（丁月旻，2014）。

①加强点源和面源污染管理，大幅降低污染源排放强度。加强点源污水排放治理力度，确保达标排放，减少污染负荷量；控制农业面源污染，推行绿色农业，改进农业耕作布局，合理施用农药化肥，降低氮、磷等营养物质流失。②推进沿海近海产业结构调整，提高行业准入制度。关停并转高耗水、高耗能、高污染企业，禁止上马不符合产业政策项目，深入贯彻绿色环保发展理念。③实施生态修复工程。开展近海海岸带生态损伤湿地修复工作，提高湿地自净能力，开展近海海岸带生态湿地建设，提高生物多样性，设置植被缓冲带，有效拦截分解各类污染物，达到截污净水的目的。④构建滨海湿地生态调控体系。基于微地形营造的异质生境构建技术，提高湿地水文连通性，影响氮、磷等营养要素的迁移转化，实现滨海湿地生物多样性和服务功能。

4.2 加强近海生态灾害的监测预警预报，降低和减弱其发生的规模和强度

建立易发海域生态灾害长期监测体系，获取生态环境长期变化的规律，提高灾害预警能力，为海洋生态灾害早期预警决策提供有力支撑。

自2007年发现绿潮暴发以来，国内许多相关部门对绿潮开展了多方位的监测和预警工作。相关业务化部门在2008—2012年绿潮发生期间每天利用卫星、航空、船舶、陆岸巡视等多源、多时相监测数据，并开展多源数据融合技术，密切掌握水质要素和水文气象要素的异常变化。这为研究绿潮发生、发展和消亡的机理，以及绿潮溯源等工作提供依据；为浒苔绿潮灾害的早期发现预警和及时处置提供强有力的决策支撑（白涛等，2013；王宗灵等，2018；吴玲娟等，2015；2016）。近年来，海洋遥感技术普遍应用于海洋环境监测，这些技术使科学家能够动态掌握海洋环境变化数据，为监

测浒苔绿潮灾害提供更强的力量。苏北浅滩是大规模浒苔绿潮的源头（Liu et al.，2013），为使浒苔绿潮有可能成为目前唯一能够得到有效控制的近海生态灾害，从苏北浅滩着手开展浒苔绿潮的源头整治将是最有效的绿潮防控策略。由于处于苏北浅滩区的漂浮绿藻前期生物量低、分布范围相对也小。因此，如能将绿潮打捞区前置，在苏北浅滩区开展漂浮绿藻的控制性打捞，有可能有效控制浅滩区绿藻入黄海的数量，从而控制黄海绿潮规模。浒苔绿潮一旦暴发，可采取机械方式或人工方式持续不断地打捞。但是打捞上来的浒苔必须有效地处理或综合利用，避免二次污染的发生。

相对而言，我国近海水母相关监测数据较为缺乏，对水母的自主运动规律和生态学特性的了解有限，预报数值模式中的参数化相对困难。因此，急需建立和完善水母立体化业务监测系统，了解水母的运动特征，确定水母物理-生态学参数。进一步改进和规范水母监测技术，利用传统的监测方法，结合声学调查、岸基调查、航空遥感调查和水下摄像调查，进行数据融合，结合海洋遥感和地理信息系统，建立和完善海洋水母业务化立体监测系统，为水母物理-生态模型参数化提供依据（吴玲娟等，2016）。通过对水母灾害漂移路径的研究，掌握水母的漂移轨迹和方向，并分析水母对敏感海区的影响，可达到对水母灾害进行及时预警预报的目的。然而由于水母的自主运动（特别是垂直运动）的不确定性，在一定程度上影响了水母种群的漂移扩散方向和速度的判断（Jae-Hong Moon，2010）。根据我国近海水母的生活习性，结合我国水母实验和监测数据，进一步研究水母漂流聚集的气象和水文动力相关因子和主要生态动力学因子。建立我国近海的水母生态-动力预测模式，并结合目前使用的传统预测和集合预测方法，进一步完善我国近海大型水母的业务化预测预警系统，提高预测预警的准确度（吴玲娟等，2015；孔凡洲等，2018；张清香，2018；姜冰，2019）。

对海星生态灾害的暴发，提高渔民捕捞海星的自发性和自觉性可在短期内取得立竿见影的效果，可采取拖网采捕和人工采捕，在养殖区外围海底布设地滚笼进行诱捕，并对各种采捕方法进行效果比较研究。由于海星的繁殖能力很强，因此，抓捕的海星要集中进行陆地处理，可用于黏性土壤的改良等，切忌撕碎后再扔回到海里，以防海星再生。

4.3　开发生态灾害产物浒苔、水母、海星等的高值化利用技术和领域

海洋独特的生态系统造就了海洋生物的多样性，海洋生物产生大量结构新颖、活性独特的分离物、次生代谢产物使其在应用方面具有极大的研究开发价值和发展潜力。多途径开发利用浒苔、水母、海星能够有效控制其暴发带来的影响，并避免二次污染的发生。

目前，对浒苔的开发应用主要包括以下几个方面：①作为养殖饲料。浒苔富含碳水化合物、蛋白质、粗纤维及矿物质等（关洪斌等，2011），且不含有天然的生物毒素和次生有毒有害物质，也不存在人为添加化学物质的可能，可直接晒干粉碎作为食物或饲料。同时，海藻粉中含有丰富的维生素 A、维生素 B、维生素 C 等营养物质和钾、钠等矿物质，这些物质不仅能够满足养殖动物对维生素等营养素和微量元素的需求，还可以促进动物的发育，提高其免疫力。浒苔作为海藻类养殖饲料，用于水产养殖，能够有效地促进鱼、虾生长，提高产量和品质；用于家禽养殖，可使蛋黄中胆固醇的含量明显降低，提高蛋类的品质（刘春兰，2013）。②作为食品或添加剂。浒苔作为食品添加，可以提高食品的色香味以及营养价值。③浒苔还在药用方面、生物原油方面被开发和利用，浒苔在沼气应用、污水处理方面也得到了有效开发（丁筱菡，2018）。浒苔死亡后，藻体发酵可产生甲烷，可将收集起来的浒苔压缩后投放到沼气池中发酵产生沼气，废渣可用作有机肥。④作为机肥料，浒苔藻体中含有大量的氮磷营养物质，将浒苔与绿色垃圾混合发酵产出优质有机肥料。黄连光等指出，浒苔富含氮、磷、钾、有机质和微量元素，添加适当比例的污泥、麦草和鸡粪进行堆肥发酵与无害化处理，其处理结果均符合国家标准。

水母含有丰富的胶原蛋白，是一种潜在的胶原蛋白材料，具有提取方便、无毒、生物降解性高、生物相容性好等诸多特点（Arslan et al.，2017）。胶原蛋白经蛋白酶酶解后，主要产物是肽和氨基酸的混合物。肽不仅能被直接吸收，还能促进其他物质如蛋白质、碳水化合物等吸收（任国艳等，2013）。水母胶原蛋白及其水解产物以其优良性能成为生物医学研究领域的重要材料，在组织工程、生物材料和新药研发中均呈现良好的应用前景。水母胶原蛋白及其水解产物可在软骨胶原支架、血管移植物、适配体传感器、止血材料、抗关节炎、抗高血压等生物医学研究中应用（Cheng et al.，2017；Prabhakaran et al.，2013）。研究表明，用中性蛋白酶酶解得到的海蜇多肽具有一定的降血脂功能，同时，采用超滤膜过滤技术能够有效提高海蜇多肽的降血脂活性（陈亚汗等，2015），这为以后海蜇多肽的工业化生产提供实验依据。这些研究表明，海蜇在海洋生物医药和海洋功能制品领域具有极大的研究价值和发展潜力。

海星中含有大量结构独特的具有生物活性的代谢产物，如皂苷、甾醇、生物碱等多种营养成分和活性物质，具有广泛的生物活性和药理作用，在功能食品等领域具有巨大的开发潜力和广阔的市场前景（陈宁等，2019）。近年来，国内外关于海星中化学成分的生物活性和药理作用等方面的研究十分活跃，如抗癌、抗病毒、提高免疫力和降血糖等活性。陆云阳（2018）发现海星分离物皂苷类化合物对肿瘤细胞增殖有明显的抑制作用，并作为天然来源的肿瘤化疗药物具有重要研究价值和广阔的开发前景。海星黄作为海星的可食部分，富含微量元素、维生素、脂肪等营养物质，可加工利用作为营养、无毒的新型海洋食品原料。此外，海星还可晒干制作农肥以及在沿海旅游城市将其制成工艺品，从而变废为宝提高附加值。

参考文献

白涛，黄娟，高松，等.2013.黄海绿潮应急预测系统业务化研究与应用.海洋预报，30(1):51-58.

蔡永超，马家海，高嵩，等.2013.扁浒苔(*Ulva compressa*)的分子鉴定及生活史的初步研究.海洋通报，32(05):568-572.

陈宁，王雪，刘冰，等.2019.海星化学成分的研究进展.中国海洋药物，38(02):39-53.

陈亚汗，李水生，蒙子宁，等.2015.超滤得到的海蜇酶解产物的降血脂功能评价.生物技术世界，(5):10-11，15.

丁月旻.2014.黄海浒苔绿潮中生源要素的迁移转化及对生态环境的影响.北京:中国科学院研究生院.

杜锦.2014.浒苔对营养盐吸收特性及与赤潮藻竞争关系的初步研究.青岛:中国海洋大学.

耿慧霞.2017.黄海绿潮原因种浒苔(*Ulva prolifera*)的附着生长特性与沉降区域研究.北京:中国科学院大学.

孔凡洲，姜鹏，魏传杰，等，2018.2017 年春夏季黄海 35°N 共发的绿潮、金潮和赤潮.海洋与湖沼，49(5):1021—1030.

李聪.2018.我国水母灾害研究现状与展望.渔业研究，40(02):156-162.

李建生，凌建忠，程家骅.2015.东、黄海沙海蜇暴发对游泳动物群落结构的影响.海洋渔业，37(3):208-214.

李硕，葛宝义，黄俊，等.2017.对浒苔问题成因与应用价值的研究.化工管理，2017(10):83-84.

林文庭.2007.浅论浒苔的开发与利用.中国食物与营养，2007(9):23-25.

陆云阳.2018.面包海星中的甾体苷成分及其抗胶质瘤机制研究.西安:中国人民解放军空军军医大学.

罗民波，刘峰.2015.南黄海浒苔绿潮的发生过程及关键要素研究进展.海洋渔业，37(06):570-574.

乔方利，马德毅，朱明远，等.2008.2008 年黄海浒苔暴发的基本状况与科学应对措施.海洋科学进展，26(3):409-410.

曲长凤，宋金明，李宁，等.2016.海水中沙海蜇消亡对水体碳、氮、磷的释放与补充.应用生态学报，27(1):299-306.

曲长凤，宋金明，李宁.2014.水母旺发的诱因及对海洋环境的影响.生态学报，25(12):3701-3712.

曲长凤，宋金明，李宁.2015.水母消亡对海洋生态环境的影响.生态学报，35(18):6224-6232.

任国艳，刘志龙，郭金英，等.2013.海蜇糖蛋白及其糖肽的体外免疫活性.食品科学，34（17）：250–253.

宋金明，段丽琴，袁华茂.2016.胶州湾的化学环境演变.北京：科学出版社，1–400.

宋金明，李学刚，袁华茂，等.2019.渤黄东海生源要素的生物地球化学.北京：科学出版社，1–870.

宋金明，李学刚，袁华茂，等.2020，海洋生物地球化学.北京：科学出版社，1–691.

宋金明，马清霞，李宁，等.2012.沙海蜇（*Nemopilema nomurai*）消亡过程中海水溶解氧变化的模拟研究.海洋与湖沼，43（3）：502–506.

宋金明，王启栋.2020.冰期低纬度海洋铁–氮耦合作用促进大气 CO_2 吸收的新机制.中国科学–地球科学，50（1）：173–174.

宋金明.2017.水母消亡之后.大自然，193（1）：12–15.

王广策，王辉，高山，等.2020.绿潮生物学机制研究.海洋与湖沼，51（4）：789–808.

吴玲娟，曹丛华，高松，等.2013.我国绿潮发生发展机理研究进展.海洋科学，37（12）：118–121.

吴玲娟，高松，白涛.2016.大型水母迁移规律和灾害监测预警技术研究进展.生态学报，36（10）：3103–3107.

吴玲娟，高松，刘桂艳，等.2015.青岛近海大型水母漂移集合预测方法研究.海洋预报，32（2）：62–71.

谢丛波.2017.基于钵水母生活史的种群动力学模型研究.长春：东北师范大学.

叶乃好，张晓雯，毛玉泽，等.2008.黄海绿潮浒苔（*Enteromorpha prolifera*）生活史的初步研究.中国水产科学，（05）：853–859.

于波，汤国民，刘少青.2012.浒苔绿潮的发生、危害及防治对策.山东农业科学，44（3）：102–104.

于仁成，孙松，颜天，等.2018.黄海绿潮研究：回顾与展望.海洋与湖沼，49（5）：942–949.

张芳，李超伦，孙松，等.2017.水母灾害的形成机理、监测预测及防控技术研究进展.海洋与湖沼，48（6）：1187–1195.

张清春，孔凡洲，颜天，等，2018.苏北浅滩养殖筏架附生绿藻入海过程在黄海绿潮形成中的作用.海洋与湖沼，49（5）：1014–1020.

Arslan Y E，Sezgin Arslan T，Derkus B，et al.2017.Fabrication of human hair keratin/jellyfish collagen/eggshell-derived hydroxyapa-tite osteoinductive biocomposite scaffolds for bone tissue engineering：from waste to regenerative medicine products.Colloid Surface B，154：160–170.

Cheng Xiaochen，Shao Ziyu，Li Chengbo，et al.2017.Isolation，characterization and evaluation of collagen from jellyfish *Rhopilema esculentum* Kishinouye for use in hemostatic applications. PLoS One，12（1）：e169731.

Gershwin L A，Condie S A，Mansbridge J V，et al.2014.Dangerous jellyfish blooms are predictable. Journal of the Royal Society Interface，11（96）：20131168.

Jae-Hong Moon，Ig-Chan Pang，Joon-Yong Yang，et al.2010.Behavior of the giant jellyfish *Nemopilema nomurai* in the East China Sea and East/Japan Sea during the summer of 2005: Anumerical model approach using a particle-tracking experiment. Journal of Marine Systems, 80: 101-114.

Li Xiuzhu, Li Conghe, Bai Ying. 2019. Composition variations and spatiotemporal dynamics of dissolved organic matters during the occurrence of green tide (*Ulva prolifera* blooms) in the Southern Yellow Sea, China. Marine Pollution Bulletin, 146: 619-630.

Liu Dongyan, John K Keesing, He Peimin et al. 2013. The world's largest macroalgal bloom in the Yellow Sea, China: Formation and implications. Estuarine, Coastal and Shelf Science, 129: 2-10.

Liu Qing, Yu Ren-Cheng, Yan Tian, et al. 2015. Laboratory study on the life history of bloom-forming *Ulva prolifera* in the Yellow Sea, Estuarine, Coastal and Shelf Science, 163: 82-88.

Liu Xiangqing, Wang Zongling, Zhang Xuelei. 2016. A review of the green tides in the Yellow Sea, China. Marine Pollution Bulletin, 119: 189-196.

Prabhakaran M P, Mobarakeh L G, Kai D, et al. 2014. Differentiation of embryonic stem cells to cardiomyocytes on electrospun nanofibrous substrates. J Biomed Mater Res B Appl Biomater, 102 (3): 447-454.

Qu Changfeng, Song Jinming, Li Ning, et al., 2015. Jellyfish (*Cyanea nozakii*) decomposition and its potential influence on marine environments studied via simulation experiments. Marine Pollution Bulletin, 97: 199-208.

Song Jinming, Duan Liqin. 2018a. Chap. 18 The Yellow Sea, World Seas: An Environmental Evaluation (2nd Eds, Edited by Charles Sheppard). London: Academic Press, 395-413.

Song Jinming, Duan Liqin. 2018b. Chap. 17 The Bohai Sea, World Seas: An Environmental Evaluation (2nd Eds, Edited by Charles Sheppard). London: Academic Press, 377-394.

Song Jinming. 2010. Biogeochemical Processes of Biogenic Elements in China Marginal Seas. Springer-Verlag Gmb H & Zhejiang University Press, 1-662.

Soto I M, Cambazoglu M K, Boyette A D, et al. 2018. Advection of *Karenia brevis* blooms from the *Florida panhandle* towards Mississippi coastal waters. Harmful Algae, 72: 46-64.

Zhang Haibo, Su Rongguo, Shi Xiaoyong, et al., 2020. Role of nutrients in the development of floating green tides in the Southern Yellow Sea, China. Marine Pollution Bulletin., https://doi.org/10.1016/j.marpolbul.2020.111197.

作者简介：

宋金明，中国科学院海洋研究所研究员、博士生导师，兼任青岛海洋国家实验室副主任、中国科学院大学海洋学院副院长。国家杰出青年科学基金、中国科学院“百人计划”“中国青年科技奖”、国家百千万人才工程国家级人选与国务院政府特殊津贴的获得者。长期从事海洋环境生物地球化学研究，任《中国科学-地球科学》（中英文版）、《海洋学报》（副主编）、《海洋与湖沼》（副主编）、《生态学报》（执行副主编）、《地质学报》（英文版）等10余种学术刊物编委。发表论文460余篇，其中SCI论文150篇，独立或第一作者出版专著9部（包括国外出版英文专著1部），科普著作3部。

直面健康海洋之问题二

——海水低氧及其生态环境效应

宋金明，段丽琴，王启栋

（1. 中国科学院 海洋生态与环境科学重点实验室 中国科学院海洋研究所，青岛 266071；2. 青岛海洋科学与技术试点国家实验室 海洋生态与环境科学功能实验室，青岛 266237；3. 中国科学院大学，北京 100049；4. 中国科学院海洋大科学研究中心，青岛 266071）

摘要：全球海洋低氧区的面积持续扩大、持续时间增长、暴发频率持续增加，海水低氧已经成为与酸化和富营养化并列的三大海洋环境问题之一，成为制约近海生态环境可持续发展的一个关键问题。本文系统总结了海水低氧的概况、发生机制以及对海洋生物类群的影响。海水低氧的形成原因复杂，与全球气候变化和人为活动影响密切相关，但就其根本原因是根源于地貌，继而形成的水体层化等引起的海水交换变差以及浮游植物旺发引起的大量有机质降解耗氧等是低氧形成的主因。低氧对不同的海洋生物类群都有不同程度的影响，低氧可通过关键种种群数量的变化，进一步改变海洋生物的群落结构；低氧会降低捕食者的重要性，引起生态系统营养途径的改变。所以，近海低氧问题必须得到应有的重视。文末针对建设健康海洋体系，防控海洋低氧的策略进行了探讨。

关键词：海水低氧；形成原因；生物影响；防控措施

本文观点：区域地形地貌是海水低氧区形成的根本原因，决定了海洋低氧区能否形成和存在，海水交换差、海水层化以及有机质降解等决定了海水低氧区低氧程度和范围，是海水低氧区发展的重要原因。

资助项目：山东省重大科技创新工程专项“近海富营养化及其生态灾害环境驱动作用”课题（2018SDKJ0504-1）；烟台“双百计划”资助项目；中国科学院战略性先导科技专项课题“近海环境健康评估技术与海域评估方案”（XDA23050501）。

海洋水体出现低氧很早就在某些区域被发现，但近年来随着人类对环境影响的加重，海洋低氧区的面积持续扩大、持续时间增长、暴发频率持续增加，低氧造成的生态环境效应愈加明显，海洋生物类群受到极大的影响，同时也给海洋渔业资源带来重大影响。海洋低氧已成为海洋面临的重大生态环境问题（宋金明等，2019a；2019b；Song and Duan，2018a；2018b）。

不同领域的科学家对海洋缺氧问题从其成因、对生物的影响等方面进行过大量研究，获得了基于调查和实验研究的大量科学发现和科学结论（李学刚等，2018；宋金明，2014；田东凡等，2019；Song，1996；1999；2010；Bakun，2017；McCormich et al.，2017；Shepherd et al.，2017），为人类直面海洋低氧问题，找寻遏制、降低低氧带来的生态环境问题的技术和方法，更好地持续利用海洋生态环境并造福人类奠定了基础。本文系统地总结了海水低氧的概况、发生机制以及对海洋生物类群的影响，提出了服务于健康海洋建设的低氧防控策略。

1 海水低氧的基本概况

通常将水体溶解氧含量低于 2 mg/L 时的状态称为水体低氧（hypoxia），在该临界值以下，鱼类要逃离该水体，而底栖生物濒临死亡。水体低氧使水体的生态环境迅速恶化，对海洋生态系统的生物种群有极大危害，低氧区也因此被称为“死亡区”。海水中正常的溶解氧含量维持着海洋生物种群的生长和繁殖，是反映海洋生态环境质量的主要指标之一。海水中溶解氧含量降低可导致海洋生物死亡率增加、生长速率减小及其分布和行为的改变，这都将引起整个食物网的重大改变。自 20 世纪 80 年代发现美国长岛湾底层海水夏季低氧的严重事件以来，已有许多低氧现象的报道，世界范围内出现了以低氧现象或缺氧/无氧现象（anoxia）为特征的不稳定河口生态系统，如墨西哥湾、切萨皮克湾、北海、东京湾、长江口等。据报道，全球海洋低氧区的发现 1860 年 2 个，1900 年 5 个，1960 年 67 个，1990 年 447 个，2000 年达 537 个，最近已达 700 余个。全球“死亡区”的数量和面积都在扩大，1994 年全球海洋共有 149 个“死亡区”，但 2006 年已多达 200 个，据联合国环境规划署（UNEP）发表的《2003 年全球环境展望年鉴》，全球近岸海域缺氧的“死亡区”已经增加到 70 000 km^2。自 20 世纪 50 年代末过去的 50 年间，全球海洋缺氧面积翻了 4 番，即增加了 15 倍多，全球海洋海水溶解氧降低 2%。有研究指出，到 21 世纪末，海水的含氧量可能减少 7%。低氧-缺氧“死亡区”对海洋渔业形成了潜在的威胁，成为制约河口和近海生态环境可持续发展的一个关键问题（宋金明等，2019a）。全球海洋低氧区在近岸、近海以及大洋区域愈来愈多地被发现，已经成为引发海洋重大生态灾害的重要诱因。

近海生态系统水体低氧/缺氧在整个地质历史时期都存在，但自20世纪60年代以来，由于人口的快速增长和相伴随的土地利用变化、生活和工业废水的排放、海岸线开发和全球变暖，使近海区域性低氧日趋严重，已经严重威胁近海海洋生态系统的安全（宋金明等，2019a）。低氧/缺氧频发会促进硝酸盐的脱氮作用，释放出温室气体N_2O、有毒气体H_2S，破坏生物多样性和底栖生物群落结构，导致鱼类产量下降。全球海洋低氧/缺氧面积日益增大、持续时间增长、暴发频率持续增加，严重破坏了生态环境。最近有的研究就指出，地球历史上物种大灭绝可能与海水缺氧有关；还有的研究发现，海水缺氧还会使雄性鱼类大幅增加，所以海水缺氧已成为威胁海洋生态系统安全的重要因素之一。

实际上，在地球的历史上，远古的海水是极端缺氧的，地球早期大气和海洋的氧气含量长期保持在低水平，在5.8亿~5.2亿年前后发生了地球含氧量的快速增加。研究表明，地球历史上曾发生过两次大气快速增氧事件，大气中的氧气才基本达到现代水平。第一次大氧化事件发生在距今大约24亿年前后，大气中的氧气达到了现代大气氧含量的1%水平，导致真核生物在地球上首次出现。但随后长达十几亿年的时间内大气氧含量并没有增加，甚至还低于第一次大氧化事件时期的水平，从而阻碍了多细胞真核生物的演化。直到距今5.8亿~5.2亿年前后，地球发生第二次大氧化事件，大气中的氧含量增加到现代大气氧含量的60%以上的水平，大洋也全部氧化，导致多细胞真核生物大辐射，以及动物的快速起源和寒武纪大暴发。对于前寒武纪海洋中的氧含量为什么长期很低的问题，“有机碳库模型”研究认为前寒武纪海洋表层透光带内进行光合作用的微生物主要是原核生物，这些微生物死亡后的有机质易于氧化降解，在海水中不断积累，大量消耗海水中的氧气，从而导致了海水的缺氧。也就是说前寒武纪海洋中存在一个巨大有机碳库，阻止了海洋和大气中氧含量的增加。前寒武纪这种缺氧的海洋就像一个现代的巨大沼泽池，水体中大量腐殖有机质不断消耗着氧气，因而水体浑浊并缺氧。只有当这个浑浊并缺氧的海洋得到氧化，大气和海洋的氧气含量才能够增加。对于浑浊缺氧的前寒武纪海洋是如何变得清澈富含氧气，目前流行的假说是“生物与环境协同演化模型”，该模型认为当海水中氧气含量达到原始动物生存的最低需求时，如海绵动物一旦出现，就通过捕食海水悬浮有机质，加速了海水有机质的消耗和埋藏，减少了海水中氧气的消耗，最终导致海洋和大气中氧气的增加。随着氧气含量的增加，微型浮游动物和复杂动物的出现形成复杂的食物网，大量消耗海水中的有机质，并通过动物大颗粒排泄物和尸体的形式进入沉积物，大大提高了有机物埋藏的效率，形成了动物演化与氧气增加的正反馈机制。这种正反馈机制最终将表现为氧气增加的线性加速，而这与5.8亿~5.2亿年前后大气和海洋氧气含量多次大规模波动，生物发生阶段性辐射演化的实际情况却是不一致的。因此，地球或海洋缺氧是一个伴随地球或海洋历史不同时期的一个一直存在的“问题”。

2 水体低氧的形成原因

2.1 海水低氧的成因与影响因素

海水低氧形成的原因十分复杂，一般认为有两个主要原因：①自然因素，主要是物理动力过程，即水体的垂向层化，一般易于形成低氧区海域的基本特征是具有弱的水动力条件（潮汐、海流、风）和大的淡水径流输入，由此形成水体的层化或在近底层形成稳定的水团，当底层得不到表层水中溶解氧的补充时便形成低氧区；另一个重要因素是海底的地理地貌特征，一些地理地貌不适于海水交换的水域，也容易发生水体低氧，自然因素引起的水体低氧往往是长期存在的。②人为因素，在近海的河口或海湾，由于人为污染物的大量排入，造成水域的富营养化，从而暴发赤潮等水华，水华退去后，大量的浮游生物有机体沉入水体下方，快速分解，消耗大量氧气，导致水体的严重低氧，人为因素引起的水体低氧一般是短期的和可变的。

水体垂向分层限制表层富氧水体与底部低氧水体交换以及下层水体严重耗氧等因素，影响海水低氧的严重程度和空间范围的大小。不同海域甚至同一海域的不同部分以及不同时间内导致水体层化和底部耗氧的过程都可能有差异，而所有的影响因素都受到水体动力过程的控制，动力场不仅影响水团特性，还影响营养盐和有机质的输运与沉积过程。纵观现有低氧形成原因的研究分析，我们认为区域地形地貌是海水低氧区形成的根本原因，决定了海洋低氧区能否形成和存在，海水交换差、海水层化以及有机质降解等决定了海水低氧区低氧程度和范围，是海水低氧区发展的重要原因。

以下就近海冲淡水、潮汐/潮流、海风和环流系统等动力因素对低氧形成产生的影响进行分析。

2.1.1 径流冲淡水输入

冲淡水不但是低氧区营养盐和有机质的重要输入途径，而且在河口区及毗邻海域形成盐跃层，对河口区水体垂向分层起到重要贡献；同时冲淡水和外海水之间形成重力环流，影响河口底部水体的滞留时间，进而影响低氧发生区营养盐和有机质的生物地球化学过程，因此冲淡水在河口/近岸的低氧形成中起到重要作用。

毋庸置疑，冲淡水是河口/近海低氧区营养盐的最主要的输入途径，土地利用变化及流域农业施肥引起的大量营养盐被径流输运至河口区。通过建立低氧与土地利用和地形等要素的多元回归统计模型研究分析波罗的海北部 19 个河口底部水体低氧的变化，结果显示，土地利用和地形变化影响下的冲淡水所携带的营养盐总量与低氧相关性最强。长江巨量的冲淡水和泥沙直接影响了沿岸海域的环流、营养盐动力学、浮游植物群落等，在夏季更是可以影响到河口外 300～400 km 海域的营养特征。长江口外海域的有关研究也都认为，夏季底层低氧主要是由长江冲淡水携带的大量营养盐导致初级生产力极大提高所致。美国路易斯安那-得克萨斯之间、墨西哥湾北部低氧的日趋严重与密西西比河（Mississippi River）及阿查法拉亚河（Atchafalaya River）近 50 年来营养盐通量的数倍增长是密不可分的。此外，美国切萨皮克湾（Chesapeake Bay）、纽斯河（Neuse River）河口、帕姆利科河（Pamlico River）河口以及欧洲黑海（Black Sea）、亚得里亚海（Adriatic Sea）、德国湾（German Bight）、北海（North Sea）等这些径流冲淡水控制的河口、海湾和近海，夏季低氧程度与冲淡水通量大小相关。冲淡水起到非常重要的营养盐和/或有机质载体的作用。

低氧得以形成、维持、发展和扩展，水体分层是其动力条件之一，营养盐和有机质含量是低氧发生的潜在基础，而分层是控制低氧面积大小的主要因素。除夏季太阳辐射增强导致表层水温升高，密度下降形成温跃层外，冲淡水与外海水体之间盐度差导致的盐跃层也是水体分层的重要过程之一。例如，长江和密西西比河的径流量分别占世界大河径流量的第五位和第七位，对应的东海和墨西哥湾北部低氧面积非常广阔，均超过 20 000 km^2。观测发现，2003 年 6 月和 7 月长江冲淡水径流量分别达 37 100 m^3/s和 56 600 m^3/s，长江口外海羽状水体充分发展与台湾暖流涌升共同作用下形成强盐跃层，对低氧具有重要贡献，借此推算出的低氧面积超过 20 000 km^2（吴晓丹等，2014；宋金明等，2020）。1993 年是密西西比河的丰水年，观测到的低氧面积是通常年份的 2 倍，而特别干旱的 1988 年和 2000 年低氧面积则小于 5 000 km^2。帕姆利科河河口的冲淡水导致的盐度垂向分层与溶解氧含量之间具有很强的相关关系，存在相似情况的还有切萨皮克湾及纽斯河、斯旺河（Swan River）、哈维河（Harvey River）、帕特克森特河（Patuxent River）等河口区域。对世界上主要低氧河口和近海来说，海洋能量低（弱潮、流速小、风速小）、径流量大的河口/近海易于形成持续的层化，从而限制了底层海水与表层富氧水交换，发生低氧。

一般认为河口环流为二层流体，冲淡水密度轻，因而在上层流向外海，高盐外海水由底层入侵河口，因此存在河口重力环流系统。河口区重力环流的强弱控制水体滞留时间，进而影响营养盐和有机质的生物地球化学过程。研究发现，当径流量低的时候，福斯河（Forth River）河口水体滞留时间长，使河口底部的硝化耗氧和有机物耗氧过程增加，因此出现低氧现象。东海陆架水体滞留时间短，水体交换快，因此长江口外海的低氧不是持续发生的。珠江夏季径流量非常大，但水体滞留时间短，因此虽然珠江口营养盐含量非常高，但珠江口内一般不存在低氧现象，类似还有詹姆斯河（James River）河口等。有研究认为，当河口重力环流（和径流）增大时，溶解氧含量垂向梯度对底部水体生物化学耗氧和垂向扩散率（水体分层）的相对重要性不再敏感，表底层溶解氧含量差减小。如北卡来罗纳州的两个弱潮河口开普菲尔河（Cape Fear River）河口和帕姆利科河河口，前者具有较强的重力环流和冲淡水通量，因此虽然具有很强的盐跃层，但是溶解氧含量垂向差别不大，甚至是表层氧含量低于底层；而后者河口重力环流和径流相对较弱，且海底沉积物耗氧较快，因此溶解氧含量垂向结构与盐跃层之间具有很强的相关关系，因为类似原因而遭受低氧问题的河口还有纽斯河、斯旺河、帕特克森特河和哈维河等。萨蒂拉河（Satilla River）河口系统是强潮强非线性河口，因为地形对潮流的调整、岸线曲折、沿河口方向的斜压梯度、涨落潮不对称等因素的影响，所以河口余流存在许多涡旋状结构，成为营养盐和有机质的滞留区，因此出现斑块状低氧水体。墨西哥湾北部底部水体环流流速小，水体滞留时间长，因此也就成为低氧持续发生的代表性海域之一。彭萨科拉海湾（Pensacola Bay）夏季河口环流指向内陆架，夏季垂向扩散和水平对流交换都减弱，不利于底部水体与外界交换，虽然底层水柱耗氧与沉积物耗氧都很小，但仍出现低氧现象，说明该海域低氧主要是河口环流弱、水体滞留时间长所致。

2.1.2　潮汐/潮流过程

潮汐混合可以影响到水体分层的稳定性，因此部分海域低氧呈现潮周期和大小潮周期变化。哈维河河口潮差很小，白天在由海洋吹向陆地风影响下形成海水流速的垂向剪切，很难形成湍对流，因此在沉积物耗氧效应下形成水体低氧。而塔玛莉湾（Tomales Bay）属于强潮系统，产生很强烈的湍混合，即使强冲淡水和降雨存在也很难发生低氧。纳拉甘西特湾（Narragansett Bay）间或发生浮游植物暴发，次表层水随之发生低氧，这个特征在河口上端尤其明显，低氧一般发生在7—9月的小潮期间，对潮差大小也就是潮汐混合反应敏感。切萨皮克湾底部水体夏季经历长时间低氧，但大潮期间密跃层和低氧区呈现时间尺度为几个小时的规律振荡。萨蒂拉河河口属于强潮强非线性河口，河口环流的涡旋结构形成的斑块状低氧水体，周期性的潮强迫使其机制很快被打破，因此斑块状低氧区不会持续发生。此外，潮流控制下峡湾与外海水体交换可以影响到水体溶解氧含量，而潮汐强弱则会影响河口区悬浮物含量和水体滞留时间。

2.1.3　海风作用

风引起水体混合破坏层化，削弱低氧的严重程度。风向影响水体搬运，进而影响低氧水体的位置，风引起的上升流和下降流影响低氧水体的深度。美国帕姆利科河口夏季在弱风速条件下，水体层化稳定、持续时间长，因此更容易发生低氧。尽管美国长岛湾中部和东部低氧是由生物耗氧控制，但其西部水体低氧则是由弱风速作用下的层化导致。切萨皮克湾底部水体低氧变化中存在短时间或更长时间尺度的非潮周期振荡，可能与风强迫有关。墨西哥湾北部海域夏季盐度分层和低氧仅仅在强风条件或者秋季热带风暴开始之后才被破坏，纳拉甘西特湾夏季小潮期间次表层低氧可能因为强烈层化和风场较弱导致。基于多元回归统计模型对波罗的海北部 19 个河口底部水体低氧变化的研究表明，该海域低氧对风区大小反应敏感。风向改变可以影响到河口环流和滞留时间，影响海湾低氧发展。珠江口夏季西南向季风可以促使冲淡水快速通过河口区甚至到达陆架，降低水体滞留时间，使珠江口内夏季低氧几乎不存在。阿查法拉亚河和密西西比河冲淡水羽状体夏季一旦发生低氧，那么，向岸-离岸低氧分布的变化受到风引起的跨越陆架的水平对流影响：离岸风使底层低氧区向内陆架移动，反之向岸风使低氧远离内陆架，同样情况还有莫比尔湾（Mobile Bay）与切萨皮克湾。

台风带来水体充分混合可以减轻甚至是消除河口和近海水体底部低氧，同时台风带来瞬时强烈淡水堆积，径流量剧增将低氧水体带出河口；另一方面，台风带来的强降雨使台风过后的河口与近海水体层化加强，也使陆源营养盐和有机质增加，从而加重低氧。例如，在切萨皮克湾，台风可以导致水体充分混合，水体分层减轻，使表层富氧水体进入底部水体。2003 年是切萨皮克湾台风多发年，与通常年份低氧可以持续到 8 月底不同，2003 年低氧从 6 月开始仅持续到 7 月初，随后连续出现的台风（7 月底和 8 月初）导致的水体混合部分减轻了低氧现象。2003 年伊莎贝尔（Isabel）飓风对切萨皮克湾的物理生物过程产生了很大影响：从短时间尺度来看，台风引起混合导致低氧减轻，但同时底部营养盐进入上层水体，使台风过后浮游植物暴发，很快低氧重新出现；从长时间尺度来看，大量降雨使更多陆源营养盐和有机质输入海湾，并使第二年低氧暴发时间提前，1972 年热带风暴艾格尼斯（Agnes）也带来类似的反复过程。影响帕姆利科河口的主要气象要素是飓风和热带风暴，不同路径和强度对底层溶解氧含量产生不同影响。台风带来巨量降水将流域更多的陆源营养盐输入河口维持浮游植物暴发，导致纽斯河口持续的低氧状态。珠江口台风带来的强降雨有利于低氧发生，而风引起水体垂向混合则破除低氧。调查资料显示，路易斯安那内陆架盐跃层的变化是由密西西比河和阿查法拉亚河径流量大小决定的，而这个层化结构在每年秋季伴随热带风暴而破坏，低氧程度减轻。因为密西西比河冲淡水通量直接影响营养盐通量的大小和水体层化程度，气候变化和台风过境的频率与强度也会影响墨西哥湾低氧现象。

2.1.4 环流动力系统

前述低氧发生受人类活动的强烈影响，尚有一类低氧发生在陆架浅海上升流系统，低氧发生所必需的营养盐由大尺度环流系统和上升流供应，也称为自然状态下的低氧，反映了大洋环流对陆架边缘海低氧的作用。Helly 和 Levin（2004）第一次估计了全球自然发生低氧的陆架边缘海面积，结果显示，全球有超过百万平方千米的陆架海与半深海持续低氧（<0.5 mL/L），小于 0.2 mL/L 的严重低氧大约有 764 000 km^2。大尺度环流系统影响下的低氧系统，主要发生在印度、秘鲁-智利、安格拉-纳米比亚、俄勒冈-加利福尼亚、新泽西等沿岸的近海和陆架边缘海。这类低氧系统的特点是面积大、季节性特征明显、响应大气和海洋大尺度变化信号明显而出现年际振荡、年代际振荡和长期变化趋势。

新泽西沿岸海域西南风和海底地形联合引起的沿岸上升流可以持续数周时间，将大量的底层水体带到沿岸，上升流使水体中颗粒态有机碳极大增加，可以消耗水体中75%的溶解氧，这表明是风场和地形共同作用下的上升流而不是径流输入导致了新泽西沿岸海域低氧发生。与新泽西沿岸上升流由风场驱动不同，印度西海岸 6—11 月上升流由流向极地方向的潜流所驱动，低温高盐的涌升水体被一层大约 5～10 m 厚的高温低盐水体（径流、降雨形成）所覆盖，形成强烈的跃层。在内陆架-陆架坡折处，因为密度跃层内初级生产力非常高，水体内溶解氧很快被消耗殆尽，因此陆架上溶解氧含量迅速减小。

与印度西海岸和新泽西沿海低氧由上升流带来的富营养盐导致表层水体初级生产力增加从而使底部水体耗氧加剧不同，俄勒冈-加利福尼亚近海低氧由大洋边界低氧水体输入和上升流生态系统耗氧共同决定。调查资料显示，2002 年涌升到内陆架的水体氧含量远低于通常水平且远低于低氧界定的阈值；同时，夏季上升流期间，南向加州沿岸流穿过陆架坡折处，叶绿素 *a* 含量比周围水体高，而且得到了盐跃层富营养盐水体的加强，因此生物呼吸进一步加剧低氧（Grantham et al.，2004）。研究证实了内陆架生态系统对开放大洋的敏感性：近海低氧发生是对大洋缺氧信号的一个响应，然后由局地生物地球化学过程加强和延续，两者相互作用导致了低氧的发生和发展变化。

秘鲁-智利和安格拉-纳米比亚低氧系统分别属于南太平洋和南大西洋的东部，各自受到大洋南北两端赤道附近高温、高盐、低氧和海盆南端低温、低盐、高氧水体的影响，因此呈现出比俄勒冈-加利福尼亚低氧系统更为复杂的特征。秘鲁-智利陆架海，南半球春夏季，混合层下面底层水体呈现明显的赤道次表层水特征（高硝酸盐、低氧），潜入智利西部非常广阔的陆架，是上升流系统中主要的营养源。在南半球的春夏季，强烈的南-西南季风使赤道次表层水涌升，透光层富营养化，初级生产力极高，随后发生严重的氧损耗。安格拉附近海域水团特性由南北两端不同水体控制，位于开普海盆（Cape Basin）的南大西洋低温、低盐、富氧中层水体和东赤道南大西洋高温、高盐、贫氧中层水体。贫氧的东赤道南大西洋中层水上升流在北部涌升，并且在夏末秋初（1—6月）向极地方向流动，东赤道南大西洋中层水增强则低氧加剧。除受两个边界条件的物理过程影响外，该系统季节性的低氧还受到陆架生物地球化学过程的季节变化影响。

2.1.5 海-气大尺度动力过程

海-气大尺度振荡以及变化趋势包括ENSO（El Niño-Southern Oscillation）、PDO（Pacific Decadal Oscillation）等周期振荡、全球变暖和海平面上升等，这些因素影响到季风、大洋环流结构和径流等，进而改变低氧河口/近海和陆架海的营养盐和/或有机质源、水体氧饱和度、水体层化稳定性等，因此对河口/近海小尺度人类活动导致的低氧带来一定影响，更是影响到陆架边缘海低氧系统的季节、年际和年代际变化。低氧暴发的频率和强度受到海洋气候年际变化的影响。海洋大尺度气候态振荡如ENSO和PDO，直接或者间接导致海洋生态发生年际和年代际改变。全球变暖可能导致世界海洋中溶解氧含量下降，溶解氧低值区面积扩大。

全球变暖环境下，印度洋夏季风会增强，夏季风导致低氧伴随上升流侵入近岸。其他海域如新泽西近海也会存在季风增强导致低氧加剧的现象。秘鲁-智利沿岸的秘鲁寒流系统的近岸上升流系统呈现强烈的年际变化，这是因为与ENSO相关的海洋状态发生改变所导致。在正常年份（非厄尔尼诺年），低温、富营养盐的赤道次表层水在近岸涌升，使底部低氧水体上界面变浅；在厄尔尼诺年，高温、低营养盐、富氧的大洋表层水体入侵到沿岸，强厄尔尼诺可以将秘鲁-北智利的低氧面积缩减61%。长期历史调查资料分析证实，大洋环流控制安格拉-纳米比亚附近海域低氧的年际-年代际变化，因为该海域低氧水体强烈地依赖于赤道高温低氧水体的水平对流通量，厄尔尼诺期间，纳米比亚附近低氧面积增加，有时还伴随着H_2S的释放。从2002年7月观测表明，富营养盐的亚北极区水体异常侵入加利福尼亚环流系统，加州环流系统的变化进一步反映了2002年东北太平洋风应力的异常，强迫更多的北太平洋水体向南输运，东北太平洋大尺度异常导致了俄勒冈内陆架低氧的严重暴发。Service（2004）认为，俄勒冈附近海域持续的低氧可能意味着太平洋海域的环流结构正在发生改变。因此，低氧反映了气候变化、海洋环流系统变化和海洋生态系统变化之间的广泛和关键联系。

2.1.6 其他因素对低氧的影响

除径流冲淡水与外海高盐水之间形成的盐度跃层是低氧发生的必要条件之外，温度跃层也是河口/近海低氧发生的重要原因之一，且水温高低对初级生产速率和耗氧率有重要影响。长江口外海夏季低氧区层化主要是由表底层温度差引起，尽管6月具有更高的有机质输入量，但8月表层水温相对较高，因此长江口外海8月层化更为稳定、有机质分解率更高、低氧更为严重。其他如特里亚斯特湾（Gulf of Trieste）、纽约湾（New York Bight）、长岛峡湾（Long Island Sound）等海域，海水层化主要也是由表底层温度差引起。间歇性层化河口，如北卡的纽斯河口，低氧范围和持续时间是耗氧率和层化之间平衡作用的结果。帕姆利科河口低氧的发生同时需要层化和暖水体存在这两个因素，层化限制溶解氧垂向交换，而暖水体不但可以降低氧饱和率，还同时提高生物耗氧和沉积物耗氧的速度。切萨皮克湾、墨西哥湾季节性低氧源自春季淡水和营养盐输入，以及适合的水温和光照条件导致初级生产力大幅度增长产生的有机质分解耗氧，低氧可以持续到中秋或者晚秋，这时表层水温降低、风暴减弱层化。有研究认为，墨西哥湾北部从特雷博内湾（Terrebone Bay）向西，低氧主要受底栖生物耗氧影响，而底栖生物呼吸依赖于水温和溶解氧含量（Hetland et al.，2008）。

海底地形影响水体交换时间、对风潮混合的敏感性以及上升流的产生，在低氧形成过程中也起到异常重要的作用，在海洋低氧区形成上起关键和根本作用（宋金明等，2019a）。长江口外海深水槽、切萨皮克湾深水峡道、波罗的海V形深水区、黑海深水区低氧都是由特殊地形导致的低氧水体难以与环境富氧水体交换所致。几乎被陆地包围而仅通过一个狭窄潮通道与外海进行水交换的峡湾，水体滞留时间长，因而更容易发生低氧。新泽西内陆架因为古河口三角洲地形而引起上升流，其所带来的营养盐导致低氧发生。密西西比河口和长江口具有较浅的（30~50 m）宽阔陆架，更容易受限于水体变暖和层化，再加上很强的浮游-底栖耦合过程和有机质沉降过程，使沉积物耗氧量增加，容易发生低氧。与之相反，很浅的河口（4~20 m）的珠江口更容易受到风引起的垂向混合影响，不容易发生低氧。某些海区的径流冲淡水直接进入深海，不会在浅的近岸堆积，因此一般也不会发生低氧。

2.2 例证分析——长江口低氧形成原因的分析

对长江口区域的低氧机制研究认为，强温、盐跃层的存在和有机物分解耗氧是形成长江口外低氧区的必要条件，但不是充分条件。强温、盐跃层的存在只能说明该处水体具有垂直稳定性，但不能保证该处水体水平方向的稳定性。例如，在海底地形较平坦的海域，虽然强温和盐跃层的存在阻挡了表层水中溶解氧向底层的扩散，但由于底层水可与周围高氧水体进行横向交换，即便底层水氧含量也会降低，但却很难达到低氧程度。实际上，在长江口外海域几乎处处都满足上述两个条件，但低氧区却仅出现在少数几处海域。因此，一定存在另外的条件影响着长江口外低氧区的形成，长江口外存在一个十分陡峭且较狭窄的凹槽，低氧区中心位置恰好分布在凹槽中。夏季，台湾暖流底层水顺凹槽走向由南向西北方向延伸，当到达长江口外海域后，因受海底地形的阻挡而流速减小，低温、高盐的台湾暖流底层水沿凹槽之坡爬升，形成小范围上升流；叠置其上的是巨量的高温、低盐的长江冲淡水，在两个水团之间形成了强温和盐跃层。台湾暖流底层水本身具有低溶解氧特征，当其进入凹槽后，海底地形阻挡了其与相邻水体的横向交换，而强温和盐跃层的存在则阻挡了表层高含量氧向底层扩散。因此，底层水由于有机物分解耗氧却又得不到氧的补充，其氧含量逐渐减小，最终形成长江口低氧区。

海底地形在长江口外低氧区的形成过程中具有关键性的作用（宋金明，2004）。正是由于特殊的海底地形阻挡了凹槽内低氧水体与凹槽外高氧水体的交换，近底层水团具有相当的稳定性，才使得长江口凹槽内低氧区得以形成和保持，从长江口外低氧区面积的变化来分析，可知人类活动导致的长江口富营养化加剧了长江口外的低氧状况。表1是长江口缺氧的历史记录，可见近50年来，长江口缺氧的面积有增大的趋势（宋金明等，2019a；2020）。

表1　长江口外缺氧区中心位置、面积和最低氧含量的变化

调查时间	缺氧区中心位置		最低氧含量 /（$mg \cdot dm^{-3}$）	缺氧区面积 /km^2
	纬度（N）	经度（E）		
1959. 8	31°15′	122°45′	0. 34	1 800
1988. 8	30°50′	123°00′	1. 96	<300
1998. 8	32°10′	124°00′	1. 44	600
1999. 8	30°51′	122°59′	1. 0	13 700
2003. 9	30°49′	122°56′	0. 8	20 000
	31°55′	122°45′	<1. 5	
2006. 8			0. 87	15 400
2015. 9			1. 92	14 800

虽然珠江口也面临营养盐和有机质大量排放的问题，在某些区域也存在一定程度的低氧现象，但总体来说，珠江口水体较浅、夏季径流量巨大、动力特征和环流结构致水体滞留时间短、初级生产力受到磷限制、西南季风和台风的存在等，这些因素使珠江口低氧现象并不突出，只是某些局部区域的偶发事件。而近几十年来，长江口外海夏季底层低氧呈现明显的加重趋势：低氧面积从1959年的1 800 km^2增加到现在将近20 000 km^2，底层溶解氧平均值从5. 9 mg/L下降到2. 7 mg/L。调查资料分析发现，

过多的营养盐导致富营养化，使解除了光限制的长江口羽状锋水域初级生产力极大地提高，进而产生大量的有机碎屑和排泄物，在水体与海底中不断氧化分解消耗了大量溶解氧；同时，夏季长江口径流冲淡水及台湾暖流上涌的共同作用在低氧区形成强烈的温、盐跃层，从而限制了表层溶解氧与底层的交换（王鹏皓和李博，2019；刘贲等，2018；）。因此，长江口外海夏季底层是一个严重的耗氧环境，而温、盐跃层限制了海表富氧水与底层交换，这两个因素共同导致了低氧发生。可见长江口外海夏季底层低氧的成因与大部分低氧河口相类似，长江冲淡水、环流、风场等动力过程对长江口外海夏季底层低氧的产生有重要影响。

长江口外海夏季长江冲淡水分成两支，其中一支转向东北，然后在 122. 5°E 附近顺时针转向东输运，在陆架中部形成 10～15 m 厚的表层低盐水体，最远可以延伸至 400 km，到达济州岛之前转向对马海峡；另外一支沿岸向东南输运，泥沙主要沉降在 122. 5°E 以西。因此，东北向的冲淡水含沙量低、营养盐含量高，西南向冲淡水含沙量高。台湾暖流包括台湾海峡水体和黑潮入侵分支，来自黑潮在台湾南北弯曲形成的上升流和涡旋，在 50 m 等深线处入侵，在长江口外面形成温、盐跃层，夏季西南季风起到加强作用。台湾暖流沿 50 m 等深线入侵长江口东部和南部是一个恒定的环流现象。黑潮沿陆坡 200 m 等深线向东北方向流动，与东海之间通过锋面和上升流进行水体交换。夏季西南季风作用下的闽浙沿岸流和黄海冷水团气旋式环流的西侧形成的苏北沿岸流对长江口邻近海域具有重要作用。此外，台湾暖流和沿岸流、西南季风和地形共同作用下的上升流是长江口外海和江浙沿岸夏季的普遍现象，同时对营养盐动力过程和初级生产力起到重要作用。

从低氧发生所需营养盐（氮、磷、硅）来源来看，长江口外海低氧主要受长江冲淡水、黑潮次表层水、台湾暖流、闽浙沿岸流和苏北沿岸流控制。长江口外海氮主要来源于长江冲淡水、台湾暖流和黑潮次表层水，1999—2003 年的调查资料显示，三者在夏季对整个东海的硝氮输入率分别为 2. 76 kmol/s、7. 10 kmol/s 和 5. 43 kmol/s，氨氮输入率分别为 0. 182 kmol/s、1. 35 kmol/s 和 0. 47 kmol/s，海底沉积物再悬浮输入 1. 01 kmol/s。大量研究表明，长江冲淡水的氮、磷比远大于 Redfield 比值，长江口近海初级生产力主要受到磷限制。1992 年观测资料表明，东海的 1/3 甚至 1/2 的海域中盐度小于 30. 5 的表层水体氮、磷比非常高。对长江口及其邻近海域而言，台湾暖流和黑潮次表层水磷输入量远大于长江冲淡水，同时沉积物再悬浮、水体再生都是磷的重要来源。调查资料显示，西南季风使台湾暖流与黑潮次表层水涌升，上升流海域附近磷含量明显高于其他海域，使磷限制得到缓解、初级生产力极大提高，而秋季上升流减弱后磷含量随之下降。台湾暖流、黑潮次表层水输入的主要是溶解态磷，而长江冲淡水输送的主要是颗粒态磷，与东海输入、输出的磷相差25%，说明东海是磷汇，磷随悬浮物一起沉降至海底。硅主要来源于长江冲淡水、台湾暖流、黑潮次表层水和海底沉积物再悬浮，总的输入、输出之间相差25%~30%，表明东海陆架海域是硅的一个重要汇。

温、盐跃层限制表层溶解氧与底层交换，是长江口外海夏季底层低氧的重要物理机制。长江口外海夏季跃层同时受到长江径流冲淡水、台湾暖流、苏北沿岸流和西南季风等影响。2006年夏秋之交的9月在长江口的观测表明，水体层化是导致底层水体贫氧的重要因素，研究区域溶解氧存在强跃层型、跃层型、弱跃层型及无跃层型4种典型的剖面类型，依次反映水体层化强度由强至弱的一个变化过程。研究发现，高盐、低温的台湾暖流为跃层形成提供了必要条件，并且本身就是低氧水体，因此成为维持夏季底层低氧的主要因素之一。温跃层与盐跃层在长江口外海并不重合，从长江口向外依次是口门外悬沙锋、盐度锋（羽状锋）与温度锋（海洋锋）。对比分析低氧与温、盐跃层的空间分布不难发现：低氧中心基本上在盐度锋附近，而低氧区向东可以扩展到温度锋附近。观测发现，8月表层混合水体与底部水体密度差为3.59 kg/m^3，主要是由表、底层温度差引起，此外盐度差则主要在羽状体内起主要作用。

水温与地形也是影响长江口外海夏季底层低氧的重要因素。水温不但影响到水体层化稳定性和氧溶解率，还可以影响细菌分解率和生长率，较高水温可以促使细菌分解和生长。2003年观测表明，长江口低氧区透光层中叶绿素 *a* 含量6月的平均值和总量远大于8月，中肋骨条藻引起的藻华在同样位置的对应时期也观测到过，亦即6月有机质输入量远大于8月，但6月水温相对较低（6月平均水温16.6℃低于8月平均水温23.6℃），因此8月低氧更加严重。部分因为8月跃层强于6月；部分因为底部水温较高加速细菌分解。2005年春、夏季长江口生态环境观测也证明了夏季底层水体低氧与水温的相关关系。历年低氧调查发现，低氧中心与长江口外海深槽位置基本一致，深槽不但限制了低氧水体与环境富氧水体交换，而且为细颗粒沉积物的沉降悬浮提供了条件，细颗粒黏性物质大量富集促进初级生产，进而增加生物碎屑氧化耗氧。长江口受人为影响严重，大量施用的氮肥随径流面源注入长江，在河口呈现富营养化状态，与之相关赤潮等的发生也都加剧了海水低氧程度的范围（图1）。

风场影响长江口水体层化结构的稳定性，以至于对表、底层溶解氧交换具有重要作用。长江口外海夏季受西南季风控制，同时还有台风影响。总结之前的调查报告与相关研究工作不难看出：1999年8月20—30日低氧观测之前有尼尔和奥嘉台风，2003年6月、8月和9月低氧调查前有苏迪罗、艾涛、环高、鸣蝉台风均能影响到长江口外海海域；2006年6月、8月和10月进行的3次观测前也有杰拉华、艾云尼、碧利

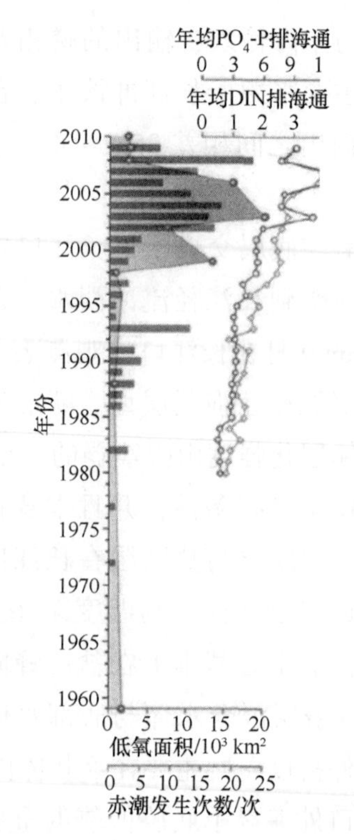

图 1　长江口低氧区不同年代分布与赤潮和无机氮输入的关系

斯、格美、派比安、桑美和珊珊等数个台风影响长江口低氧区，而在随后的调查中也观测到严重的低氧现象。一方面台风破坏水体层化结构、减弱或者消除低氧；另一方面台风带来的巨量降水对台风后径流冲淡水输入营养盐和水体层化都有促进作用，因此台风过程对长江口外海低氧现象变化的影响非常复杂。

此外，人类活动如流域土地利用、修建水库大坝以及调水调沙等对河口动力和生态环境均会造成一定的影响，进而改变河口低氧水体的特性。对长江口而言，主要受到流域土地利用、灌溉施肥、三峡大坝和南水北调工程的影响。过去几十年里，长江流域尤其是下游土地利用变化和过度使用化肥导致长江向东海输入的营养物质（氮）增长了 10 倍，并且在未来有持续增长的趋势。诸多研究探讨了三峡大坝、南水北调工程可能对长江口外海生态系统带来的影响。南水北调将 5%的长江径流量调整到北方，使长江口水体整体滞留时间增长，最终会导致长江口及近海盐度增加，氮、磷含量升高，悬浮物浓度降低，初级生产力提高。1950—2004 年间，三峡大坝投入运行前输沙量下降了 15%，三峡大坝修建后年平均输沙量从历史平均的 4.86×10^{8} t/a 下降到 2.90×10^{8} t/a，相比历史平均值下降了 40%；且夏季径流量减小、冬季增加。从 20 世纪 50

年代至今，夏季滞留时间略有增加，冬季滞留时间略有减小。三峡大坝建成后入海泥沙量大大降低，这样使长江口近海浮游植物生长的真光层深度变深；洪季冲淡水减小，而1—4月枯季冲淡水增加，这使长江口以及陆架近海夏季浮游植物暴发更加频繁和严重，甚至上溯到长江口口门内。

3　水体低氧对生物的影响——生物效应

水体低氧可引起严重的生态环境效应，当水体的氧含量降低但不威胁生物生存时，游泳生物逐渐逃离这一区域，造成生物的迁徙，不能迁徙或迁徙较慢的底栖生物则生长缓慢、发育异常，导致生态系统偏离正常形态。当水体的氧含量低至生物不能生存时，不能迁徙或迁徙较慢的底栖生物将大量死亡，游泳生物逃离或灭绝，形成“无生命区”。海水缺氧对底栖生物、无脊椎动物、鱼类等有严重影响，可从分子效应、生理生化、个体行为和群落响应等方面改变近海生态系统结构与功能（宋金明等，2020）。

3.1　分子水平上的响应

对所有好氧生物而言，氧气是必需的。这些好氧生物细胞中存在着一种能监测环境中氧气浓度，并特异性诱导氧调节基因表达的蛋白质，称之为氧分子感受器（molecular oxygen sensor）。虽然在细菌和酵母细胞氧分子感受器的类型、结构、功能及作用机理等方面研究较多，但对高等生物氧分子感受器的了解还较少。某些哺乳动物细胞类型，例如，颈动脉细胞、肺动脉细胞、神经上皮小体，已经特化为氧敏感细胞；进一步研究也证明，丰年虫、昆虫和哺乳动物等生物体细胞中存在着氧分子感受器，类型包括血红蛋白、NAD（P）H氧化酶、线粒体细胞色素a3或细胞色素C氧化酶等，但目前对高等动物的氧分子感受器作用机理仍不甚了解。

低氧诱导因子（Hypoxia-inducible factor-1，HIF-1）是氧分子感受器的一类重要的目标靶分子。HIF-1作为一种转录因子，可通过与DNA的结合调控许多低氧诱导基因的表达，其在哺乳动物细胞内又普遍存在，因此人们已围绕此类蛋白开展了大量的研究工作。目前已知HIF-1由两个亚基（α和β）构成。HIF-1α亚基在正常氧浓度条件下不稳定，其氧依赖降解域（oxygen-dependent degradation domain，ODD）能通过泛素化而被胞内蛋白酶降解，因此HIF-1α亚基只在低氧时积累（图2）。HIF-1β亚基的稳定性与氧气浓度无关，低氧条件下，其可与HIF-1α亚基构成二聚体，调控低氧基因的表达；有氧条件下，其还能与芳香碳氢化合物受体（aryl hydrocarbon receptor，AhR）结合，参与胞内其他代谢途径的调控。一旦细胞面临低氧环境，氧分子感受器首先将信号传递给 HIF-1，HIF-1α 亚基通过碱基-螺旋-环-螺旋结构域（basic-helix-loop-helix，bHLH）与 DNA 双螺旋上的特异位点（HIF-1 DNA binding site，HBS）结合，诱导下游低氧反应原件（hypoxia-response elements，HREs）上相关基因的转录，合成蛋白质，包括红细胞生成素（促进红细胞增殖，增加血氧供应）、血管内皮生长因子（通过血管容量的增加，提高供氧能力）、葡萄糖转运蛋白（增强葡萄糖的运输能力）、唏醇化酶（提高糖酵解能力和葡萄糖吸收）以及多种糖分解酶，如已糖激酶、乳酸脱氢酶、丙酮酸激酶和磷酸果糖激酶，最终实现细胞在低氧浓度下复杂的生理反应。此外，在低氧条件下，黑点青鳉（*Oryzias melastigma*）肝脏和性腺细胞可通过调节 HIF-1α 含量，上调端粒酶逆转录酶表达，该酶与肿瘤细胞的发生是密切相关的，可增强细胞的低氧适应力。

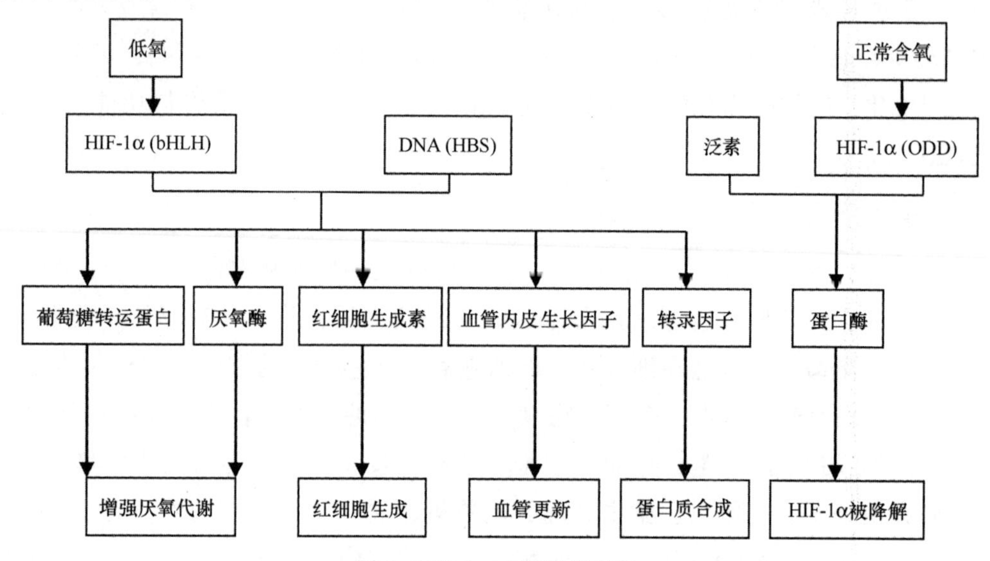

图 2　HIF-1α 主要反应机理

热激蛋白（heat shock protein，hsp）作为一种重要的细胞应激蛋白，也参与了低氧分子响应过程。在低氧条件下，对卤虫（*Artemia franciscana*）休眠胚胎细胞中多数蛋白质变性失活；一旦供氧量上升，大量热休克蛋白 P26 作为分子伴侣，参与到蛋白质可逆复性及结构稳定中，促进胚胎发育。对一个线虫种（*Caenorhabditis briggsae*）热激蛋白的比较基因组研究发现，多数 *hsp*-16 基因启动子序列上具有保守序列 CAC（A/T）CT，这些保守序列与细胞抗热或抗有机溶剂反应无关，但与低氧反应密切相关。然而秀丽隐杆线虫（*Caenorhabditis elegans*）的 *hsp*-16.1 和 *hsp*-16.2 作为低氧反应基因，却与其他非低氧反应基因（*hsp*-16.41 和 *hsp*-16.48）拥有共同的启动子，这也反映了生物体低氧分子响应机制的复杂性。

目前，对低氧分子响应机制的研究，多数是采用体外实验并针对单一靶分子开展工作。然而由于河口生物的多样性，低氧机制的复杂，体外实验的误差，给不同结果的综合分析与比较带来了极大的困难。随着分子生物学实验技术的发展，针对多个靶分子同时开展缺氧分子机制的研究也越来越普遍。近期研究发现，在面对低氧环境时，生物可通过组织细胞内基因的差异性表达来调节代谢过程，从而适应低氧条件。例如，长颌姬虾虎鱼（*Gillichthys mirabilis*）适应低氧环境的模式主要包括：①通过一些基因活性的下调，实现蛋白质合成减少和运动性降低，从而减少能量消耗；②通过一些基因活性的上调，实现厌氧呼吸加强和葡萄糖转化提高，增加 ATP 的合成；③降低细胞生长速率，并将主要能量用于必需的基础代谢；而低氧环境下长牡蛎（*Crassostrea gigas*）的不同组织，也存在与呼吸作用、糖/酯类代谢、免疫系统调节等相关的基因存在差异表达。

正如以上的分析，在近海生物低氧的分子生物学效应方面，近年来很多学者开展了大量的研究工作，但总体而言，现有的知识仍不系统，这主要是由于模式生物的缺乏和基因调控的复杂所造成的。

3.2 机体生理生化响应

海洋生物在低氧状态下，通过复杂的基因调控，可产生一系列机体器官或组织水平上的生理生化效应，增强生命体对环境的适应能力。目前针对水生动物，特别是鱼类，在这方面的研究成果较多，工作开展较为深入的模式生物主要为肩章鲨（*Hemiscyllium ocellaum*）和黑鲫（*Carassius carassius*）。肩章鲨能在低氧热带珊瑚礁区长期生存；黑鲫则是目前公认的最耐受低氧环境的脊椎动物，可在无氧低温环境中生存几个月，又能适应低盐度（17）水体，在波罗的海河口区域也有一定分布。这些海洋生物适应低氧甚至无氧环境的策略主要包括维持氧气运输、减少能量支出和改变厌氧呼吸方式。

维持氧气运输主要是通过增加呼吸表面积来实现。已有研究证明，处于无氧环境中的黑鲫，其鳃细胞出现凋亡，鳃丝形态由柱状转化为片状突起，显著增加了鳃与水流的接触面积；一旦氧气供养恢复，鳃丝形态又恢复到正常的柱状。肩章鲨能通过改变水流在鳃中灌注方式，提高氧气的吸收。而栖息于阿曼大陆斜坡的一些柯素虫科的多毛类，当面对缺氧环境时，可通过体积和鳃数量的增加而扩大呼吸表面积。此外，一些底栖生物和鱼类还可通过增加血红细胞数量或加强血红素与氧气结合能力，来保持代谢所需的氧气供应。例如，一旦面临低氧环境，大型水蚤（*Daphnia magna*）的血红素水平就显著增加。在氧含量只有正常浓度的5%～10%的水体中，黑鲫仅通过调节血红素与氧气结合能力，氧气供应量就能维持其正常代谢的需求。

减少能量支出可通过降低机体 ATP 和蛋白质的合成而实现。对众多好氧生物而言，长期低氧将导致 ATP 周转率和新陈代谢速率下降 10 倍以上。即使是耐受低氧环境的代表生物—黑鲫在面临无氧环境时，也将主要能量用于必需的代谢活动，肌肉和肝脏等器官中的蛋白质合成量下降了 50%~95%。在低氧的条件下，对卤虫（*Artemia franciscana*）胚胎线粒体的蛋白质合成水平也降低了 77%，以减少不必要的能量消耗，而 DO 浓度进一步下降至无氧状态，其新陈代谢速率仅为正常状态的 1/5 万。ATP 和蛋白质合成的下降导致机体运动性的降低，从而进一步减少能量的消耗。例如，在低氧条件下，大西洋鳕（*Gadus morhua*）、绵鳚（*Zoarces viviparus*）、挪威海螯虾（*Nephrops norvegicus*）等水生生物逐渐减少甚至停止运动。

改变厌氧呼吸方式是海洋生物适应低氧环境的第三种策略。多数鱼类可在肝脏中存储大量的糖原，黑鲫存储的糖原含量甚至可达肝脏湿重的 30%。这些糖原是低氧环境下机体能量的主要来源，是生物体长期存活于低氧环境的有效保障。在无氧条件下，葡萄糖通过糖酵解途径分解为丙酮酸，并最终还原为乳酸。然而伴随少量 ATP 的产生，大量乳酸的积累将对细胞造成严重的毒害。一些河口生物就相应地进化出其他代谢途径，例如金鱼和鲫鱼可将丙酮酸脱羧产生乙醛，再还原为乙醇并将其排出体外，避免有害物质的积累。此外，面对低氧环境，一些高等海洋生物还可通过神经调节实现生理生化效应的综合调控。例如，增加神经系统供血量和血糖浓度，保证神经调节所需的基本能量；提供一些神经递质，如 γ-氨基丁酸和谷氨酸等，综合调节机体反应；上调神经细胞酶含量，如一氧化氮酶等。

3.3 生物个体行为响应

低氧对海洋生物个体的调节，是从机体感受器感应缺氧环境开始，然后诱发一系列基因调控、生化反应和生理变化，实现机体新陈代谢的调节，宏观上表现为摄食、生长、发育、繁殖、运动和死亡等个体行为效应，以适应低氧环境。

海洋低氧首先会导致许多无脊椎动物和鱼类的摄食量降低。面临低氧环境时，扁蛰虫（*Loimia medusa*）、挪威海螯虾、一种骨螺（*Stramonita haemastoma*）、两种蓝蟹（*Callinectes similis* 和 *Callinectes sapidus*）、欧洲舌齿鲈（*Dicentrarchus labrax*）等生物摄食率都逐渐下降，甚至停止摄食。同时，低氧也影响到捕食效率。溶解氧浓度低于 4 mg/L 时，甲壳类（*Saduria entomon*）捕捉端足类（*Monoporeia affinis*）的成功率显著下降，这与机体活动能力减弱导致两者相遇几率下降有关。然而溶解氧浓度低于 1 mg/L 时，五卷须金黄水母（*Chrysaora quinquecirrha*）捕食薄氏鲔虾虎鱼（*Gobiosoma bosc*）仔鱼的行为反而增加，表明低氧对生物捕食的影响也与生物种类相关。海水低氧还可能会使一些海洋无脊椎动物失明，蟹和鱿鱼尤其如此，它们在约 20%的表面氧气水平低氧气条件下几乎失去了所有的视力。幼虫常依靠视觉来寻找猎物并避开捕食者，鱿鱼幼虫捕食快速游动的猎物，就像桡足类一样，它们的视力对此至关重要。在暴露于低氧条件下，鱿鱼幼虫视网膜的反应速度减慢，表明这种视觉损伤可能抑制幼虫检测桡足类和饲料的能力，失去对光强度变化作出反应的能力，如捕食者的阴影或视觉上看到猎物可能会降低这些高度视觉幼虫的存活率。

生物摄食量的下降将直接导致机体生长率的降低。海洋低氧时，不同生物生长率的降低存在着一定的个体差异。美洲拟鲽（*Pseudopleuronectes americanus*）在溶解氧浓度为2.2~4.3 mg/L时，生长率显著下降。欧洲鲽（*Pleuronectes platessa*）和泥鲽在溶解氧浓度从正常饱和度的80%降低至60%时，生长率降低了25%~30%。红大麻哈鱼（*Oncorhynchus nerka*）在溶解氧浓度为2.6 mg/L时基本不能生长。小头虫属的一个种（*Capitella* sp.）在溶解氧浓度为1.23 mg/L时48 h内生长率为-50%。而大西洋油鲱（*Brevoortia tyrannus*）在溶解氧浓度低至1.5 mg/L时，生长率才出现显著下降。此外，低氧对生物个体生长的影响，除与生物种类相关外，还与其生活阶段有关。如低氧时紫贻贝（*Mytilus edulis*）在早期幼虫阶段摄食行为甚至加强，到后期其摄食和生长率才逐渐下降。

近海低氧除了能影响生物的摄食行为和生长速率外，还进一步影响到生物的发育和繁殖行为。缺氧条件下，一些生物明显推迟性腺发育、降低受精成功率。例如，低氧或无氧条件下，紫贻贝（*Mytilus edulis*）由晶胚发育至前双壳幼虫的时间显著推迟；美洲牡蛎（*Crassostrea virginica*）幼体停止生长发育；软口鱼（*Chondrostoma nasus*）胚胎的致死率增加、孵化成功率下降。此外，桡足类的产卵量也与溶解氧浓度成正比。长期低氧通常还会降低鱼类的雌二醇或睾丸激素含量，影响繁殖能力，延长发育周期。但是，低氧环境对某些生物的繁殖和发育却是有利的。例如，大西洋鲑的孵化需要低氧诱导；草虾在低氧条件下却具有更高的繁殖能力，这也是生物在进化上适应低氧环境的一种表现。

当海洋生物遇到低氧环境时，一般都会主动迁移至溶解氧浓度更高的区域。例如，大西洋鳕（*Gadus morhua*）和牙鳕（*Merlangius merlangus*）在溶解氧浓度下降至饱和浓度的25%~40%就开始迁移；泥鲽（*Limanda limanda*）和川鲽（*Platichthys flesus*）则在溶解氧浓度下降至饱和浓度的15%时开始迁移；当存在溶解氧浓度梯度区域时，刀额新对虾（*Metapenaeus ensis*）也能主动避开低氧区。因此，海洋低氧的发展会改变生物的栖息地和分布状况。在开阔大洋，最小含氧带（OMZs：Oxygen Minimum Zones）的扩大使热带长嘴鱼和金枪鱼的垂直栖息地在不断萎缩和丧失（Strammma et al.，2011）。在热带东大西洋，由于OMZs的扩大，旗鱼（*Istiophorus platypterus*）和蓝马林鱼（*Makaira nigricans*）在近水面的密度和时长明显增加，这进一步增加了它们被水面渔具过渡捕捞的风险（Prince et al.，2010）；而在出现大面积低氧区的河口，当溶解氧浓度低值忍受极限时，杂色鳉（*Cyprinodon variegates*）和宽帆鳉（*Poecilia latipinna*）等甚至会到水面上借助空气进行呼吸。底层海水的氧流失还改变了许多海洋生物的昼夜迁徙深度，进而对食物链和海洋渔业产生影响（Bianchi et al.，2013）。此外，低氧可能会引起海洋生物生存的光环境因栖息地压缩而发生变化，或引起光需求的生理变化，从而改变视觉海洋生物的行为和分布（McCormich et al.，2017）。

相比低氧条件下的其他个体行为效应，海洋生物低氧致死效应是最复杂的。生物种类、发育阶段、性别、生活环境、甚至个体大小的差异，都能造成海洋生物在低氧致死方面的不同。低氧时斑点猫鲨（*Scyliorhinus canicula*）的致死率为100%；对虾的致死溶解氧浓度为1 mg/L；海洋底部生物区系的临界生存溶解氧浓度是0.98 mg/L；溶解氧浓度低于0.5 mg/L时，海洋底内和底上动物出现大规模死亡，造成大面积低氧死亡区。与成年个体相比，通常幼鱼对溶解氧浓度较为敏感，溶解氧是决定河口幼鱼成活率最重要的非生物因素之一。牙鲆（*Paralichthys olivaceus*）在生长发育阶段，耐受低氧的程度遵循先升高后降低模式。端足类的成年雌性、成年雄性和幼体的半致死率（48 h，15℃）溶解氧浓度分别为2.00 mg/L、1.28 mg/L和1.05 mg/L。平口石首鱼（*Leiostomus xanthurus*）和大西洋油鲱（*Brevoortia tyrannus*）在25℃条件下比30℃更能耐受低氧环境，个体大的平口石首鱼比个体小的更耐受低氧，而大西洋油鲱却恰恰相反。低氧还可通过影响海洋生物的免疫力，造成个体致死效应。如凡纳滨对虾在低氧条件下，机体对细菌抑制力下降，坎氏弧菌（*Vibrio campbellii*）更易感染机体肝、胰腺和鳃组织。

3.4 种群/群落和生态系统的响应

海洋低氧往往造成一些对氧敏感物种的消亡，同时有利于耐受低氧环境物种的生存，进而改变群落组成，影响生态系统。通常在低氧的海洋水体中，摄食悬浮有机物的物种会被摄食底部有机物的物种代替，大型底栖生物物种会被中小型底栖生物物种取代，微型或微微型种类逐渐统治浮游生物群落。

鱼类和一些无脊椎动物由于运动能力较强，可主动避开低氧水域，造成低氧区域内生物量时空分布上的变化；长期低氧更会引起它们原有栖息地的丧失。而相比游泳动物和浮游动物，底栖生物运动性差，为了适应低氧环境，它们往往对低氧的耐受程度要略高一些。多数底栖生物，如软体动物、多毛类动物、有孔虫种类和线虫等，能耐受低氧甚至无氧环境数周以上，从而保证在短期或小范围、低程度低氧情况下，种群数量不至于出现大幅度的改变，多毛类、线虫等一些小型底栖生物甚至可以作为河口低氧的指示物种。但是长期低氧和河口溶解氧浓度大幅降低，也会对河口小型底栖生物种群产生巨大的破坏。例如，伴随着低氧日益严重，路易斯安那大陆架有孔虫种类在组成和数量上已发生显著变化；长期低氧也导致韩国清海湾和灵山河口区一些底栖生物种类和生物量的明显降低等。

海洋低氧可通过影响关键种种群数量的变化，进一步改变河口生物的群落结构。低氧对多数大型经济类海洋生物是不利的，会导致鱼类和底栖生物大量死亡，改变它们的栖息地与迁移方式，直接造成渔业产量降低。例如，墨西哥湾每增加 1 km^2 的缺氧区，就会导致褐虾捕捞量降低 214 kg；低氧水体入侵后，丹麦北海的标准渔获量急剧下降至几乎为零；本格拉北部上升流系统小型远洋生物的减少与 OMZs 的变浅有关，这导致了纳米比亚的沙丁鱼渔业几乎完全消失（Ekau et al.，2010）。当前，低氧已引发许多河口区域众多敏感游泳生物物种周期性或长久性地消失，从而改变生物群落结构。而在一些长期低氧的河口，由于无须面对其他物种的生存竞争，黑鲫已成为顶级捕食者。氧气也是决定底栖生物群落结构的基本因子，虽然许多底栖生物可耐受一定程度的低氧，但它们的群落结构往往受到低氧的影响而出现周期性变化或长期的改变。例如，切萨皮克湾水体低氧时，大型底栖生物群落的生物量和物种的丰度都比正常状态时低，生活于 5 cm 以下的底内动物数量更少，关键种也减少，并出现一些新的优势物种。由于长期低氧，瑞典科尔乔湾（Koljo Fjord）沉积物中的生物种类已非常少，在 18 m 水深以下底层环境中，只发现两种多毛类（*Pseudopolydora antennata* 和 *Capitella capitata*）的存在。此外，底栖生物的垂直分布也与水体溶解氧浓度有一定关联。由于低氧造成被捕食的风险大大降低，底内生物也逐渐迁移至表层；而对于那些离开原有栖息环境至更高溶解氧浓度水体的底栖生物或底层游泳动物，可能就需面对更高的被捕食风险。

海洋低氧不仅改变了生物群落结构，还能影响生态系统的营养动力学过程。低氧往往会降低捕食者的重要性，引起生态系统营养途径的改变。例如，低氧时，捕食者腹足类种（*Murex trapa*，*Nassarius crematus*，*N. siguinjorensis*，*Turricula nelliae*）的优势度将逐渐下降。此外，低氧还可能引起较长的食物链逐渐被较短的食物链所取代，从而直接改变生态系统结构。然而伴随着河口低氧，一些积聚在底层环境的有毒、有害化学物质可能重新活化，影响河口生物的个体行为和种群数量，间接改变生态系统结构。而氧诱导的生物群落的变化，如水母的大量繁殖，可以导致尸体在海底的堆积，它们的腐烂也会增加局部的氧气消耗（Stramma et al.，2010；Sweetman et al.，2016）。因此，海洋生物低氧的生态响应是一个复杂的过程，不仅要考虑低氧时的生物效应，还需引入物理、化学等其他综合因素。

4 健康海洋建设之海水低氧防控策略

在全球气候变化背景下，海洋溶解氧正在不断流失。近 50 年来，全球溶解氧含量下降了 2%，在开阔大洋表现为最小含氧带广泛扩大，而在近海则表现为区域性或季节性低氧（Schmidtko et al.，2017；Levin et al.，2018）。从全球尺度来看，溶解氧含量下降的主要原因是海水增暖导致的海水层化加强使深层海洋通风减弱（Helm et al.，2011；Keeling et al.，2010），而对于近岸海域，低氧的产生受人类活动的影响更加明显，低氧的程度更加严重，造成的生态环境问题也更加突出。因此，为了可持续利用海洋生态环境资源，有必要采取相关策略以最大程度减轻河口/近海低氧及其带来的生态环境问题。以下将从低氧的监测及形成机制研究、控制污染物排放以及调控径流冲淡水等方面探讨具体的海水低氧防控措施。

4.1 科技层面：强化低氧监测，揭示其形成机制

在河口/近海区域，低氧现象通常表现出显著的季节性和区域性特征，这主要是由于如上文所述的低氧的形成受冲淡水、潮汐、海风、海底地形和局部环流等具有显著季节性、区域性特征的因素影响。在多种复杂因素的综合影响下，不同区域低氧的产生时间、低氧的程度和低氧区范围、低氧的持续时间及其对生态环境的影响有明显差异，因此需要针对重点区域加强低氧现象的监测，以掌握低氧发生的动态，同时对低氧发生时的环境要素的变化进行监测，以进一步研究区域性低氧发生的机制。我国海岸线漫长，近岸陆架海域面积广阔，河口和海湾众多，已有研究表明，包括渤海、长江口和珠江口在内的许多海区存在低氧问题，其中长江口及其邻近海域的低氧问题及其带来的生态环境问题最为突出。近年来，随着人类活动影响的加剧，长江口及其邻近海域富营养化和赤潮等灾害频发，低氧问题呈现出不断恶化的趋势。长江口外海低氧的调查始于 1959 年，但直到 20 世纪 80 年代溶解氧的调查和监测才相继开展。21 世纪以来，尤其是三峡大坝投入运行以来，随着低氧问题的日益严重，对长江口低氧区的监测才逐渐密集化和常态化，但总体上来说，关于长江口外海低氧的详尽资料仍然匮乏，尤其是低氧区年际变化的相关信息仍不明确。掌握低氧现象及其发展变化的详细信息，明晰其发生机制，是进一步采取防控策略的基础和前提，因此今后需要继续加强、加密对长江口外海季节性低氧区的调查和监测，积累数据资料并深入分析，以清晰描绘出低氧问题的全貌。此外，对渤海、珠江口等偶发性低氧区也要引起重视，适度加强监测，及时掌握低氧现象的动态变化，进而采取相应策略加以防控。

4.2　政策层面：加强污染物入海排放控制，降低人为影响的程度

人为污染物的排放一方面直接向水环境中输入大量有机物质，有机物降解消耗水体中的氧气；另一方面导致富营养化引发赤潮等生态灾害，产生的大量浮游生物有机体沉入水体下方，快速分解消耗大量氧气。因此，污染物排放是导致河口/近海区域产生低氧的最主要的人为因素，也是防止低氧的主要调控目标。据相关研究估计，长江冲淡水每年可向近海输送 3×10^{12} g 有机物质、9×10^{11} g 硝酸盐以及 2×10^{10} g 磷酸盐（Dai et al.，2010；Liu et al.，2009）。相比外源输入的有机质，大量外源输入的营养盐所支撑的初级生产力的大幅提高，产生了大量易降解的新鲜有机质，对低氧区的形成贡献更大（Wang et al.，2017；Wang et al.，2016）。因此，在河口/近海区域，采取措施防止富营养化和赤潮等灾害的发生，就是从生物化学的角度抑制低氧的发生。首先，要从源头限制氮、磷等营养物质排放。生活污水、农田施肥灌溉和水产养殖是氮、磷等营养物质的主要来源，要出台相关政策，制定流域内生活污水、农田灌溉退水以及水产养殖排水中氮、磷的排放标准，并且要加强监管，保证所排放水质达标。其次，运用生态学原理，改善海岸带及近海生态系统，清除、消耗水体中的污染物和营养盐。滨海湿地中的沉积物和植被可以净化水质、吸收营养物质、抑制富营养化，我国近岸滨海湿地面积广阔，应充分保护、科学管理、合理利用，使其成为污染物入海的第一道防线。在近岸海域，完整、健全的食物链和生态系统有助于抑制富营养化，避免发生赤潮等灾害。增加高等水生植物的种类和数量，避免过度捕捞，使初级生产者制造的有机物沿着食物链有效传递，可在一定程度上抑制有机质直接分解耗氧。

4.3　工程层面：进行径流冲淡水调控，调整/调控低氧区地形地貌

全球近岸海洋的低氧区，主要分布在河口。径流冲淡水不仅是流域内排放的有机质和营养盐输入到近海的媒介，还是影响近海温、盐跃层和近岸环流的重要因素，因此径流冲淡水对河口低氧区形成的影响极其显著。相对于环流、潮汐、海底地形等因素，径流冲淡水也是人类唯一可调控的水动力因素，大型水利工程的修建为冲淡水调控提供了可能。通常径流量大的河口容易形成低氧区，这一方面是由于有机物和营养盐随径流的输入更高；另一方面是由于淡水加强了海水层化现象，而水利工程则可以对不同时期的径流量进行调控。以长江口为例，三峡大坝建成后，夏季径流量降低，营养物质输送减少，初级生产力下降；同时长江口附近海域盐度增加，层化减弱，表底层氧交换增强。然而，冲淡水变弱还会导致河口区水体滞留时间的增长，加剧河口底部硝化耗氧和有机质分解耗氧过程。由此可见，径流冲淡水对河口区低氧的影响比较复杂，不同地区、不同季节所造成影响的方向和程度不同，不能一概而论。因此，

通过调控径流冲淡水来防控低氧，一定要以充分掌握径流冲淡水对河口低氧区形成的影响机制为前提，同时还要综合考虑径流调控对经济社会发展的影响。

海水低氧是一个十分复杂的生态环境问题，受地质、物理、化学和生物等多种因素的共同影响，因此海水低氧的防控也要综合考虑多种因子，针对特定的低氧区研发综合的防控和治理技术。海水溶解氧含量取决于补充和消耗的相对强度，对于河口/近海等初级生产力较高的海区，生物呼吸和有机质降解对溶解氧的消耗是长期、持续存在的，而地形和层化等因素导致的水体滞留时间长、水交换不畅则往往是河口/近海产生底部低氧的直接诱因。针对低氧问题的综合防控治理技术，也应从这两方面着手，根据特定区域的自然条件和人为活动状况，制定可行、效能比合理的措施。如对某些特定低氧区，通过人工工程手段，开挖-填埋改变地形地貌，实现水体交换的顺畅，还可针对淤积严重、水动力较弱的近岸河口和海湾，进行适当的底泥疏浚，改善海底地形和水动力条件，防止低氧现象发生；而针对富营养化严重的近岸海区，则应以调控化学物质输入为主，同时完善生态系统结构以避免发生水华，而某些大型藻类的暴发，如浒苔、马尾藻引起的绿潮、金潮等，要及时进行打捞以防沉降至海底造成长期降解耗氧。海水低氧的防控，是一个多学科、多领域的命题，与防止海水富营养化和海洋环境污染等问题密切相关，研发海水低氧防控综合治理技术，要在健康海洋的理念下，密切结合其他海洋环境问题的治理需求，协同推进。

海水低氧是气候变化和人类活动加剧共同作用的结果，气候变化导致了海水溶解氧流失的大趋势，而人类活动则在局部地区加剧了低氧现象。海水低氧问题严重威胁海洋生态系统的健康和可持续发展，必须引起足够的重视。面对低氧问题，一方面要加大监测力度和科技投入，充分认清低氧的驱动机制和潜在危害；另一方面要采取措施积极应对，缓解和抑制低氧的产生，尽可能降低其对海洋生态和海洋经济可持续发展的危害。

参考文献

李学刚，宋金明，袁华茂，等.2018.深海大洋最小含氧带（OMZ）及其生态环境效应.海洋科学，41（12）：127-138.

刘贲，张霄宇，曾江宁，等.2018.长江口低氧区的成因及过程.海洋地质与第四纪地质，38（1）：187-194

宋金明.2004.中国近海生物地球化学.济南：山东科技出版社，1-591.

宋金明，段丽琴.2017.渤黄东海微/痕量元素的环境生物地球化学.北京：科学出版社，1-463.

宋金明，段丽琴，袁华茂.2016.胶州湾的化学环境演变.北京：科学出版社，1-400.

宋金明，李学刚，袁华茂，等.2019a.渤黄东海生源要素的生物地球化学.北京：科学出版社，1-870.

宋金明,王启栋,张润,等.2019b.70 年来中国化学海洋学研究的主要进展.海洋学报,41(10):65-80.

宋金明,李学刚,袁华茂,等.2020.海洋生物地球化学.北京:科学出版社,1-691.

宋金明,徐永福,胡维平,等.2008.中国近海与湖泊碳的生物地球化学.北京:科学出版社,1-533.

田东凡,李学刚,宋金明,等.2019.海洋最小含氧带氮流失过程与机制.应用生态学报,30(3):1047-1056.

王鹏皓,李博.2019.长江口及其邻近海域低氧现象的历史变化及发生机制.浙江海洋大学学报,38(5):401-406.

吴晓丹,宋金明,李学刚.2014.长江口邻近海域水团特征与影响范围的季节变化.海洋科学,38(12):110-119.

张倩,宋金明,李学刚,等.2017.水环境中的信息有机物与"水域生态讯息学"的提出.海洋科学,41(3):138-150.

Bakun A.2017.Climate change and ocean deoxygenation within intensified surface-driven upwelling circulation Phil Trans R Soc A,375:20160327.

Bianchi D,Galbraith E D,Carozza D A,et al.2013.Intensification of open-ocean oxygen depletion by vertically migrating animals.Nature Geoscience,(6):545-548.

Dai Z J,Du J Z,Zhang X L,et al.Variation of riverine material loads and environmental consequences on the Chgangjiang (Yangtze) Estuary in recent decades (1955—2008). Environmental Sciences &Technology,2010,45(1):223-227.

Ekau W,Auel H,Portner H O,et al.2010.Impacts of hypoxia on the structure and processes in pelagic communities(zooplankton,macro-invertebrates and fish).Biogeosciences,(7):1669-1699.

Grantham B A,Chan F,Nielsen K J,et al.2004.Upwelling-driven nearshore hypoxia signals ecosystem and oceanographic changes in the northeast Pacific.Nature,439:749-754.

Helly J J,Levin L A.2004.Global distribution of naturally occurring marine hypoxia on continental margins.Deep Sea Research Part I,51(9):1159-1168.

Helm K P,Bindoff N L,Church J A.2011.Observed decreases in oxygen content of the global ocean.Geophysical Research Letters,38:L23602.

Hetland R D,Dimarco D F.2008.How does the character of oxygen demand control the hypoxia on the Texxs-Louisiana continental shelf? Journal of Marine Systems,70:49-62.

Keeling R F,Kortzinger A,Gruber N.2010.Ocean deoxygenation in a warming world.Annual Review of Marine Sciences,2:199-229.

Levin L A.2018.Manifestation,drivers and emergence of open ocean deoxygenation.Annual Review of Marine Sciences,10:229-260.

Liu S M,Hong G H,Zhang J,et al.2009.Nutrient budgets for large Chinese Estuaries.Biogeosciences,6

(10):2245–2263.

McCormick L R, Levin L A.2017.Physiological and ecological implications of ocean deoxygenation for vision in marine organisms.Phil Trans R Soc A, 375:20160322.

Prince E D, Luo J, Goodyear C P, et al.2010.Hypoxia-based habitat compression of tropical pelagic fishes.Fisheries Oceanography, 19:448–462.

Schmidtko S, Stramma L, Visbeck M.2017.Decline in global oceanic oxygen content during the past five decades.Nature, 542:7641.

Service R F.2004.New dead zone off Oregon coast hints at sea change in currents.Science, 305 (5687):1099.

Sherpherd J G, Brewer P G, Oschlies A, et al.2017.Ocean Ventilation and deoxygenation in a warming world: introduction and overview.Phil Trans R Soc A, 375:20170240.

Song Jinming, Duan Liqin.2018a.Chap.17 The Bohai Sea, World Seas: An Environmental Evaluation (2nd Eds, Edited by Charles Sheppard).London: Academic Press, 377–394.

Song Jinming, Duan Liqin.2018b.Chap.18 The Yellow Sea, World Seas: An Environmental Evaluation (2nd Eds, Edited by Charles Sheppard).London: Academic Press, 395–413.

Song Jinming, Zhan Binqiu, Li Pengcheng, 1996.Dissolved oxygen distribution and O_2 fluxes across the sea-air interface in East China Sea waters.Chin J Oceanol Limnol, 14(4):297–302.

Song Jinming.2010.Biogeochemical Processes of Biogenic Elements in China Marginal Seas.Springer-Verlag Gmb H & Zhejiang University Press, 1–662.

Song Jinming.1999.Dynamics of dissolved oxygen in the East China Sea//Margin flux in the East China Sea(Edited by D.Hu and S.Tsunogai).Beijing: China Ocean Press, 228–237.

Stramma L, Prince E D, Schmidtko S, et al.2011.Expansion of oxygen minimum zones may reduce available habitat for tropical pelagic fishes.Nature Climate Change, (2):33–37.

Stramma L, Schmidtko S, Levin L A, et al.2010.Ocean oxygen minima expansions and their biological impacts.Deep Sea Research Part I, 57:1–9.

Sweetman A K, Thurber A R, Smith C R, et al.2016.Jellyfish decomposition at the seafloor rapidly alters biogeochemical cycling and carbon flow through benthic food-webs.Limnology and Oceanography, 61: 1449–1461.

Wang B, Chen J F, Jin H Y, et al.2017.Diatom bloom-derived bottom water hypoxia off the Changjiang estuary, with and without typhoon influence.Limnology and Oceanology, 62(4):1552–1569.

Wang H J, Dai M H, Liu J W, et al.2016.Eutrophication-driven hypoxia in the East China Sea off the Changjiang Estuary.Environmental Sciences & Technology, 50(5):2255–2263.

直面健康海洋之问题三

——海洋酸化及其对生物的影响

宋金明，李学刚，曲宝晓

（1. 中国科学院 海洋生态与环境科学重点实验室 中国科学院海洋研究所，青岛 266071；2. 青岛海洋科学与技术试点国家实验室 海洋生态与环境科学功能实验室，青岛 266237；3. 中国科学院大学，北京 100049；4. 中国科学院海洋大科学研究中心，青岛 266071）

摘要：大气过多二氧化碳溶解进入海洋，打破常规海洋酸碱度，导致海水 pH 降低，这一过程即为海洋酸化。自工业革命以来，全球表层海水平均 pH 已从 8.2 降至目前的 8.1。据预测，到 2100 年，海水平均 pH 将再下降约 0.3~0.4，至 7.8~7.9，意味着海水酸度将升高 100%~150%。尽管预测将来的结果海水会明显酸化，但由于近海含有更多的含碳酸盐颗粒会缓冲酸化海水 pH 的降低，近海酸化的表现可能会不明显。为了追溯海洋酸化的长期变化及影响因素，通常可借助海洋生物碳酸盐中的硼同位素组成等方法来重建地质历史时期内的海水 pH 记录。全球海水平均 pH 在近 200 年来的变化是生物活动与区域海–气过程共同作用的结果，这两方面又均受到人为活动的深刻影响。海洋酸化引发了化学条件和物理环境的重大变化，将对海洋生物的钙化作用和光合固碳产生一系列负面影响。钙化生物如珊瑚、有孔虫、颗石藻等的生长速率、钙化速率和幼体成活率等都将受到严重抑制。大气二氧化碳浓度升高虽然短期内有利于光合作用，但也容易引起光胁迫，且伴随的海洋酸化还会影响细胞的生理作用，光合固碳在海洋酸化下的响应则是正负效应的综合叠加结果。海洋酸化条件下依赖二氧化碳的浮游植物可能会是受益者，而依赖 HCO_3^- 的浮游植物所受影响较小。为更好地防控海洋酸化问题，保障健康海洋和谐发展，首先应探明海洋酸化驱动机制及其对海洋环境与生态系统的影响，同时应以建设健康海洋和构建海洋命运共同体为目标，积极制定能够妥善应对海洋酸化的相关法律规制，还要积极推进地球系统工程和管理与碳交易等进程，综合利用科学、法律、技术与金融等手段，实现人为二氧化碳的增汇减排，从根本上防控海洋酸化的恶化和蔓延。

关键词： 海洋酸化；pH；生物影响；生物钙化；光合固碳；防控措施

本文观点： 尽管预测将来的结果海水会明显酸化，但由于近海含有更多的含碳酸盐颗粒会缓冲酸化海水 pH 的降低，近海酸化的表现可能不会明显。

现在海洋正经历3亿年来最快速的酸化，其酸化速度超过了6 500万年前地球那场浩劫中大规模二氧化碳释放时导致的酸化速度。自工业革命以来，由于化石燃料燃烧、工农业生产、森林砍伐、土地利用等人为活动不断加剧，大气二氧化碳浓度已经从280×10^{-6}攀升至400×10^{-6}以上，而且目前依然处于持续升高态势。研究表明，大气中不断升高的二氧化碳实际上只占人为活动产生的二氧化碳的50%左右，大约还有30%的人为碳存储于海洋环境中（Orr et al.，2005；Sabine et al.，2004）。海洋拥有巨大的容量，是吸收和储存二氧化碳的重要碳汇。因此，大气二氧化碳不断溶解进入海洋，最终使海水中氢离子（H^+）浓度升高，碳酸根（CO_3^{2-}）浓度降低，从而导致海水 pH（$pH=-\lg[H^+]$）与碳酸钙饱和度Ω($\Omega=[Ca^{2+}]*[CO_3^{2-}]/k_{sp}^*$)降低，这个过程即为“海洋酸化”（Ocean Acidification）。研究已经证实，海洋酸化将引发化学环境（pH 和碳酸钙饱和度下降），物理条件（噪音水平升高）及生物代谢（钙质壳形成困难）等方面的一系列变化，使得海洋健康具有更大的复杂性和不确定性。因此，密切关注海洋酸化的发展动态，正确评估海洋酸化的生态效应，准确预测未来海洋的酸化趋势，已成为全球海洋学研究的热点（Doney et al.，2009）。从工业革命至今的200多年间，表层海水的 pH 已经降低了0.1，如果继续按照目前这种化石燃料消耗量和大气二氧化碳浓度升高的趋势发展，到21世纪末，海洋 pH 可能会下降0.3~0.4，意味着海水氢离子浓度会比工业革命以前上升100%~150%。不要小看这0.1个 pH 单位，要知道，全球海洋酸度已经稳定了2 300万年之久，额外增加的二氧化碳会改变了海水的状态，加重了它的酸性程度。海洋以每小时100万 t 以上的速率从大气中吸收二氧化碳，使上层海洋 pH 不断下降，引起海洋酸化，科学家估计全球海洋的 pH 每年以0.002 2单位下降。

由于受到复杂的物理（洋流、混合等）、化学（沉淀、溶解等）和生物（初级生产等）要素的共同影响，海洋酸化现象的发生和发展通常具有显著的时空变异。从全球范围来看，大洋表层海水的酸化进程基本与大气二氧化碳浓度的持续升高（约2 μatm/a）同步（Bates et al.，2014）。北冰洋等高纬度海域由于受到低温控制与融冰效应的影响，其碳酸钙饱和度相对低纬度海域较低，易受到海洋酸化过程的影响（Feely et al.，2009）。而由于压力效应，海洋底层水体的碳酸钙饱和度往往相较表层水体更低，层化作用虽可暂时将底层水体固定在原位，但当底层水随上升流涌升至表层后，会造成表层水体酸化（Feely et al.，2008）。与此同时，日益频繁的人为活动正在逐步成为海洋酸化的主要控制因素。预测显示墨西哥湾底层海水碳酸钙将在21世纪末处于不饱和的状态（Cai et al.，2011），同样的情况也出现在长江口海域：21世纪末长江口羽状锋区的底层将会出现碳酸钙不饱和的现象（Chou et al.，2013）。以上都是因为人为活动使水体无机碳含量过高，从而降低了海洋自身调节pH的缓冲能力。

由人为二氧化碳排放而引发的海洋酸化现象，直到20世纪50年代末才逐渐引起国际海洋学界的广泛认识，相关的科学研究也自那时开始相继展开。为了应对海洋酸化，美国成立了海洋酸化小组委员会，协调负责其全国的海洋酸化问题，并将近海海域、热带至亚热带海区、珊瑚礁和高纬度海区列为重点区域研究海洋酸化。欧盟中许多国家也对海洋酸化展开了一系列的研究，早在2005年，英国皇家学会发布了《大气CO_2含量增加造成的海洋酸化》，分析海洋酸化对英国海域海洋生物的影响。2006年，德国发表了《未来的海洋——海平面上升，海水升温与变酸》报告并提出了应对措施。2008年，欧盟委员会启动了EPAOCA计划，研究海洋酸化下海洋生物以及其群落的变化。日本环境省也陆续资助了海洋酸化对海洋生物的影响研究计划，研究海洋酸化对生物钙化的影响，韩国科学和工程基金会资助了调查表层海水酸化和温度上升对浮游植物的影响，澳大利亚将南极海域列为海洋酸化研究的重点海区，监测其水质变化和生物响应。中国政府和科学界高度重视海洋酸化的观测和研究，国家自然科学基金委员会已将海洋酸化列为重点支持方向之一，有关政府部门也将“中国近海海洋酸化监测体系建设”列为中国海洋工作的重点任务。

本文就健康海洋建设当今和将来必须面对的海洋酸化问题，归纳总结了全球海洋酸化的变化趋势，阐述了利用热带造礁珊瑚来反演海洋酸化变化历史的基本情况，重点综述了海洋酸化对海洋生物钙化作用和光合固碳的影响，最后针对健康海洋建设的要求提出了海洋酸化防控策略。

1　海洋酸化及其变化趋势

大气二氧化碳浓度的持续升高，导致海洋不断吸收二氧化碳（酸性气体），造成海水pH下降，这种由大气二氧化碳浓度升高导致的海水酸度增加的过程被称为海洋酸化。早在1956年，美国斯克利普斯海洋研究所便开始着手研究工业革命以来产生的二氧化碳对未来50年的气候效应。研究者在远离二氧化碳排放点的南极和夏威夷莫纳罗亚山顶设立了两个监测站。60多年的持续监测发现，大气二氧化碳的体积分数逐渐增加，而且二氧化碳体积分数的季节变化与北半球植物生长季节的更替同步。这一观测结果让科学界很快认识到，被释放到大气中的二氧化碳不会全部被植物和海洋吸收，有相当部分残留在大气中。通过估算发现，被海洋吸收的二氧化碳量非常巨大。据此科学家预测，吸收进入海洋的二氧化碳将会明显改变海水的化学性质。

2003 年“海洋酸化”（ocean acidification）这一术语第一次出现在《Nature》杂志中（Caldeira and Wickett，2003）。2005 年《Nature》杂志进一步描绘出“海洋酸化”的潜在威胁（Orr et al.，2005）。研究发现，5 500 万年前海洋曾经出现过一次大范围的生物灭绝事件，巨量约 45 000 亿 t 二氧化碳溶解到海水中，海水成为“酸水”，此后海洋至少用了约 10 万年时间才恢复正常。现有的大量科学证据表明，人类每年释放的碳量约为 71 亿 t，其中 20 亿 t 被海洋吸收，33 亿 t 在大气中积累。海洋吸收大量二氧化碳能够最大限度地缓解全球变暖，但也使表层海水的 pH 平均值从工业革命开始时的 8.2 下降到目前的 8.1（曲宝晓等，2020）。据联合国政府间气候变化专门委员会（IPCC）第五次报告预测，到 2100 年，海水 pH 平均值将下降约 0.3~0.4，至 7.9 或 7.8，海水酸度将比工业革命开始时高约 100%~150%（Song，2010）。

海洋酸化会引起海洋系统的一系列化学变化，从而不同程度地影响海洋生物的生长、繁殖、代谢与生存，导致海洋生态系统发生不可逆转的变化，最终影响海洋生态系统的平衡及对人类的服务功能。2014 年《生物多样性公约》第十二次缔约国大会指出，海洋酸化速度近期“急剧加速”将会使海洋生物的种类在 2100 年减少 30%~40%，而贝类种类可能会减少 70%。然而相对于全球大洋，近海海洋生态系统运转机制则更为复杂多变。特别是在气候变化和富营养化等环境压力的共同作用下，近海已成为对大气二氧化碳升高及海水酸化响应最为敏感的区域（石鑫等，2019；宋金明等，2016；2018；2020a；2020b）。此外，较大气二氧化碳升高驱动的酸化而言，近海海洋酸化可在短时间迅速发展，酸化进程要远快于大洋，且常与“低氧（Hypoxia）等其他现象相伴，从而对海洋生物造成更大的环境胁迫，严重影响近海生态系统。二氧化碳在表层海水与大气间的交换相当快，随着大气二氧化碳浓度的升高，海洋表层的二氧化碳也会逐渐增加，从而破坏了海水碳酸盐的化学平衡，使海水 pH 降低、同时使 CO_3^{2-} 浓度以及碳酸盐的饱和度降低。海水碳酸盐体系存在以下反应平衡（宋金明等，2017）：

$$CO_2(g) \rightleftharpoons CO_2(aq) \quad (1)$$

$$CO_2(aq) + H_2O \rightleftharpoons H_2CO_3 \quad (2)$$

$$H_2CO_3 \rightleftharpoons H^+ + HCO_3^- \quad (3)$$

$$CO_3^{2-} + Ca2+ \rightleftharpoons CaCO_3(s) \quad (4)$$

式中，g、aq、s 分别表示气态、水合态和固态。在海水碳酸盐体系中，HCO_3^- 通常占溶解无机碳（DIC）的90%以上，CO_3^{2-}占9%左右，溶解态的二氧化碳占1%以下（宋金明等，2020b）。

目前，全球海洋表层pH变化速率远远超过了过去几百万年的变化速率，海水pH正以每20年0.015个单位的速率快速下降。随着人为二氧化碳的不断排放，未来海水pH的变化速率将更快。图1是美国夏威夷莫纳罗亚山所测得的大气二氧化碳浓度及阿罗哈站位表层海水pH和pCO_2的时间变化序列。从图1中可以看出，过去几十年，随着大气二氧化碳浓度的增加，表层海水pCO_2也呈现一定比例速度的增加，同时海水pH也明显降低。

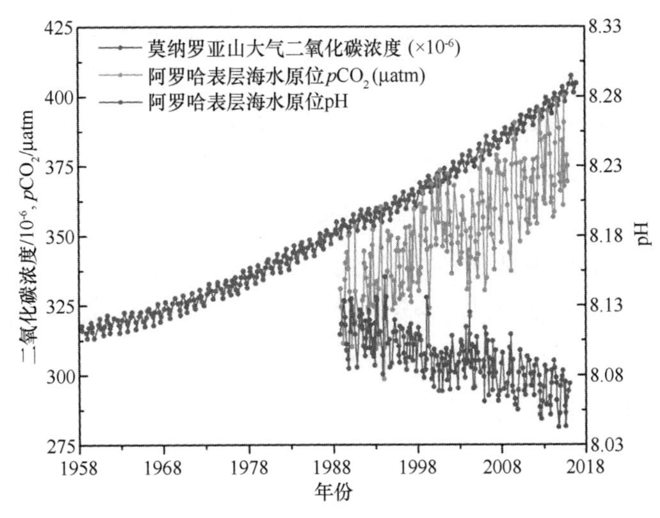

图1　美国夏威夷莫纳罗亚山大气二氧化碳浓度及阿罗哈表层海水pH和pCO_2的变化

全球海洋中，不同海域不同水层的pH是不同的，主要受控于海水温度、水体二氧化碳体系等因素。目前，全球开阔海域表层海水pH在7.95~8.35之间变化，平均值为8.11。在南大洋和北冰洋，由于高纬度海水温度较低，表层海水吸收更多的二氧化碳导致海水pH较低；在赤道太平洋及阿拉伯海等上升流区，由于次表层更低pH的海水被带至表层，导致表层海水pH出现最低值；在高生产率及输出地区，这些地区由于浮游植物的光合作用使溶解无机碳转变成有机碳，以及通过生物泵将溶解无机碳传输至深层，导致表层海水pH升高。大气与海洋的二氧化碳交换主要发生在海洋的表面混合层（平均水深100 m左右），该混合层海水因混合动力与大气发生二氧化碳交换。二氧化碳在混合层海水的平均停留时间为6年，混合层海水中与中深层海水（1 000~4 000 m）的混合相对缓慢，需数百年。混合层海水吸收的二氧化碳将停留较长时间，相应地增大上层海洋的酸化。以IPCC中IS92a的二氧化碳排放模式为依据，利用海洋碳循环模型可以模拟出海洋酸化从表层向深层渗透的情景（图2）。可见，随着时间的推移，海洋酸化将会从表层逐渐向深层渗透。至2040年，表层海水pH下降约0.2，在300 m深的海水pH将降低0.1个单位，至2300年，表层海水pH将降低0.7个单位，海洋3 000 m深海水pH将受到影响。除pH降低外，大气二氧化碳浓度的升高将引起海水CO_3^{2-}浓度的减小、降低各种$CaCO_3$矿物（文石、方解石等）的饱和度。理论上，通过海水碳酸盐的热力学计算，可以预测$CaCO_3$饱和度对大气二氧化碳浓度增加的响应。预计到2030年，高纬度地区文石将出现不饱和，尤其在南北极，由于水温较低，以及海冰融化，二氧化碳更易溶于海水中，故能吸收更多的二氧化碳，因此极地海洋受海洋酸化的冲击更大、更早，生物体适应海水酸化的能力可能更低，钙质生物及矿物最先受到影响。一些钙化海洋生物，如钙化浮游植物、钙化大型藻类、珊瑚类、贝类等对$CaCO_3$饱和度非常敏感。当$CaCO_3$饱和度小于2，大多数海洋生物的钙化作用受到抑制，难以形成钙质骨骼和外壳，若$CaCO_3$饱和度降至1，已形成的钙质骨骼和外壳也将趋于溶解。$CaCO_3$饱和度降低将引生物的钙化速率降低，改变生物种群的结构和功能，使某些具有钙化能力的生物在生存的竞争中失去优势。事实上，大气二氧化碳浓度增高引起的海洋酸化已经开始影响海洋中的钙化过程。在饱和度低于1的海水中，$CaCO_3$正以每年每千克海水0.003～1.2的速度溶解，全球海洋由于海洋酸化导致的$CaCO_3$溶解量每年已经达到约5×10^8 t（以碳计）。

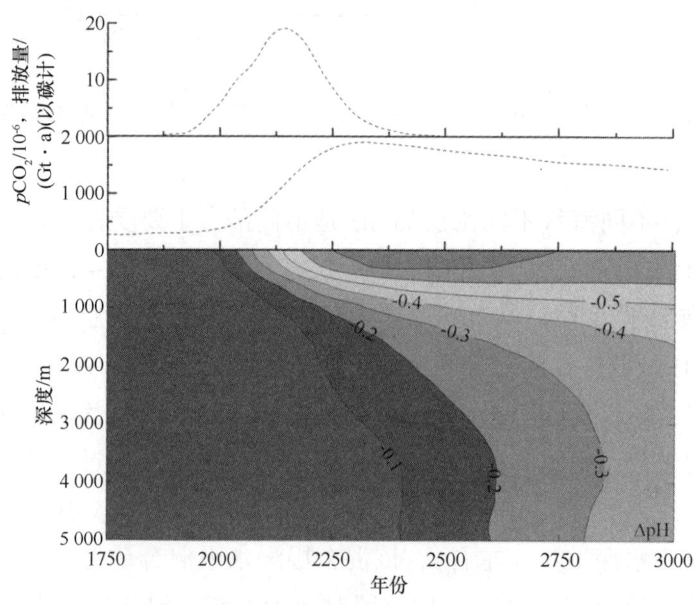

图2　人为二氧化碳排放、大气二氧化碳浓度及海洋pH至3000年的变化预测

尽管目前对海洋酸化的观测和预测有了较多的研究报道结果，但对近海而言，由于含有大量的悬浮颗粒物，而且水深较浅，表层沉积物的悬浮十分强烈，含有大量的碳酸盐颗粒/沉积物会抵消和缓解海水 pH 的降低，近海酸化的显现可能不会明显。

实际上，在地球的历史演化史上，海水的酸化就造成过海洋的“劫难”。最近的研究显示，海洋酸化可能是造成 2. 52 亿年前地球生物大灭绝的元凶。在距今约 2. 5 亿年前的二叠纪末期，发生了地球有史以来最严重的大灭绝事件，估计地球上有 96%的物种灭绝，其中 90%的海洋生物和 70%的陆地脊椎动物在灾难中消失，科学界将其称之为“二叠纪灭绝”。2. 52 亿年前，西伯利亚火山猛烈喷发，产生的二氧化碳改变了海洋酸度，结果导致大部分陆地生物和海洋生物死亡，成为地球史上 5 次生物大灭绝中规模最大的一次。当时，被称为“西伯利亚地盾”的暗色岩大规模喷发，这是过去 5 亿多年以来最大规模的火山活动之一，从二叠纪末期到三叠纪之初持续了 100 多万年。火山喷发产生了巨量的二氧化碳，对陆地和海洋生物造成了可怕的后果，灭绝持续了约 6 万年，三叶虫和海蝎子等存在于海洋亿万年的生物消失，陆生动物面临全球变暖和气候干燥的威胁，除了人类在内的现代哺乳动物等几个少数谱系，大多数哺乳动物、爬行动物死亡。大灭绝也为 2 000 万年后第一代恐龙的出现奠定了基础。因此，海水酸化也是地球或海洋演化不同历史时期上影响整个地球生态系统的“关键事件”。

2　历史时期海水酸碱度变化—热带造礁珊瑚海洋酸化的反演

海洋酸化研究目前主要集中于探寻其对海洋化学组成的影响以及海洋生态系统对它的响应。但目前有关海洋酸化机理的认识仍十分有限，这主要是因为缺少长时间尺度海水 pH 变化的观测记录。由于海水 pH 一直以来都不是常规的海洋观测项目，现场观测的海水 pH 连续记录非常罕见，且时间跨度不大，最长的夏威夷 HOT 观测站的记录也仅有 30 多年。为了更好地反映海水 pH 的长期变化特征及其内在影响因素，研究者们通常借助于海洋中生物碳酸盐（如珊瑚礁、有孔虫等）中的硼同位素组成来重建地质历史时期海水 pH 的记录。

造礁珊瑚是研究热带海洋环境变化很好的载体。它能够连续地生长数百年之久，且生长速率缓慢，年均生长速率约为 10～20 mm，同时其钙质骨骼中的地球化学信息能够真实反映周围海水的环境变化，因而可以提供高分辨率的古气候记录。珊瑚骨骼中的硼同位素可以准确地记录钙化作用发生时珊瑚细胞外钙质流体的 pH，通过经验公式校正就可得出当时海水的 pH。自从 20 世纪 90 年代有学者发现海相生物碳酸盐中的 $\delta^{11}B$ 能够重建海水 pH 变化以来，该方面的研究便备受重视。在自然界中，硼有两种同位素：^{10}B 和 ^{11}B。在海水中，溶解态硼主要以 $B(OH)_3$ 和 $B(OH)_4^-$ 两种形式存在，根据弱酸的电离平衡，二者的相对含量受海水 pH 控制。由于在电离过程中发生同位素分馏，^{10}B 相对富集在 $B(OH)_4^-$中。根据矿物学研究，文石结晶时硼主要以 $B(OH)_4^-$ 形式进入到晶格中，结合海水中 $B(OH)_3$和 $B(OH)_4^-$的电离平衡及同位素分馏，可推出其同位素分馏与 pH 的关系式：

$$pH = pK_B - \lg\{(\delta^{11}B_{SW} - \delta^{11}B_C)/\alpha - 1\delta^{11}B_C - \delta^{11}B_{SW} + 103(\alpha - 1 - 1)\} \quad (5)$$

式中，pK_B为硼酸的表观电离常数；$\delta^{11}B_{SW}$为海水中 $B(OH)_3$和 $B(OH)_4^-$两相的 B 同位素值，取 39.5‰，$\delta^{11}B_C$ 为海洋碳酸盐中的 B 同位素值，α 为 B 同位素分馏系数。可见只要测定了海相碳酸盐的 $\delta^{11}B_C$ 就可以重建古 pH。

目前公开报道的珊瑚礁海水 pH 变化记录均是通过这一方法获得。珊瑚骨骼 $\delta^{11}B$ 重建的海水 pH 变化记录均具有明显的年际和年代际的周期波动（图 3），其波动范围大约为 7.6~8.2。其中关岛珊瑚礁的海水波动范围较小，与亚热带北太平洋开放海域海水的 pH 波动范围一致；而澳大利亚大堡礁和珊瑚海，以及中国南海北部和东部珊瑚礁海水的 pH 波动范围均略高于开放大洋，但均与现代观测的珊瑚礁海水 pH 变化范围相似。这说明不同海域珊瑚礁海水的 pH 变化仍受到区域地理环境的影响。并且，这些近岸珊瑚礁的 $\delta^{11}B$-pH 序列的年代际周期波动更为显著，与区域性海洋气候过程，如太平洋年代际波动和亚洲冬季风等的波动周期相同。对于大堡礁 Flinders 珊瑚礁的海水来说，当太平洋年代际振荡（Pacific Decadal Oscillation，PDO）为正相时，太平洋信风及其所驱动的南赤道洋流均较弱，因此珊瑚礁海水与外界海水的交换较弱，珊瑚礁海水积累较多由钙化作用所产生的二氧化碳，因而使海水 pH 降低；而当 PDO 为负相时，太平洋信风及其所驱动的南赤道洋流活动增强，珊瑚礁海水不断得到更新，因而稀释了其中二氧化碳的体积分数，使海水 pH 升高。同样地，南海三亚湾珊瑚礁海水 pH 的波动与亚洲冬季风的周期变化的相似也是由于气候变化影响开放大洋海水与珊瑚礁海水交换所造成的。这也就是说，珊瑚礁海水 pH 的自然波动主要是由区域海洋气候对珊瑚礁海水与开放大洋海水交换的影响所导致的，但这其中最根本的因素则是珊瑚礁海水中生物新陈代谢过程对海水中二氧化碳的利用和释放，从中调节海水碳酸盐体系的平衡。值得注意的是，大堡礁 Arlington 环礁和南海北部三亚湾的珊瑚礁 $\delta^{11}B$-pH序列分别在 1950 年和 1870 年以后呈现明显的下降趋势，下降了 0.2~0.3 个 pH 单位，这可能是受人类活动排放的二氧化碳不断增多的影响。最近研究发现，近岸陆源输入对珊瑚礁海水 pH 也存在影响，主要表现在径流所带来的营养物质会增强珊瑚礁群落的光合作用，从而消耗掉海水中大量的二氧化碳，使海水 pH 升高。此外，海南岛东部珊瑚礁海水的 pH 在近 160 年以来呈现明显的周期波动，并未显示持续酸化的趋势。这可能与该区域受夏季风驱动的上升流有关，上升流能够带来底层丰富的营养物质，促使珊瑚礁海水生产力增加，消耗二氧化碳，抵消海水 pH 的下降。从这些研究结果来看：珊瑚礁海水 pH 在近 200 年来的变化是生物活动（即光合呼吸作用和钙化作用）与区域海-气过程共同作用的结果。此外，在大气二氧化碳不断激增的情况下，其总体上呈现出下降的趋势。

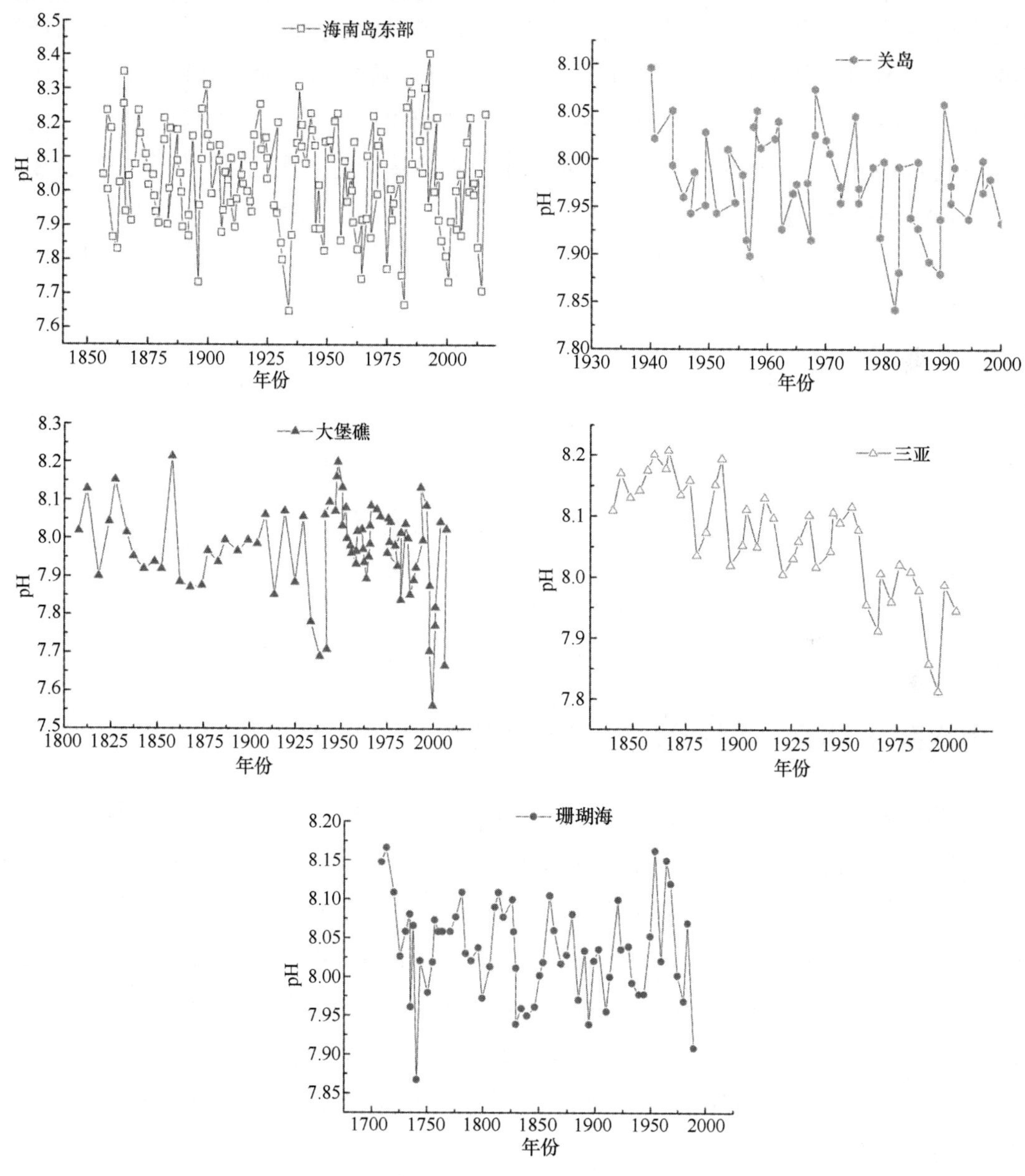

图 3　珊瑚^{11}B 同位素重建的历史海水 pH 变化

大堡礁区域的珊瑚钙化率自 1600 年以来呈现上升趋势，但在 1990—2001 年间急剧下降了14.2%，温度和碳酸钙饱和度是影响大堡礁珊瑚钙化率的主要环境压力。大堡礁区的海水pH与珊瑚钙化率并未表现出同步变化（图4），说明了自然条件下珊瑚钙化率的变化并非仅仅由海洋酸化导致，而是多种环境压力共同作用的结果。但是自1990年以来二者的急剧下降却表现得十分同步，说明即使在自然条件下，酸化对珊瑚钙化率的影响也值得重视。海洋酸化不仅会导致珊瑚钙化率的降低，还会造成珊瑚礁溶解速率的增加。研究表明，造礁珊瑚钙化的同时伴随着珊瑚礁的溶解，只是由于钙化率大于溶解率，所以净作用表现为钙化，珊瑚骨骼得以堆积形成珊瑚礁。然而，随着海洋酸化的加剧，珊瑚礁的溶解速率不断增加，当溶解率达到或超过其钙化率时，珊瑚礁的钙化将会停止，甚至可能出现负生长，在一些退化的礁区中已经发现这种趋势。

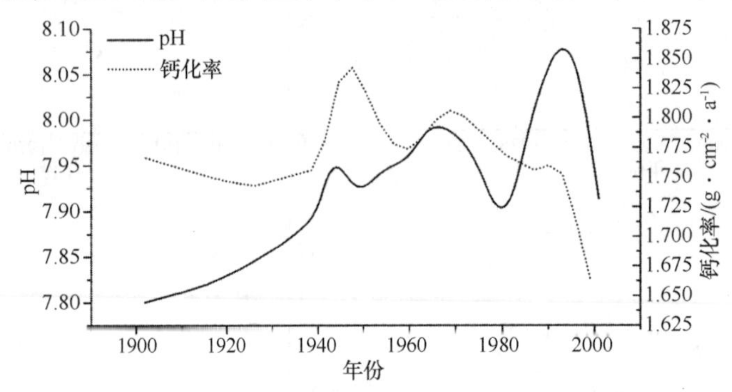

图4　过去100多年来大堡礁海域pH与珊瑚钙化率的变化

3　海水酸化对不同生物群落钙化作用的影响

珊瑚、有壳翼足目、有孔虫、颗石藻、软体动物、棘皮动物等海洋钙化生物利用海水CO_3^{2-}生成钙质骨骼或保护壳，是其生存和繁殖的基础。在海洋酸化条件下，碳酸根浓度降低，海洋钙化生物的钙化作用将受到抑制。对地中海一个火山口附近高二氧化碳区的生态系统进行调查，发现随着pCO_2的增加和pH的降低，海胆和钙化藻生物量显著减少，当pH小于7.6时，它们的丰度降至零。在两倍于现今大气pCO_2水平下，海洋生物钙化总量将减少20%~40%。几乎所有室内和围隔生态实验都显示生物钙化率随二氧化碳浓度上升而降低，气候模型的模拟结果也显示22世纪全球海洋生物钙化率会下降。

珊瑚礁生态系统是地球上生物多样性最高且经济效益显著的生态系统，海洋酸化对它的影响不仅局限在直接影响其中的钙化生物上，还会间接影响依赖该系统生存的植物群和动物群。据预测，如果大气二氧化碳浓度按预期的速度持续上升，到2050年温带水域珊瑚礁的生长将受到严重威胁。珊瑚礁碳酸钙层的主要贡献者包括造礁珊瑚、红壳珊瑚藻和绿钙藻。这些钙化生物为珊瑚礁中其他生物提供食物、栖息地和保护，具有重要的生态意义。围隔生态系统实验结果表明，海洋酸化对珊瑚和红壳珊瑚藻有抑制作用。pH 的降低会导致珊瑚的生长率、钙化速率和生产力降低，使珊瑚白化和坏死加剧，并可能改变珊瑚礁生态系统的群落结构。根据实验结果，推论在两倍于前工业时期 pCO_2 水平下珊瑚礁将减少 40%，且没有观察到珊瑚有任何适应碳酸钙饱和度变化的征兆。另外，光合生物肉质藻的生长可能受到 pCO_2 上升的促进。因此，珊瑚和钙化藻因海洋酸化受到抑制时，肉质藻可能替代他们成为珊瑚礁的优势生物，这种变化可能将改变珊瑚礁生态系统的种群结构并深刻影响依赖这一系统的动、植物群落。海水中文石饱和度对生物钙化有直接影响，当其饱和度低于 3.5 时，海洋珊瑚礁生态系统将面临灾难。此外，在高纬深海大陆坡和海脊上还生活着冷水珊瑚，这些冷水珊瑚支撑着不同的海洋生态系统并在渔业和海岸保护中起着重要作用。由于碳酸盐饱和度 Ω 随着温度的降低而下降，冷水石珊瑚将首先受到 pCO_2 上升的影响，部分冷水珊瑚在 2020 年便会暴露在腐蚀环境下。到 2100 年，暴露在碳酸钙不饱和水体中的冷水珊瑚将达到 70%。

浮游钙化生物有壳翼足目、有孔虫和颗石藻几乎贡献了所有从上层海洋向深海输出的 $CaCO_3$。有壳翼足目是文石的主要生产者，在极地和副极地海域有很高的生物丰度，它们同珊瑚一样利用文石形成骨骼，因而也是海洋酸化较早的受害者。模拟研究表明，当大气 pCO_2 升高到 450 μatm 时，翼足目的生存将受到威胁。在文石不饱和的水体中，有壳翼足目动物不能维持壳的完整性，空壳在文石饱和临界深度以下的水体中时会被腐蚀或部分溶解，而活体翼足目壳在文石不饱和的水体中也会迅速腐蚀。另外，南大洋碳酸根浓度冬季低于夏季，而翼足目的主要种蛎螺（*Limacina helicina*）的幼体发育通常发生在冬季，这对蛎螺的后代繁衍极为不利，将加重海洋酸化下蛎螺所受的威胁。由于高纬海域碳酸根浓度和碳酸钙饱和度低于热带，翼足目类和高纬的冷水珊瑚受海洋酸化的威胁最早也最为严重。到 21 世纪末，南大洋表层海水碳酸根浓度将降至（55±5）μmol/kg，文石饱和临界深度将由现在的约 800 m 上升至海表。到那时，若有壳翼足目不能很快适应，将被迫向文石仍饱和的较低纬度表层海域迁移，依赖其生存的其捕食者也将受到影响。单细胞的有孔虫是海洋中最小的钙化生物，它们钙化形成方解石外壳，是海洋生物钙化的重要组成部分，在维持生物碳泵中起着重要作用，它们是海洋食物链的底端环节。浮游有孔虫占海洋生物钙化总量的 25%～50%。有孔虫对环境中碳酸根浓度变化很敏感，其外壳总量与碳酸根浓度正相关。比起生活在几千年前的有孔虫化石，南大洋现今的有孔虫外壳更薄更多孔。预测当大气二氧化碳浓度上升到现今的两倍时，有孔虫的钙化率还将下降 20%~40%。5 500 万年前的古新世—始新世最热事件（PETM）中，空前的海洋酸化导致当时大多数底栖有孔虫灭绝。因而在当今剧烈的海洋酸化环境下，有孔虫的生存也将受到严重威胁，其在分布和丰度上的改变将对全球碳循环产生重大影响。颗石藻被认为是地球上生产力最高的钙化生物，同时它们是重要的初级生产者，在海洋碳循环中起着重要作用。众多颗石藻的生长实验表明，大气 pCO_2 上升将导致颗石藻钙化率显著下降。室内实验显示赫氏圆石藻（*Emiliania huxleyi*）和大洋桥石藻（*Gephyrocapsa oceania*）在 750 μatm 的 pCO_2 条件下，钙化速率分别降低约 15%和 45%，同时还发现了畸形球石粒和不完整的球石层。围隔生态系统实验也显示赫氏圆石藻钙化和生长速率随二氧化碳浓度的上升而降低。然而，利用碳酸代替盐酸模拟二氧化碳浓度上升情况，发现相对于 280 μatm pCO_2 条件，在 750 μatm pCO_2 条件下，赫氏圆石藻的颗粒无机碳（PIC）和颗粒有机碳（POC）生成均加倍，生长速率显著较高，球石层和球石粒含量也随二氧化碳分压的增加而增加，因此对于这些并不一致的研究结果应进行再进一步的探讨。

在大洋和沿岸生态系统中都占有重要地位的翼足目、有孔虫和颗石藻 3 种浮游钙化生物在全球海洋有广泛的分布，3 种浮游钙化生物对海洋酸化下的特异性响应与其各自的生存环境有很大关系。分布在高纬的浮游生物较易受到海洋酸化的威胁。在所有钙化生物中，珊瑚礁钙化生产力仅占全球生物钙化的小部分，而翼足目、有孔虫和颗石藻浮游钙化生物占全球生物钙化生产力的 80%以上，它们在海洋酸化下的变化直接影响海洋的碳循环。钙化作用是将游离的无机碳转化为 $CaCO_3$，起到碳汇的作用。但实际上，$CaCO_3$ 同时也是一个大气二氧化碳的潜在源。当海洋酸化发生时，钙化生物的钙化作用受抑制，从某种程度上则减少了钙化作用向大气释放的二氧化碳，这最终可能造成海洋对大气二氧化碳浓度上升的负反馈。

底栖无脊椎动物中的软体动物和棘皮动物是典型的具有 $CaCO_3$ 骨骼的底栖无脊椎动物，它们分泌文石、方解石、高镁方解石（$MgCO_3$ 含量高于 5%）和不定形 $CaCO_3$（amorphous $CaCO_3$）等。很多底栖钙化动物是近岸生态系统中的重要物种，在经济和生态上都具有重要地位。底栖成年软体动物和棘皮动物的生长和钙化受 pCO_2 升高的抑制。据 IPCC 2007 年报告预测，当 2100 年大气二氧化碳分压达到 740 μatm 时，贻贝（*Mytilus edulis*）和太平洋牡蛎（*Crassostrea gigas*）的钙化速率将分别降低 25%和 10%，即使在 560 μatm pCO_2 的环境下培养 6 个月，食用蜗牛和海胆的生长也都受到显著抑制。钙化早期的底栖贝类和海胆对 pCO_2 增加及海水碳酸盐化学变化敏感，海胆（*Hemicentrotus pulcherrimum* 和 *Echinodetra mathaei*）的受精成功率、发育率和幼体大小都随二氧化碳浓度的上升而减小。幼年硬壳蛤在文石不饱和的海水中死亡率显著增加，其外壳在两周内将会全部溶解。西北欧沿岸海域关键种——脆海星脆刺蛇尾（*Ophiothrix fragilis*）的幼体在 pH 值为 8.1 的海水中培养 8 d 后有 29.5%的存活率，而在 pH 为 7.9 的海水中，存活率则不足 0.1%。软体动物和海胆幼体阶段的矿物形式和钙化机制也显示了它们对海洋酸化的极度敏感。成年腹足动物和双壳贝分泌文石和方解石，但在幼体阶段，它们的外壳中都包含有类似超显微晶体结构的文石，以保护发育过程中的幼体。成年蛤蜊的外壳为文石，成年牡蛎的外壳则为方解石，但两者的幼体外壳则为不定形的 $CaCO_3$。海胆的胚胎发育阶段，$CaCO_3$ 在针骨形成前也以不定形 $CaCO_3$ 存在。由于这种不稳定、暂时的不定形 $CaCO_3$ 比结晶态 $CaCO_3$ 更易溶解。因此海胆、腹足类和双壳软体动物的生物矿化过程在胚胎发育和幼体生长阶段尤其脆弱，更易受到海洋酸化的负面影响。最近的研究表明，在酸化海水中生活 9 周的 3 头鲨鱼中，平均有 25%的盾鳞受损，而另外 3 头生活在非酸化海水中的鲨鱼对照组中，这一比例只有 9.2%。

至目前，人们关注的海洋生物主要集中在贝类、海胆等少数常见物种，其他如底栖无脊椎动物的研究还不多。有研究还显示了海水酸化对有些钙化生物物种不受影响或因此受益，如头足动物在高二氧化碳浓度下生长和钙化出乎意料的大幅度增加。甲壳动物、刺胞动物、海绵动物、苔藓虫、环节动物、腕足类动物和被囊动物等底栖无脊椎动物也会形成 $CaCO_3$ 骨骼，但对 pCO_2 升高环境下它们生长和钙化如何变化目前所知甚少，迫切需要更多的研究。当然，任何事物都有两方面，有报道海洋酸化对于地球而言也有有害的一面，如在酸性海水中更容易繁衍能消解食用塑料颗粒的细菌和微生物，同时，伴随着陆地植被的固碳增加，酸性海水可能在数千年后回归正常的水平。

4　海水酸化对海洋植物光合固碳的影响

大气二氧化碳浓度上升对陆地植物光合固碳的影响已经得到了有效的研究，短期内二氧化碳浓度升高有利于植物通过光合作用将二氧化碳转化为有机物，从而促进植物的生长发育，且对 C3 植物的促进作用更明显。

海水溶入二氧化碳增加，大型海洋植物会有明显的响应。对红树林生态系统而言，由于其包含有生长在潮间带上半部的茂密耐盐常绿乔木或灌木的红树林大型植物，并有发达的根部系统，兼具陆地和海洋生态特征，是重要的海岸生态系统类型。红树林对大气 pCO_2 升高的响应与生长与树木种类有关。桐花树、白骨壤因二氧化碳浓度上升而受益，而小花木榄、木榄和正红树的光合作用并不因大气二氧化碳浓度上升而加强。总体上，大气二氧化碳浓度升高有利于红树林的生长发育，但相对于全球变暖和海平面上升，其直接影响并不显著。海草光合作用利用的碳至少 50%来源于海水中的二氧化碳，自然界中的海草基本处于碳限制状态。大叶藻的短期二氧化碳富集实验显示叶光合效率和茎生产力的增加，同时伴随对光的需求降低。二氧化碳浓度的增加可增加海草生物量，但海草对二氧化碳富集的反应强度与其他环境因素相关，长期处于光限制的海草在大气二氧化碳浓度升高下受益更为明显。然而，实验室内的短期效应并不能代表长期的影响，海草床在长期缓慢的二氧化碳增加环境下受到的影响仍不明确。

与陆地植物一样，海藻利用 RUBISCO（核酮糖-1，5-二磷酸羧化酶/加氧酶）固定二氧化碳，RUBISCO 以二氧化碳为唯一的碳源，对二氧化碳吸收的半饱和系数为 20~70 μmol/kg。而海水中二氧化碳的浓度仅为 10~25 μmol/kg，不足以保证 RUBISCO 的羧化作用。为克服羧化酶对二氧化碳低亲和力的限制，多数海藻具有一种碳浓缩机制（CCMs）。拥有 CCMs 的很多海藻利用的无机碳中 HCO_3^- 可占 80%~90%。在大气 pCO_2加倍情况下，表层海水溶解的二氧化碳浓度将相应地加倍，但 HCO_3^- 浓度仅增加 6%。因此，依赖二氧化碳的浮游植物是主要受益者，而依赖 HCO_3^- 的浮游植物所受影响较小。但对于一些能同时利用 HCO_3^- 和二氧化碳的藻种，其在二氧化碳浓度增加时也可以通过减少主动碳吸收的能量消耗而获益。尤其在能量、营养盐和光照等资源受限时，能调整资源分配的藻种可以在二氧化碳浓度升高时通过重新分配资源而获益。比如，在光限制条件下，pCO_2升高导致的 CCMs 运作能量下调，藻类细胞其他代谢活动可以获得较多的光能量，从而促进其生长。

在大型海藻中，高二氧化碳浓度能够促进条斑紫菜、两种江蓠属海藻（*Gracilaria* sp. 和 *G. chilensis*）、酵母状节荚藻（*Lomentaira articulata* 和 *Nereocystis leutkeana*）的生长，对石莼类海藻，江蓠属海藻（*Gracilaria gaditana*）的生长速率则没有影响，而紫菜属中的 *Porphyra leucostica* 与 *P. linearis* 的生长速率受到抑制。生长在潮间带的大型海藻，处于低潮“气生”状态时往往受大气二氧化碳浓度的限制。大气二氧化碳浓度升高往往会促进潮间带大型海藻在低潮“气生”状态下的光合作用，且光合作用的相对增加量随藻体脱水程度或温度的升高而增加。

对浮游植物而言，海洋酸化可导致浮游植物的繁茂和初级生产力的增加，同时其消耗的 C/N 也会增加。围隔生态系统的二氧化碳加富实验结果表明，当pCO_2为 1 050 μatm 时，浮游植物群落相比 pCO_2为 350 μatm 时多消耗了 39%的无机碳，浮游植物消耗的 C/N 从 6 升高到 8，形成碳的过度消耗。这种增加的碳消耗可能与溶解有机碳（DOC）的分泌有关，且可能导致海水中透明胞外聚合物颗粒（TEP）浓度的增加进而促进其向混合层以下的碳输送。不同藻种 CCMs 效率和调节机制的不同，对大气二氧化碳增加的响应不同。在 3 种赤潮藻：中肋骨条藻、球形棕囊藻和赫氏圆石藻中，中肋骨条藻和球形棕囊藻具有高效的 CCMs 调控机制，其中中肋骨条藻对 HCO_3^- 的依赖性随二氧化碳浓度的增加而增强，而球形棕囊藻则保持不变；赫氏圆石藻对无机碳亲和力则较低。迄今为止检测的所有球形棕囊藻等的光合固碳率在现今二氧化碳水平下处于或接近饱和状态，而颗石藻光合固碳率明显受二氧化碳浓度升高的促进。

二氧化碳浓度的变化还会影响浮游植物的种群组成和营养盐的利用比率。对赤道太平洋浮游植物群落进行二氧化碳加富实验，结果发现，当 pCO_2 水平从 150 μatm 上升到 750 μatm 时，硅藻的丰度上升，球形棕囊藻丰度减少，同时浮游植物消耗的氮、硅比（N/Si）和氮、磷（N/P）比都降低。在低二氧化碳浓度环境下，包括球形棕囊藻在内的纳米鞭毛藻通常会成为优势物种。对南大洋浮游植物群落的研究发现，二氧化碳浓度增加会导致浮游植物生产力的增加并促进大型成链硅藻的生长。浮游植物是食物链的基础环节，其组成结构的变化将直接影响它们的捕食者生存。同时，浮游植物作为重要的初级生产者，在全球碳循环中起着重要作用，它们的生产力和组成结构的变化直接影响着海洋的碳存储能力。海洋酸化可能会影响藻类的生理调节机制，如营养代谢、细胞膜氧化还原与膜蛋白、电子传递等，从而对藻类生长产生抑制。很多浮游植物种对海水 pH 十分敏感，且一些藻类的生长存在最优 pH 条件，高于或低于该 pH 条件，其生长都会受到抑制。另外，在光照充足或过剩情况下，藻类细胞因二氧化碳浓度上升导致 CCMs 运作能力下调而节省的能量，不会补充藻类对光能的需求，反而会增加光能过剩引起的光抑制。对球形棕囊藻的研究显示，在高光照条件下，球形棕囊藻的光化学活性和生长速率受酸化作用而削弱。而在低光照条件下，酸化则促进了该藻的生长。因此，大气二氧化碳浓度升高有利于光合作用，但也容易引起光胁迫，且伴随的海洋酸化还会影响细胞的生理作用，光合生物在海洋酸化下的响应则是正负效应的综合叠加结果。

海洋钙化藻主要包括浮游的颗石藻、定生的红藻、绿藻和褐藻。钙化藻一方面通过光合作用固定二氧化碳，促进二氧化碳由大气向海洋迁移；另一方面通过钙化作用形成 $CaCO_3$ 沉积，在海洋碳循环和关键地球化学过程中发挥作用。在海洋酸化情况下，钙化藻的光合作用受二氧化碳和 HCO_3^- 浓度增加而促进，钙化作用受到 CO_3^{2-} 浓度和碳酸钙饱和度的降低而抑制。与此同时，海水 pH 的降低还可能影响钙化藻的营养代谢等其他生理过程。因而钙化藻在海洋酸化下的响应更难预测。多数室内和围隔生态系统研究都显示了大气二氧化碳浓度上升对钙化藻类钙化作用的抑制，但钙化藻生长对二氧化碳富集的响应存在较大差异。要更好地预测钙化藻在持续的二氧化碳增加下的响应，必须理解钙化藻中光合作用和钙化作用的相互关系及两者变化对钙化藻生长的影响。

颗石藻通常被认为是生产力最高的钙化生物，也是研究的最为广泛的钙化藻。颗石藻的光合固碳能升高海水 pH，提供运输无机碳和 Ca^{2+} 的能量并使它们在颗石囊中富集，从而促进钙化作用，而钙化作用是否有利于光合作用仍未有确切证据。一般认为 HCO_3^- 在钙化沉积部位用于钙化，产生的 H^+ 运输到叶绿体中，促使 HCO_3^- 向二氧化碳转化，为光合作用提供碳源。但这一功能并不十分有效，因为在钙化作用停止时光合作用并不受影响，且非钙化细胞能和钙化细胞同样有效地进行光合固碳。颗石藻具有很高的光耐受性，光强增加（尤其在磷限制条件下）能刺激赫氏圆石藻的钙化作用，钙化作用可能通过消耗多余能量而减少强光下颗石藻受光抑制的风险。钙化作用和光合固碳变化对钙化藻生长的影响也不明确。与光合作用不同，自然条件下赫氏圆石藻的细胞分裂速率并不受碳限制。颗石藻表面钙化的颗石粒起到保护细胞、逃避捕食等作用，酸化下钙化率的减少和环境 pH 的降低可能会影响颗石藻的细胞分裂速率。随着大气二氧化碳浓度的增加，细胞光合固碳作用将受到促进，同时碳酸盐饱和度的降低将抑制钙化作用（光限制条件下钙化作用不受影响），颗石藻单个细胞的 PIC/POC 将降低。PIC/POC 的降低在室内单种培养和以赫氏圆石藻为优势群落的围隔生态实验中都得到了证实。颗石藻钙化作用和 PIC/POC 的降低，意味着沉降的无机碳和有机碳比率的减小，从而增加了上层海水的二氧化碳浓度，形成对大气二氧化碳浓度上升的负反馈。

5 健康海洋建设之海洋酸化防控策略

海洋酸化是人类当今和将来须长期面对的全球性海洋环境问题，对海洋生态系统健康和社会经济社会发展具有重要影响。因此，制定切实有效的防控策略，积极应对海洋酸化所产生的一系列严峻挑战，已成为科学界与政府机构面临的重要课题。为更好地防控海洋酸化问题，保障海洋健康和谐发展，可从以下几个方面着力。

（1）系统探究和揭示海洋酸化驱动机制及其对海洋生态环境系统的影响，科学应对海洋酸化带来的影响。目前国际各国均在积极部署海洋酸化相关研究，不断加大人力、物力和财力方面的支持力度。2012 年，为解决海洋生态系统酸化的问题，美国国家科学基金会（NSF）批准了总额为 1 200 万美元的科研拨款，以研究解决生物体如何探测二氧化碳和酸度水平、生物体如何在其细胞和体液中调节这些变量，以及动物群体是否在遗传上具有调整适应海洋酸化的能力等问题。研究结果将为未来酸性更强的海洋如何影响海洋生物提供新的认识。2013 年，欧洲海洋局（EMB）以《第四次导航未来》报告为蓝本，选取地中海和黑海作为重点区域，计划加强其与“全球海洋船基水文调查计划 GO-SHIP”的密切合作。英国自然科学理事会（NERC）于 2009 年率先发起“英国海洋酸化研究项目 2009—2014”，并制定了海洋酸化研究方面的 3 个重点目标：①明确碳酸盐化学变化及其对海洋生物地球化学、生态系统等其他地球系统要素的影响；②认识海洋生物对于海洋酸化和其他气候变化后果的响应，提高海洋生物对海洋酸化的抵抗力和脆弱性的认识；③为决策者和管理者提供数据和有效建议。2012 年，由澳大利亚气候变化与能源效率部资助，联邦科学与工业组织（CSIRO）“气候适应旗舰计划”（Climate Adaptation Flagship，CAF）牵头，澳大利亚 34 个科研机构共同完成了《2012 澳大利亚海洋气候变化报告——影响和适应》，以此为指导方针，澳大利亚将改进高精度碳酸盐化学测量方法和设备，监测开放海域、沿海生态系统碳排放，开展大堡礁海域珊瑚生态系统的海域酸化研究。培育更加耐酸的经济养殖海水物种也是降低海洋酸化应考虑的重要科学问题。

基于以上分析，我国在制定海洋酸化防控策略上，首先需要积极推进海洋酸化机理及影响研究，开展针对性观测和模型分析，加强重点海域的海水碳循环和受控实验研究，尽早布局，抢占海洋酸化研究和治理技术先机。此外，还应密切跟踪其最新研发动态，积极加强与国际重要研究机构的合作，努力使我国海洋酸化相关研究跻身世界前列。具体应建立一系列科学规范的海洋酸化监测方法。开展海洋酸化主要参数（pH、DIC、TA、pCO_2等）以及其他海水化学、生物和物理的综合监测。海洋酸化研究应特别注重新监测方法，应积极应用锚系浮标、漂流浮标、滑翔器等已被证实有效的固定和移动观测平台，形成海洋酸化的立体观测体系。在研究的关注点上，一方面聚焦重点海域或代表性海域海洋酸化过程研究，目的在于了解海洋酸化关键过程和受控机制；另一方面应研究大尺度长期观测以及和数值模拟的结合，目的在于建立不同时空尺度的海洋酸化模型，模拟和预测海洋酸化的趋势和变化特征。

（2）制定可协调发展的应对海洋酸化的相关法律法规，构建健康海洋和海洋命运共同体。虽然现有的海洋环境保护与气候变化领域均存在适用于海洋酸化的一般性国际法律规制，生物多样性保护国际法也将海洋酸化纳入了考量，但对海洋生态环境的影响方面关注不足，目前应对海洋酸化的国际法律制度还存在碎片化的特点。2009 年，为呼吁各国政府在应对海洋酸化问题上做出努力，来自 26 个国家的科学家齐聚摩纳哥，共同签署了《摩纳哥宣言》（*Monaco Declaration*）。2012 年的联合国“里约+20”峰会上，应对海洋酸化问题的国际协调中心宣布建立，该机构旨在实现海洋酸化科学与政策研究的共进。2013 年，时任联合国秘书长潘基文在第 68 届联合国大会“海洋及海洋法”（Oceans and the Law of the Sea）年度报告中鼓励推进海洋酸化治理政策与法律制度的构建。海洋酸化问题的本质属性是海洋环境问题，直接作用对象为海洋生态系统，根本源头是减少全球二氧化碳的排放，这是构建应对海洋酸化国际法律法规体系的基础。

原先有关海洋酸化的相关制度主要涉及的是气候制度，包括《联合国气候变化框架公约》（UNFCCC）和《京都议定书》（*Kyoto Protocol*）等。这些法律规则主要是国际社会努力减少引起海洋酸化的物质二氧化碳等温室气体排放的。而《联合国海洋法公约》作为对海洋进行环境保护的国际法律框架，规范了海洋、陆地和大气源的污染和倾倒，这些规定在某种程度上适用于规范海洋酸化，具体包括 1972 年和 1996 年的《伦敦公约》，1995 的《全球保护海洋环境免受陆源污染的行动纲领》和 1992 年的《奥斯巴公约》。由于海洋酸化对于海洋生物的负面效应，因此《生物多样性公约》中对于生物多样性的保护办法，《南极海洋生物资源保护公约》中对于南极磷虾资源的保护以及《珊瑚三角区倡议》中对于珊瑚的保护办法，都可用以指导防控海洋酸化问题。由于海洋酸化是一个国际性的环境问题，任何国家都无法置身事外，因此充分有效的国际合作与交流，是防控海洋酸化蔓延和恶化的必要条件，这些更需要制定国际通用的相关法律准则，以进行约束和指导。我国正在推进美丽海洋和健康海洋建设，也要求必须拥有坚强的法制保障。

（3）通过推进地球系统工程和全球碳交易，综合利用技术–金融手段，实现二氧化碳的增汇减排，从根本上延缓和防控海洋酸化恶化。地球系统工程和管理（Earth Systems Engineering and Management）的初衷是为了找寻一个万全之策，即既保证世界经济的快速增长，又能避免因温室气体的增加对生态系统的损害并由此导致的气候灾害。地球系统工程和管理提出的建议是多种多样的，但目前技术可以实施的做法有限。主要的地球系统工程包括：①增加海洋碳汇。通过“生物泵”手段使碳进入海洋的通量增加，即将大气中多余的二氧化碳存入深海。“生物泵”的选择目前有利用氮和磷两种方案，但更有吸引力的是使用富铁物质，因为铁添加物和碳固定之比约为1∶104，而对氮，这个比例仅为 1∶6。存在的问题是，这一方法对碳的排除仍然有限，且还会使大面积深海区域出现缺氧环境，从而导致二次海洋生态环境问题。②增加陆地碳汇。通过对陆地生物圈的控制，使它与大气圈层之间二氧化碳的平衡杠杆偏向陆地一侧。有许多方法可以实现这一设想，如通过森林再造和基于基因技术培育新品种实现“无耕地”以增加陆地表面吸收二氧化碳的木质植物面积。增加陆地碳汇的方法是被科学界、工业界和环境组织广泛接受的应对全球变暖的绿色工程，但它的大规模实施，还有赖于作物基因高技术的发展和应用作为保证，而改变人类的主要食物来自土地文明种植的传统，面临的挑战并不比其他方法更容易应付。③二氧化碳封存。首先捕获化石燃料燃烧时排放的二氧化碳成分，然后再存入地层深处或输送到深海封存起来。但二氧化碳回收封存技术只是把二氧化碳集中后固定在地球某处以避免其进入大气圈。这样的处理实际上是对二氧化碳的地质隔离，一旦形成规模，怎样做到最终的生物隔离，还有后续工作要做。

碳交易是为促进全球温室气体减排，减少全球二氧化碳排放所采用的市场机制。碳交易是《京都议定书》为促进全球温室气体排减，以国际公法作为依据的温室气体减排量交易。在6种被要求减排的温室气体中，二氧化碳为最大宗，所以这种交易以每吨二氧化碳当量为计算单位，所以通称为“碳交易”。其交易市场称为碳市（carbon market）。经过多年的发展，碳交易市场渐趋成熟，参与国地理范围不断扩展、市场结构向多层次深化，财务复杂度也不断增强。据联合国和世界银行资料，全球碳交易在2008—2012年间，市场规模每年达600亿美元，2012年全球碳交易市场容量为1 500亿美元，未来有望超过石油市场成为世界第一大市场。我国的碳交易市场蓬勃发展，国家发展改革委印发《关于开展碳排放权交易试点工作的通知》，批准北京、上海、天津、重庆、湖北、广东和深圳等七省市开展碳交易试点工作。在国家发展改革委的指导和支持下，深圳积极推动碳交易相关研究和实践，努力探索建立适应中国国情且具有深圳特色的碳排放权交易机制，先后完成了制度设计、数据核查、配额分配、机构建设等工作，合理运用了市场机制以实现低碳发展。下一步我国应提升碳配额的有偿分配比例，保证碳配额的稀缺性；降低碳市场的不确定性，形成稳定的市场预期；建立处罚与激励相结合的政策体系，并完善碳市场的“监测、报告、核查”（Monitoring、Reporting、Verification，MRV）机制。

参考文献

曲宝晓,宋金明,李学刚.2020.海洋酸化之时间序列研究进展.海洋通报,39(3):281-290.

石鑫,宋金明,李学刚,等.2019.长江口邻近海域海水pH的季节变化及其影响因素.海洋与湖沼,50(5):1033-1042.

宋金明,曲宝晓,李学刚,等.2018.黄东海的碳源汇:大气交换、水体溶存与沉积物埋藏.中国科学:地球科学,48(11):1444-1455.

宋金明,王启栋.2020a.冰期低纬度海洋铁-氮耦合作用促进大气 CO_2 吸收的新机制.中国科学:地球科学,50(1):173-174.

宋金明,李学刚,袁华茂,等.2020b,海洋生物地球化学.北京:科学出版社,1-691.

宋金明,段丽琴.2017.渤黄东海微/痕量元素的环境生物地球化学.北京:科学出版社,1-463.

宋金明,段丽琴,袁华茂.2016.胶州湾的化学环境演变.北京:科学出版社,1-400.

宋金明,李学刚,袁华茂,等.2019.渤黄东海生源要素的生物地球化学.北京:科学出版社,1-870.

宋金明,李学刚.2018.海洋沉积物/颗粒物在生源要素循环中的作用及生态学功能.海洋学报,40(10):1-13.

Bates N R, Astor Y M, Church M J, et al.2014.A time-series view of changing surface ocean chemistry due to ocean uptake of anthropogenic CO_2 and ocean acidification. Oceanography, 27(1): 126-141.

Cai W J, Hu X P, Huang W J, et al. 2011. Acidification of subsurface coastal waters enhanced by eutrophication. Nature Geoscience, 4(11): 766-770.

Caldeira K, Wickett M E. 2003. Anthropogenic carbon and ocean pH. Nature, 425(6956): 365.

Chou W C, Gong G C, Hung C C, et al. 2013. Carbonate mineral saturation states in the East China Sea: present conditions and future scenarios. Biogeosciences, 10(10): 6453-6467.

Doney S C, Fabry V J, Feely R A, et al. 2009. Ocean Acidification: The other CO_2 problem. Annual Review of Marine Science, 1, 169-192.

Feely R A, Doney S C, Cooley S R. 2009. Ocean Acidification: present conditions and future changes in a high-CO_2 World. Oceanography, 22(4): 36-47.

Feely R A, Sabine C L, Hernandez-Ayon J M, et al. 2008. Evidence for upwelling of corrosive "acidified" water onto the continental shelf. Science, 320(5882): 1490-1492.

Orr J C, Fabry V J, Aumont O, et al. 2005. Anthropogenic ocean acidification over the twenty-first century and its impact on calcifying organisms. Nature, 437(7059): 681-686.

Sabine C L, Feely R A, Gruber N, et al. 2004. The oceanic sink for anthropogenic CO_2. Science, 305(5682): 367-371.

Song J M. 2010. Biogeochemical Processes of Biogenic Elements in China Marginal Seas. Springer-Verlag GmbH & Zhejiang University Press, 1-662.

直面健康海洋之问题四

——海洋持久性有机污染物及其对生物的影响

宋金明，袁华茂，马骏

（1. 中国科学院 海洋生态与环境科学重点实验室 中国科学院海洋研究所，青岛 266071；2. 青岛海洋科学与技术试点国家实验室 海洋生态与环境科学功能实验室，青岛 266237；3. 中国科学院大学，北京 100049；4 中国科学院海洋大科学研究中心，青岛 266071）

摘要：海洋中的持久性有机污染物（POPs）具有长期残留性、生物蓄积性、半挥发性和高毒性等特点，对海洋生态环境产生严重的影响，直接威胁海洋的可持续发展，危害人类的健康和安全。随着社会经济和科技的发展，越来越多的海洋 POPs 被输入近海和大洋，对海洋以及生物体的危害也愈发严重和被重视，采取有针对性的措施控制海洋 POPs 的水平，是建设健康海洋的当务之急。本文首先阐述了传统和新型海洋 POPs 的基本状况及其来源，深入剖析了 POPs 的毒性与毒理，在此基础上揭示了 POPs 对海洋浮游植物和动物等类群的影响，解析了海洋生物体内的 POPs 与环境污染程度的关系，最后提出了控制海洋 POPs 的主要措施和关键策略，以期为调控海洋 POPs 水平，建设健康海洋提供理论支撑和现实指导。

关键词：持久性有机污染物；海洋；控制策略；健康海洋

本文观点：海洋 POPs 的种类及区域分布的复杂性和广域性超出人们的想象，要想给出海洋不同种类 POPs 的生物影响几乎不太可能，要给出海洋 POPs 一体性脉络，大体梳理海洋 POPs 的行为响应，唯一可行的办法就是减少 POPs 的使用，降低陆地 POPs 的输入入海。

随着社会经济的发展和科学技术的进步，有机物的种类和数量与日俱增。目前有机物的种类已超过 700 万种，且每年以 1 000 余种的速度在增加着，合成有机物的数量已达 2.5 亿 t。它们中相当一部分，特别是人工合成的有机物有相当部分是难以生物降解和对生物有传递性毒害作用的，因而它们能穿透常规水污染控制工程屏障，进入自然环境并长期存留和富集，产生一系列环境问题，对生态环境和人体健康构成了严重的威胁，这就是我们熟知的持久性有机污染物（persistent organic pollutants，POPs），POPs是指具有长期残留性、生物蓄积性、半挥发性和高毒性，通过各种环境介质（大气、水、生物体等）能够长距离迁移，并对人类健康和环境带来严重危害的天然或人工合成的有机污染物（Song，2010；Peng et al.，2019a）。《关于持久性有机污染物（POPs）的斯德哥尔摩公约》（简称《POPs公约》）最初规定削减和淘汰对人类危害最大的12种（类）物质，主要包括3类：一是杀虫剂类，包括艾氏剂（Aldrin）、氯丹（Chlordane）、滴滴涕（DDT）、狄氏剂（Dieldrin）、异狄氏剂（Endrin）、七氯（Heptachlor）、灭蚁灵（Mirex）、毒杀酚（Toxaphene）和六氯苯（HCB）；二是工业化学品，包括六氯苯（HCB）和多氯联苯（PCBs）；三是副产物，主要是二噁英（PC-DDs）、呋喃（Pc-DFs）、六氯苯（HCB）和PCBs。目前世界上POPs物质大概有几千种，大都为某一系列物或者是某一族化学物（宋金明等，2016；2019）。

陆地与大气中的POPs几乎全部存在于海洋环境中，分布范围从近海到大洋和南北极，其种类异常繁多，其生物影响和累积效应复杂多样，海洋POPs体系的研究错综复杂，要想给出海洋POPs的一体性脉络，唯一可行的办法就是减少POPs的应用，降低陆地POPs的输入入海。POPs在海洋环境中无处不在，最近的研究发现，马里亚纳海沟深渊水深6 980~10 908 m表层沉积物中多氯联苯类总浓度高于其他较浅海域沉积物中的含量，类二噁英多氯联苯的毒性当量比大多数从半工业区到工业区收集到的海洋表层沉积物中的毒性当量要高，但8种多溴联苯醚的总浓度比以前研究报道的陆架边缘海表层沉积物浓度要低，马里亚纳海沟底部沉积物中累积了如此高浓度的多氯联苯类毒性有机污染物着实令人吃惊，表明POPs的迁移无处不在（图1）。

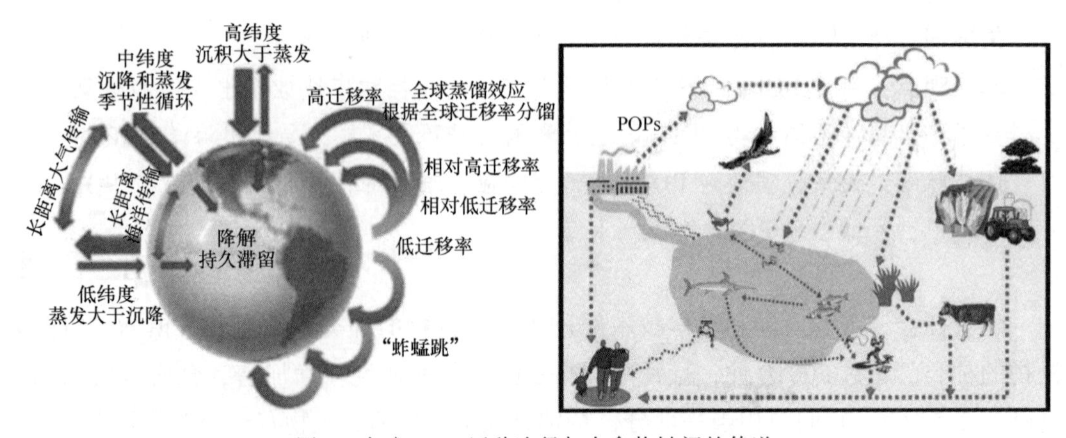

图1　全球POPs迁移途径与在食物链间的传递

我国 POPs 的环境污染现状十分严峻，主要表现在 PCDDs 类排放量大而且涉及领域广泛；《POPs 公约》新增列 POPs 的步伐加快，尚未列入我国监管名录的新型 POPs 不断涌现；历史遗留的 POPs 废物和污染场地环境隐患突出；政策法规体系不完善，监督管理能力不足；POPs 产品的替代技术缺乏，污染控制技术水平较低；POPs 污染防治及履约资金缺口大等，POPs 污染控制已成为我国迫切需要解决的重大环境问题。海洋作为地球环境主要的 POPs "接收器"，其生态环境正在遭受 POPs 的破坏，海洋 POPs 的危害也引起世界各国的重视（宋金明等，2017；2020）。

1　海洋 POPs 及其来源

几乎陆地环境中的 POPs 在海洋中都能检测到，甚至在北极地区的大气、水体、生物体及沉积物中即可检测到传统的 PCBs、有机氯农药（OCPs：包括六六六（HCH）、HCB、DDT 等）以及多环芳烃（PAHs），也可检测到多溴联苯醚类（PBDEs）、全氟烷基化合物（PFCs）等新型 POPs，很显然，来自人为环境中的 POPs 可随大气、水体及生物摄食排泄等被带入了海洋中，从而使海洋中的 POPs 无处不在（彭全材等，2014；2018）。传统与新型 POPs 的分类是针对列入《POPs 公约》的先后而言，之间并无绝对分类界限。

1.1　海洋 POPs

1.1.1　传统 POPs

1）PCBs 与 PAHs

常见的有 PCBs、PAHs 和有机磷（OPs）等几类。PCBs 和 PAHs 均为芳香族污染物，广泛地存在于空气、水体和土壤或生物中，由于二者具有高毒性、持久性和生物富集效应，是环境污染物研究中最受关注的 POPs 之一（Peng et al.，2019b）。从结构上来说，PCBs 是一类多氯代的 PAHs，其特点是联苯苯环上与碳原子连接的氢被氯不同程度取代，分子式可表示为（$C_{12}H_{10}$）$_n$ Cl_n。理论上虽然氯的数量可以有 10 个，但实际常见的 PCBs 多含 3~6 个 Cl。根据 Cl 原子取代数和取代位置的不同，PCBs 的结构共有 210 种之多，有些 PCBs 也被称作 PCDDs 类化合物。PAHs 的结构特点是有两个或两个以上的苯环。按照其结构分为稠环型和非稠环型。稠环型的分子结构中至少两个碳原子为两个苯环所共有，如萘、蒽、菲等；非稠环型的分子结构中苯环与苯环之间各有一个碳原子相连，如二联苯、三联苯等。

2）有机锡化合物

有机锡化合物是一类金属有机物，在工业、农业、医药和材料等方面有其极为广泛的用途（Mihaljevi et al.，2020；Rojas-Leónet al.，2020）。有机锡化合物有 4 种类型：一烃基锡化合物（RSnX3）、二烃基锡化合物（R2SnX2）、三烃基锡化合物（R3SnX）和四烃基锡化合物（R4Sn）。其中 R 可为烃基、烷基或芳基等；X 为无机或有机酸根、氧或卤族元素等。其生理活性 R3SnX>R4Sn>R2SnX2>RSnX3，当 R 为丁基或丙基时生理活性最强，以 R3SnX 生物活性最高。其中二烃基有机锡和一烃基有机锡可作为 PVC 的化学稳定剂，防止 PVC 的老化，延长使用时间；三丁基锡（TBT）和三苯基锡（TPT）对细菌、真菌、藻类、软体动物和甲壳类动物等水生生物具有很强的杀伤作用而被广泛用作船体、捕鱼网具和冷却塔的抗生物附着剂、木材防腐剂和杀真菌剂。除此之外，有机锡化合物还可用作玻璃 SnO_2镀层的材料及某些聚合反应的均相催化剂。有机锡农药和防污涂料是水环境中有机锡的主要来源。用于杀虫剂的有机锡约占总有机锡的 30%，全世界每年至少要消耗近 8 000 t 农用有机锡，而且大多采用喷撒法施用，对土壤、大气和水域会产生直接污染。每年约有 3 000 t TBT 和 TPT 防污涂料进入海洋，对海洋环境有很大影响，在海湾、港口、船坞等局部海域，甚至会对其中的生物带来毁灭性的威胁。

3）其他常规有机污染物

人类对食物的需求导致了海水养殖业的迅速发展，特别在近海海洋渔业资源衰退以后，海水养殖已成为海洋渔业的重要部分（Ma et al.，2019）。目前，以网箱养殖为主的集约化水产养殖及育苗得以迅猛发展，成为近海区域内的强污染源，甚至一些地区由于养殖及鱼苗场过于密集，其排放污水的化学需氧量（COD）已经超过工业污染源，并接近生活污水。在集约化水产养殖的整个过程中，由于人为保持生物体密度过大，随时都有暴发疾病的可能，常规的做法就是盲目地连续投加抗生素和消毒剂等，使这些物质残留在水中；另一方面，为了络合海水中的重金属离子人们超剂量使用 EDTA 络合剂（马骏等，2017）。但养殖的鱼类对药物中抗生素的吸收只占 20%~30%，也就是说，实际上大约 70%~80%的抗生素进入了环境（杨明容等，2020）。这些药物在杀灭病虫害的同时，也使水中的浮游生物和有益菌、虫受到抑制、杀伤，甚至死亡。例如，水中的微生物、单细胞藻类等具有抑制细菌繁殖的作用，有益微生物群落有助于提高对虾抗病能力。因此，不加选择地使用消毒剂、抗生素会造成养殖生态系统中的微生态严重失衡，而生态系统中微生物组分的变化，将影响到整个生态系统的物质生产及能量循环。同时，多种药物大剂量重复使用，会使细菌发生基因突变或转移，容易产生抗药性。通过培养网箱鲑鱼养殖的表层沉积物中的细菌，对所选取的 3 种抗生素的抗药性情况加以研究，结果发现，在沉积物中，约有 5%的可培养细菌对上述 3 种抗生素产生了抗药性（卓丽等，2019）。一些低浓度或性质稳定药物的残留，还可能在一些水生生物体内产生累积并通过食物链放大。例如，长期使用抗生素促进海底沉积物中产生耐药菌株，出现药效减弱或完全无效的现象，而动物身体组织内的这些生物活性物质的存活寿命比我们目前所认识的要长得多，药物会通过食物链，富集到鱼类等生物体中，最终将有一部分进入人体，由此对整个水体生态系统中的生物乃至人体造成危害。研究表明，氯霉素可以沿食物链富集放大，可以引起人类白血病（Herraiz-Carboné et al.，2020；Shukla et al.，2020）。

1.1.2 新型 POPs

随着检测技术的提升和合学合成工业的发展，越来越多的新型 POPs 被发现和应用。包括 HCH、PBDEs、PFCs、十氯酮（Kepone）、五氯苯（PeCB）等（冯秋园等，2017；陶爱天等，2018）。

HCH 是环己烷每个碳原子上的一个氢原子被氯原子取代形成的饱和化合物，分子式 $C_6H_6Cl_6$（Qiu et al.，2020）。分子的结构式中含碳、氢、氯原子各 6 个，因此它可以看作是苯的 6 个氯原子加成产物，为白色晶体结构，有 8 种同分异构体。HCH 对昆虫有触杀、熏杀和胃毒作用，其中 γ 异构体杀虫效力最高，α 异构体次之，δ 异构体又次之，β 异构体效率极低。HCH 对酸稳定，在碱性溶液中或锌、铁、锡等存在下易分解，长期受潮或日晒会失效。HCH 对环境有危害作用，有毒性。2017 年 10 月 27 日，世界卫生组织国际癌症研究机构公布了致癌物清单初步整理参考（简称“致癌物清单”），HCH 属于 2B 类致癌物（Ko et al.，2020a）。

作为全球用量最大的添加型溴系阻燃剂，PBDEs 被大量地用于建材、纺织、电子电气等行业中（Capanni et al.，2020；陈晓冉等，2020）。根据溴代水平的不同，PBDEs 共有 3 类商品化产品：商用五溴、八溴和十溴联苯醚。其中商用五溴和八溴联苯醚已于 2009 年在《POPs 公约》第四次缔约方大会被批准列入附件 A 而禁止生产和使用，根据溴取代个数的不同，PBDEs 从一溴到十溴代共有 209 个单体。

PFCs 是指与碳原子连接的氢原子全部被氟原子取代而形成碳氟键的一类烷烃化合物，化学通式为 $F(CF_2)_n-R$，R 为亲水性官能团（Wu et al.，2020）。PFCs 作为一类新型 POPs，在环境介质和生物体中均能检出，PFCs 具有抗酸碱性、抗氧化还原性，难以被水解、光解和生物降解，可在生物体中富集和在环境中迁移等特性（杜国勇等，2019）。

Kepone 的分子式是 $C_{10}Cl_{10}O$，是一种黄褐色或白色晶体。Kepone 也属于世界卫生组织国际癌症研究机构公布的“致癌物清单”中的 2B 类致癌物。Kepone 是一种毒性较高的杀虫剂和杀真菌剂，对胎儿中枢神经系统、泌尿生殖系统和内环境稳定产生严重影响（戴抒豪等，2018；Maudouit and Rochoy，2019）。PeCB 的分子式是 C_6HCl_5，相对分子量为250.34，可用于制备五氯硝基苯。PeCB是一种无色针状晶体，不溶于水，性质稳定，在常温常压下，不分解产物。PeCB在农药原药和溶剂中以杂质的形式出现，2013年欧盟将其列入了POPs（Jin et al.，2019）。

1.2 海洋POPs的来源

海洋环境中难降解有机物主要来源于三方面：①人为活动排放入海。河口和近海的海水受人为因素影响很大，如海上运输、工业和生活废水排入、沿海开发及海上油气田的开发等均带来大量的多环芳烃类物质和有机氯化合物；焦化煤气、有机化工、石油工业、炼钢炼铁等工业所排放的废弃物中有相当多的多环芳烃，其中焦化厂是排放多环芳烃最严重的一类工厂。而工业废水废渣、工业液体渗漏中带来大量的多氯联苯。②海洋自身渗入和产生。海底油田中的大量烃类物质中含有多环芳烃类物质，这些物质很可能从地表渗漏出来，并加入海洋传输过程。某些海里的生物能自身合成烃类物质，这些烃类也存在于浮游动物和鱼体中。③大气干湿沉降入海。由森林，草原火灾及化石燃烧等产生的芳烃，经由空气传到远海，在沉降作用下沉积入海洋。而焚化含氯的有机物使得这些污染物进入大气，并通过雨水或干、湿沉降作用进入海洋。

从进入海洋环境中的难降解有机物来源解析得知，人为排污是海洋环境中难降解有机物质的主要来源之一，油船运输，港口作业溢油事故及沿海石油勘探开发等都会产生相当量的难降解有机物。

2 POPs的毒性与毒理

POPs物质一旦通过各种途径进入生物体内就会在生物体内的脂肪组织、胚胎和肝脏等器官中积累下来，到一定程度后就会对生物体造成伤害（Johanson et al.，2020）。各种POPs的毒性作用机制现在并不是非常明确，但可以确定的是POPs物质对人体造成损害，一般并不是某一种或某一族POPs单独作用，而是某几族POPs相互协同作用的结果。大部分POPs物质具有致癌、致畸和致突变作用，此外，POPs还能破坏人体正常的内分泌、影响生殖与发育、导致男性雌性化和女性雄性化、肝损害、免疫力下降等（Ko et al.，2020b；Vaccheret al.，2020）。POPs导致的生物学毒性可归纳如下。

2.1 干扰生物体内的内分泌

通过体外实验已证实POPs中有多种物质都是潜在的内分泌干扰物质，某些能模拟雌激素功能与雌激素受体结合后发挥类雌激素作用，有些能发挥雄激素作用，有些则能与芳香烃受体结合后引发一系列的生理化学效应（陈蝶等，2018；孙胜香等，2019）。这些内分泌干扰物与相关受体结合后又不易解离、不易被分解排出，因而扰乱内分泌系统的正常功能。糖尿病，男性精子数量的减少，生殖系统的功能紊乱和畸形，睾丸癌及女性乳腺癌的发病率都与长期暴露于低水平的类激素物质有关。实验表明，POPs 能减轻性器官的重量，抑制精子的产生，男性雌性化，少女初潮提前等。

环境中的许多化学物质都具有干扰内分泌系统的作用，这些化合物被称为内分泌干扰物质，有机锡化合物便是其中的一类（李显芳等，2019）。这些物质影响生物的生殖功能，干扰体内激素的分泌，造成生殖和遗传方面的不良后果。大量的研究证实，TBT 能够引起软体动物生殖逆向改变，从而使该种群中雌性个体比例下降，幼体数目减少，最终导致种群的衰退。TBT 在 10 亿分之几的浓度就能引起水生无脊椎动物的急性毒性。雌性新腹足类动物如果暴露于足够浓度的 TBT 就会发育出雄性的特征如阴茎、输精管、产生精子的小管。这种现象已被命名为 Imposex（性畸变）（何依芳等，2018；王姮等，2019）。有机锡化合物能引起海产贝类性畸变，导致雌性减少雄性增加。在英国，曾经发现 TBT 引起荔枝螺性别变异和群体衰退，造成许多地区的荔枝螺处于种群消亡的边缘。TBT 引起牡蛎畸变的现象在美国、加拿大、英国和法国都有发现。研究发现，新出生的斑马鱼暴露于 0.1 ng/dm^3 的 TBT 70 d 后，雄性的数目偏多，在 10 ng/dm^3 浓度时，产生的所有精子都缺少鞭毛。研究发现，TBT 能够升高雌性腹足类动物的睾酮水平。而睾酮能引起这些动物发生性畸变。因此，认为暴露于 TBT 引起的内生睾酮的增加是其导致性畸变的原因。睾酮的羟基化和氧化-还原代谢物是 I 相反应的产物，都可以被器官直接消除，或被转化为结合物，即成Ⅱ相反应的产物。水蚤睾酮的一系列代谢物中，被消除的主要代谢物是葡糖苷酸结合物，而易被保留在体内的是氧化—还原代谢物（如雄烯二酮、雄烷二醇）。TBT 增加了睾酮的葡糖苷酸结合物和非葡糖苷酸结合物的代谢消除。然而，随着 TBT 浓度的升高，睾酮以葡糖苷酸结合物形式的消除率却降低了。这说明，TBT 增加了雄激素向多种氧化—还原产物如一羟睾酮和葡糖苷酸结合睾酮的转化，然而并未影响各种氧化-还原代谢物向葡糖苷酸结合物的转化，结果增加了雄激素向氧化-还原代谢物的转化百分率。氧化-还原代谢物是无极性的，易被水蚤和其他生物保留在体内。这些氧化-还原代谢物在脊椎动物中也具有不同的雄性化作用。因此，认为 TBT 引起的雄激素代谢的改变可能是其导致性畸变的原因（朱凌娇等，2017）。

VDSI 是用来表示在性畸变雌体的生殖乳突上长出的输精管的发展阶段的一个指数（Otegui et al.，2019）。VDSI 包括 6 个阶段，具体如下：S0：正常，无雄性特征，生殖孔开放或位于生殖乳突中央，生殖乳突嵌入外套膜中。S1：外套膜腹面上皮朝生殖乳突内折，开始形成输精管前端。S2：在右触角稍后开始形成阴茎的边缘，输精管前端继续延伸。S3：小阴茎形成，同时从其基部开始形成输精管的另一端。S4：输精管的两端开始交汇，阴茎增大至与雄性的相似。S5：输精管增长超过生殖乳突，导致生殖孔异位、萎缩或消失，生殖外口受阻；泡状输精管支管在乳突周围出现，且常形成增生状。S6：生殖腔中包含有无法排出体外的败育卵囊，它们聚积在一起形成半透明、淡色的，甚至是灰褐色的团状物。

VDSI 立足于雌性腹足纲动物自身，通过雌性体内出现的雄性生殖器官的发育程度，定性的描述因 TBT 内分泌扰乱作用而导致的生殖系统的性畸变（Schøyen et al.，2018）。通过检测雌体阴茎和输精管的发育程度，可以确定个体性畸变的程度，然后取性畸变个体 VDSI 的平均数得到某一海区的种群平均 VDSI 值。VDSI 值越大，代表性畸变的程度越高。如果种群 VDSI 的值大于 4，说明已含有不育的雌体，种群生存能力开始受到影响。在收集的 Hexaplextrunculus 消化腺和性腺中，丁基锡化合物的浓度范围是（102±17）~（432±27）ng/g（干重），在其他的软组织中是（96±24）~（297±107）ng/g（干重），而 TPT 的浓度较低。雌性腹足类动物的性畸变程度（由 VDSI 和阴茎长度来评价）与软组织中的有机锡含量呈正相关关系。尤其是阴茎长度与机体 TBT 含量和总的有机锡含量呈显著正相关关系（Cacciatore et al.，2018）。

2.2 具有免疫毒性

POPs 可以抑制生物体免疫系统的功能，包括抑制免疫系统正常反应的发生，影响巨噬细胞的活性及降低生物体对病毒的抵抗能力。通过测试 Florida 海岸的宽吻海豚的肝血发现，海豚的 T 细胞淋巴球增殖能力的降低和体内富集的有机氯相关显著。海豹食用了被 PCB 污染的鱼会导致维生素 A 和甲状腺激素的缺乏，更易感染细菌。POPs 对人的免疫系统也有重要影响。有研究发现，人免疫系统的失常与婴儿出生前和出生后暴露于 PCBs 和 PCDDs 的程度有关。由于 POPs 易于迁移到高纬地区，通过对加拿大因纽特人婴儿进行研究，发现受感染 T 细胞的比率和母乳的喂养时间及母乳中有机氯的含量相关（李风铃等，2014；杜静等，2019）。

2.3 对生殖和发育产生的影响

生物体内脂肪组织富集的 POPs 可通过胎盘和哺乳影响胚胎发育，导致畸形、死胎、发育迟缓等现象（林必桂等，2017）。暴露于高浓度 POPs 的鸟类的产卵率会相应降低，进而使其种群数目不断减少，甚至灭绝。POPs 同样会影响人类的生长发育，尤其会影响到孩子的智力发育。对 150 个怀孕期间食用了受到有机氯污染的鱼的女性进行跟踪随访，发现她们的孩子与一般孩子相比，出生时体重较轻、脑袋小；在 7 个月时认知能力较一般孩子差；4 岁时，读写和记忆能力也较差，在 11 岁时测得他们的 IQ 值较低，读、写、算和理解能力都较差（周京花等，2013）。

2.4　具有致癌性

实验证明，长期低剂量暴露于 POPs 环境中，导致癌症的发病率较正常情况有明显增高。对在沉积物中 PCBs 含量高地区的大头鱼进行研究，发现大头鱼皮肤损害，肿瘤和多发性乳头瘤等病的发病率明显升高。研究表明，母亲血液中 PCBs 的浓度与孩子睾丸癌的发病率具有显著关联性 。1997 年，世界卫生组织的国际癌症研究中心，在流行病学调查和大量的动物实验的基础上，将 PCDDs（2，3，7，8-TCDD）定为Ⅰ级致癌物，PCBs、PCDFs 定为Ⅲ级致癌物（陈蝶等，2018）。

2.5　其他毒性

POPs 还会引起一些其他器官组织的病变。如 TCDD 暴露可引起慢性阻塞性肺病的发病率升高；也可以引起肝脏纤维化以及肝功能的改变，出现黄疸、精氨酶升高、高血脂；还可引起消化功能障碍。此外 POPs 对皮肤还表现出一定的毒性，如表皮角化、色素沉着、多汗症和弹性组织病变等。POPs 中的一些物质还可能引起焦虑、疲劳、易怒、忧郁等一系列的精神心理症状（雒建伟等，2016；陈蝶等，2018）。

以海洋中的有机锡为例，自从发现有机锡化合物对海洋的污染以来，有机锡被认为是迄今为止由人为因素而导致大量进入海洋环境中的毒性最大的化学品之一（朱凌娇等，2017）。20 世纪 70 年代，在法国发现有机锡污染使得 Arcachon 湾中一种重要的商业牡蛎出现生长畸形及繁殖力衰退现象。其中用于船体防污涂料的 TBT 对水体生态系统的危害最为严重，由此引发的一系列环境问题已受到世界各国的普遍关注。有机锡对海洋生物的毒性表现在多个方面，如对三丁基锡氯化物（TBTCl）对孔雀鱼的毒性效应研究发现，当幼鱼暴露于 1.25~7.90 $\mu g/dm^3$ 的 TBTCl 后，出现明显的急性中毒症状，96 h 的半致死浓度（LC_{50}）为 5.82 $\mu g/dm^3$；成鱼在 0.14~3.56 $\mu g/dm^3$ 浓度下暴露 10~30 d，TBTCl 能诱导雌鱼的肝体指数升高，并使肝脏和脾脏组织的显微结构发生明显的病理变化，毒害作用具有明显的剂量-效应和时间-效应关系。但最受关注的是有机锡对生物的生殖毒性（尧国民等，2018）。

3　POPs 对海洋生物类群的影响

POPs 具有半挥发性，它们易于从土壤、生物体和水体中挥发到大气中并以蒸气形式存在或吸附在大气颗粒物上，又由于它们在气相中很难发生降解反应，所以会在大气环境中不断地挥发、沉降、再挥发，进行远距离迁移后而沉积。这一特性使 POPs 影响到全球范围，特别是极地地区，表现出所谓的“全球蒸馏效应”（Hayward and Traag，2020）。水和沉积物是 POPs 聚集的主要场所之一，世界绝大多数的城市污水，水库、江河和湖海都不同程度地受到 POPs 的污染。研究表明，在德国城市污水中都存在 PCDD/Fs。我国西藏南迦巴瓦峰表层沉积物、东海岸 3 个出海口的沉积物、太湖湖区表层沉积物、广东大亚湾表层沉积物、大连湾表层沉积物、珠江三角洲地区河流表层沉积物、珠江澳门河口沉积物均不同程度地受到 POPs 的污染。相应的生活在这些地区的生物必将受到 POPs 的胁迫（Van-Huy et al.，2020）。

3.1 POPs 对浮游植物的影响

POPs 对海洋浮游植物的污染作用十分明显。实验结果表明，每升海水中含 10 μg 的 DDT 就会对马尾藻海域的硅藻类中的小环藻产生有害影响，而只需 0.1 g 的 PCBs 就对硅藻类中的海链藻产生明显的毒性作用。现有的数据表明，每升海水 PCBs 的含量在 1~10 μg 就会对沿海生物量和养殖的浮游植物的细胞的大小产生不利影响，因而减少了细胞的分裂次数，降低了光合作用的效率（雒建伟等，2016；陶爱天等，2018）。典型的萘、菲、蒽、荧蒽和芘等 PAHs 对海洋微藻的生长均呈现抑制作用（王亚韡等，2013；冯秋园等，2017）。在不同浓度蒽的胁迫下，新月菱形藻、金藻和亚心形扁藻对蒽的敏感性依次降低；3 种微藻呼吸作用受抑制的程度要高于光合作用，光合色素含量的变化趋势与光合作用的变化趋势呈一定的正相关；但有时光合色素含量低而光合作用强。低浓度的菲、芘和蒽对 3 种赤潮微藻（赤潮异弯藻、亚历山大藻和中肋骨条藻）的生长都有刺激作用，而高浓度则显示出抑制作用。菲、芘和蒽对赤潮异弯藻生长 96 h EC_{50}分别为 0.059 mg/dm^3、0.071 mg/dm^3、0.078 mg/dm^3，对中肋骨条藻的 96 h EC_{50}分别为 0.079 mg/dm^3、0.097 mg/dm^3、0.112 mg/dm^3，对亚历山大藻的 96 h EC_{50}分别为 0.089 mg/dm^3、0.107 mg/dm^3、0.119 mg/dm^3。在菲、芘和蒽处理的同时，附加辐射剂量为 0.3 J/m^2的 UV-B 辐射处理，3 种 PAHs 对 3 种赤潮微藻的生长抑制作用更加明显。许多生态毒理学研究尤其是对水生生物的毒性研究也表明，阳光中的紫外辐射（UV）能够促进 PAHs 的生物毒性。在没有 UV 照射下，萘、菲、蒽、荧蒽和芘对中肋骨条藻的 72 h EC_{50}值分别比有 UV 照射下时高约 1.9 倍、8.4 倍、13.0 倍、6.5 倍和 5.7 倍。在没有 UV 照射情况下，5 种 PAHs 对中肋骨条藻种群生长的抑制作用强度表现为荧蒽>芘>蒽>菲>萘；而当系统中加入 UV 照射后，毒性强度变为荧蒽≈蒽>芘>菲>萘，表明 UV 照射不仅能够促进 PAHs 对中肋骨条藻的毒性，也能够改变它们对中肋骨条藻的相对毒性。甲苯、萘、2-甲基萘、菲对小新月菱形藻、甲藻、三角褐指藻、中肋骨条藻、小球藻、亚心形扁藻的 72 h EC_{50}分别为 34.1~114 mg/dm^3，3.9~7.3 mg/dm^3，1.69~3.03 mg/dm^3，0.6~1.92 mg/dm^3。这 4 种芳烃对 6 种浮游植物的生物急性毒性顺序为：小新月菱形藻>甲藻>三角褐指藻>中肋骨条藻>小球藻>亚心形扁藻（陶爱天等，2018）。

1，2，4-三氯苯（1，2，4-TCB）是环境中普遍存在的 POPs 之一，其对海洋微藻（金藻、角毛藻和扁藻）的生长均有一定的抑制作用，该效应表现出一定的浓度和时间依赖性；1，2，4-TCB 处理 4 d 后，3 种海洋微藻细胞蛋白质质量分数和叶绿素质量分数下降，呈现一定的浓度效应关系，表明 1，2，4-TCB 对 3 种海洋微藻产生毒害效应，其作用机制可能与藻类光合作用功能降低和蛋白质功能受损有关。1，2，4-TCB 在一定程度上降低了藻类饵料的利用价值，而且对食物链下游生物具有潜在的危害性（冯秋园等，2017）。PBDEs 可通过渗出或挥发等方式进入环境，具有显著的迁移性、持久性、脂溶性和生物积累性，易蓄积在脂肪和蛋白质中，从而对生物造成危害（雒建伟等，2016）。不同浓度下的 PBDEs 对海洋微藻大部分表现出显著的抑制作用，但也有毒性兴奋效应，在低浓度下能促进生长。不同浓度的 BDE-47 培养液中培养 4 种海洋微藻，试验结果显示，处理 24 h 后，低浓度处理组的小球藻（0.1 μg/L）、牟氏角毛藻（0.1~5.0 μg/L）和赤潮异湾藻（0.1~1.0 μg/L）的生长具有短暂的促进作用，即毒性兴奋效应。同时，不同海洋微藻的 96 h EC_{50}数值不同。这是由于不同种类的海洋微藻细胞结构差异性造成的，比如细胞壁是否有甲板、硅质壳等具有影响海洋微藻细胞耐受强度的结构。另外也有研究不同种 PBDEs 对同一种海洋微藻的刺激毒性。有研究表明，两种多溴联苯醚 BDE-47 和 BDE-209 能对赤潮异弯藻和米氏凯伦藻种群增长和种间竞争关系产生不同的影响。BDE-209 胁迫可促进两种海洋微藻的种群增长，BDE-47 胁迫则对两种海洋微藻的种群增长主要表现为抑制作用（陶爱天等，2018）。

PFCs 化学性质稳定，疏油疏水，在水中大量蓄积，毒性高于 PCDDs 和 OCPs 等。在海洋微藻富集的过程中，由于 PFCs 的种类不同、结构不同，富集效果及其对海洋微藻的毒性有较大差异。长链的 PFCs 疏水性强，更易结合在生物体内；短链的 PFCs 水溶性强，更倾向存在于水环境中而不被水生生物富集（雒建伟等，2016）。

3.2　POPs 对海洋动物的影响

POPs 在生物体内的生物富集与体型大小有很大的关系，但对于不同物种、不同种类的 POPs，其相关关系是不同的（冯秋园等，2017）。许多海洋动物对 PCBs 和 PAHs 具有很高的富集能力。通过食物链或直接由鱼鳃膜和细胞壁进入体内，并积蓄于脂肪含量较高的部位如皮脂、鱼卵、内脏和脑中，其富集系数可达几千倍到几万倍。如 PCBs 含量在深水金线鱼几种组织内的分布与脂肪含量呈正相关，表现为肝>腹肌>皮≈背肌>肠≈鳃丝。DDT 的存在会抑制水中动植物的正常生长发育，打乱原有的生态平衡。DDT 积蓄在鱼脑中导致鱼的神经系统麻痹，进入内脏影响生理机能，进入鱼卵时则降低孵化率，有的根本不会发育，有的出现畸形，很难成活等。很多POPs生物富集性的变化和大小主要是由体型造成的。有研究发现，鱼类体型增大，脂质含量会增加，但是其体内邻苯二甲酸酯的生物浓缩因子（BCFs）却下降为原来的1/25。另有研究发现，鱼类单位生物量含有的DDT含量同样也随着体型的增加而下降（王亚韡等，2013；冯秋园等，2017）。这是由生物体的异速增长和生理过程变化造成的，因为体型较大的鱼体对有机污染物的吸收变慢，对污染物的储存能力下降。但在苏必利尔湖的研究中发现，随着体型的增大，胡瓜鱼单位鲜重的PCBs含量从体型最小时的21 ng/g增长到体长为150~199 mm时的53 ng/g，但单位脂质的PCBs含量几乎不变，他们认为污染物浓度随着体型增大而增大是由脂质含量随着体型增大而增加引起的（冯秋园等，2017）。综上可知，由于生物体的生物代谢、脂质含量等原因，使体型大小在POPs生物富集方面所起的作用可能是不同的。

对暴露于不同浓度PAHs中栉孔扇贝（*Chlamys farreri*）消化盲囊和鳃丝的毒理学研究表明，低浓度PAHs对消化盲囊7-乙氧基异吩唑酮-脱乙基酶（EROD）的活力无显著影响，对谷胱甘肽硫转移酶（GST）有一定的诱导作用，而高浓度PAHs对消化盲囊EROD有明显的诱导作用，对GST先诱导后抑制；在PAHs作用下消化盲囊和鳃丝的3种抗氧化酶（SOD、CAT和GPx）活力呈现一定的峰值变化，且在高浓度PAHs下均被显著抑制，同时鳃丝的酶活力较消化盲囊抑制显著；消化盲囊和鳃丝的脂质过氧化（LPO）水平在PAHs处理下随时间不断上升，并表现出明显的剂量和时间效应。暴露于PAHs中栉孔扇贝的EROD、GST和抗氧化酶活力的变化反映了机体的解毒代谢过程和能力，而LPO水平则直接反映了机体的氧化损伤程度，而且各毒理学指标在解毒过程中相互关联，具有很强的规律性（Ko et al.，2020b；Qiu et al.，2020）。

PBDEs在鲤鱼样品不同组织/器官中的差异性分布和富集显示出该化合物具有较高的生物富集能力（BAF = 4700）。定量结构-性质相关（QSPR）模型结果显示，PBDEs在物化性质和环境迁移行为上与以往广泛研究的其他类POPs具有较大差异。该研究系首次在环境介质中发现PBDEs的存在，并且通过QSPR技术证明了其为潜在的持久性有机污染物（Capanni et al.，2020）。对环渤海地区9个城市11种不同的软体动物研究表明，超过75%的样品中均可检出PBDEs，说明了该物质在我国环境中的普遍存在。数据分析表明，PBDEs浓度与软体动物的营养级呈反比，证明该物质在该地区所选取的软体动物食物链存在生物稀释效应，主成分分析表明，牡蛎可以作为环渤海地区PBDEs的生物指示物（陈晓冉等，2020）。毒理学实验表明鱼鳔可能是PBDEs在鱼体内作用的靶器官。

PFCs破坏中枢神经系统兴奋剂的平衡，使动物失去兴奋和激怒的平衡状态；使幼龄动物的生长发育受到延迟，使记忆和条件反射弧的建立受到影响；甲状腺激素水平降低。大量的调查研究发现，在水生生物体内，PFCs表现为类雌激素作用，雌鱼性腺出现退化，雄鱼性腺出现雌雄同体现象。因此PFCs是一类对各个器官都有毒性的环境污染物。PFCs在我们周围环境中、生物体及人体中都很常见，甚至在极地地区都有检出（Wu et al.，2020）。对污染物进行风险评价主要看污染物的富集情况。PFCs在鱼体中的富集情况已经有较多的相关研究。如有研究指出，在多个地区的鱼体中都测出了PFCs，PFOS浓度范围小于0.1~3.13 μg/kg（湿重），PFOA小于0.1~1.99 μg/kg（湿重）。人体摄入的途径有很多，其中包括饮用水、鱼和海鲜类、肉类、蛋和室内灰尘等，发现鱼和海鲜类对人体的暴露风险最高，但目前对于PFOA和PFOS在鱼体和海鲜类等生物体中分布的研究还很少。因此，开展高污染地区水环境中PFOS的生物监测研究，筛选出能够反映高污染地区水环境PFCs残留的指示生物，从而避免PFCs被过度释放到环境中而威胁到人类健康和饮食安全（Vaccher et al.，2020）。

3.3　OPs农药的生物危害

OPs农药是当今农药的主要种类，几乎用于农业所有的领域。OPs农药化学结构共性是有一个五价磷原子，磷原子正电性的强弱由分子中其他基团结构所制约，从而决定磷原子与乙酰胆碱酯酶的共价结合的强弱和形成磷酰化酶的速度（Liu et al.，2020）。OPs农药作用机理是磷原子与乙酰胆碱酯酶共价结合形成磷酰化酶，阻断了乙酰胆碱的水解，使其在神经系统中的积累引起突触的过度兴奋，抑制神经冲动的传导，引起一系列的神经综合征，对生物体造成极大伤害，高剂量的OPs农药如果被误服将直接致死，因此对于人畜可造成极大危害（马小美和赵华头，2020）。OPs农药作为有机氯的新替代产品在农、林业生产中已经广泛使用。虽然OPs农药较易分解，进入环境后残留期较短，但它的毒性大，对海洋生物资源、水产养殖品种和生态环境的影响颇令人担忧。三唑磷是最常使用的OPs农药，1996年以来，由于三唑磷农药的污染造成死虾、死鱼、死贝的事故时有发生。采用三唑磷，对脊尾白虾（*Exopalaemon carinicauda holthuis*）、日本大眼蟹（*Macrophthalmus japonicus*）和重要养殖品种长毛对虾（*Penaeus penicillatus*）和中国对虾（*Penaeus chinensis*）不同发育阶段的实验表明，三唑磷对虾、蟹类的毒害，48 h LC_{50}值都小于0.1 mg/dm^3，表现为高度毒性，虾类的敏感性大于蟹类。虾类在不同的发育阶段，其敏感性也不同，溞状幼体、仔虾>成体>无节幼体。不同物种对OPs的敏感程度不同，如OPs对对虾仔虾的毒性是非常敏感的，日本大眼蟹对三唑磷的毒性比较不敏感，它的LC_{50}值24 h达到1.83 mg/dm^3，比其他3种虾类高2~3个数量级。三唑磷的常用浓度，对日本大眼蟹一般不会出现死亡，但对其他的敏感种大都死亡了（Heidari et al.，2020；Pellicer-Castell et al.，2020）。

OPs 农药对昆虫、鱼类和哺乳动物的致毒机理主要是抑制和使乙酰胆碱酯酶失活，从而导致神经系统的紊乱和伤害。海藻不具备神经系统，OPs 农药对其形成毒害的主要原因是：在久效磷的胁迫下，藻细胞的 SOD 和 POD 活性下降的同时，也降低了藻细胞清除活性氧的能力，从而打破了活性氧的代谢平衡，造成活性氧的过量产生和积累，并进而引发膜脂过氧化作用，对细胞形成膜脂过氧化伤害（Madhavan and Prasad，2020）。与此同时，细胞的电解质外渗率和膜脂过氧化强度的变化也表现得相对不明显，这充分证明了此间藻细胞的受害较轻。在胁迫的后期，随着久效磷胁迫时间的逐渐延长，SOD 和 POD 的活性都急剧下降，三角褐指藻细胞内活性氧的产生与消除间的平衡同样遭到破坏，使超氧阴离子自由基在细胞内大量产生并积累。超氧阴离子自由基在细胞内可以转换成多种形式的活性氧，最终导致活性氧总量的增加。细胞内过量的活性氧会攻击细胞膜脂中的不饱和脂肪酸，造成膜脂过氧化作用，导致细胞膜结构的破坏和功能的丧失，进而使其生长和繁殖受到抑制（李风铃等，2014；Van-Huy et al.，2020）。

4 海洋生物中的 POPs 对环境污染程度的判别

海洋生物对生存环境污染程度的变化非常敏感，人们可以从监测生物的细胞变化、生化反应、体内器官污染物含量等及时得到信息；也可以利用生态学的相关指示，例如数量的变化、群落的异常反应和环境的改变等对该地区的污染物的潜在影响和实际毒性进行监测。

对世界上不同水域（围绕日本、菲律宾群岛、印度尼西亚、塞舌尔、巴西、中国、孟加拉湾等水域）的金枪鱼（金枪鱼主要分布在气候温和的热带水体中，几乎遍及全球）研究发现，有机氯杀虫剂（OCs，是典型的 POPs，例如，PCBs、DDTs、CHLs、HCHs、HCB）在金枪鱼体内的浓度与它们生存的水体的含量非常的接近（DDT 和 HCH 的含量与所在水体最接近，其他 OCs 则非常接近），而且研究发现体内富集的多少与鱼体长度、重量没有什么明显的联系，是用来监测 OCs 在全球水体中分布比较理想的生物。在黑海沿岸广泛存在的沙滩胡瓜鱼，也对有机物质比较敏感，可以作为监测生物。试验结果表明，有机污染物对幼虫的遗传因子在生物化学和生理上有着巨大的影响，其蛋白质的组成能发生显著变化。除了鱼类，其他用腮呼吸的生物，例如，贝壳类也能够及时反映周围环境 OCs 浓度的变化（雒建伟等，2016；Ko et al.，2020b）。

由于 POPs 在海水中的溶解度较低，比较容易沉入海底沉积物中，因而对底栖生物影响比较大，棘皮类动物是海底生物环境的重要组成部分，与沉积物接触密切，受污染影响比较大。当有机污染物在棘皮类动物体内富集到一定浓度，就会导致其数量的减少和行为的反常，这将影响它们整个群落和生活的整个生态系统的平衡，所以一些棘皮动物成为很好的水底有机污染的指示物。海星和海胆是棘皮类动物中比较敏感的动物，在其胚胎和幼虫阶段对 PCBs 浓度具有很敏感的生物指示作用，污染物对棘皮动物毒性的一个方面就是改变免疫系统，以至传染病的发作（Capanni et al.，2020）。体腔阿米巴样细胞浓度和过氧化物酶产生的活性氧粒子是反映海星免疫系统的两个基本参数，PCB 可加强体腔阿米巴样细胞浓度，但与其他动物相比海星的这两个参数对 PCB 浓度具有更高的灵敏度。通过分析 7 种 PCBs（28、52、101、118、138、153 和 180）在海底沉积物和海星体壁的含量发现，海星体壁内的 PCB 含量和沉积物中的含量有很强的联系，所以海星能够准确地反映所处环境中 PCBs 的含量，可以作为检测海洋沉积物污染的指示生物（周京花等，2013；李风铃等，2014）。

5　健康海洋建设之 POPs 控制策略

POPs 对海洋以及生物体的危害是潜在而巨大的，采取有针对性措施控制海洋 POPs 的水平，是建设健康海洋的当务之急，实施海洋 POPs 应对策略十分必要。

5.1　源头严把生产关，杜绝《POPs 公约》中所禁止的 POPs 的生产

近年来，我国按照《POPs 公约》的要求，严控各类 POPs 的生产，对 POPs 的控制取得了一定的成效。然而，仍有少数小化工厂、小作坊等视各种法律法规于不顾，想尽各种方法生产各类 POPs，使 POPs 的全面治理工作困难重重，而 POPs 的继续使用，也给生态环境带来持续性的污染和破坏。

国家相关部门要加大对生产明令禁止的 POPs 的处罚力度，完善相关法律，全面杜绝 POPs 的生产；要做好市场监督工作，严禁 POPs 的销售，对违法销售者严惩；要加大宣传力度，引导广大农民不使用 POPs 类农药，减少农药的使用，倡导绿色种植。

5.2　提高 POPs 处理水平，减少 POPs 排入海洋

利用植物、微生物或原生动物等的吸收、转化、清除或降解 POPs。生物修复技术主要分为植物修复、微生物修复、动物修复（王亚韡等，2013；雒建伟等，2016）。植物修复 POPs 包括根际微生物降解、根表面吸附、植物吸收和代谢等。虽然 POPs 的植物修复已取得一定的成果，但到目前为止，植物修复还不能达到完全修复 POPs 污染环境的目的。微生物修复是利用微生物的代谢活动把 POPs 转化为易降解的物质甚至矿化。微生物修复具有操作简便、易于就地处理等优点，但选择性较高，且耗时较长，并且许多微生物体内缺乏有效的生物降解酶。动物修复是指土壤中的一些大型土

生动物和小型动物种群，能吸收或富集土壤中残留的 POPs，并通过自身的代谢作用，把部分 POPs 分解为低毒或无毒产物，此方法对土壤条件要求较高。

此外，还有焚烧法、物理处理和化学处理等方法处理 POPs（雒建伟等，2016）。采用焚烧是处置 POPs 中的 PCBs 等污染物，但技术和成本要求很高。PCBs 污染物的焚烧有明确的规定，即炉温不小于 1 200℃，停留时间不小于 2.0 s，燃烧效率不少于 99.9%，焚毁去除率不少于 99.999 9%。所有这些措施，保证了 PCBs 废物的有效环境管理和处理，减少了 PCBs 的环境风险。焚烧法适用于处理大量高浓度的持久性有机物。物理方法通常有吸收法、洗脱法、萃取法、蒸馏法和汽提法。物理法可对 POPs 起到浓缩富集并部分处理的作用，常作为一种预处理手段与其他处理方法联合使用。化学方法在 POPs 污染治理中的应用较多，主要有光催化氧化法、超临界水氧化法、湿式氧化法以及声化学氧化法等。此外，人们还尝试了电化学法、微波、放射性射线等高新技术，发现它们对多种 POPs 都有很好的去除作用。

通过以上方法，做好在陆地上对 POPs 的处理工作，可大大减少 POPs 排入海洋的通量。

5.3 开发海洋微藻吸附等生物技术治理海洋 POPs 污染

海洋微藻吸附 POPs 时，首先吸附在细胞表面的细胞壁上，为被动吸附，然后通过主动吸收进入细胞内部，与胞内环境发生作用。这些 POPs 大部分均具有毒性兴奋效应，在低浓度时对海洋微藻的生长起到促进作用，高浓度环境下，海洋微藻生长被抑制。同时，大量的试验表明海洋微藻富集农药不受细胞生长代谢的影响，最大富集量一般出现在农药低浓度而海洋微藻生长率较高时。由于海洋微藻特殊的高比表面积、胞内外组分的结构和形态，以及酶活性位点，可对一些 POPs 吸附并降解，如海洋微藻可将 DDT 降解（陶爱天等，2018）。

海洋微藻吸附 PBDEs，符合一般有机污染物的吸附机理，吸附后也会产生一定的生理效应。由于藻细胞的较大比表面积，首先进行被动吸附，又因为 PBDEs 的脂溶性强，易在磷脂双分子层中游离富集。然后通过主动运输、被动扩散等方式进入海洋微藻体内，PBDEs 会对海洋微藻的超微结构和抗氧化防御系统产生很大影响。电镜结果显示，随 BDE-47 浓度的增大，细胞出现破碎、失水、鞭毛脱落的现象。细胞器等也会受到严重损伤，如叶绿体皱缩、类囊体排列散乱、线粒体数目增加、细胞基质浑浊等。在环境胁迫下，海洋微藻体内产生大量的活性氧，形成氧化损伤（陶爱天等，2018）。有研究指出研究 BDE-47 影响米氏凯伦藻谷胱甘肽抗氧化系统的酶活性变化，结果表明，抗氧化防御能力降低，活性氧积累，造成损伤。因此，海洋微藻的吸附 POPs 的效率可能受限（张鑫鑫等，2013）。

5.4　找寻开发 POPs 替代品，开发 POPs 综合治理新技术

开展科技攻关，开发 POPs 类农药的替代产品；开发绿色环保型阻燃剂，减少 PBDEs 等的使用；研究与 POPs 各类化合物具有相似功能，且成本低廉、健康环保的产品，逐步完成更新换代。各种 POPs 的治理技术中，生物修复技术时间长，物理技术易造成二次污染，化学技术费用高，海洋微藻吸附效率低，加上环境中有机污染物的复杂性和多样性，单纯一种方法往往达不到预期目的。因此，除了继续研究开发高新技术外，还要考虑几种技术的联合使用，如把物理技术作为预处理或生物修复技术作为后处理手段与其他处理方法结合，产生高效、经济的联用技术，这也是 POPs 治理技术的一个发展趋势。

参考文献

陈蝶，高明，吴南翔.2018.持久性有机污染物的毒性及其机制研究进展.环境与职业医学，35(6)：558-565.

陈晓冉，陈燕珍，屠建波，等.2020.渤海湾天津近岸典型海域 PBDEs 污染状况及分布规律研究.海洋环境科学，39(3)：413-418.

戴抒豪，简子海，刘冉，等.2018.十氯酮诱导氧化应激损伤对秀丽隐杆线虫精细胞影响.中国公共卫生，34(8)：1106-1109.

杜国勇，蒋小萍，卓丽，等.2019.长江流域重庆段水体中全氟化合物的污染特征及风险评价.生态环境学报，28(11)：2266-2272.

杜静，黄会，宫向红，等.2019.贝类中持久性有机污染物残留与检测技术研究进展.中国渔业质量与标准，9(2)：44-61.

冯秋园，吴桐，万祎，等.2017.持久性有机污染物(POPs)在水生生态系统中的环境行为.北京大学学报(自然科学版)，53(3)：588-596.

何依芳，黄清辉，陈玲，等.2018.南极菲尔德斯半岛近岸海洋生物体有机锡污染状况.环境科学学报，38(3)：1256-1262.

李风铃，江艳华，姚琳，等.2014.水生生态系统中 POPs 的免疫毒理学研究进展.生物学杂志，31(6)：71-74.

李显芳，印成，万巧玲，等.2019.三峡库区重庆段水体中有机污染物的研究进展.环境与健康杂志，36(7)：649-654.

林必桂，于云江，陈希超，等.2017.室内环境中持久性卤代有机污染物的人体暴露及潜在生殖健康影响.生态毒理学报，12(5)：44-54.

雒建伟，高良敏，陈一佳，等.2016.持久性有机污染物(POPs)的环境问题及其治理措施研究进展.环保科技，22(6)：51-55，60.

马骏，柳阳，李勇，等.2017.脂肪和蛋白质营养对工业化养殖大西洋鲑相关代谢酶和生长基因表达的影响.中国水产科学，24(4)：669-680.

马小美，赵华头.2020.血液灌流并血液透析治疗重度有机磷中毒的临床疗效.临床合理用药杂志，13(15)：15-17.

彭全材，宋金明，李琛，等.2014.胶州湾5种海藻中的多不饱和脂肪酸与有机氯农药共摄入风险的评估研究.海洋与湖沼，45(1)：80-87.

彭全材，宋金明，李宁.2018.胶州湾表层海水中6类抗菌药物的分布、来源与生态风险.海洋学报，40(10)：71-83.

宋金明，段丽琴.2017.渤黄东海微/痕量元素的环境生物地球化学.北京：科学出版社，1-463.

宋金明，段丽琴，袁华茂.2016.胶州湾的化学环境演变.北京：科学出版社，1-400.

宋金明，李学刚，袁华茂，等.2019.渤黄东海生源要素的生物地球化学.北京：科学出版社，1-870.

宋金明，李学刚，袁华茂，等.2020.海洋生物地球化学.北京：科学出版社，1-691.

孙胜香，杜震宇.2019.环境内分泌干扰物对鱼类脂质代谢的影响：回顾与展望.渔业科学进展，40(2)：1-14.

陶爱天，孟茹，刘懿锋，等.2018.海洋微藻吸附环境污染物及其产油性能的研究进展.农产品加工，(12)：70-75.

王姮，胡红美，郭远明，等.2019.水产品中有机锡类化合物检测方法研究进展.食品安全质量检测学报，10(21)：7245-7252.

王亚韡，王宝盛，傅建捷，等.2013.新型有机污染物研究进展.化学通报，76(1)：3-14.

杨明容，李达，周美玉.2020.饲用抗生素替代物在水产养殖中的应用研究进展.安徽农学通报，26(8)：62-66+102.

尧国民，李中波，谢光兵，等.2018.有机锡的细胞毒性作用研究进展.畜牧兽医科技信息，(8)：5-6.

张鑫鑫，唐学玺，姜爽，等.2013.2，2'，4，4'-四溴联苯醚(BDE-47)对米氏凯伦藻的毒性效应.海洋环境科学，32(4)：491-496.

周京花，马慧慧，赵美蓉，等.2013.持久性有机污染物(POPs)生殖毒理研究进展——从实验动物生殖毒性到人类生殖健康风险.中国科学：化学，43(3)：315-325.

朱凌娇，李倩，吴玲玲.2017.有机锡化合物对生物的毒性效应的研究进展.四川环境，36(2)：161-166.

卓丽，王美欢，石运刚，等.2019.南方典型水源地及水产养殖区抗生素的复合污染特征及生态风险.生态毒理学报，14(2)：164-175.

Cacciatore Federica, Brusà Rossella Boscolo, Noventa Seta, et al. 2018. Imposex levels and butyltin compounds (BTs) in *Hexaplex trunculus* (Linnaeus, 1758) from the northern Adriatic Sea (Italy): Ecological risk assessment before and after the ban. Ecotoxicology and Environmental Safety, 147: 688-698.

Capanni Francesca, Muñoz-Arnanz Juan, Marsili Letizia, et al.2020. Assessment of PCDD/Fs, dioxin-like PCBs and PBDEs in Mediterranean striped dolphins. Marine Pollution Bulletin, 156: 111207.

Hayward Douglas G, Traag Willem. 2020. New approach for removing co-extracted lipids before mass spectrometry measurement of persistent of organic pollutants (POPs) in foods. Chemosphere, 256: 127023.

Heidari Hassan, Ghanbari-Rad Samira, Habibi Esmaeil. 2020. Optimization deep eutectic solvent-based ultrasound-assisted liquid-liquid microextraction by using the desirability function approach for extraction and preconcentration of organophosphorus pesticides from fruit juice samples. Journal of Food Composition and Analysis, 87: 103389.

Herraiz-Carboné Miguel, Cotillas Salvador, Lacasa Engracia, et al.2020. Improving the biodegradability of hospital urines polluted with chloramphenicol by the application of electrochemical oxidation. Science of the Total Environment, 725: 138430.

Jin Xiaoling, Liu Yan, Qiao Xiaocui, et al.2019. Risk assessment of organochlorine pesticides in drinking water source of the Yangtze River. Ecotoxicology and Environmental Safety, 182: 109390.

Johanson Silje M, Swann Jonathan R, Umu Ozgun C O, et al.2020. Maternal exposure to a human relevant mixture of persistent organic pollutants reduces colorectal carcinogenesis in A/J Min/+ mice. Chemosphere, 252: 126484.

Ko Eun, Choi Moonsung, Shin Sooim.2020a. Bottom-line mechanism of organochlorine pesticides on mitochondria dysfunction linked with type 2 diabetes. Journal of Hazardous Materials, 393: 122400.

Ko Eun, Kim Dayoung, Kim Kitae, et al.2020b. The action of low doses of persistent organic pollutants (POPs) on mitochondrial function in zebrafish eyes and comparison with hyperglycemia to identify a link between POPs and diabetes. Toxicology Mechanisms and Methods, 30(4): 275–283.

Liu Xinke, Sakthivel Rajalakshmi, Liu Wai–Ching, et al.2020. Ultra–highly sensitive organophosphorus biosensor based on chitosan/tin disulfide and British housefly acetylcholinesterase. Food Chemistry, 324: 126889.

Ma Jun, Zhang Jing, Sun Guoxiang, et al.2019. Effects of dietary reduced glutathione on the growth and antioxidant capacity of juvenile Atlantic salmon (*Salmo salar*). Aquaculture Nutrition, 25(5): 1028–1035.

Madhavan I, Prasad A.2020. Assessment of the effectiveness of gastric lavage in organophosphorus poisoning by quantifying pesticide in lavage fluid. Clinical Toxicology, 58(6): 521.

Maudouit M, Rochoy M.2019. Systematic review of the impact of chlordecone on human health in the French West Indies. Therapie, 74(6): 611–625.

Mihaljevi Ivan, Bašica Branka, Marakovi Nikola, et al.2020. Interaction of organotin compounds with three major glutathione S–transferases in zebrafish. Toxicology In Vitro, 62: 104713.

Otegui Mariana B P, Zamprogno Gabriela C, França Millena A, et al.2019. Imposex response in shell sizes of intertidal snails in multiple environments. Journal of Sea Research, 147: 10-18.

Pellicer-Castell Enric, Belenguer-Sapiña Carolina, Amorós Pedro, et al. 2020. Comparison of silica-based materials for organophosphorus pesticides sampling and occupational risk assessment. Analytica Chimica Acta, 1110: 26-34.

Peng Quancai, Song Jinming, Li Xuegang, et al. 2019a. Biogeochemical characteristics and ecological risk assessment of pharmaceutically active compounds (PhACs) in the surface seawaters of Jiaozhou Bay, North China. Environmental Pollution, 255: 113247.

Peng Quancai, Song Jinming, Li Xuegang, et al. 2019b. Characterization, Source and Risk of Pharmaceutically Active Compounds (PhACs) in the Snow Deposition Near Jiaozhou Bay, North China. Applied Sciences-Basel, 9(6): 1078.

Qiu Yao-Wen, Wang Dong-Xiao, Zhang Gan. 2020. Assessment of persistent organic pollutants (POPs) in sediments of the Eastern Indian Ocean. Science of the Total Environment, 710: 136335.

Rojas-León Irán, Hernández-Cruz María G, Vargas-Olvera Eva C, et al. 2020. Dinuclear organotin compounds carrying naphthylene-and biphenylene-spacer groups. Journal of Organometallic Chemistry, 920: 121344.

Schøyen Merete, Green Norman W, Hjermann Dag Ø, et al. 2018. Levels and trends of tributyltin (TBT) and imposex in dogwhelk (*Nucella lapillus*) along the Norwegian coastline from 1991 to 2017. Marine Environmental Research, 144: 1-8.

Shukla Devyani, Das Megha, Kasade Dipanshu, et al. 2020. Sandalwood-derived carbon quantum dots as bioimaging tools to investigate the toxicological effects of malachite green in model organisms. Chemosphere, 248.

Song Jinming, 2010. Biogeochemical Processes of Biogenic Elements in China Marginal Seas. Springer-Verlag GmbH & Zhejiang University Press, 1-662.

Vaccher Vincent, Ingenbleek Luc, Adegboye Abimobola, et al. 2020. Levels of persistent organic pollutants (POPs) in foods from the first regional Sub-Saharan Africa Total Diet Study. Environment International, 135: 105413.

Van-Huy Nguyen, Siwaporn Meejoo Smith, Kitirote Wantala, et al. 2020. Photocatalytic Remediation of Persistent Organic Pollutants (POPs): A review. Arabian Journal of Chemistry, https://doi.org/10.1016/j.arabjc.2020.04.028.

Wu Jiang, Junaid Muhammad, Wang Zhifen, et al. 2020. Spatiotemporal distribution, sources and ecological risks of perfluorinated compounds (PFCs) in the Guanlan River from the rapidly urbanizing areas of Shenzhen, China. Chemosphere, 245: 125637.

直面健康海洋之问题五

——海洋微塑料及其对生物的影响

宋金明，邢建伟，王天艺

（1. 中国科学院 海洋生态与环境科学重点实验室 中国科学院海洋研究所，青岛 266071；2. 青岛海洋科学与技术试点国家实验室 海洋生态与环境科学功能实验室，青岛 266237；3. 中国科学院大学，北京 100049；4. 中国科学院海洋大科学研究中心，青岛 266071）

摘要：近几年，海洋环境中广泛存在且对海洋环境及其生物体具有多重危害和风险的海洋“微塑料”，其作为一种新兴污染物逐渐受到国际社会的广泛关注，被称为“海洋中的 $PM_{2.5}$”，对“健康海洋”构成巨大威胁。微塑料主要由人工制造并在环境中破碎裂解产生，几乎存在于所有海洋环境中，并可在海洋环境中发生一系列的迁移（扩散、吸附、沉积）和转化（降解），成为微生物附着生长和传播的载体。微塑料对海洋生物产生多重复杂影响，并可通过食物链传递对人体健康产生不利影响。目前，国内外的研究主要集中在海洋微塑料的来源、分布的外海调查和迁移转化与生态环境效应的模拟研究，海洋微塑料研究是一个科学的“热点”，但由于海洋微塑料组成及物理性状的复杂特殊性，海洋微塑料及其复合污染物的生态环境风险不清楚而且不太可能研究清楚，对其深入性研究的前景并不明朗，很可能其研究很快会进入“混沌期”，成为科学研究上的“一阵风”，而变得不再那么受重视。对海洋微塑料的防控，则必须从陆海统筹角度对入海物质进行严控。（1）构建控源–断污控制与管理理论和技术体系，并制定相关法律法规，从源头–过程–末端系统控制和阻断塑料污染的产生；（2）研发新型生物可降解塑料制品，研发离岸微塑料高效物理化学–生物降解技术；（3）研究建立科学的海洋微塑料监测技术方法和系统研究体系，有针对性地对微塑料及其复合污染物的潜在生态与健康风险评估研究；（4）强化公众宣传教育，切实提高全社会对海洋微塑料污染危害的认识和海洋环境保护意识。

关键词：海洋微塑料；生物影响；防控措施

本文观点：尽管海洋微塑料研究目前是一个科学的“热点”，但由于海洋微塑料组成及物理性状的复杂特殊性，海洋微塑料及其复合污染物的生态环境风险不清楚而且不太可能研究清楚，对其深入性研究的前景并不明朗，很可能其研究很快会进入“混沌期”，成为科学研究上的“一阵风”，而变得不再那么受重视。

塑料自 1907 年被发明，20 世纪 40 年代大规模生产以来，其全球生产量和使用量急剧上升，2016 年为 3.35 亿 t，2018 年全世界塑料产量达 3.6 亿 t，其全球生产总量已达 80 亿~90 亿 t。2019 年，全球塑料仅其添加剂的交易就达 159 亿元，从这一数字就可窥探全球的塑料应用量。2019 年我国塑料产量 9 574 万 t，占全球塑料总产量的 1/4。生产生活中未被有效处置的塑料垃圾会以碎片或微粒的形式进入海洋，并随海洋动力过程进行远距离迁移，导致全球范围内的海洋塑料污染。据估算，每年进入海洋的塑料垃圾达 480 万~1 270 万 t，大致在 1 000 万 t 左右，其中的大部分被带入深海，海表面微塑料仅占 1%左右，大部分集中于 600~900 m，海面波浪还会使约 13.6 万 t 的微塑料抛向大气中，在低污染的海滩大气中检出 19 个/m^3的微塑料，微塑料的绝大部分由洋流携带至海底峡谷，它们要么缓慢沉降，要么被偶尔出现的浑浊洋流——强大的水下雪崩——迅速输送到海底峡谷深处，通过“底层水流”在海底运输，最终将这些细颗粒沉积下来，从而堆积大量沉积物，形成海洋沉积物的“微塑料热点海域”，这些热点海域似乎是深海的“垃圾带”。目前发现，几乎所有的海底沉积物都含有微塑料，其中大部分是纤维，主要来自纺织品和服装的纤维，这些有毒微塑料可能会进入生物多样性的热点海域，进而增加深海生物摄入的机会，目前发现个别热点海域沉积物的微塑料可达 190 万个/m^2，达到有史以来全球海底环境中报告的最高水平。目前，全世界海洋仅漂浮的塑料碎片超过 5 万亿个，重量在 25 万 t 以上，每年给海洋生态系统造成的经济损失高达 130 亿美元。

通常微塑料系指直径小于 5 mm 的微小型塑料颗粒或碎片，海洋中的微塑料主要包括聚乙烯、聚丙烯、聚氯乙烯、聚苯乙烯、聚对苯二甲酸乙二酯等类型。微塑料属于高分子化合物，具有强烈疏水特性和抗生物降解能力，密度多变，可以在海洋环境中长期稳定存在，对海洋生物产生慢性毒性效应。人们对微塑料的认识起源于 20 世纪 70 年代，据 2001 年的报道，北太平洋中心环流海域海水中微塑料的密度为 97 万个/km^2，引起全球关注。大西洋西北部 2015 年的调查发现，在 73%的鱼体内发现了塑料微粒。每条鱼体内平均含有 2 个塑料微粒，最多的一条鱼体内含有 13 个塑料微粒。海洋“微塑料”一词正式引入科学界则始于 2004 年在《Science》上发表的论文

（Thompson et al.，2004）。此后，国际上不断开展了关于微塑料的研究。2014年，首届联合国环境大会把海洋微塑料污染列为全球亟待解决的十大环境问题之一；2015年，第二届联合国环境大会把微塑料列为与全球气候变化、臭氧耗竭、海洋酸化并列的环境与生态科学领域第二大科学问题（Galloway and Lewis，2016）。我国微塑料研究始于2013年，之后部分学者开始注意到海洋微塑料的危害，2016年，我国将近海微塑料列入常规监测，2017年监测范围扩展到大洋和极地，同年，我国启动了聚焦近海微塑料调查、输运、环境行为和生物毒性的国家重点研发专项，近几年来逐渐成为人们关注的焦点。微塑料因形状、颜色、类型多变，粒径较小，对海洋中不同营养级生物均会产生毒性作用，并可沿食物链传递，威胁人类健康。微塑料对海洋病毒、细菌、浮游植物、浮游动物、游泳动物、底栖动物和海鸟的毒性效应以及其在海洋食物链中的传递、微塑料与化学物质的联合毒性的报道较多。

1 海洋微塑料的来源及分布

海洋中微塑料的来源主要有原生微塑料和次生微塑料。原生微塑料是指人工制造的直径在5 mm以下的微型塑料颗粒，主要用于工业生产以及洗面奶、化妆品和医疗用品等的生产。次生微塑料是指由大型塑料在海洋涡流、湍流等运动下破碎而来，或者经过海水长时间的浸泡、紫外线照射以及风力等因素的作用下破坏了塑料结构，造成表面脆化，进而裂解而来。

在海洋独特的水动力过程和洋流的作用下，微塑料的漂浮能力和移动能力较强，其在海域中的分布范围非常广，几乎存在于全球所有海洋环境中，有些甚至出现在两极附近海域，河流输送和大洋环流体系是微塑料运移的主要动力。热带辐合区海域微塑料污染严重，北太平洋中心环流区海水中微塑料质量远高于浮游生物质量。不同海域微塑料的含量、颜色、形状、类型和粒径大小等均具有明显区别。微塑料在海洋中的分布模式与自然沉积物堆积的路径基本一致，其中大部分沉积在靠近其输入源的河流河口，通常靠近海岸线以及海湾和潟湖。在高能量海滩、波浪和潮汐主导的河流三角洲和河口微塑料的存留较少，这些区域的微塑料的绝大部分被输入近海和深海。通常的情况是在海湾沉积物中发现的微塑料平均浓度约为7 000～20万个/kg，河口约为300个/kg，海滩环境为200个/kg，深海约为80个/kg。据2018年的最新报道，地中海微塑料污染水平比世界上其他开放海域高近4倍。地中海海面漂浮垃圾和海滩垃圾中95%为塑料制品，大部分来自土耳其、西班牙、意大利、埃及和法国。

由于多变的形状和比重，微塑料广泛分布于海水表面、深海、海底沉积物中。多数塑料密度低于海水，容易在海表漂浮，而一些密度较高的微塑料则会向下部转移，到达深海或者海底。海表漂浮的一些低密度微塑料也可能在风、潜流或者生物的作用下会向深海或者海底转移。在有些海域，海底微塑料含量多于海水中部和海水表层，进入海底的微塑料很难重返上层水体中，进而成为微塑料的最终储藏库。

微塑料在海洋环境中会发生一系列的迁移和转化（图 1）。微塑料密度低于海水，进入海洋环境中会漂浮或悬浮在海水中，在洋流、潮汐、风浪和海啸等动力过程驱动下进行扩散。海浪和潮汐还会驱使微塑料在海岸地区沉积。在海洋环境的长期作用下，具有疏水性的微塑料表面特征变得复杂，很容易吸附一些有机和金属类化学污染物，并且还会附着一些黏土颗粒、有机碎片、海藻和微生物等，这些过程会增大微塑料颗粒的密度或改变其表面特性，促使其发生沉降。在海洋环境中，长期的物理、化学和生物共同作用会将微塑料分裂成更小的纳米级颗粒，微塑料的主要分析方法见表 1。在太阳辐射、海洋生物和海水等的作用下，微塑料会发生光降解、生物降解、氧化分解和水解等降解和转化过程。此外，微塑料还会被海洋生物摄入体内，并随之迁移，成为与海洋生物网连接的纽带。海洋环境中微塑料的大范围污染会对海洋生物的生存造成威胁（图 1）。

表 1　微塑料的分析方法

项目	分析方法		优点	缺点
物理表征	目视法		简单、快捷	存在有机、无机颗粒干扰的情况，不适用
	显微镜法		提供清晰的微塑料纹理图像	出错率高，无法分辨颜色信息
	光谱分析	FTIR	提供微塑料的组成结构和丰度信息	耗时长、成本高
		拉曼光谱	检测粒径小于 1 μm 的微塑料	对微塑料中的添加剂和颜料化学品很敏感
化学表征	DSC		应用广泛	只适用于初级微塑料
	Pyro-GC/MS		能分析微塑料的降解产物	不适用于大量样品分析
新方法	SEM-EDS		检测微塑料中无机添加剂的成分	方法不成熟
	TDS-GC/MS		受杂质影响小，分析时间相对较短	要求微塑料含量在 1%以上
	新型显微镜	TEM	能分析更小尺寸微塑料	方法不成熟
		AFM	具有高成像分辨率，能进行液体分析	方法不成熟

2　微塑料对海洋生物的影响

海洋微塑料对生物的影响主要表现为生物吸着和摄入。海洋环境中的微塑料颗粒

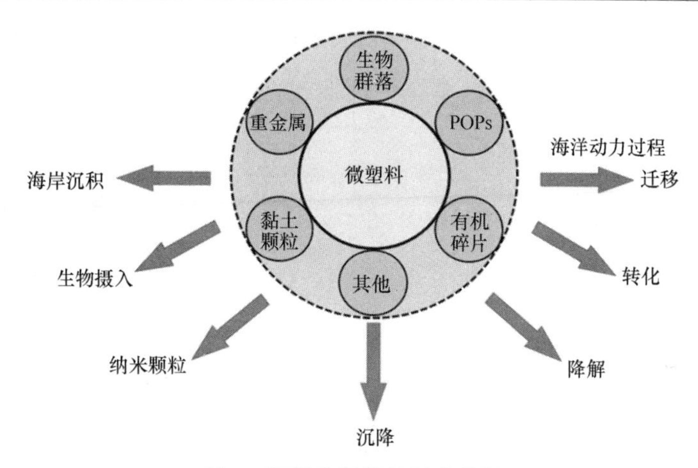

图 1　海洋微塑料的行为特征

可成为微生物和藻类等生物附着生长的载体。微塑料进入海洋环境后，微生物会快速附着在其表面，1 周左右便可形成牢固附着的生物膜。利用扫描电子显微镜和新一代基因测序技术分析发现，北大西洋近岸水体中附着在微塑料上的微生物群落包括异养生物、自养生物、共生生物等。科学家估算附着在海洋塑料碎片上的微生物总量高达 1 000~15 000 t。法国海湾水体的调查结果显示，平均约 22%的微塑料颗粒样品表面附生有小型海藻和有孔虫类，其中夏季样品附着的比例更高。有害生物的附着会让微塑料充当“移民”工具。微塑料化学性质稳定，在海洋环境中很难被降解，并在海洋动力过程作用下可远距离迁移。微塑料被生物附着后就成为生物传播的载体，当附着有生物的微塑料跨生物地理区系迁移，就会导致生物入侵。生物附着会影响微塑料在海洋环境中的迁移。微塑料表面形成生物膜后，其疏水性减弱，亲水性显著增强，并且塑料颗粒的密度也逐渐增大，会由水体表面向水下沉降，这也是导致微塑料在海底沉积的重要因素。微塑料的生物附着极其复杂，季节变化、地理位置、水温、海水营养状况、底质类型、水流速度等都会影响生物在微塑料表面的附着。

生物摄入是海洋微塑料进入食物网的重要途径（图 2）。海洋环境中的微塑料很容易被大多数海洋生物，如浮游动物、底栖生物、鱼类、海鸟、海洋哺乳动物等摄入体内。首先，海洋生物摄入微塑料与其摄食和呼吸方式有关，微塑料的粒径较小，海洋生物的摄食方式很难将微塑料与食物分离开来，而利用鳃孔呼吸的海洋生物（如蟹类）还可通过呼吸过程将微塑料吸入鳃室，这些微塑料可在其鳃室富集，但不会进入其他组织或器官；其次，海洋生物会误食微塑料，海洋中的微塑料与浮游生物的大小和密度相似，容易被海洋生物误判为食物而主动捕获。微塑料可沿食物链进行传递，低营养级生物体内的微塑料通过捕食作用进入到高营养级生物体内。被海洋生物体摄入体内的微塑料颗粒可在其组织和器官中转移和富集，许多海洋生物的胃、肠道、消化管、肌肉等组织和器官甚至淋巴系统中均发现有微塑料存在。

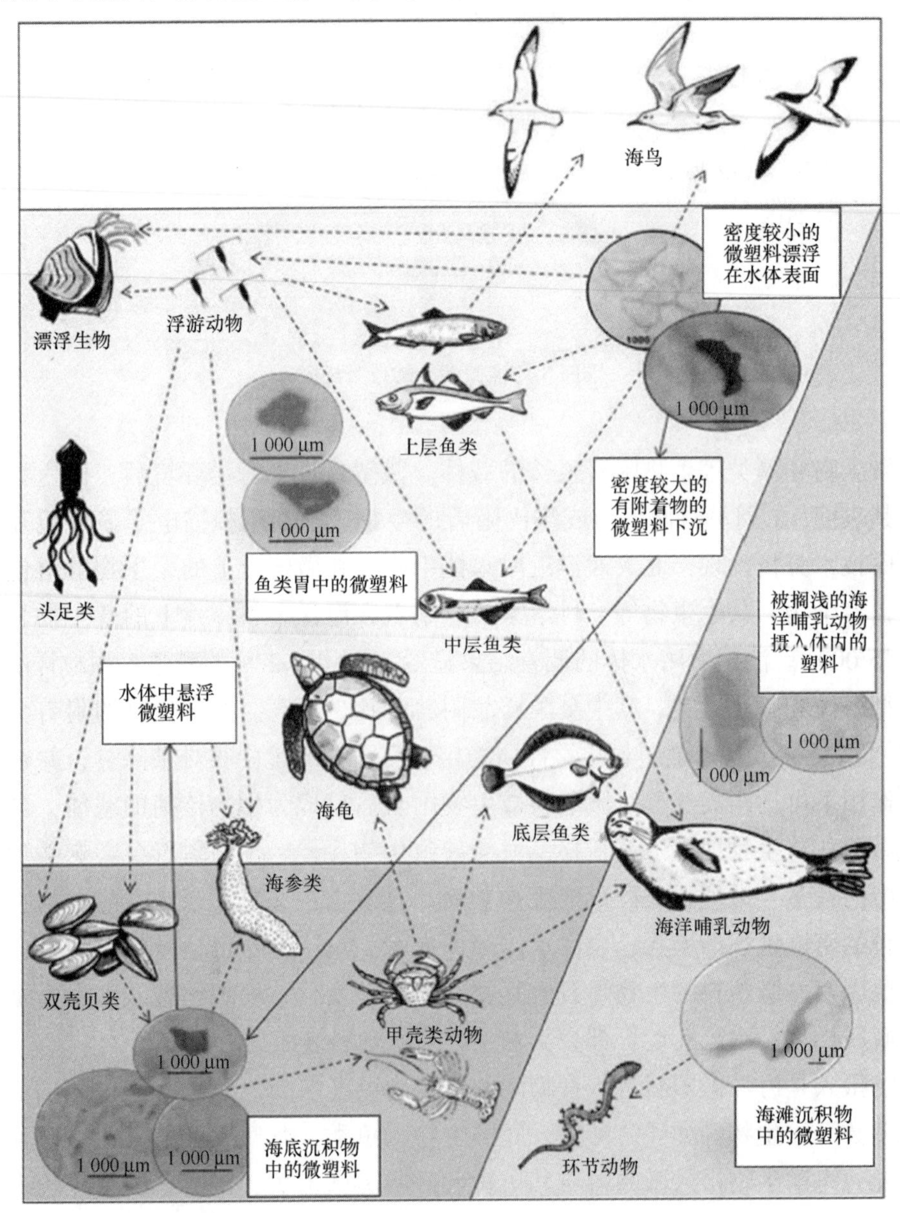

图 2　海洋环境中微塑料的生物摄入与生物链传递

微塑料具有疏水和硬质特性以及较强的漂浮能力，比海洋中一般的自然漂浮物稳定时间更长，其表面有利于微生物建群和生物膜的形成，因而成为海洋中病毒、细菌及微生物幼体等的新型生态栖息地。例如，在海水中密度很低的弧菌属细菌，其在微塑料表面的密度却很高，是微塑料表面所有微生物中的优势种。病毒、细菌聚集后的微塑料相比于普通微塑料，具有更强的生物毒性，进入生物体后，容易引起生物体感染。

浮游植物作为海洋中的初级生产者，为海洋生物提供食物来源和氧气保障。但是，海洋中微塑料的广泛存在对其生长产生不利影响，导致浮游植物群落的变化，从而破坏海洋生态系统的稳定。海面上漂浮的微塑料对太阳光的遮挡与反射作用会阻碍浮游植物对太阳光的吸收，影响其光合作用能力。微塑料的分解碎化是海洋中纳米塑料颗粒的主要来源之一，纳米塑料对小球藻和栅藻的暴露可以降低藻细胞中叶绿素 a 的含量，增加藻细胞内活性氧的产生。角毛藻、盐沼红胞藻等可以在生长条件受限制时分泌多糖等黏性物质而形成藻团，并与周围存在的微塑料聚合，这种行为不仅可以改变藻团密度，影响其在海水中的分布，而且可以促进低密度微塑料向海底转移。另外，单细胞藻类在微塑料表面的附着行为可以大幅度提高其水平迁移能力，到达新海域后容易形成优势种，甚至导致外来物种入侵现象发生。藻团作为海洋生物的主要食物，微塑料通过与其聚合可以增加被海洋生物摄食的机会。

微塑料与浮游动物的相互作用方式主要有被浮游动物摄入体内和在浮游动物的附肢、摄食器、触角、尾叉等体外器官进行黏附两种。浮游动物对微塑料的摄入量与物种种类、生活史阶段及微塑料的粒径、浓度、表面污染情况有关。摄入的微塑料除少量随排泄物排出体外，大部分在浮游动物的消化系统中积累，阻塞消化道，降低食欲，影响进食，造成其营养不良、生长缓慢、体重减轻甚至死亡。还有一小部分微塑料可以转移到组织中，造成潜在的危害，例如，一些悬浮滤食性的双壳类可以通过栉鳃捕捉悬浮在水流中的塑料颗粒，再由前端的纤毛经过背部黏液链或者腹部的黏液—水系统转移到口腔，进一步到肠道中，最终通过肠道上皮细胞进入到消化盲囊中。微塑料产生的生物效应与粒径以及暴露时间具有显著的相关性。而等足类动物对微塑料没有区分能力，对不同形状、浓度的微塑料的摄食情况没有明显区别。但由于其具有复杂的胃部结构，微塑料只在其胃、肠道中出现并未进入其中肠腺内。等足类动物可以将摄入体内的微塑料随排泄物全部排出体外，因此对其死亡率、生长状况及蜕皮，甚至因误食引起食管刺穿、划伤消化道等危害。目前为止，受废弃塑料伤害的海洋生物有260余种，其中游泳动物占绝大多数，主要包括鱼类、海龟、海狮、海豹和鲸等。类似浮游动物，微塑料会造成海洋游泳动物摄食器官和消化道阻塞，进入循环系统和组织，还会影响酶活性、干扰代谢等。游泳动物中，在部分鱼类（如灯笼鱼科、巨口鱼科、秋刀鱼科）胃和肠道中发现微塑料。微塑料的摄入与鱼的种类、体型以及微塑料的种类、形状、颜色相关。不同种类的鱼摄入的微塑料不同，当鱼的体型在一定范围内变化时，微塑料的摄入量会随着鱼体型的增大而增加，与鱼类的天然食物越相近的微塑料被鱼类捕食的几率就越大。研究表明，粒径为 0.5～5 mm 的微塑料和颜色为黑色的微塑料容易被鱼类摄入。微塑料在鱼类体内的分布也与粒径相关。研究显示，用微塑料对斑马鱼暴露 7 d 后，发现粒径为 20 μm 的微塑料只在斑马鱼的鳃和肠道中出现，而直径为 5 μm 的微塑料则还可以进入到斑马鱼的肝中，导致肝发生氧化应激、炎症反应、脂质积累，还会干扰脂质和能量的代谢。微塑料存在会影响幼鱼正常的摄食行为，降低河鲈受精卵的孵化率、幼鱼的成活率以及逃避天敌捕食的能力，严重影响鱼类幼体的生长发育，增加幼鱼的死亡率。在调查海豚的塑料碎片摄入情况时发现，28%的海豚胃中含有塑料碎片，且摄入量与海豚的年龄和体型相关，体长大于 130 cm 的成年海豚明显比体长在 110～130 cm 之间的幼年海豚摄入量少。研究显示，在海龟卵的孵化过程中，其性别会受海底沉积物温度的影响，微塑料在海底的聚集会阻碍沉积物与海水界面的热量交换，使沉积物变暖的速率减慢并使沉积物的最高温度降低，因此会间接对海龟的性别产生影响。世界上第二大海洋哺乳动物须鲸，在喝水和滤食时会摄入大量微塑料，在体内长期积累，产生慢性毒性作用。

微塑料的垂直转移使其大量存在于海底沉积物中，对海洋底栖生物产生巨大的威胁。贻贝作为全球海洋底栖生物的重要组成物种，是大量食肉动物及人类的食物来源。贻贝可以通过鳃收集微塑料并经口腔转移到消化道中积累，最终通过内吞作用内化到消化系统细胞中，其积累部位、体内存留量以及生物效应与微塑料的粒径、浓度以及暴露时间呈显著相关性。例如，用粒径范围为 0～80 μm 的时间不会产生明显影响。海胆幼虫对微塑料的摄入量取决于微塑料的浓度和微塑料表面的生物附着情况，浓度较高且表面未被生物污染的微塑料容易被海胆幼虫摄入，而排泄量则与时间相关，经过 420 min 的排泄，微塑料几乎被全部排出体外。5 d 的微塑料暴露并未对海胆幼虫的存活率产生显著影响，但与对照组相比体重减轻，且减轻量与暴露浓度呈正相关。轮虫对微塑料的排泄能力以及微塑料暴露对轮虫产生的毒性效应（生长速率和繁殖能力降低、寿命缩短、繁殖时间延长、抗氧化酶和丝裂原活化蛋白激酶被激活）均与粒径具有显著相关性，粒径为 6 μm 的微塑料 24 h 之内可以全部排出轮虫体外，所造成的影响也明显低于粒径为 0.5 μm 和 0.05 μm 的微塑料。

研究表明，聚苯乙烯微粒对蓝贻贝进行暴露，3 h 后微粒在消化管中出现，6 h 后消化腺中粒细胞增多，导致溶酶体系统稳定性降低。且与对照组相比实验组出现了较明显的病理学变化，包括出现了强烈的炎症反应、溶酶体膜稳定性降低等现象。粒径为 2 μm、4 μm、16 μm 的聚苯乙烯颗粒可以进入贻贝的肠腔和消化管中。粒径为 3 μm和 9.6 μm 的聚苯乙烯微粒可以通过循环系统进入贻贝的血细胞和血淋巴细胞中，在循环系统中的存留时间超过 48 d，最大值出现在 12 d。然而，这些贻贝在实验期间并未出现血淋巴氧化状态降低、血细胞活力和吞噬活性下降，或者影响贻贝的摄食行为等现象。微塑料可以增加牡蛎的死亡数，减缓生长，影响牡蛎对能量的吸收和分配，干扰生殖系统，影响产卵量和后代幼体的发育。在我国，沿海紫贻贝、扇贝等双壳类也同样受到了微塑料污染的威胁。此外，微塑料暴露会降低沙蚕的摄食量、摄食活性和体重，沙蚕对微塑料具有良好的排泄能力，但当其胃肠道中积累过多微塑料无法排泄时，体内的微塑料会影响沙蚕的抗病菌能力，对其生存产生威胁。海参在摄食过程中会摄入沉积物中的微塑料，微塑料的大小决定了它是否会被海参摄入以及摄入量的多少。微塑料可以在蟹类的鳃部积聚，结果降低了鳃对水中溶解氧的吸收速率，降低血淋巴细胞中钠离子浓度并同时增加钙离子浓度，且效应强度与暴露浓度呈正相关，但对螃蟹的行为和死亡数不会产生影响。

微塑料具有生物传递性，对人类健康构成潜在威胁，因此成为研究者关注的焦点，而此方面研究并不多（彭全材等，2014；宋金明等，2016；2019；2020）。目前仅发现，贻贝与螃蟹、桡足类与糠虾以及鱼类与海螯虾等动物之间存在微塑料的传递效应。具体表现为，用直径为 0.5 μm 的荧光聚苯乙烯微粒对贻贝（可食贻贝）进行暴露，之后将带有微塑料的贻贝软组织喂给红色雌性螃蟹（青蟹），微塑料在螃蟹的血淋巴中出现，24 h 时数量达到最高，最大值为贻贝暴露微塑料数量的 0.04%，但可在21 d 时几乎全部清除。此外，微塑料还在螃蟹的鳃、胃、肝、胰腺及卵巢中出现，以摄入直径为 10 μm 的荧光聚苯乙烯微粒的桡足类（真宽水蚤）为食喂养糠虾（新糠虾），培养 3 h 后，聚苯乙烯微粒在糠虾肠道中出现，且荧光聚苯乙烯微粒的传递率与糠虾种类有关。用体内含有小段聚丙烯纤维的鱼肉喂食挪威龙虾（海螯虾），经过 12 h 后，所有海螯胃中均有塑料微粒的出现，停止喂食后，其数量在实验期间持续减少。医学研究还显示，小于 150 μm 的聚苯乙烯和聚氯乙烯颗粒可以从人类的肠道转移到淋巴和循环系统中。

微塑料除了可以对海洋生物产生物理损伤之外，还可以通过其他方式对海洋生物产生化学毒性效应。在塑料的生产和加工过程中常常会有双酚 A 等有毒单体的残留，同时，为使微塑料具有更好的性能，会人为向其中加入塑化剂等有毒物质。另外，微塑料本身的疏水特性和巨大的比表面积使其可以大量富集海水中的微量有机物，其中壬基酚在塑料中的浓度比其在海底沉积物中的浓度高出 2 个数量级，吸附在微塑料上的菲的浓度是周围海水中菲的浓度的 61 倍。这些微塑料进入生物体后，其中一些化学物质在消化道中表面活性剂的作用下迅速释放，储存在脂质含量高的组织中或者通过食物网放大，对生物体产生毒性作用。例如，日本青鳉摄入带有内分泌干扰物质的聚苯乙烯微粒，会严重干扰其内分泌系统，其中雄鱼卵壳蛋白原基因表达明显下调，雌鱼的卵黄蛋白原、卵壳蛋白原和雌激素受体基因的表达也都明显下调，对雌鱼的繁殖能力产生影响，甚至还使一些雄鱼出现了生殖细胞增生的现象。然而，微塑料与有机污染物的联合作用机制尚不明确，甚至存在相互矛盾的研究结果。例如，与天然沉积物相比微塑料更容易携带菲进入海蚯蚓，增加菲在其组织中的浓度，向含有菲的沉积物中加入被菲污染了的微塑料可以明显提高海蚯蚓组织中菲的浓度，使毒性作用增强，微塑料吸收的壬基酚入沙蚕肠道后可以快速释放出来并在其肠道中积累，浓度约为沉积物中初始浓度的3~30倍，当对虾虎鱼用微塑料和芘共同暴露时，微塑料的存在可以显著降低乙酰胆碱酯酶和异柠檬酸脱氢酶的活性，增加鱼类的死亡率。但与此同时，微塑料的加入又会推迟虾虎鱼的死亡时间，降低芘的毒性作用。

微塑料暴露可导致海洋生物的存活率降低、死亡率升高。端足类美洲钩虾（*Hyalella azteca*）暴露在10~27 μm聚乙烯微塑料和20~75 μm聚丙烯微塑料中显示出明显的剂量-效应关系，随着微塑料暴露剂量的上升，钩虾的死亡率也逐渐升高，并得出聚乙烯和聚丙烯微塑料对钩虾的10 d半数致死浓度（LC_{50}）分别为4.6万个/mL和71个/mL。海鲈鱼（*Dicentrarchus labrax*）的死亡率随着10~45 μm聚乙烯微塑料暴露剂量的增加从30%左右显著上升至44%。慢性毒性效应研究显示，0.05 μm和0.5 μm的聚苯乙烯微球对日本虎斑猛水蚤（*Tigriopus japonicus*）的致死率随着暴露剂量的增加而显著上升。棘皮动物（*Tripneustes gratilla*）幼体存活率在300个/mL的10~45 μm聚乙烯微塑料暴露剂量下明显降低。

微塑料摄入会对生物体的生长发育产生负面影响。与对照组相比，暴露于微塑料环境中的鱼类受精卵孵化率明显下降，仔鱼的体长也有所降低。沙蚕体重降低程度与沉积物中聚苯乙烯颗粒40~1 300 μm的含量正相关。将海胆暴露在不同含量的聚乙烯微球中，结果显示，暴露的含量越高，海胆对微球的摄入量越多，海胆的体形越小。微塑料被海洋生物摄入体内后会在生物体的消化道中积累并阻塞消化道，动物因此会产生饱腹感，其摄食量或摄食速率下降，导致体内能量储备减少，机体生长所需能量来源补充不足，从而影响生物体的生长发育。

微塑料的摄入可以影响生物个体的行为特征。仔鱼喜好捕食微塑料颗粒，微塑料的暴露会让鲈鱼（*Perca fluviatilis*）仔鱼的嗅觉灵敏性和活动能力变差，面对外来刺激时其反应变得迟钝。当把捕食者引入到仔鱼生存的环境中，对照组中仔鱼仍然有近半数存活，而微塑料暴露组中的仔鱼则无一幸存。桡足类汤氏纺锤水蚤（*Acartia tonsa*）幼体暴露在45 μm的塑料微球中，其游泳行为会受到影响，并且会出现“跳跃”反应。还有研究表明，微塑料暴露会严重影响生物体的正常摄食行为。

微塑料会损害生物个体的生殖健康。暴露在微塑料中的雌性牡蛎产生的卵母细胞个数和大小均显著小于对照组，雄性产生的精子活动速率显著低于对照组，子代幼体的生长速率也明显慢于对照组。暴露在0.5 μm和6 μm的聚苯乙烯微球中，日本虎斑猛水蚤的繁殖能力显著下降。哲水蚤（*Calanus helgolandicus*）在20 μm的聚苯乙烯微塑料中暴露6 d后，虽然其产卵量没有受到显著影响，但是卵的尺寸明显缩小，孵化成功率显著下降。导致这个结果可能与两方面因素有关，一方面微塑料通过干扰生物体的消化过程而降低生殖系统的能量分配，从而降低生殖细胞质量；另一方面微塑料会产生内分泌干扰作用，损害生物体的生殖健康，比如有研究发现，暴露在聚乙烯微塑料中的日本青鳉鱼（*Oryzias latipes*）雄性个体生殖细胞出现了异常生长现象，表现出卵母细胞的特征，而非精原细胞特征。

进入生物体内的微塑料，可通过在组织和器官的转移与富集进入机体免疫系统，对生物体产生免疫毒性。粒径小于16 μm的微塑料会转移到贻贝淋巴系统，粒径小于80 μm的高密度聚乙烯微塑料可在贻贝消化系统中富集，导致血流粒细胞增多和溶酶体膜不稳定等，引发机体免疫系统的炎症反应。微塑料的免疫毒性主要受其物理性状诱导，表面形状不规则的微塑料颗粒要比表面平滑的微塑料颗粒更能引起免疫反应。

微塑料还会影响生物机体的基因表达，并产生遗传毒性。基因组学的研究结果显示，微塑料暴露可改变牡蛎生殖细胞和卵母细胞的基因表达。与对照组相比，暴露在微塑料中的日本青鳉鱼雌性个体多个基因表达显著下调。暴露在聚苯乙烯微塑料中的紫贻贝（*Mytilus galloprovincialis*）有上千个基因表达异常。有研究推断，导致基因表达异常可能与机体的能量分配有关，能量中断会导致编码胰岛素信号通路相关蛋白如消化腺和生殖腺的基因出现下调。还有研究进行了两代桡足类浮游动物对微塑料的暴露实验，结果表明，与对照组相比，0.5 μm的聚苯乙烯微球未对母代的生存产生显著影响，但是却显著降低了子代的存活率，这说明微塑料存在潜在的遗传毒性。

通过食物链传递，人类也在大量“食用”微塑料，研究表明，每人每年摄入的微塑料可达7万~12万个，其影响的过程与机制还不清楚。尽管目前，海洋微塑料十分“热”，由于物理形状各异、大小不一，组成十分复杂，在相当长的时间内，海洋微塑料研究并不太可能深入，甚至不可能得到系统的规律性结论。在科学上，海洋微塑料的研究可能会“昙花一现”，但这种论点丝毫不影响防控海洋微塑料污染的重要性。

3　健康海洋建设之海洋微塑料污染防控策略

作为一种新兴环境污染物，微塑料在海洋中无处不在，现有的研究已经表明，微塑料在海水、沉积物、海滩以及生物体内均有存在，且在空间尺度上从近岸河口到大洋、由海表至海底乃至大洋超深渊带，甚至在南北极均有发现（Cole et al.，2011；Peeken et al.，2018；Jamieson et al.，2019；李道季，2019）。2018 年，联合国环境规划署将该年度世界环境日的主题确定为“塑战速决”，借此呼吁世界各国团结起来共同对抗一次性塑料污染问题。世界范围内对塑料污染“宣战”的共识为减轻或消除海洋环境微塑料污染创造了一种有利的外部条件。然而，目前我们对海洋微塑料及其复合污染物（全氟类化合物、氯化石蜡、多氯萘、抗生素、重金属）的生态和健康效应以及风险评估研究还非常有限（周倩等，2015；彭全材等，2014，2018；宋金明和段丽琴，2017），科学界还缺乏更充分有力的证据来证实微塑料导致的生态和健康危害。因此，未来仍需持续加强该领域的国际联合研究，以更明晰海洋微塑料污染的环境-生物-人体健康效应，并在此基础上采取逐级强化的措施有效应对海洋微塑料及其复合污染带来的生态环境风险。

据生态环境部的讯息，截至 2017 年的监测结果显示与全球其他海域已开展的微塑料调查结果相比，我国海域的微塑料污染总体处于中低水平，与地中海中西部和日本濑户内海等海域处于同一数量级。但我国作为世界上最大的塑料生产和消费国，环境中微塑料的普遍存在和持续快速增长已成为不争的事实。鉴于海洋微塑料的潜在巨大环境危害性，当前迫切需要进一步加强微塑料污染的科学防控，以降低其海洋生态环境和健康风险，实现建设“健康海洋”的目标。

3.1 建立控源-断污控制与管理理论和技术体系，制定相关法律法规，从源头-过程-末端系统控制和阻断塑料污染的产生，并有效拦截和控制塑料垃圾入海

通过科学制定法律法规（如“限塑令”）并严格执行，最大限度地减少塑料制品的使用，提高塑料制品的回收利用率和无害化处理。2007 年 3 月，自旧金山成为美国第一个禁止使用不可降解塑料袋的城市以来，欧洲相关国家和地区也采取了相应措施禁止诸如塑料袋、塑料吸管和其他一次性塑料包装的使用。我国也于 2007 年年底发布“限塑令”，禁止生产、销售和使用厚度小于 0.025 mm 的塑料袋，同时在商场超市实行塑料购物袋有偿使用，并取得了一定的成效，但随着电商、快递、外卖等新兴行业的兴起，他们逐渐成为塑料包装使用的“重灾区”和“限塑令”的监管盲区（刘佳华和祝大伟，2018）。因此，我国当前亟待加强对一次性塑料包装及餐具的管控，并将“限塑令”迅速推广到上述新兴行业领域。

日化用品中塑料微粒（直径小于 2 mm）的广泛使用也给海洋微塑料污染控制带来了不小的压力。西方发达国家和地区多已出台相应法律法规限制其使用（Lei et al.，2017）。如美国出台了《无微珠水法案》，要求 2019 年前在美国境内取缔和停止销售

所有含有“刻意添加塑料微珠”的个人洗护产品，成为全球第一个全面禁止塑料微珠进入化妆品的国家。加拿大、欧盟国家等正通过立法或政策方式禁止部分含有塑料微珠的个人清洁用品的生产和销售（韩扬眉，2019），但我国目前尚未出台相应政策措施限制或禁止在日化用品中添加塑料微珠等。因此，世界所有国家均应尽早制定相关措施，尽快减少和禁止塑料微珠在洗护用品中的使用，并进行科技研发，普及使用可替代且无害的微珠用于相关产品，最大限度地降低微塑料的产生。此外，还需要通过制定和健全一系列法令，促进塑料垃圾的高效分类回收和再利用；同时，研发高效收集于处置技术，积极通过技术工艺革新，促进塑料垃圾的无害化处理；并且广泛开展污水处理厂微塑料污染去除状况研究，提升处理工艺，提高污水微塑料去除率，并科学评估新型排放源，如轮胎磨损粉尘带来的微塑料排放量和生态健康风险等，在此基础上制定科学合理的减排方案，并建立相关处理装置和设备。对于体积较大的塑料垃圾，可在入河口、河流交叉口和入海口设置适宜规格的垃圾过滤系统，有效拦截其入海；同时，积极发动群众广泛参与海滩和近岸塑料垃圾的清理和应急打捞工作，以最大限度地减少大块塑料垃圾入海和漂移至远海和大洋，尤其要推动国际社会形成协调一致的行动，建立起控源-断污的控制与管理理论和技术体系，从而有效堵截和消减塑料垃圾进入海洋的途径。

3.2　研制新型生物可降解塑料制品，并研发离岸微塑料高效物理化学-生物降解技术

持续加大可降解塑料技术与产品的研发，鼓励可降解塑料制品的生产（刘彬等，2020），并在新兴行业如电商、快递和外卖行业推广使用纯天然包装及其填充物代替塑料制品。已有的研究已证实，由于海水中许多微生物对不同成分的塑料均具有一定的降解功能，因此研发生物降解技术用于处理海洋和近岸环境中的微塑料污染具有可行性（Restrepo-Florez et al.，2014；Krueger et al.，2015）。应聚焦筛选可高效降解微塑料的功能微生物和生物酶，建立物化-生物联合修复技术（章海波等，2016），力争实现离岸微塑料的高效降解去除，修复污染海域。但这一进程还有技术和效益上的诸多困难，如我国2018年塑料产量为6 042万t，其中可降解塑料的仅占13.5万t，占比仅为0.22%。

3.3　研究建立与国际接轨的海洋微塑料监测技术方法，持续加强微塑料及其复合污染物的潜在生态与健康风险评估研究

作为新型海洋污染物，海洋微塑料尚缺乏国际统一的监测、分析和评估技术标准，并且在实际环境中缺乏直接有效的证据证实微塑料对海洋生态系统造成的影响，对环

境浓度水平下微塑料的毒性效应和机理，以及微塑料吸附有毒化学物质后的环境毒性和生态毒理、迁移路径及生物积累规律尚不清楚（彭全材等，2018；李道季，2019；王佳佳等，2019），这直接导致当前在海洋微塑料管控上无法进一步采取更强有力的举措。因此，迫切需要建立一套国际一致认可的海洋微塑料检测方法和生态环境影响评价体系，并从全球尺度上持续深入评估微塑料的生态环境和健康危害。可喜的是，目前有关海洋微塑料的国际合作愈来愈多，如中国-瑞典 1 年短期合作项目《应用“源头到海洋的方法”—“识别、预防和减少黄海和渤海的微塑料负荷”》于 2020 年 4 月启动执行。

3.4 强化公众宣传教育，切实提高全社会对海洋微塑料污染危害的认识和海洋环境保护意识

各级政府、学校、社会组织等应加大对环境微塑料污染危害性的宣传力度，积极开展海洋微塑料污染防治的科普教育，提高社会大众对海洋微塑料产生及其环境和健康危害的认知，转变消费习惯，动员公众在日常生活中改变对一次性塑料制品的依赖，尤其是减少和抵制对超市购物袋、快递和外卖塑料包装和泡沫的使用，提倡选择可循环使用的环保无污染替代品，鼓励社会各界共同参与减少塑料垃圾的产生。所以，从陆海统筹角度出发建立我国海洋微塑料污染源清单，系统编制污染负荷空间分布图，建立重点海域微塑料污染的监测-评估-控制一体化的监管技术体系十分必要。需要强调的是，由于海洋微塑料是一种复杂的新型污染物，我们对其的生态环境和健康风险研究还远远不足。目前的科学数据表明，我们在海洋微塑料污染的管控中必须采取“预警性原则”，即必须开始逐步采取必要的行动，根据我国国情制定科学有效的管控措施（徐向荣等，2018），以遏制和避免海洋微塑料污染的进一步恶化趋势，为“健康海洋”建设贡献力量。

参考文献

韩扬眉.2019.“生物杀手”微塑料入侵万米海沟[N].北京：中国科学报，2019-04-23(07).

李道季.2019.海洋微塑料污染状况及其应对措施建议[J].环境科学研究，32(2)：197-202.

刘彬，侯立安，王媛，等.2020.我国海洋塑料垃圾和微塑料排放现状及对策[J].环境科学研究，33(1)：174-182.

刘佳华，祝大伟.2018.商超塑料袋，少用一大半：快递外卖包装有待绿色化[N].人民日报，2018-05-28(02).

彭全材，宋金明，李琛，等.2014.胶州湾 5 种海藻中的多不饱和脂肪酸与有机氯农药共摄入风险的评估研究[J].海洋与湖沼，45(1)：80-87.

彭全材,宋金明,李宁.2018.胶州湾表层海水中6类抗菌药物的分布、来源与生态风险[J].海洋学报,40(10):71-83.

宋金明,段丽琴,袁华茂.2016.胶州湾的化学环境演变[M].北京:科学出版社,1-400.

宋金明,段丽琴.2017.渤黄东海微/痕量元素的环境生物地球化学[M].北京:科学出版社,1-463.

宋金明,李学刚,袁华茂,等.2019.渤黄东海生源要素的生物地球化学[M].北京:科学出版社,1-870.

宋金明,李学刚,袁华茂,等.2020.海洋生物地球化学[M].北京:科学出版社,1-691.

王佳佳,赵娜娜,李金惠.2019.中国海洋微塑料污染现状与防治建议[J].中国环境科学,39(7):3056-3063.

徐向荣,孙承君,季荣,等.2018.加强海洋微塑料的生态和健康危害研究,提升风险管控能力[J].中国科学院院刊,33(10):1003-1011.

章海波,周倩,周阳,等.2016.重视海岸及海洋微塑料污染,加强防治科技监管研究工作[J].中国科学院院刊,31(10):1181-1189.

周倩,章海波,李远,等.2015.海岸环境中微塑料污染及其生态效应研究进展[J].科学通报,60(33):3210-3220.

Cole M, Lindeque P, Halband C, et al.2011.Microplastics as contaminants in the marine environment [J].Marine Pollution Bulletin,62:2588-2597.

Gallowaya T S, Lewisa C N.2016.Marine microplastics spell big problems for future generations[J].Proceedings of The National Academy of The Uinted States of America,113(9):2331-2333.

Jamieson A J, Brooks L S R, Reid W D K, et al.2019.Microplastics and synthetic particles ingested by deep-sea amphipods in six of the deepest marine ecosystems on Earth [J]. Royal Society Open Science,(6):180667.

Krueger M C, Harms H, Schlosser D.2015.Prospects for microbiological solutions to environmental pollution with plastics[J].Applied Microbiology and Biotechnology,99:8857-8874.

Lei K, Qiao F, Liu Q, et al.2017.Microplastics releasing from personal care and cosmetic products in China[J].Marine Pollution Bulletin,123(1-2):122-126.

Peeken I, Primpke S, Beyer B, et al.2018.Arctic sea ice is an important temporal sink and means of transport for microplastic[J].Nature Communications,(9):1505.

Restrepo-Florez J M, Bassi A, Thompson M R.2014.Microbial degradation and deterioration of polyethylene-a review[J].International Biodeterioration Biodegradation,88:83-90.

Song Jinming. 2010. Biogeochemical Processes of Biogenic Elements in China Marginal Seas [M]. Springer-Verlag GmbH & Zhejiang University Press,1-662.

Thompson R C, Olsen Y, Mitchell R P, et al.2004.Lost at sea: Where is all the plastic? [J].Science, 304:838.

棕囊藻赤潮的成因、危害及防控研究进展

王馨[1,3]，孔凡洲[1,2,4]，张清春[1,2,4]，宋敏杰[1,3]，颜天[1,2,4]
（1. 中国科学院海洋生态与环境科学重点实验室，青岛 266071；2. 青岛海洋科学与技术试点国家实验室 海洋生态与环境科学功能实验室，青岛 266071；3. 中国科学院大学，北京 100049；4. 中国科学院海洋大科学研究中心，青岛 266071）

摘要： 赤潮暴发对世界沿海经济和生态环境造成了严重的影响，赤潮原因种棕囊藻对广温广盐的适应性以及囊体这一特殊的存在形式，使棕囊藻在世界范围内分布广泛且常常暴发赤潮。在我国，棕囊藻从1997年赤潮“新发现种”演变成为南方海域的典型赤潮种，而且造成了严重的经济损失和生态的危害，引起了学界的广泛关注。棕囊藻赤潮的暴发造成了养殖鱼类的大量死亡，近来还产生了一种新的危害形式——对核电安全构成潜在威胁并引起了更大的关注。棕囊藻属（*Phaeocystis*）共6个藻种，棕囊藻赤潮在世界多海域有暴发的记录，其中球形棕囊藻（*Phaeocystis globosa*）逐渐成为我国南方海域常见的赤潮藻种。本文从棕囊藻赤潮成因、危害与危害机制、防控治理等方面进行综述，以期深入了解其发生机制，为赤潮的防控减灾等国家需求提供依据。

赤潮通常指一些海洋微藻、原生动物或细菌在水体中过度繁殖和聚集而令海水变色的一种生态现象，赤潮大面积的暴发往往引发缺氧、氨氮升高、产生有害物质，以及低密度下的藻毒素累积污染而对海洋环境、海洋生物甚至人类健康造成影响和危害，如2012年福建大规模米氏凯伦藻（*Karenia mikimotoi*）赤潮的暴发导致当地沿海

基金项目：中国科学院战略性先导科技专项，XDA11020304号；国家自然科学基金项目，41776127号；科技部重点研发项目，2017YFC1404304号，2018FY100200号；中国科学院国际伙伴计划，133137KYSB20180141号；国家产业技术体系建设（藻类产业技术体系），CARS-50号。

鲍鱼养殖业经济损失达 2 亿元；被亚历山大藻（*Alexandrium*）产生的 PSP 毒素污染的水产品会引起食用者中毒甚至死亡。除上述危害外，2014 年我国广西防城港发生棕囊藻囊体堵塞核电冷凝水系统事件，对核电安全造成了威胁。棕囊藻是一类广温广盐藻种，棕囊藻属隶属于定鞭藻类，在世界范围内广泛分布，该属共有 6 个藻种，其中球形棕囊藻（*Phaeocystis globosa*）、波切棕囊藻（*Phaeocystis pouchetii*）及南极棕囊藻（*Phaeocystis antarctica*）为赤潮藻种。棕囊藻具有复杂的多态生活史，其中囊体是其暴发赤潮的主要形式。棕囊藻赤潮在世界多海域有暴发的记录，如北海沿岸地带、北大西洋的温带及沿海地区以及地中海等[1]。棕囊藻会对海洋生物的正常生长及生存造成多种危害，如 1997 年广东汕头暴发的球形棕囊藻赤潮造成养殖鱼类死亡，经济损失多达 6 500 万元；棕囊藻还会使紫贻贝（*Mytilus edulis*）的性腺恢复延迟[2]。此外，棕囊藻还会影响人类活动，如较大的囊体会堵塞渔网进而影响渔业和捕捞业[3]。棕囊藻赤潮暴发时较高的生物量以及产生的二甲基丙磺酸（DMSP）和二甲基硫化物（DMSP）[4]，使其成为影响海–气界面乃至全球碳硫循环的重要因素。球形棕囊藻赤潮在我国广西和海南海域连年发生，呈现危害增加的趋势，本文将就棕囊藻赤潮的成因、危害及危害机制进行综述，并讨论棕囊藻赤潮的治理措施，以期为棕囊藻赤潮的防控及治理提供理论基础。

1　棕囊藻在世界范围内的分布和赤潮发生概况

1.1　棕囊藻的分布和棕囊藻赤潮的暴发

棕囊藻由于其能够适应较大的温度和盐度范围，因此在世界海域内广泛分布。在北海流域，棕囊藻是该海域的赤潮藻种。在挪威北部峡湾、弗拉姆海峡、格陵兰海、巴伦支海，甚至南极，棕囊藻是浮游植物的主要组成成分，此外，棕囊藻经常作为浮游植物优势种在热带和亚热带海域出现[5]。

棕囊藻赤潮在北极、中北纬、南极和热带海域均有暴发[5]。根据日本科学家安达六郎提出的不同藻细胞的赤潮密度确定方法[6]可知，棕囊藻密度为 10^7 cells/L 时即达到赤潮密度。1985 年 5 月，在北海沿岸地带（如荷兰、丹麦、挪威等）记录到约 20×10^7 cells/L 的棕囊藻细胞；在亚热带水域，1997 年 12 月初，中国东南海域也出现了类似的最大丰度[7]；1996 年 7 月和 8 月在阿拉伯海中部发现了约 6×10^7 cells/L 的棕囊藻细胞；12 月在罗斯海（约 3×10^7 cells/L）在普里兹湾（约 6×10^7 cells/L）发现高密度棕囊藻；1986 年 5 月下旬在康斯峡湾报告了 1.2×10^7 cells/L 的波切棕囊藻记录[5]。

1.2　棕囊藻在中国的分布和暴发

近年来，棕囊藻赤潮在中国近海频繁暴发，引起了国内外学者的广泛关注。1997 年秋季，棕囊藻赤潮首次在我国东海海域及南海粤东湾海域暴发，暴发面积达 3 000 km^2，持续时间长达 6 个月，仅柘林湾一带就造成养殖损失多达 6 500 万元。陈菊芳等[8]根据其形态学和生物地理分布将其鉴定为球形棕囊藻，Chen 等[9]基于核糖体 18S 和 ITSrDNA 序列进一步确定为球形棕囊藻。1999 年，球形棕囊藻在饶平、南澳等海域暴发。在随后的 20 年间，球形棕囊藻赤潮又在福建、香港、海南岛、广西北部湾和钦州湾、渤海等海域暴发，沈萍萍等[10]根据地理因素将中国已发现的藻株分为渤海株、福建株、汕头株、香港株、珠海株、深圳株、湛江株、北海株及海南株 9 株。1997—2007 年，南海北部共计发生球形棕囊藻赤潮约 50 起，赤潮面积逾 10 000 km^2，对沿海环境造成严重的影响。球形棕囊藻也从 20 世纪 90 年代的“新发现种”逐渐演变成为南方海域的“常见种”“典型种”，球形棕囊藻赤潮呈现出囊体大、暴发面积广、持续时间长、发生频率高且致灾效应加剧的特点。

2　棕囊藻的分类及生理学特征

2.1　棕囊藻的分类

1893 年，Lagerheim 建立棕囊藻属，由于本属形态的多型性以及生活史多变，生理、生化特性复杂的特点，关于其种类的定论经历过较多的争论。Algaebase（藻类分类名录大全）将棕囊藻属分为 10 种（中文名引自沈萍萍等[10]），分别为：

球形棕囊藻 *Phaeocystis globose* Scherffel

波切棕囊藻 *Phaeocystis pouchetii*（Hariot） Lagerheim

南极棕囊藻 *Phaeocystis antarctica* Karsten

变形虫状棕囊藻 *Phaeocystis amoeboidea* Büttenr

布鲁斯棕囊藻 *Phaeocystis brucei* Mangin

心形棕囊藻 *Phaeocystis cordata* A. Zingone & M. J. Chrétiennot-Dinet,

扬棕囊藻 *Phaeocystis jahnii* A. Zingone

冠状棕囊藻 *Phaeocystis rex* Anderson，Bailey，Decelle & Probert

蜂窝状棕囊藻 *Phaeocystis scrobiculata* Moestrup

圆形棕囊藻 *Phaeocystis sphaeroides* Büttenr

其中 *P. amoeboidea*、*P. brucei* 及 *P. sphaeroides* 等种由于在原始记载中缺少明确的附图和详细的介绍，因此在此后的文献中极少提及。目前广泛接受的是 Zingone 在 1999 年提出的将棕囊藻属分为 6 个种：*P. globosa*，*P. pouchetii*，*P. antarctica*，*P. scrobiculata*，*P. cordata*，*P. jahnii*。

2.2　形态结构

棕囊藻具有多态的生命周期（图 1）[11]，除游离藻细胞外，还具有特殊的生活史阶段—囊体时期。游离细胞约为 3～9 μm，具两条鞭毛，鞭毛长度大于其本身。囊体是由成百上千个单细胞包埋在凝胶状基质中形成的中空球状体（图 2）[1]，细胞分布比较均匀，囊体直径从几毫米至几厘米不等，通常为 8～9 mm，但我国的球形棕囊藻由于生活环境的不同，具有自己独特的生理生态特性，在中国发现的棕囊藻囊体直径最大可达 30 mm[12-13]，是目前已发现最大的囊体。

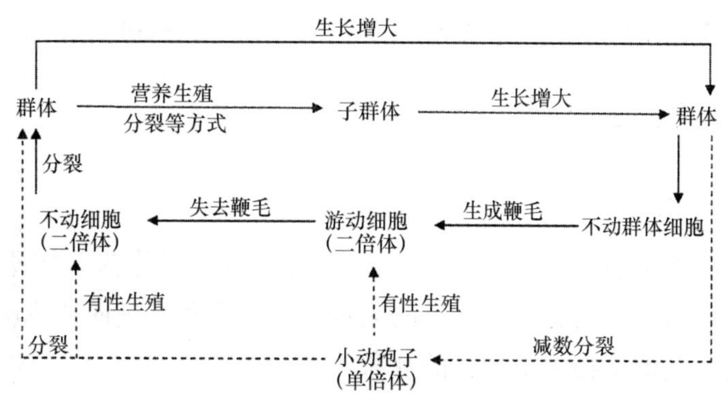

图 1　球形棕囊藻生活史示意图

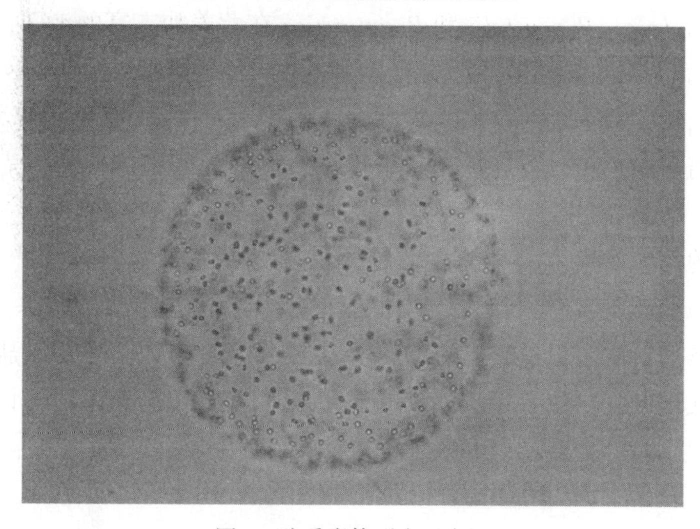

图 2　胶质囊体形态示意图

目前关于囊体形成的观点认为其初始来源为一单细胞，单细胞经转化形成初始的囊体，囊体一旦形成后，内部的细胞会进行同步二分裂，细胞成倍增加，囊体不断扩大，同时囊体也会通过不同的途径进行增殖，某些囊破裂后释放出的单细胞经诱导会形成新的囊体。

2.3 生理学特征

棕囊藻囊体内部是一个较为封闭的环境，在这个环境中，棕囊藻可以吸取营养、浓缩微量元素、进行光代谢和化学反应、抵抗细菌、为黑暗时的分解代谢储存光合物和保持 UV-B 吸收物质从而保护细胞免受紫外光的损害。棕囊藻还能够产生黏多糖、二甲基丙磺酸（DMSP）和二甲基硫化物（DMS）。研究发现，游离细胞容易遭受到病毒和细菌的侵害，棕囊藻形成囊体有助于抵御病毒和细菌[14]。另外，当资源短缺或藻体处于营养物质经常波动的环境下，囊体内可以储存能量、营养盐和微量元素。黏液的存在会使得囊体被细菌分解，以泡沫的形式被冲上岸，或沉积在沉积物中[15]。

3 棕囊藻赤潮的发生机制

3.1 海水富营养化

富营养化是在人类活动的影响下，生物所需的氮、磷等营养物质大量进入湖泊、河口、海湾等缓流水体，引起赤潮藻类的大量繁殖并聚集，进而造成水体溶氧量下降、水质恶化、鱼类及其他生物大量死亡的现象[16]。

棕囊藻的游离细胞分布广泛，是半深海生物群落的重要组成部分，但它们很少引发赤潮。但 *P. globosa*、*P. pouchetii* 和 *P. antarctica* 在营养盐丰富的地区，包括自然富营养区（如罗斯海、格陵兰海、巴伦支海）和人为输入导致的富营养区（如北海南部湾、阿拉伯湾），会以囊体的形式暴发赤潮。王艳等[17]的研究表明寡营养盐状态下，棕囊藻常以游离状态存在，营养盐充足条件下，囊体形式占据优势，为赤潮的发生提供必要条件。

沿海经济的高速发展、人类的活动导致沿岸海域海水富营养化严重，Lancelot 等认为北海棕囊藻的暴发与海水接受支流汇入的陆源营养盐有很大关系[15]。我国东南沿海经济发展迅速，同时也造成沿海的营养盐陆源输入增加。除营养盐这一主要影响因素外，全球气候的变化也会影响赤潮的发生，1997 年中国东南沿海记录到的球形棕囊藻赤潮也归因于全球异常气候和极强的厄尔尼诺事件[7-8]。

3.2 水温、光照和二氧化碳

藻类的生长取决于其周围环境中营养盐的可获得性、光辐射强度和适宜的水体温度等因素。棕囊藻细胞生长的快慢、光合率的高低、黏多糖的产量和囊体直径的大小都取决于周围环境中的营养盐浓度、光照强度和温度等因素[18]。

棕囊藻能在一个温度变化幅度较大的海水环境中生长，有研究发现，随着温度的升高，3 种赤潮藻种（*P. globosa*、*P. pouchetii* 和 *P. antarctica*）的囊体生长速率加快[5]，说明棕囊藻在海水温度升高时更容易形成囊体进而暴发赤潮。例如，在北极和中北纬、南极和热带海域，棕囊藻赤潮一般在 4 月下旬发生，北冰洋水域常在 7 月暴发赤潮，在北海，赤潮在 4—6 月发生，我国东南海域常在 10 月至翌年 2 月发生赤潮，阿拉伯海在 7—8 月观测到棕囊藻赤潮，南极常在 11 月底至翌年 1 月初发生[5]，而且均发生在海水温度较高的月份。

棕囊藻对光照的适应能力更强，南极棕囊藻能在罗斯海深层混合水域存活，对弱光的适应能力更强，使得其在和硅藻的竞争中获得优势[19-20]。此外，棕囊藻对强光的耐受力较高，可能与棕囊藻黏液的包封对强光有衰减作用有关[13]。同时也有研究发现，棕囊藻可以将 HCO_3^-转化为二氧化碳，因此在低二氧化碳浓度下，相较于其他浮游植物，棕囊藻的竞争优势增加[21]。

3.3　硅藻提供附着基质

在生态系统中，硅藻与棕囊藻可能占据相同的生态位[22]，且在棕囊藻赤潮的现场调查中经常发现棕囊藻与硅藻共生的现象。19 世纪 60 年代，HILST 等[22]首次发现在棕囊藻囊体表面或囊体内部存在针形硅藻，如菱形藻属（*Nitzschia*）种类，随后 Wassmann 等[23]报道了在巴伦之海的波切棕囊藻囊体表面附着丰富的拟菱形藻 *Pseudonitzschia* cf. *pseudodelicatissima*。Sazhin 等[24]在 2003 年和 2004 年的一次中尺度实验中发现，英吉利海峡东部和挪威西部沿海水域中，拟菱形藻在棕囊藻表面共生的现象是普遍存在的，且硅藻的生物量不低，占棕囊藻总碳含量的 70%。

硅藻较为坚硬的表壳为棕囊藻囊体的初期发育提供可附着的固体基质，随着囊体的形成和扩大，硅藻可以利囊体储存的营养物质（能量、磷和微量元素）维持其生长。此外，当棕囊藻与硅藻同时培养时，棕囊藻为了在竞争中获得优势，不会将能量用于游离细胞的增加和囊体的增大，而是利用有限的能量构建更多的囊体，也有研究发现，硅藻与棕囊藻共生时，硅藻产生醛类物质，会抑制其他浮游动物对棕囊藻的摄食，这均有利于棕囊藻赤潮的形成。

4　棕囊藻赤潮的危害

赤潮发生时，通常会对海洋生物和海水环境造成影响，有些甚至影响人类的经济活动和生命安全。例如，抑食金球藻（*Aureococcus anophagefferens*）会导致海湾扇贝滞长甚至死亡；米氏凯伦藻（*Karenia mikimotoi*）赤潮现场，鲍鱼大规模死亡。此外，有的赤潮藻（如亚历山大藻属）含有藻毒素，人类摄食经有毒赤潮藻影响的水产品会引起中毒。已有现场和实验研究发现棕囊藻赤潮会对海洋生物和人类经济活动产生影响，可以概括为以下几个方面。

4.1 对海洋生物的危害效应

4.1.1 对鱼类的危害效应

棕囊藻赤潮发生期间海面会大量漂浮囊体并散发难闻的臭味，研究发现1924年，北海南部棕囊藻赤潮暴发时，洄游鱼类（如鲱鱼）为了避开较差的赤潮水体，会改变其洄游路线[25]，同时赤潮水域也出现养殖鱼类死亡的现象。1997年我国东南沿海暴发的棕囊藻赤潮也造成养殖鱼类大量死亡。室内研究发现棕囊藻会对赤点石斑鱼、鳕幼鱼造成显著的致死效应。

4.1.2 对其他海洋生物的危害效应

浮游动物作为连接初级生产力和更高营养级的纽带，是海洋生态系统中物质和能量转移的关键环节。已有的研究发现，棕囊藻会使轮虫和卤虫的运动速度下降[26]，高密度的棕囊藻会使轮虫对重金属铬的敏感性降低[27]，影响轮虫对潜在威胁的避害。棕囊藻赤潮发生时，游离细胞和较小的囊体可以被浮游动物摄食，较大的囊体由于不符合桡足类的口径，因此不会被浮游动物摄食，这会造成浮游动物食物获取不足，导致饥饿甚至死亡。还有研究发现，企鹅摄食经棕囊藻影响的南极磷虾后出现死亡现象[28-29]，棕囊藻在自然状态下的密度（非赤潮）会导致苔藓虫的死亡[30]。

4.2 对全球大气循环的危害

棕囊藻会产生DMSP继而转化成DMS，因此在海洋和大气之间的碳硫转移过程中起着关键的中介作用，常被当作模式生物用来研究碳硫元素在海-气之间的循环。由海洋产生的DMS量与工业排放的DMS量几乎相同，Liss等[31]发现赤潮发生时海域内DMS含量是开阔海域的10至100倍。由于棕囊藻赤潮分布在世界各地，因此被认为是DMS的重要来源。海洋上空云凝结核（CNN）的主要来源是DMS，因此棕囊藻被认为与酸雨的形成有关[32]。

棕囊藻赤潮衰退时形成的白色泡沫漂浮到海岸上，腐烂后散发臭气[15]。已有的研究发现，藻类可通过气溶胶影响哺乳动物甚至人类的呼吸系统，引发哮喘等与呼吸相关的疾病，棕囊藻产生的臭气是否会对陆地生物产生不良影响，还需进一步验证。

4.3 对海滨景观和人类经济活动的影响

棕囊藻赤潮衰退时囊体破碎，被风吹上岸后会在沿海海滩堆积白色泡沫[3]，由于棕囊藻产生DMS的特殊性，腐烂的泡沫会散发难闻的臭气，影响当地的海滨旅游和沿海人民的正常生活。此外，棕囊藻还对人类正常的经济活动产生影响，具有黏性的囊体会堵塞渔网，对海洋捕捞业造成严重的影响。2014 年广西防城港核电冷源取水口滤网被棕囊藻囊体堵塞，造成沿海核电安全受到严重的威胁[33]。

5　危害机制

棕囊藻赤潮会对海洋生物造成显著的危害，如造成养殖鱼类大面积死亡，对一些海洋浮游动物的生存也会造成威胁。但是棕囊藻究竟是如何影响海洋生物，甚至导致生物大规模死亡的，没有一个明确的结论。目前关于棕囊藻赤潮的危害机制主要有以下几种：海水环境的改变、黏多糖、溶血毒素和其他毒性物质。

5.1　溶解氧等海水环境的改变

大部分赤潮发生时，相当数量的浮游植物生物量会占据某个海洋区域，区域内海水的理化性质发生改变，如米氏凯伦藻赤潮发生时，海水的黏滞性会增加；赤潮衰退时，死亡藻体的分解会大量消耗海水中的溶解氧，导致海域内成为缺氧的环境。棕囊藻赤潮发生时，海水 pH 下降，赤潮衰退时，海水溶解氧含量下降。对于大多数海洋生物来说，pH 的改变和溶解氧的减少会对其正常的生存造成威胁，缺氧严重时甚至会窒息死亡。1997 年中国发生球形棕囊藻赤潮时，观察到网箱养殖鱼类的鱼鳃有明显出血迹象，这可能是鱼类对海水溶氧减少的一种应激反应。

5.2　囊体和黏多糖的堵塞

棕囊藻赤潮时，除 pH、溶解氧等理化性质发生改变，海水的黏滞性也会增加，除此之外，胶质囊体分泌的黏多糖也具有黏滞作用。对于鱼、贝类来说，鳃是重要的呼吸器官，当海水的黏性物质增加时，黏液会堵塞鱼、贝类的鳃，使其呼吸压力增加，严重情况下会导致其窒息死亡。除了对海洋生物的不良影响外，较大的囊体和黏多糖堵塞核电冷凝水系统的海水过滤网，是沿海核电安全受到威胁的原因。

5.3　溶血毒素

已有的研究发现，用棕囊藻溶血毒素的粗提物处理轮虫会导致其存活率显著下降[26]，因此通常认为棕囊藻会产生溶血毒素，何家莞等[34]在一项溶血实验中发现球形棕囊藻具有溶血能力，并分离出一种溶血素，其特征是一种糖脂，含有一个双半乳糖和一个 PUFA（十七碳二烯酰基）基团，可能通过诱导靶细胞细胞膜上的孔隙导致养殖鱼类死亡。

5.4　其他生物毒性物质

棕囊藻能够产生大量的 PUFA（一类多不饱和脂肪酸），尽管 PUFA 是海水桡足类的必需营养物质，但 PUFA 浓度过高时会对生物造成危害，在活性氧存在的条件下，PUFA 会转化成剧毒 PUA（多不饱和醛类），对桡足类的繁殖力造成不良影响，还会诱导海胆的胚胎凋亡[35]。Aanesen 等[36]报道，波切棕囊藻会分泌鱼毒素并排泄至细胞外水体环境中，引起鱼类死亡。棕囊藻的囊体会释放有机碳，在水面形成泡沫[15,37]，已有的研究认为，这种泡沫可以使海洋生物窒息死亡[38]。

6 赤潮治理及防控方法

6.1 赤潮治理

包括棕囊藻在内的众多赤潮的多发给海洋生态环境、海水养殖业、海洋运输业和滨海旅游业造成了严重损害，有关赤潮的应急处理方法成为赤潮研究中的热点。目前，棕囊藻赤潮的治理主要是通过减少有毒微藻的数量或去除藻毒素来限制赤潮的影响，主要治理方法包括化学、生物和絮凝沉降法等[39-41]。

6.1.1 化学方法

化学方法是利用各种化学除藻剂进行消除微藻的处理措施。许多研究表明，二氧化氯[42]、异噻唑啉酮[43]、二溴海因和溴氯海因[44]、四烷铵络合碘[45]等化学物质对棕囊藻具有明显的去除效果，并探究了不同化合物的抑藻除藻机制，为棕囊藻赤潮治理提供了理论依据。但由于实验室条件与野外环境条件存在巨大差异，并且化学试剂的残留还会给环境带来二次污染，化学治理并没有应用到开放海域环境中。

6.1.2 生物方法

生物方法是利用能够摄食、感染或者分解赤潮藻类的生物进行赤潮治理的一种方法[41]。有些浮游生物能够以赤潮藻类为食，但将某一种捕食者引入到自然环境中产生的影响难以预测，目前的研究仍集中在实验室条件下，并未应用到自然环境中。近年来，利用溶藻细菌抑制或消除赤潮的生物控制技术成为赤潮治理的新热点。已经从海洋环境（发生藻华的水体和底泥、红树林等）中分离出多种溶藻细菌[46-47]，例如，从珠海棕囊藻藻华水体中分离出的 2 株溶藻细菌（芽孢杆菌属）Y01 和 Y04 具备直接裂解球形棕囊藻细胞的能力。后续研究表明，Y04 菌株分泌的溶藻活性物质六氢吡咯并［1，2-a］吡嗪-1，4-二酮能够破坏微藻氧化应激系统，从而造成藻类的死亡[48]。李蔷等[49]发现芽孢杆菌 B1 分泌的溶藻活性物质能在短时间内降解藻细胞，还能通过加剧膜脂质过氧化的程度等来抑制球形棕囊藻的生长。杨秋婵等[50]的野外模拟实验表明，芽孢杆菌 B1 分泌的溶藻活性物质在野外条件也能有效抑制球形棕囊藻的生长，显示出良好的应用前景。

6.1.3　光催化法

光催化法作为近几年新兴的除藻方法而备受关注。纳米 TiO_2 在紫外光照激发下可以催化分解附在其表面的 H_2O 与 O_2，产生高活性 · OH[51]，这种 · OH 能够对藻类产生破坏作用，从而起到除藻的效果。黄凤等的研究表明，以玻璃纤维为基体的纳米 Fe（Ⅲ）-TiO_2薄膜在可见光照射条件下对球形棕囊藻具有明显的去除作用，Fe（Ⅲ）的掺入是提高 TiO_2 除藻能力的关键[52]。而且纳米 TiO_2 具备性质稳定、价格低廉、无毒等特点，展现出该方法在赤潮治理方面具有较好的应用前景。

6.1.4　絮凝沉降法

絮凝沉降法是一种兼具物理和化学原理的方法，主要是通过添加絮凝剂使赤潮藻类发生沉降，进而达到去除的效果，棕囊藻的去除主要使用这一方法。絮凝沉降法主要包括无机絮凝剂法、有机絮凝剂法和黏土矿物絮凝法等。黏土矿物絮凝具备操作简便、材料来源广、成本低、无二次污染等特点，是目前应用最广泛的应急处理方法[33]。日本科学家代田昭彦于 1977 年提出利用天然黏土矿物处理赤潮的方法，但天然黏土絮凝效率普遍较低。近些年，改性黏土理论的提出和多种改性黏土材料的制备大大提高了黏土絮凝沉降法的沉降效率，已经得到多次现场应用，显示出高效的去除效果[40]，有机改性黏土在大规模球形棕囊藻赤潮现场治理中取得了显著的除藻效果[53]。

6.2　防控思路

水体富营养化，特别是氮、磷营养元素含量的变化是导致赤潮频发的直接原因[39]，降低水体的富营养化程度是赤潮防控的关键所在。①要加强近岸海域的污染防治和生态环境保护工作，通过制定相关的法律法规，严格控制污染物的排放；②加强近岸海域生态环境监测网络和赤潮预警体系的建设，在常规人工监测的基础上，综合运用自动实时监测、卫星遥感监测、无人机监测等现代化监测技术建立赤潮预警体系，尽早发现赤潮灾情并及时采取应急处理措施[54]；③加强赤潮科技支撑能力建设，着力解决赤潮研究中的关键科学问题，为赤潮治理和防控提供理论依据[55]。

7　结语

棕囊藻赤潮不仅能对海洋鱼类养殖业造成损失，其囊体和其产生的黏多糖会堵塞核电冷凝水系统，对沿海的核电安全造成潜在的威胁。由于其毒性物质结构和成分的复杂性，棕囊藻的危害机制还需要进一步探索。虽然在国内外关于棕囊藻等赤潮的治理已经取得了一定的进展，其治理根本措施是降低海水富营养化，减少陆源输入的营养盐。

参考文献

[1] BAUMANN M E M,LANCELOT C,BRANDINI F P,et al.The taxonomic identity of the cosmopolitan prymnesiophyte *Phaeocystis*: a morphological and ecophysiological approach [J]. MAR Systems,1994,5:5-22.

[2] PIETERS H,KLUYTMANS J H,ZANDEE D I,et al.TISSUE COMPOSITION AND REPRODUCTION OF MYTILUS-EDULIS IN RELATION TO FOOD AVAILABILITY[J].Netherlands Journal of Sea Research,1980,14(3-4):349-361.

[3] LANCELOT C,BILLEN G,SOURNIA A,et al.Phaeocystis blooms and nutrient enrichment in the continental coastal zones of the North Sea[J].Ambio,1987,16:38-46.

[4] STEFELS J,DIJKHUIZEN L,GIESKES W W C.DMSP-LYASE ACTIVITY IN A SPRING PHYTOPLANKTON BLOOM OFF THE DUTCH COAST,RELATED TO *PHAEOCYSTIS* sp.ABUNDANCE[J].Marine Ecology Progress Series,1995,123(1-3):235-243.

[5] SCHOEMANN V,BECQUEVORT S,STEFELS J,et al.Phaeocystis blooms in the global ocean and their controlling mechanisms:a review[J].Journal of Sea Research,2005,53(1-2):43-66.

[6] 安达六郎.赤潮生物と赤潮实态[J].水产土木,1973,9(1):31-36.

[7] 黄长江,董巧香,郑磊.1997年底中国东南沿海大规模赤潮原因生物的形态分类与生态学特征[J].海洋与湖沼,1999,30(6):581-592.

[8] 陈菊芳,徐宁,江天久,等.中国赤潮新记录种—球形棕囊藻[J].暨南大学学报,1999,20(3):124-129.

[9] CHEN Y Q,WANG N,ZHANG P,et al.Molecular evidence identifies bloom-forming Phaeocystis (Prymnesiophyta) from coastal waters of southeast China as *Phaeocystis globosa*[J].Biochemical Systematics and Ecology,2002,30(1):15-22.

[10] 沈萍萍,齐雨藻,欧林坚.中国沿海球形棕囊藻(*Phaeocystis globosa*)的分类、分布及其藻华[J].海洋科学,2018,42(10):146-62.

[11] 沈萍萍,王艳,齐雨藻,等.球形棕囊藻的生长特性及生活史研究[J].水生生物学报,2000,06:635-643.

[12] ROUSSEAU V,VAULOT D,CASOTTI R,et al.THE LIFE-CYCLE OF *PHAEOCYSTIS*(PRYMNESIOPHYCEAE)-EVIDENCE AND HYPOTHESES[J].Journal of Marine Systems,1994,5(1):23-39.

[13] PEPERZAK L,COLIJN F,KOEMAN R,et al.Phytoplankton sinking rates in the Rhine region of freshwater influence[J].Journal of Plankton Research,2003,25(4):365-383.

[14] JACOBSEN A,BRATBAK G,HELDAL M.Isolation and characterization of a virus infecting *Pha-*

eocystis pouchetii(Prymnesiophyceae)[J].Journal of Phycology,1996,32(6):923-927.

[15] LANCELOT C,BILLEN G,SOURNIA A,et al.Phaeocystis blooms and nutrient enrichment in the continental coastal zones of the North Sea[J].Ambio,1987,16:38-46.

[16] 陈水勇,吴振明,俞伟波,等.水体富营养化的形成、危害和防治[J].环境科学与技术,1999,3-5.

[17] 王艳,齐雨藻,李韶山.球形棕囊藻生长的营养需求研究[J].水生生物学报,2007,31(1):24-29.

[18] 杨和福.棕囊藻的生物学概述Ⅱ生理生化学[J].东海海洋,2004,22(3):34-47.

[19] MOISAN T A,OLAIZOLA M,MITCHELL B G.Xanthophyll cycling in *Phaeocystis antarctica*: changes in cellular fluorescence[J].Marine Ecology Progress Series,1998,169:113-121.

[20] ARRIGO K R,DITULLIO G R,DUNBAR R B,et al.Phytoplankton taxonomic variability in nutrient utilization and primary production in the Ross Sea[J].Journal of Geophysical Research-Oceans,2000,105(C4):8827-8845.

[21] ELZENGA J T M,PRINS H B A,STEFELS J.The role of extracellular carbonic anhydrase activity in inorganic carbon utilization of *Phaeocystis globosa*(Prymnesiophyceae):A comparison with other marine algae using the isotopic disequilibrium technique[J].Limnology and Oceanography,2000,45(2):372-380.

[22] VAN HILST C M,SMITH W O.Photo synthesis/irradiance relationships in the Ross Sea,Antarctica,and their control by phytoplankton assemblage composition and environmental factors[J].Marine Ecology Progress Series,2002,226:1-12.

[23] WASSMANN P,RATKOVA T,ANDREASSEN I,et al.Spring bloom development in the marginal ice zone and the central Barents Sea[J].Marine Ecology-Pubblicazioni Della Stazione Zoologica Di Napoli I,1999,20(3-4):321-346.

[24] SAZHIN A F,ARTIGAS L F,NEJSTGAARD J C,et al.The colonization of two *Phaeocystis* species(Prymnesiophyceae) by pennate diatoms and other protists: a significant contribution to colony biomass[J].Biogeochemistry,2007,83(1-3):137-145.

[25] SAVAGE R E.The influence of Phaeocystis on the Migrations of the Herring[M].H.M.Stationary,1930.

[26] 杨维东,商文,刘洁生.球形棕囊藻对五种水生动物的急性毒性作用[J].热带亚热带植物学报,2009,17(1):68-73.

[27] SUN Y,LEI J,WANG Y,et al.High concentration of Phaeocystis globosa reduces the sensitivity of rotifer *Brachionus plicatilis* to cadmium:Based on an exponential approach fitting the changes in some key life-history traits[J].Environmental Pollution,2019,246:535-543.

[28] SIEBURTH J M.Acrylic acid, an "antibiotic" principle in Phaeocystis blooms in Antarctic

waters[J].Science,1960,132(3428):676-677.

[29] SIEBURTH J M.Antibiotic properties of acrylic acid,a factor in the gastrointestinal antibiosis of polar marine animals[J].Journal of bacteriology,1961,82(1):72-79.

[30] JEBRAM D.Prospection for a sufficient nutrition for the cosmopolitic marine bryozoan Electra pilosa(Linnaeus)[J].1980.

[31] LISS P S,MALIN G,TURNER S M,et al.DIMETHYL SULFIDE AND PHAEOCYSTIS-A REVIEW[J].Journal of Marine Systems,1994,5(1):41-53.

[32] CHARLSON R J,LOVELOCK J E,ANDREAE M O,et al.OCEANIC PHYTOPLANKTON,ATMOSPHERIC SULFUR,CLOUD ALBEDO AND CLIMATE[J].Nature,1987,326(6114):655-661.

[33] 刘淑雅.改性黏土控制有害藻华的生理生化机制研究[D].青岛:中国科学院大学(中国科学院海洋研究所),2018.

[34] 何家莞,施之新,张银华,等.一种棕囊藻的形态特征与毒素分析[J].海洋与湖沼,1999,30:172-179.

[35] HANSEN F C,VANBOEKEL W H M.GRAZING PRESSURE OF THE CALANOID COPEPOD TEMORA - LONGICORNIS ON A PHAEOCYSTIS DOMINATED SPRING BLOOM IN A DUTCH TIDAL INLET[J].Marine Ecology Progress Series,1991,78(2):123-129.

[36] AANESEN M,FALK-ANDERSSON J,VONDOLIA G K,et al.Valuing coastal recreation and the visual intrusion from commercial activities in Arctic Norway[J].Ocean Coastal Manage,2018,153:157-167.

[37] EBERLEIN K,LEAL M,HAMMER K,et al.Dissolved organic substances during a *Phaeocystis pouchetii* bloom in the German Bight(North Sea)[J].Marine Biology,1985,89(3):311-316.

[38] ARMONIES W.OCCURRENCE OF MEIOFAUNA IN PHAEOCYSTIS SEAFOAM[J].Marine Ecology Progress Series,1989,53(3):305-309.

[39] 晋利,杨知勋.秦皇岛近海有害藻华发生特征及防治对策研究[J].中国环境管理干部学院学报,2014,24(1):45-47.

[40] 俞志明,陈楠生.国内外赤潮的发展趋势与研究热点[J].海洋与湖沼,2019,50(3):474-486.

[41] GALLARDO-RODRIGUEZ J J,ASTUYA-VILLALON A,LLANOS-RIVERA A,et al.A critical review on control methods for harmful algal blooms[J].Rev Aquac,2019,11(3):661-684.

[42] 张珩,杨维东,高洁,等.二氧化氯对球形棕囊藻的抑制和杀灭作用[J].应用生态学报,2003,14(7):1173-1176.

[43] 洪爱华,尹平河,赵玲,等.碘伏和异噻唑啉酮对球形棕囊藻去除的研究[J].应用生态学报,2003,14(7):1177-1180.

[44] 晏荣军,尹平河,潘剑宇,等.棕囊藻囊泡的培养与去除研究[J].热带海洋学报,2006,25(3):69-71.

[45] 肖锋,尹平河,晏荣军,等.四烷铵络合碘对球形棕囊藻去除作用的研究[J].热带海洋学报,2006(4):77-80.

[46] 姜发军,何碧娟,许铭本,等.球形棕囊藻与红树林细菌 *Flavobacterium* sp.相互关系的研究[J].海洋环境科学,2012(1):71-75.

[47] 杨晓新,尹平河,晏荣军.溶藻细菌对棕囊藻溶藻过程的电子显微镜研究[J].海洋环境科学,2008,27(2):109-112,117.

[48] 胡晓丽.菌株 Y4 胞外活性物质对球形棕囊藻的氧化损伤和光合抑制[D].广州:暨南大学,2015.

[49] 李蔷,赵玲,尹平河.芽孢杆菌 B1 胞外活性物质对球形棕囊藻的溶藻特性研究[J].环境科学,2012,33(3):838-843.

[50] 杨秋婵,赵玲,尹平河,等.溶藻活性物质对棕囊藻溶藻及其脂肪酸影响的模拟[J].环境科学,2015(9):139-145.

[51] LINSEBIGLER A,LU G,YATES J.Photocatalysis on TiO_2 Surfaces:Principles,Mechanisms,and Selected Results[J].Chemical Reviews,1995,95(3):735-758.

[52] 黄凤,尹平河,赵玲.玻璃纤维基 Fe(Ⅲ)-TiO_2 薄膜在可见光照射下去除球形棕囊藻的效果[J].生态环境学报,2009,18(02):466-470.

[53] 曹西华,俞志明,邱丽霞.改性黏土法消除球形棕囊藻赤潮的现场实验与效果评估[J].海洋与湖沼,2017,48(4):753-759.

[54] 周健,王玮,吴志宏,等.山东沿海赤潮灾害基本特征及防控对策建议[J].海洋环境科学,2020,39(4):537-543.

[55] 姜宁.广西北部湾海域赤潮演变趋势分析及其防控思路[J].海洋开发与管理,2019,36(11):82-85.

作者简介：

王馨，博士研究生，E-mail：wangxin@ qdio. ac. cn

通信作者：颜天，研究员，E-mail：tianyan@ qdio. ac. cn

海洋低氧区 N_2O 的源汇过程和微生物学机制

张晓黎，赵建民

（中国科学院 海岸带生物学与生物资源利用重点实验室，中国科学院 烟台海岸带研究所，烟台 264003）

摘要： 氧化亚氮（N_2O）是重要的温室气体，其温室效应约为二氧化碳的300倍，影响全球气候变化。海洋低氧区是 N_2O 重要的源，其释放量占海洋 N_2O 净产出的一半。在全球气温升高和海水富营养化导致海洋低氧区逐渐扩大的背景下，海洋 N_2O 释放量可能出现新高，加速全球变暖的进程。本文从海洋 N_2O 的源汇途径、低氧区的类型及其 N_2O 的分布特征、海洋 N_2O 释放的微生物机理及其环境调控等方面系统综述了海洋各种低氧区（开阔大洋最小含氧带、陆架边缘海低氧区、河口近岸低氧区和厌氧海盆）N_2O 的源汇过程和微生物学机制。文中指出相对于开阔海洋低氧区，人类活动影响严重近海低氧区 N_2O 的释放通量和动态数据匮乏，而且多数研究只关注 N_2O 的产生过程而忽视了消耗过程，对海洋 N_2O 源汇能力的调控机制也缺乏认识，可能导致估算海洋 N_2O 收支贡献出现偏差。分子生态学结合地球化学的综合手段应该是今后探究海洋低氧区 N_2O 溯源、动态特征和调控机制的有力工具。

关键词： 海洋低氧区；N_2O；源汇；微生物；环境调控

氧化亚氮（N_2O）是重要的温室气体，其在大气中的滞留时间为110年左右，可以通过吸收红外辐射产生温室效应，其单分子吸收辐射的能力约为二氧化碳的300倍[1]，对全球气候的增温效应越来越显著。而且，N_2O 能够与臭氧发生反应，破坏臭氧层，增加地球的紫外线辐射量[1-2]。政府间气候变化委员会（IPCC）已将 N_2O 列入影响自然生态系统、威胁人类生存基础的重大问题。

基金项目：国家自然科学基金面上项目（41976115）和中国科学院A类战略性先导科技专项课题（XDA23050303）资助。

海洋是大气 N_2O 重要的源，每年向大气净输送的 N_2O 约占大气总输入量的1/3[1,3-4]。研究显示，N_2O 的释放对海洋溶解氧（DO）浓度的变化非常敏感，低氧是促进海洋 N_2O 释放的关键因素，海洋中的低氧区是 N_2O 强烈的源[3-6]。在全球气温升高导致海洋低氧区扩大以及水体富营养化加剧近海低氧的大背景下，海洋 N_2O 的释放量可能出现新高，加速全球变暖的进程。因此，海洋 N_2O 的源汇过程和调控机制越来越受到各国科学家的重视[5,7]。

1 微生物介导的海洋 N_2O 源汇过程

海洋 N_2O 的产生主要源于两种微生物代谢途径，即硝化过程（Nitrification）和反硝化过程（Denitrification）（图 1）[7]。在常氧（Normoxic）状态下，硝化过程通过氨氧化和亚硝盐酸氧化将氨（NH_3）转变为亚硝酸盐（NO_2^-）和硝酸盐（NO_3^-）。中间产物羟胺（NH_2OH）经氧化（Hydroxylamine oxidation）产生的 N_2O 是硝化过程的副产物。在低氧条件下，硝化微生物还可以通过自身的反硝化酶将 NO_2^-还原为 N_2O，进行硝化-反硝化作用（Nitrifier-denitrification）[8-9]。当环境溶氧浓度低于 0.5 mg/L（~22 μmol/L）时，硝化过程的产物比值 N_2O/NO_3^-会显著升高[10]。

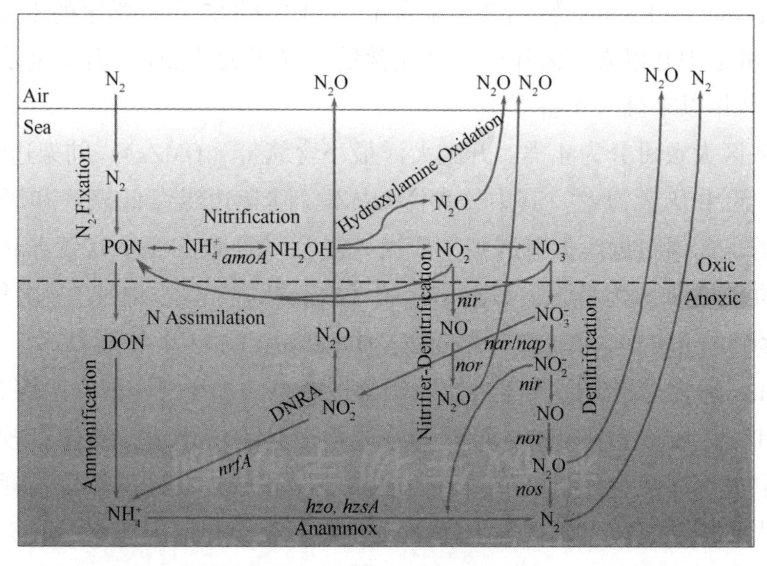

图 1 海洋 N_2O 关键源汇途径及相关功能基因（改编自文献［18］）

反硝化过程（Denitrification）发生在低氧或厌氧条件下，NO_3^-在一系列氧化还原酶的作用下最终转化为氮气（N_2），N_2O 是其中间产物。在自然界中，大约 1/3 的反硝化菌缺乏氧化亚氮还原酶，其介导的不完全反硝化过程（Partial denitrification）终

产物即为 N_2O[11-12]。由于硝化过程的产物 NO_3^- 是反硝化过程的底物，且有氧/缺氧的界面或微环境在环境中普遍存在，因此硝化-反硝化耦合途径对 N_2O 的排放也具有重要贡献[13]。

另外，厌氧氨氧化过程（anammox）和硝酸盐异化还原过程（DNRA）也是潜在的 N_2O 产生过程，由 NO_2^- 还原产生[14]（图 1）。目前尚无数据报道 anammox 过程对海洋 N_2O 排放的贡献，但在实验室条件下，anammox 过程产生的 N_2O 量很有限[15]。DNRA 过程被认为在海洋氮循环中的贡献相对较小，因此该过程在海洋 N_2O 释放中的比重经常被忽略，然而需要注意的是，DNRA 过程在富含有机质的近海环境中贡献较大，有时甚至超过反硝化过程，因此在估算近海环境 N_2O 的释放量时，DNRA 过程应该被考虑在内[16]。

在厌氧或无氧的还原态海水和沉积物中，N_2O 代替氧气作为电子受体，被反硝化过程进一步还原为 N_2，是海洋中 N_2O 的汇区[13,17]。

2 海洋低氧区的类型和特征

2019 年 12 月，一份来自国际自然保护联盟（IUCN）的报告名为《Ocean Deoxygenation：Everyone's Problem》结合了来自 17 个国家的 67 位科学家的工作，得出的结论是：自 20 世纪中叶以来，海洋中的氧气含量下降了大约 2%，而完全缺乏氧气的水域面积自 1960 年以来翻了 4 番[19]。

海洋低氧区大致可分为 4 类：开阔大洋最小含氧带（OMZs）、陆架边缘海低氧区、河口近岸低氧区和厌氧海盆。其中，大洋 OMZs、陆架边缘海低氧区和厌氧海盆主要是自然形成的，而河口近岸低氧区则主要由人类活动导致的海水富营养化所致。海洋低氧发生的强度通常分为低氧（Hypoxia，$0.14\ mg/L<O_2\leq 2\ mg/L$）、次氧（Suboxia，$0\ mg/L<O_2\leq 0.14\ mg/L$）和厌氧（Anoxia，$O_2=0\ mg/L$）3 个等级[5]。

大洋 OMZs 通常是指开阔大洋水体中氧含量缺乏的水层，一般在水深 200~1 000 m 之间。在 OMZs 区域，上升流将大量营养物质输送到表层水体，支持了较高的初级生产力，透光层的浮游植物死亡沉降到亚表层或中层海域，在这里微生物耗氧呼吸分解有机质消耗大量的氧气，且其氧气消耗速度远大于表层和深层海水的补充速度，因而形成缺氧层。OMZs 低氧强度受大洋环流年际、年代际周期振荡和气候长期变化趋势的影响[20]。以 DO 低于 20 μmol/L 为标准，大洋 OMZs 的面积占全球大洋总面积的 8%，分布的主要区域包括东北太平洋（ENP）、东南太平洋（ESP）、阿拉伯海（AS）和孟加拉湾（BB）等海域。

陆架边缘海低氧区的形成主要源于沿岸上升流的营养输送。另外，大洋 OMZs 区的低氧海水向边缘海域水平延伸，也导致这里的海水 DO 降低[5,21]。除了自然因素，人类活动排放的营养盐也加剧了陆架边缘海的低氧形成。陆架边缘海低氧的强度受当地上升流强度、层化强度及初级生产力的影响。秘鲁和智利的沿岸上升流区域就是典型的陆架边缘海低氧区。

河口近岸海水相对较浅，这些区域的特点是表层海水富营养化，底层海水缺氧。在过去几十年里，河口近岸低氧面积稳步扩大。农田化肥的大量使用、城市污水处理及近海养殖排污等向河口近海区域输入大量的氮，刺激浮游藻类生长，导致颗粒有机物积累。底层海水微生物分解沉降的有机物消耗氧气导致底层水体缺氧。另外，河口区大量径流淡水的注入，形成水体层化，阻碍了上下层水体的氧气交换，加重了这些区域的缺氧[22]。河口近岸低氧区一般存在明显的季节特征，夏季强度最大，冬季强度最小，受淡水输入量、海温、季风强度等因素调控[23]。我国长江口和珠江口、美国切萨皮克湾、墨西哥湾、日本的东京湾低氧区都属于河口近海低氧区类型。

封闭、半封闭的厌氧海盆则是因为地理原因，水体交换不畅，亚表层水体停滞所致。其强度在整个地质时期是动态变化的，比较典型的有黑海、卡里亚科海盆、波罗的海和萨尼奇海湾[13,17]。

3　海洋低氧区 N_2O 的分布和产生过程

溶解氧是调控海洋 N_2O 释放量的关键因素。在实验室条件下，DO 浓度降低会导致氨氧化菌的羟胺氧化和硝化-反硝化作用增强，产生大量副产物 N_2O[24]；反硝化过程只有在 DO 浓度小于 5 μmol/kg 时才会启动，而且只有当 DO 浓度低到一定程度，才会发生 N_2O 还原产生 N_2[25]。在海洋环境中，N_2O 浓度的极大值通常出现在有氧（Oxic）/次氧（Suboxic）界面附近，在次氧水体核心被消耗，在厌氧水体中则可能低至 0[26]。

大洋 OMZs 和陆架边缘海低氧区是海洋 N_2O 释放的热区，N_2O 浓度通常在几十甚至几百纳摩尔每升的量级[5]。Naqvi 等[4]在印度西海岸陆架海区观测到表层水体 N_2O 的饱和度最高达到 8250%；Cornejo 等[27]在智利沿岸上升流区观测到表层N_2O 饱和度最高可达 1372%。大洋 OMZs 水体中存在强烈的 DO 垂直梯度，N_2O 的分布与 DO 浓度大致呈镜像关系[26,28-30]。N_2O 浓度在上层海洋随深度增加 DO 浓度降低而逐渐升高，在氧跃层（Oxycline）上部出现 N_2O 的极大值[28]，当 DO 浓度低到一定范围（OMZ 核心，一般小于 20 μmol/L），N_2O 浓度会下降，此时反硝化还原 N_2O 过程活跃，消耗了水体的 N_2O，到 2 000 m 水深以下，N_2O 浓度趋于稳定[29-30]。由于不同海域 OMZs 的水文特征存在差异，N_2O 的产生过程和通量也差别迥异。通过同位素示踪技术，Dore 等暗示北大西洋浅层 N_2O 极大值主要源于硝化过程[31]；而 Naqvi 等却推断阿拉伯海浅层的 N_2O 极大值是硝化-反硝化耦合作用的结果[32]；Nicholls 等则指出，阿拉伯海 OMZs 的 N_2O 主要来源于 NO_2^- 还原而不是羟胺氧化，但究竟源于硝化还是反硝化过程还不清楚[29]。

河口近海低氧区氮循环非常活跃，它们释放的 N_2O 占了整个海洋 N_2O 释放总量的 33%[3]。该区域 N_2O 的释放随海水季节性氧化还原状态的变化（常氧→低氧→次氧/厌氧→再充氧）而变化。在常氧期，海水氧气充足，NH_4^+ 在硝化作用下转化为 NO_3^-，N_2O 释放量较低；季节性低氧发生初期，硝化和反硝化过程的 N_2O 释放量都大幅增加；随着低氧的持续和增强，硫化物累积，抑制了硝化过程，NO_3^- 消耗，此时 N_2O 释放量会下降；当 DO 低到一定程度，N_2O 继续还原为 N_2，消耗 N_2O，海水 N_2O 水平进一步下降；再充氧的过程中，NH_4^+ 再次被氧化提供 NO_3^-，氧化亚氮还原酶被氧抑制，此时 N_2O 释放量可能出现新的峰值，随后因水体 DO 浓度的升高再次降低（图 2）[33]。由于近海环境受人为因素、初级生产力和径流输入影响严重，区域水体富营养化水平、层化情况等都会影响低氧强度，进而影响 N_2O 的源汇过程和通量。

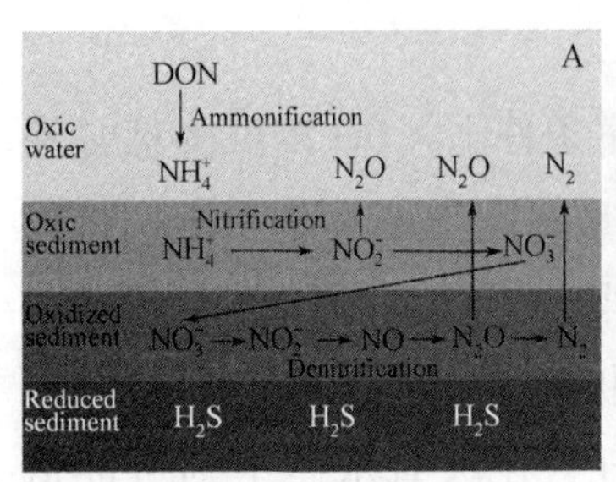

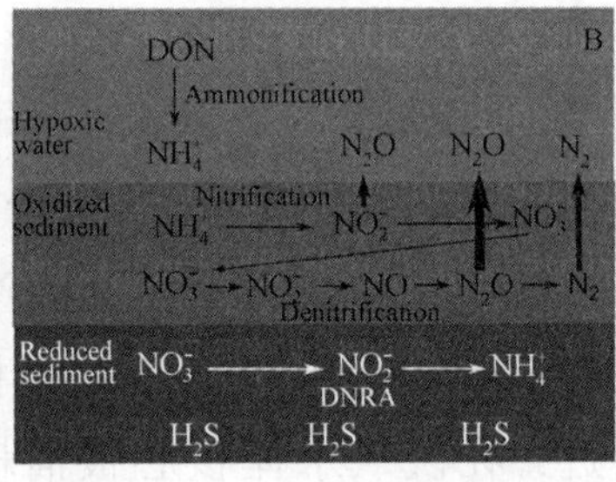

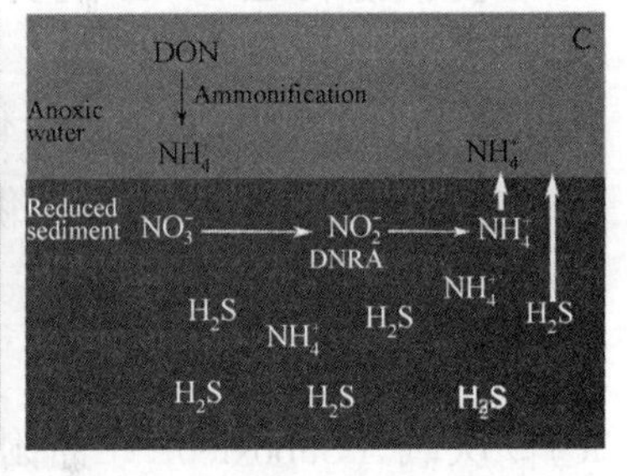

图 2　海洋不同溶氧状态下的 N_2O 源汇途径和通量（修改自文献［33］）。

A：Normoxic 情况，B：Hypoxia 情况，C：Anoxia 情况

厌氧海盆区 N_2O 的垂直分布与开放海域 OMZs 截然不同。以萨尼奇海湾为例，浅层氧跃层产生的 N_2O 浓度可达到 20.4 nmol/L，进入次氧层，N_2O 浓度迅速下降，在次氧/厌氧界面接近甚至低至 0[5]。相似的情况也发生在卡里亚科海湾和黑海[16-17]，推测 N_2O 在次氧层被反硝化过程消耗，而在含硫厌氧层中 NO_3^- 主要经 DNRA 过程还原为 NH_4^+，基本不产生 N_2O。

4　海洋 N_2O 源汇过程的微生物学机制

海洋 N_2O 的源汇过程由微生物驱动完成。硝化过程的限速步骤——氧氨氧化由氨氧化细菌（AOB））和氨氧化古菌（AOA）共同驱动[34]。早在 20 世纪 80 年代，人们就对 AOB 产生 N_2O 有了一定的认识。直到 2011 年，Jung 等[35]才利用同位素的方法首次证实 AOA 氨氧化过程中也会产生 N_2O，并且证明在低 DO 条件下，AOA 比 AOB 具有更高的 N_2O 释放能力。由于 AOA 基因组中缺少编码羟胺氧化还原酶的基因，科学家们推测 AOA 很可能通过硝化-反硝化作用途径生成 N_2O[35]。目前，AOA 和 AOB 在不同海洋生境 N_2O 释放中的地位还不清楚，但从生态位格局上看，AOB 较偏爱高 NH_4^+、高 DO、富营养化的生境[24]，而 AOA 则在低 NH_4^+、低 DO、寡营养的海洋环境中占优势[36]。

反硝化过程的关键按步骤是 NO_2^-还原为 NO，由亚硝酸盐还原酶催化。参与反硝化过程的微生物根据 NO_3^-转化路径的不同可分为不完全反硝化菌和完全反硝化菌。前者缺乏氧化亚氮还原酶基因 *nosZ*，还原 NO_3^-的终产物为 N_2O，是 N_2O 源的重要参与者[11-12]；后者含有反硝化途径所有的酶，能够将 NO_3^-彻底还原为 N_2，驱动 N_2O 汇的过程。除了完全反硝化过程，*nosZ*II 型反硝化过程也是 N_2O 重要的汇[12]。*nosZ*II 型反硝化菌是从 2012 年开始被逐渐认识的，通过基因组比较发现[12]，*nosZ*II 型反硝化菌中有很大比例（约 51%）不具备亚硝酸盐还原酶基因 *nirK/nirS*，因此这些微生物在反硝化过程中可能不具备产生 N_2O 的能力，却能有效还原 N_2O，是 N_2O 的净汇。Yoon 等[37]通过生理生化实验证明，*nosZ*II 型反硝化菌比 *nosZ*I 型菌具有更高的 N_2O 还原能力。因此，科学家们推测 *nosZ*II 型反硝化过程对环境 N_2O 的减排具有很大的潜在贡献[38-39]。这一推测很快在土壤环境中得到了证实[39]。最近，Moni 等[40]通过富集培养发现深海热液口的 *nosZ*II 型菌具有还原 N_2O 的能力，但 *nosZ*II 型反硝化对海洋系统 N_2O减排的贡献还完全未知。

海洋 N_2O 的净释放量取决于其源和汇之间的平衡。系统 N_2O 源汇能力的差异取决于两种微生物学机制：①系统中 N_2O 产生酶（亚硝酸盐还原酶，编码基因 *nirS/nirK*）和消耗酶（氧化亚氮还原酶，编码基因 *nosZ*I/*nosZ*II）的比例，体现为微生物群体结构的差异（*nir/nos*）和相关氧化还原酶的表达调控（mRNA）[41]；②反硝化各还原酶对电子的亲和力[42]。除了生物因素，环境因素对 N_2O 源汇能力的调控也很重要。Lin 等[43]在研究东海沉积物反硝化过程时发现，N_2O：N_2比率与沉积物 NO_3^-浓度、有机碳含量和硫化物浓度密切相关。目前，N_2O 源汇能力的调控机制在农田生态系统研究得比较透彻[44-45]，而且发现氧气的可利用度与 N_2O : N_2 比率密切相关。然而，在海洋低氧发生过程中，N_2O 源汇平衡如何响应环境变化还鲜有报道。

通过现代分子生物学手段，Löscher 等[36]发现在 DO 含量相对较高的东北热带大西洋（ETNA-OMZ），AOA-*amoA* 基因丰度和活性与原位 N_2O 浓度密切相关，而且没有发现反硝化 *nir* 基因的存在，从而推测 AOA 介导的氨氧化过程可能在该海域水体 N_2O 的产生中起主导作用。该结果与利用表观耗氧量（AOU）和同位素方法在相同海域获得的结果一致[36,46-47]。而在 DO 含量极低的东热带南太平洋（ETSP-OMZ），*nirS* 基因丰度的垂直变化趋势与 N_2O 的分布一致，说明该海域 N_2O 的产生主要由反硝化过程主导，利用同位素示踪也得出相同的结论[48]。

5　存在的问题和展望

综上，尽管人们对海洋低氧区 N_2O 释放过程和通量的研究已经取得了重要进展，但还存在很多局限性：①多数研究集中在大洋 OMZs 和陆架边缘海低氧区，而人类活动导致的近海低氧区数据匮乏，增加了评价整个海洋 N_2O 收支贡献的不确定性；②对海洋 N_2O 释放机制的研究主要停留在地球化学层面，而且由于方法的局限性，源汇过程还不清楚；③多数研究只关注 N_2O 产生过程而忽视了消耗过程，特别是一些新发现的消耗途径的潜在贡献还完全未知，对海洋 N_2O 源汇能力（N_2O : N_2）的调控机制也缺乏认识，可能导致估算 N_2O 释放通量出现偏差；④对季节性或周期性低氧发生过程中 N_2O 源汇过程的动力学特征尚缺乏认识。分子生态学结合地球化学手段从微生物功能和基因角度探究各过程与 N_2O 释放通量间的关系可为 N_2O 释放机制的研究提供数据参考；⑤目前有关微生物调控 N_2O 通量的信息还很零散，系统阐述低氧背景下 N_2O 释放的微生物学机制的研究还非常缺乏。基于上述局限性，现代分子生物学技术结合同位素示踪和原位通量测定的综合手段，应该是今后研究海洋低氧区 N_2O 溯源、动态特征和调控机制的有力工具。

参考文献

[1]　IPCC.Climate change.Cambridge New York:Univ.Press,2014.

[2]　Ravishankara A R,Daniel J S,Portmann R W.Nitrous oxide(N_2O):the dominant ozone-depleting substance emitted in the 21st century.Science,2009(326):123-125.

[3]　Bange H,Rapsomanikis S,Andreae M.Nitrous oxide in coastal waters.Global Biogeochemical Cycles,1996(10):197-207.

[4]　Naqvi S W A,Jayakumar D A,Narvekar P V,et al.Increased marine production of N_2O due to in-

tensifying anoxia on the Indian continental shelf.Nature,2000(408):346-349.

[5] Naqvi S W A,Bange H,Farias L,et al.Marine hypoxia/anoxia as a source of CH_4 and N_2O.Biogeosciences,2010(7):2159-2190.

[6] Paulmier A,Diana R,Garcon V.The oxygen minimum zone(OMZ)off Chile as intense source of CO_2 and N_2O.Continental Shelf Research,2008(28):2746-2756.

[7] Battaglia G,Joos F.Marine N_2O emissions from nitrification and denitrification constrained by modern observations and projected in multimillennial global warming simulations.Global Biogeochemical Cycles,2018(32):92-121.

[8] Frame C,Casciotti K.Biogeochemical controls and isotopic signatures of nitrous oxide production by a marine ammonia-oxidizing bacterium.Biogeosciences,2010(7):2695-2709.

[9] Wrage N,Velthof G L,van Beusichem M L,et al.Role of nitrifier denitrification in the production of nitrous oxide.Soil Biology and Biochemistry,2001(33):1723-1732.

[10] Goreau T J,Kaplan W A,Wofsy S C,et al.Production of NO_2 and N_2O by nitrifying bacteria at reduced concentrations of oxygen.Applied Environmental Microbiology,1980(40):526-532.

[11] Jones C M,Stres B,Rosenquist M,et al.Phylogenetic Analysis of Nitrite,Nitric Oxide,and Nitrous Oxide Respiratory Enzymes Reveal a Complex Evolutionary History for Denitrification. Molecular Biology and Evolution,2008(25):1955-1966.

[12] Graf D R H,Jones C M,Hallin S.Intergenomic comparisons highlight modularity of the denitrification pathway and underpin the importance of community structure for N_2O emissions.Plo S one,2014(9):e114118.

[13] Walter S,Breitenbach U,Bange H,et al.Distribution of N_2O in the Baltic Sea during transition from anoxic to oxic conditions.Biogeosciences,2006(3):557-570.

[14] Sun Y,De Vos P,Heylen K.Nitrous oxide emission by the non-denitrifying,nitrate ammonifier Bacillus licheniformis.BMC Genomics,2016(17):68.

[15] Muangthongon T,Wantawin C.Evaluation of N_2O production from anaerobic ammonium oxidation (anammox)at different influent ammonia to nitrite ratios.Energy Procedia,2011(9):7-14.

[16] Welsh D,Castadelli G,Bartoli M,et al.Denitrification in an intertidal seagrass meadow,a comparison of ^{15}N-isotope and acetylene-block techniques:dissimilatory nitrate reduction to ammonia as a source of N_2O?.Marine Biology,2001(139):1029-1036.

[17] Westley M B,Yamagishi H,Popp B N,et al.Nitrous oxide cycling in the Black Sea inferred from stable isotope and isotopomer distributions.Deep Sea Research Part II:Topical Studies in Oceanography,2006(53):1802-1816.

[18] Francis C A,Beman J M,Kuypers M M.New processes and players in the nitrogen cycle:the microbial ecology of anaerobic and archaeal ammonia oxidation.The ISME Journal,2007(1):

19-27.

[19] Laffoley D, Baxter J M. Ocean deoxygenation: Everyone ' s problem. IUCN, Global Marine and Polar Programme.2019.

[20] Paulmier A, Diana R.Oxygen minimum zones(OMZs) in the modern ocean.Progress In Oceanography, 2009(80): 113-128.

[21] Fennel K, Testa J M.Biogeochemical controls on coastal hypoxia.Annual Review of Marine Science, 2019(11): 105-130.

[22] Diaz R J, Rosenberg R.Spreading dead zones and consequences for marine ecosystems.Science, 2008(321): 926.

[23] Chen C C, Gong G C, Shiah F K.Hypoxia in the East China Sea: One of the largest coastal low-oxygen areas in the world.Marine Environmental Research, 2007(64): 399-408.

[24] Lee Y G, Jeong D U, Lee J S, et al.Effects of hypoxia caused by mussel farming on benthic foraminifera in semi-closed Gamak Bay, South Korea. Marine Pollution Bulletin, 2016 (109): 566-581.

[25] Bonin P, Gilewicz M, Bertrand J.Effects of oxygen on each step of denitrification on *Pseudomonas nautica*.Canadian Journal of Microbiology, 2011(35): 1061-1064.

[26] Walter S, Bange H, Breitenbach U, et al.Nitrous oxide in the North Atlantic Ocean.Biogeosciences, 2006(3): 607-619.

[27] Cornejo M, Farías L, Gallegos M.Seasonal cycle of N_2O vertical distribution and air-sea fluxes over the continental shelf waters off central Chile(36°S).Progress in Oceanography, 2007(75): 383-395.

[28] Farías L, Castro-González M, Cornejo M, et al.Denitrification and nitrous oxide cycling within the upper oxycline of the eastern tropical South Pacific oxygen minimum zone.Limnology and Oceanography, 2009(54): 132-144.

[29] Nicholls J C, Davies C A, Trimmer M.High-resolution profiles and nitrogen isotope tracing reveal a dominant source of nitrous oxide and multiple pathways of nitrogen gas formation in the central Arabian Sea.Limnology and Oceanography, 2007(52): 156-168.

[30] Cohen Y, Gordon L I.Nitrous oxide in the oxygen minimum of the eastern tropical North Pacific: Evidence for its consumption during denitrification and possible mechanisms for its production. Deep Sea Research, 1978(25): 509-524.

[31] Dore J E, Popp B N, Karl D M, et al.A large source of atmospheric nitrous oxide from subtropical North Pacific surface waters.Nature, 1998(396): 63-66.

[32] Naqvi S W A, Yoshinari T, Jayakumar D A, et al.Budgetary and biogeochemical implications of N_2O isotope signatures in the Arabian Sea.Nature, 1998(394): 462-464.

[33] Jäntti H,Hietanen S.The effects of hypoxia on sediment nitrogen cycling in the Baltic Sea.AMBIO,2012(41):161-169.

[34] 刘建詹,张介霞.海洋氨氧化古菌与氨氧化细菌在 N_2O 生成机制中贡献研究.海洋环境科学,2017(36):947-955.

[35] Jung M Y,Well R,Min D,et al.Isotopic signatures of N_2O produced by ammonia-oxidizing archaea from soils.The ISME Journal,2014(8):1115-1125.

[36] Löescher C R,Kock A,Koenneke M,et al.Production of oceanic nitrous oxide by ammonia-oxidizing archaea.Biogeosciences,2012(9):2419-2429.

[37] Yoon S,Nissen S,Park D,et al.Nitrous oxide reduction kinetics distinguish bacteria harboring clade I *nosZ* from those harboring clade II *nosZ*. Applied Environmental Microbiology,2016(82):3793-3800.

[38] Jones C M,Hallin S.Ecological and evolutionary factors underlying global and local assembly of denitrifier communities.The ISME Journal,2010(4):633-641.

[39] Domeignoz-Horta L A,Putz M,Spor A,et al.Non-denitrifying nitrous oxide-reducing bacteria-An effective N_2O sink in soil.Soil Biology and Biochemistry,2016(103):376-379.

[40] Mino S,Yoneyama N,Nakagawa S,et al.Enrichment and genomic characterization of a N_2O-reducing chemolithoautotroph from a deep-sea hydrothermal vent.Frontiers in Bioengineering and Biotechnology,2018(6):184.

[41] Saarenheimo J,Rissanen A J,Arvola L,et al.Genetic and environmental controls on nitrous oxide accumulation in lakes.PloS one,2015(10):e0121201.

[42] Conthe M,Lycus P,Arntzen M Ø,et al.Denitrification as an N_2O sink.Water Research,2019(151):381-387.

[43] Lin X,Liu M,Hou L,et al.Nitrogen losses in sediments of the East China Sea:Spatiotemporal variations,controlling factors,and environmental implications.Journal of Geophysical Research:Biogeosciences,2017(122):2699-2715.

[44] Saggar S, Jha N, Deslippe J, et al. Denitrification and N_2O: N_2 production in temperate grasslands:Processes,measurements,modelling and mitigating negative impacts.Science of The Total Environment,2013(465):173-195.

[45] Liu B,Frostegård Å,Bakken L R.Impaired reduction of N_2O to N_2 in acid soils is due to a posttranscriptional interference with the expression of *nosZ*. mBio,2014(5):e01383.

[46] Grundle D S,Löscher C R,Krahmann G,et al.Low oxygen eddies in the eastern tropical North Atlantic:Implications for N_2O cycling. Scientific Reports,2017(7):4806.

[47] Frame C H,Deal E,Nevison C D,et al. N_2O production in the eastern South Atlantic:Analysis of N_2O stable isotopic and concentration data. Global Biogeochemical Cycles,2014(28):

1262-1278.

[48] Ji Q, Babbin A R, Jayakumar A, et al. Nitrous oxide production by nitrification and denitrification in the Eastern Tropical South Pacific oxygen minimum zone. Geophysical Research Letters, 2015(42):10755-10764.

作者简介：

张晓黎（1981—），女，副研究员，主要研究海岸带微生物多样性和氮的生物地球化学循环。E-mail：xlzhang@ yic. ac. cn

通信作者：E-mail：jmzhao@ yic. ac. cn

海洋天然产物防污活性物质研究进展

王毅[1,2,3,4]，王瑾[1,2,3,4]，张盾[1,2,3,4]

（1. 中国科学院海洋研究所 海洋环境腐蚀与生物污损重点实验室，青岛 266071；2. 中国科学院大学，北京 100049；3. 青岛海洋科学与技术试点国家实验室 海洋腐蚀与防护开放工作室，青岛 266237；4. 中国科学院海洋大科学研究中心，青岛 266071）

摘要： 海洋生物污损是人类开发利用海洋资源亟须解决的重要问题之一。因此，开发高效环境友好防污材料对于健康海洋具有重要意义，同时也面临巨大挑战。海洋天然产物防污剂是利用生物技术从多种海洋动植物中提取的天然防止海洋生物污损的物质，是海洋生物自身产生的具有防污活性的次级代谢产物，能很快降解，且不危害生物生命，有利于保持海洋生态平衡。本文综述了海洋天然产物防污剂的研究进展，包括从海洋生物中提取的天然产物防污剂的研究与应用现状。重点论述了从海洋生物，包括海洋植物、海洋动物和海洋微生物中提取的天然产物防污剂的研究现状，并对海洋天然产物防污剂实际应用的前景进行了展望。

1　前言

海洋生物污损是指海洋污损生物（以细菌类及硅藻类为代表的污损微生物和藤壶等贝类及大型藻类为代表的大型污损生物）在海洋中包括船舶在内的一切人工设施表面的附着与生长，并对人工设施正常运转产生不利影响[1-5]。海洋污损生物附着在船舶底部会造成航速降低，加剧二氧化碳排放等危害[6-7]；海洋污损生物随着附着表面进入其他海域，会成为外来入侵物种，破坏当地生态平衡[8-9]；海洋污损生物附着在海洋平台时，会加速金属腐蚀，易发生安全事故；当海洋污损生物附着在海洋仪器设备上时，会造成安全隐患和巨大的经济损失。因此，能够解决或有效控制海洋生物污

基金项目：中国科学院战略性先导科技专项（A类）（XDA23050104）。

损具有重要意义。

目前，国际上常用电解海水防污[10]和防污涂料防污[2]。但相比之下，涂覆于表面的防污涂料可直接与污损生物接触，因此，涂料防污一直是研究热点。海洋防污涂料随着树脂和防污剂的发展主要经历了传统型毒剂型防污涂料与环境友好型防污涂料两个主要阶段。早期的传统型毒剂型防污涂料以砷、铜、汞等重金属及其氧化物为主，环境毒性大，防污期效短。直到20世纪70年代初，有机锡防污涂料逐渐得到广泛应用。但是随后的研究表明，有机锡防污涂料的广泛应用会导致海洋生物发生病变甚至死亡，严重危害海洋生态环境安全，并可通过食物链危害人类健康。因此，自2008年1月1日起，含锡防污涂料被全面禁用[11]。目前，以毒性较低的氧化亚铜（Cu_2O）为主防污剂的毒剂型防污涂料仍是主流。但当Cu_2O产生的Cu^{2+}浓度达到5~25 μg/L时，海洋无脊椎动物便不能存活，影响其他海洋生物的生存[12]。因此，环境友好型防污涂料研究已成为海洋防污涂料领域的研究热点。

环境友好型防污涂料主要包括季铵盐类抗菌聚合物、光催化防污剂和海洋天然产物防污剂等的开发研究[13-15]。其中，海洋天然产物防污剂是利用生物技术从多种海洋动植物中提取的天然防污活性物质，是生物自身产生的具有防污活性的次级代谢产物，能很快降解，且不危害生物生命，有利于保持生态平衡。通过缓释技术控制，海洋天然产物防污剂的有效成分可缓慢、均匀地释放出来，从而达到长效、无公害防污的目的。对这一领域的开发与研究将产生巨大的社会和经济效益。

2 海洋天然产物防污剂

海洋天然产物防污剂研究始于20世纪60年代，但长期受提取分离及化学合成水平所限，且对防污机理缺乏研究，进展缓慢。直至最近，环境友好防污技术研究成为主流，并伴随各方面技术水平的提高，海洋天然产物防污剂独特的防污作用机理和高效的防污活性又重新引起人们的广泛关注。目前，人们已对多种海洋植物、海洋动物（主要为海洋无脊椎动物）和海洋微生物进行了研究，并提取了一系列具有防污活性的天然产物，包括有机酸、无机酸、内酯、萜类、酚类、醇类和吲哚类等[16]。

2.1 海洋植物

藻类是海洋天然产物防污剂的重要的来源宝库。目前，人们已经对多种海洋藻类（主要为红藻、褐藻和绿藻）进行研究，提取了一系列具有防污活性的海洋天然产物防污剂，其中主要包括脂类、甾体、萜类、多酚和吲哚类等[16]。

从褐藻中提取的褐藻多酚是首批具有防污活性的天然产物。Lau等[17]发现其单体间苯三酚极具应用潜力，对藤壶幼虫具有极强抑制作用，EC_{50}约为 0.02 μg/mL，且毒性极低，LC_{50}在 235.12～368.28 μg/mL。Wisespongpand 等[18]从 *Zonaria diesingiana* 中提取出 3 种具有不同 C_{20}酰基侧链的间苯三酚，均可有效抑制海洋细菌生长。提取自地中海 *Dictyota* sp. 中 4 种新型环形二萜和 6 种已知二萜类化合物中，有多达 6 种具有抑制海洋细菌生物膜黏附性能，其 EC_{50}分别为 110 μmol/L、250 μmol/L、100 μmol/L、30 μmol/L、230 μmol/L 和 330 μmol/L[19]。Culioli 等[20]从 *Halidrys siliquosa* 分离得到 3 种天然产物，可有效抑制 4 种细菌生长（MIC<2.5 μg/mL）和藤壶金星幼虫附着（EC_{50}<5.0 μg/mL），并且无毒性，LC_{50}>100.0 μg/mL。

红藻是海洋中广泛存在的一种植物。da Gama 等[21]研究发现从巴西沿岸的 42 种海藻中提取的 51 种粗提物中，具有防污活性的源自红藻的比例最高，达到 55%。genus *Laurencia* 可生物合成并分泌大量次级代谢产物，这些次级代谢产物具有针对海洋细菌和无脊椎动物等的一系列生物活性。例如，Protopapa 等[22]从 genus *Laurencia* 中筛选出 25 种具有防污活性的次级代谢产物，全面评估了其防污应用潜力，发现其中 1 种（perforenol）具有良好防污活性，对藤壶金星幼虫的 IC_{50}为 50 μmol/L。Vairappan 等[23]从 *Laurencia* 中分离纯化出 3 种化合物，分别是溴化倍半萜烯、laurintenol 和 iso-laurintenol，均具有抗菌活性（MIC≤20 μg/disc）。Hellio 等[24]研究表明，Simon-Colin 等[25-26]从 *Grateloupia turuturu* 中分离纯化的羟基乙磺酸和红藻糖苷对藤壶金星幼虫附着有显著抑制作用，特别是红藻糖苷在无毒浓度下（10 μg/mL）就可抑制藤壶幼虫附着。König 等[27]发现提取自钝形凹顶藻的 8 种倍半萜烯化合物中的 1 种在 100 μg/cm^2的低浓度下就可完全抑制藤壶金星幼虫附着。

Zheng 等[28]研究发现孔石莼乙酸乙酯粗提取物在浓度大于 0.5 mg/mL 时，对海洋底栖硅藻和贻贝附着抑制率均达到 95%以上。Nan 等[29]研究发现，当孔石莼水溶性抽提液浓度达 2 g/L 时，赤潮异弯藻和中肋骨条藻被完全杀死，塔玛亚历山大藻生长受到强烈抑制。此研究表明，利用孔石莼的克生作用进行有害藻类的生物防治具有广阔前景。Iyapparaj 等[30]用乙醇提取 *Syringodium isoetifolium* 的防污活性成分浓度为 25 μg/mL 时，能够抑制贻贝生长，而且对贻贝无毒，而 TBT 对照组则有毒性表现，此研究证明 *Syringodium isoetifolium* 提取物可作为绿色防污剂的来源。

迄今为止研究的大多数提取自大型藻类的天然产物都是萜类化合物或多酚类化合物。最近，Plouguerné 等[31]报道了糖脂的防污作用。在巴西东南部采集古藻科的粗尾藻，对其 18 种馏分和亚馏分进行提取分析，发现有 3 个亚馏分（F3III117，F4II70a 和 F4II70b）表现出良好的抑制海洋细菌和微藻生长效果。进一步分析发现这些活性馏分中存在的主要化合物分别为单半乳糖基二酰基甘油，二半乳糖基二酰基甘油和磺基喹喔酰基二酰基甘油。Harder 等[32]从绿藻石莼中提取得到具有抑制水螅虫附着和变形的水性化合物，初步确定具有防污活性的天然产物也是多聚糖、蛋白质和相对分子质量大于 100 kD 的复合糖。这些研究也进一步丰富了海洋天然防污剂的来源和种类。

Diyah 等[33]研究了喇叭藻和硬毛藻提取物的防污潜力，发现硬毛藻提取物防污活性高于喇叭藻，提取物成分（酚，类黄酮，类固醇，皂角苷，生物碱和三萜类化合物）也比喇叭藻（酚，类固醇，皂角苷和生物碱）多，是一种极具应用潜力的海洋天然产物防污剂。Salama 等[34]评估了从红海拉比格海岸收集的 3 种大型藻类（线形硬毛藻，喇叭藻和匍枝马尾藻）甲醇提取物的防污活性。研究表明，在 3 个月的实海防污试验中，其中 2 种提取物显著降低了尼龙网板表面生物污损。气相色谱-质谱联用分析表明，提取物中存在脂肪酸及其衍生物、植物甾醇和萜类化合物以及一些其他化合物。这些结果也再次证明大型藻类粗提物中可显著抑制生物污损，极具应用潜力。

2.2 海洋动物

除来源于海洋植物的天然产物防污剂外，从海洋动物中提取天然防污活性物质也一直是关注的热点，特别是从海洋无脊椎动物中提取活性物质。其研究史可追溯到 20 世纪 60 年代，当时人们就发现在一些珊瑚表面极少有生物附着，并推测珊瑚中含有丰富的可防生物污损的次级代谢产物[35]。目前，海洋无脊椎动物中的珊瑚和海绵是天然产物防污剂的主要来源。此外，从工业化生产需求层面考虑，某些海洋无脊椎动物也已实现人工饲养，可极大降低天然产物获取成本，有力推动天然产物防污剂的实际应用。

2.2.1 珊瑚

珊瑚是海洋天然防污产物的主要来源之一。现有研究发现，珊瑚提取物根据其生存环境不同也具有多种不同功能。从珊瑚次级代谢产物中提取的天然产物防污剂可有效抑制无脊椎动物幼虫附着。例如，*Dendronephthya* sp. 提取物在无毒浓度下就可抑制藤壶附着[36]。八放珊瑚代谢产物能有效抑制纹藤壶附着，其 EC_{50}为 2.2 μg/mL[36-37]。*Sinularia rigida* 的 2 种 cembranoids 提取物均具有抑制藤壶附着活性[38]。提取自柳珊瑚的胆甾烷衍生物和 1 种二萜类化合物 14-deacetoxycalicophirin B 具有良好防污活性，特别是 14-deacetoxycalicophirin B 对藤壶的 EC_{50}低至 0.59 μg/mL[39]。除对藤壶外，源自珊瑚的天然产物防污剂也展现了良好广谱防污活性。*Sinularia flexilis* 的 2 种二萜天然产物均可抑制海藻 *Ceramium codii* 附着[40]。*Paramuricea clavata* 的 2 种天然产物 bufotenine 和 1，3，7-trimethylisoguanine 均具有抗细菌附着活性[41]。

2.2.2 海绵

海绵能通过不同的代谢途径产生多种具有独特生物活性的次生代谢产物，受到各领域研究人员的关注。据统计，每年大约有 200 种新发现的海绵生物活性物质，部分物质可防止微生物污染和抑制海洋生物生长，是海洋天然防污产物最重要的来源之一。例如，1990—1992 年间，在日本本州沿岸和小笠原等地采集的 133 种生物中，提取物中具有防纹藤壶幼虫附着活性的有 38 种（约占 29%），而其中最多的为海绵，约占 31%[42]。

目前，已经从 *Acanthella cavernosa*、*Agelas mauritiana* 和 *Pseudoceratina* 等多种海绵中提取分离出大量具有防污活性的天然化合物，其中的二萜、萜类、pseudoceratidine 和 psammaplysins 是最有发展潜力的[16]。源于 *Acanthella cavernosa* 的 kalihipyrans A 和 B[43]、10-formamido-4-cadienene[44]、10-ss-formamidokalihinol A[45]和倍半萜和二萜化合物具有无毒特性，是较为理想的绿色防污剂。其中，10-formamido-4-cadienene 在 0.5 μg/mL 低浓度下就可抑制藤壶附着；10-ss-formamidokalihinol A 的防污机制是通过改变生物膜中细菌种类来干扰藤壶幼虫附着。Qiu 等[46]发现从 *Acanthella cavernosa* 中提取的 3 种新的固醇类化合物对藤壶具有防污活性，EC_{50}分别为 8.2 μg/mL、23.5 μg/mL 和 31.6 μg/mL。

除可防藤壶附着外，Sera 等[47-49]发现海绵天然产物中的 2 种新的过氧化甾醇、3 种倍半萜烯、化合物 haliclona 和 furanosesquiterpene 均能有效防止贻贝附着。*Ircinia oros* 的代谢产物混合物 ircinin Ⅰ和Ⅱ，以及提取自 *I. spinulosa* 的化合物 hydroquinone A 对大型海藻孢子的附着有强抑制作用[50]。Hattori 等[51]发现 *Agelas mauritiana* 天然产物 epi-agelasine C 对石莼孢子附着具有抑制作用。随后，他们又从 *Haliclona koremella* 分离出一系列神经酰胺类物质，其对石莼孢子附着也具有抑制作用[52]。在 2001 年，他们又发现提取自 *Protophilitaspongia aga* 的 nicotinamide ribose 同样可抑制石莼孢子附着[53]。

部分海绵天然产物防污剂具有显著广谱防污活性。例如，*Agelas mauritiana* 天然产物 mauritiamine 可抑制 *B. amphitrite* 变态和细菌生长[54]。*Pseudoceratina purpurea* 的 7 种天然产物除对 *B. amphitrite* 附着有抑制活性外，还可同时抑制海洋细菌生长[54-55]。*Axinella* sp. 的 2 种天然产物 hymenialdisine 和 debromohymenialdisine 可同时抑制贻贝、苔藓虫和海藻附着[56]。

2.2.3　其他海洋动物

棘皮动物也是海洋天然产物防污剂的来源之一。最近，Darya 等[57]研究了源自海参的多种正己烷、乙酸乙酯和甲醇提取物的防污性能。其中，乙酸乙酯提取物具有最优的综合防污活性，对金黄色葡萄球菌的 MIC 为 0.25 mg/mL，对两种微藻的 MIC 介于 0.062~0.25 mg/mL 之间，对藤壶幼虫的 LC_{50}为 0.049 mg/mL。同时，采用色质联用方法对乙酸乙酯提取物的生物活性成分进行了测定，确定主要活性成分是脂肪酸和萜类化合物。De Marino 等[65]发现南极海星天然产物具有抗菌活性。随后，他们又从一种深海海星中提取了 3 种可显著抑制 Hincksia irregularis 孢子附着的新化合物[58]。

Doiron 等[59]在雪蟹水解产物中发现了 5 种抗菌肽，可抑制钢表面海洋生物膜的形成。机理研究表明，抗菌肽在调节生物膜形成过程中会与天然有机物相互作用，限制海洋生物膜的发育。抗菌肽也被视为减少生物污损的潜在替代品和无毒产品，并可抑制金属的微生物腐蚀。海胆 *Diadema setosum* 的乙醇提取物能抑制南安达曼海主要污损硅藻的附着，而且乙醇提取物比水提取物防污活性更高[60]。Shellenberger 等[61]发现草苔虫 *Bugula pacifica* 提取物具有强抗菌活性。Okino 等[62]从 3 种贝类（*P. krempfi*、*P. pustulosa* 和 *P. varicose*）中提取的 3 种新型化合物在无毒浓度下即可抑制藤壶幼虫附着和变态。Hirota 等[63]发现 1 种同样提取自 *P. pustulosa* 的化合物 isocyanosesquiterpene alcohol 对藤壶幼虫附着也具有很高防污活性。Davis 等[64]从海鞘 *Eudistoma olivaceum* 提取的化合物 Eudistomines G 和 H 可抑制 *bryozoan Bugula Neritina* 幼虫附着。还有研究表明，海鞘提取物具有抗菌和抑制无脊椎动物附着性能[65]。

2.3 海洋微生物

近年来，从海洋细菌和真菌中提取的海洋天然产物防污剂也被广为报道。许多海洋细菌和真菌自身也会分泌一些活性物质抑制污损生物附着。Avelinmary 等[66]从纹藤壶表面形成的细菌生物膜中分离出 16 种细菌，其中 12 种具有抑制网纹藤壶幼虫附着作用，且大部分防污细菌属于弧菌属（*Vibrio*）种。Holmström 等[67]从被囊动物成体中分离到一株染色后为深绿色的 G^- 菌，称为 D2 菌株，D2 菌株能够产生两种组分，其中相对分子质量较低（<500 Da）的化合物对藤壶幼虫附着具有强烈抑制作用，相对分子质量较高的化合物对藤壶幼虫和一些海洋细菌也有一定抑制作用。Holmström 等[68]发现 *Pseudoalteromonas* 许多种群中含有防生物附着的化合物，其中最为有效的为 *P. tunicate*，*P. citrea* 和 *P. rubra* 3 种。在国内，洛阳船舶材料所从生物细菌膜中分离得到了几种具有防污作用的菌株，其中以代号为 Q193、DI30-135 和 D124 的几种细菌菌株制成的人工细菌黏膜在一定时间内可有效地防止污损现象发生[42]。He 等[69]从真菌 *Penicillium* sp. 中提取出一种生物碱 Penispirolloid A 对苔藓虫幼虫具有防污活性，EC_{50} 为 2.4 μg/mL。

海洋细菌极易培养，可在短时间内大量获得，因此筛选出具有优异防污活性的菌株，用于防污研究也是可行的。Xiong 等[70]发现一种海洋细菌在营养丰富的培养介质中可以产生以葡萄糖或木糖为表现形式的抗菌防污化合物，可以减少苔藓幼虫的附着，对实验选择的 6 种细菌也有很好的抗菌活性。Guezennec 等[71]测定了交替单胞菌属（*Alteromonas*）、假单胞菌属（*Pseudomonas*）和 *Vibrio* 的胞外多糖的防污活性，结果表明 6 种纯化的胞外多糖均可抑制生物污损，且无抗微生物活性和细胞毒性。

Zhang 等[72]测试了 57 个来源于红树林沉积物的分属于 57 个不同真菌菌群的代表性菌株对 3 种海洋细菌和 2 种大型污损动物（藤壶和苔藓虫）的防污活性。结果表明大约有 40%的菌株展现了独特的防污活性，并从中发现有 17 种具有强广谱防污活性。这是对红树林沉积物可培养真菌系统的防污应用的首份研究报告，研究结果也有助于我们深入了解红树林真菌系统，并进一步拓展海洋天然产物防污剂的来源库。

除海洋细菌和真菌外，也有报道从蓝藻中发现的环肽卟啉具有防污潜力[73]。环肽卟啉对贻贝幼虫的 EC_{50}为 3. 16 μmol/L，同时对海洋污损细菌生长和生物膜发育具有明显的抑制活性，具有广谱防污活性，而对非目标生物未显示毒性。因此，环肽卟啉有可能作为环境友好防污剂代替现有有毒防污剂添加到防污涂层中得以应用。

3 海洋天然产物防污剂最新发展趋势

3. 1 人工仿生合成海洋天然产物防污剂

海洋天然产物防污剂在海洋防污领域潜力巨大，但其在生物体中含量较低，提取工艺复杂、产率低，这限制了它们的应用。先前的论述已阐明目前研究焦点是海洋天然产物防污剂的分离、提纯和表征，而有关其作用机制还是知之甚少。无论是从实际需求角度考虑，还是从理论层面进行分析，开展海洋天然产物防污剂的构效关系研究都是迫在眉睫，既是开展人工仿生合成的先决条件，也是制约该领域科研进展的瓶颈问题。可喜的是，虽然研究难度极大，还是有学者开展了相关研究工作，试图深入理解海洋天然产物防污剂的构效关系，以指导海洋天然产物防污剂筛选和人工模拟合成工作。例如，已有研究发现超过 50%的海草种类中含有 6 种酚酸，其中对羟基苯甲酸存在于 12 个属和 25 个种中，而正是这些酚酸成分有效抑制了海洋海藻和细菌生长[35]。

在构效关系研究中比较有代表性的进展工作是关于卤代呋喃酮的。卤代呋喃酮是 Konig 等[74]从红藻 *Delisea pulchra* 中分离纯化得到一系列次级代谢产物。防污活性测试结果表明，卤代呋喃酮具有广谱防污活性，对藤壶、石莼和海洋细菌均有效，且可生物降解，毒性低。部分卤代呋喃酮对藤壶幼虫附着抑制能力极强，EC_{50}小于 25 ng/mL；部分卤代呋喃酮浓度仅为 25 ng/cm^3 时即可有效抑制藻类生长和附着。为研究构效关系，对卤代呋喃酮的分子结构进行了分析，发现其属于萜类。萜类含有呋喃结构、羰基、内酯、醚和羟基等吸电子性氧，以及不饱和配位体等；而非萜类则含有 Br、Cl、NH_3、OH、C=O 等吸电子性卤素配位体原子以及氮和氧等。在以上物质中，含呋喃结构化合物合成相对简单，且具有广谱防污活性，可通过多种防污机制发挥效用，这些活性基团可取代酶、辅酶、荷尔蒙和基因等配位体，从而引起海洋生物新陈代谢紊乱，达到防污目的，是主要活性基团。最近，Xu 等[75]和 Li 等[76]从深海沉积物中得到的海洋链霉菌中提取了 5 种结构相近的化合物，与另外 4 种从北海链霉菌中提取的防污化合物比较后确定了共同的防污活性结构是 2-呋喃酮。并在此研究基础上，化学合成了一种新的化合物 5-octylfuran-2（5H）-one，实验室和实海评价均显示其防污性能优于 Sea-Nine 211 和其他商用防污剂，且毒性很低，是一类极具发展潜力的新型绿色防污剂[76-77]。

除卤代呋喃酮外，芦竹碱类海洋天然产物防污剂的构效关系也得到了解析。2，5，6-三溴-1-甲基芦竹碱（TBG）是一类从苔藓虫 *Zoobotryon pellcidum* 中提取的吲哚类化合物，防污活性是三丁基氧化锡（TBTO）的 6 倍，而对藤壶毒性仅为 TBTO 的 1/10[78]。防污机理是抑制藤壶的神经传递，从而起到抑制生物附着的作用[79]。构效分析表明，防污活性与取代基团相关。例如，用甲基取代 NH 基团，芦竹碱防污能力会随之下降[80]。

基于构效分析，在人工模拟合成天然产物防污剂方面也取得了一些进展。例如，Todd 等[81]发现人工合成的酚酸硫酸酯类似物与从大叶藻中分离得到的天然产物对-肉桂酸硫酸酯具有相当的防污活性，其 EC_{50} 约为 10 μg/cm^3，但不含有硫酸基的化合物不具有防污作用。

3.2 海洋天然产物防污剂基防污涂料

尽管目前已从海洋天然产物中分离出超过 1 000 种潜在的防污活性化合物，但是将其作为有效防污剂应用于防污涂料还是十分困难的。除自身产量少、价格高的问题之外，其防污机理、长效广谱性、风险评估都需要经过长时间的验证，导致注册认证困难，成本极高。此外，如何解决海洋天然产物防污剂与现有防污涂层体系的兼容性、活性保持和可控释放，也是海洋天然产物防污剂基防污涂料能否应用的关键之一。为此，研究人员也进行了大量的探索，尝试将其应用于海洋防污体系。

早在 2000 年 Armstrong 等[82]就将细菌 F55 和 NudMB50-11 的天然防污活性产物添加到防污涂料。Peppiatt 等[83]将海洋细菌提取物添加到树脂中制成防污涂层。Perry 等[84]报道了添加 *Halomonas marina* 代谢物的聚氨酯涂层可抑制 *B. amphitrite* 附着。Sjögren 等[85]将两种海绵天然尿嘧啶衍生物 Barettin 和 8，9-dihydrobarettin 作为防污剂添加到商用防污涂料中，实海挂板测试结果表明，在添加量为 0.1%（质量分数）时就能对藤壶和紫贻贝有很好的抑制效果。Santos Acevedo 等[86]将哥伦比亚加勒比海珊瑚提取物添加到防污涂料中，实海挂板结果表明，*Agelas tabulata* 提取物具有良好的防污活性。*Chambers* 等[87-88]将红藻乙醇提取物作为防污剂添加到防污涂料中，实海挂板表现出一定的防污效果。Norcy 等[89]将一种源自海绵的 Bastadin 衍生物 Dibromohemibastadin-1 与可降解的聚（ε-己内酯-δ-戊内酯）树脂制备海洋天然产物基防污涂料，发现仅含 0.02%（质量分数）Dibromohemibastadin-1 的涂层能明显降低细菌（*Paracoccus*，*Bacillus* 和 *Pseudoalteromonas*）和硅藻（*C. closterium*）的黏附，12 d 后分别减少 99%和 71%，据称拥有较长的防污期效。Wang 等[90]从与红海海鞘相关的脱氮假单细胞菌 UST4-50 中分离出 8 种二吲哚甲烷类的天然产物，在实验室内和实海测试中都能有效抑制藤壶幼虫和苔藓虫的附着，其中二吲哚甲烷在实海实验中表现出具有与 Sea-Nine 211 相当的防污活性和防污期限。然而上述天然产物基防污剂均面临低产率和提取工艺复杂等问题，距离真正走入市场，成功应用，还有很长的路要走。

4　结语

海洋环境的复杂性和海洋污损生物的多样性均使得海洋防污体系的发展时刻面临巨大的挑战。有机锡和含铜类防污剂均会对海洋生态环境做出不可逆的破坏，因此，使用低毒/无毒且可生物降解的海洋天然产物防污剂是未来发展的重要方向。虽然，在当前，海洋天然产物防污剂的广泛应用还存在诸多瓶颈问题。但伴随对海洋天然产物防污剂防污构效关系的深入理解、分离提纯技术的逐步发展以及化学合成工艺的不断进步，基于海洋天然产物防污剂的防污涂料必将走向成熟，并一步步实现应用。

参考文献

[1] L D Chambers, K R Stokes, F C Walsh, et al. Modern approaches to marine antifouling coatings. Surface and Coatings Technology, 2006, 201: 3642-3652.

[2] I Banerjee, R C Pangule, R S Kane. Antifouling coatings: recent developments in the design of surfaces that prevent fouling by proteins, bacteria, and marine organisms. Advanced Materials, 2011, 23: 690-718.

[3] D M Yebra, S Kiil, K Dam-Johansen. Antifouling technology-past, present and future steps towards efficient and environmentally friendly antifouling coatings. Progress in Organic Coatings, 2004, 50: 75-104.

[4] P Asuri, S S Karajanagi, R S Kane, et al. Polymer-nanotube-enzyme composites as active antifouling films, Small, 2007, 3: 50-53.

[5] 张盾，王毅，王鹏，等.海水环境生物腐蚀污损与防护.装备环境工程，2016，13：22-27.

[6] A Lindholdt, K Dam-Johansen, S M Olsen, et al. Effects of biofouling development on drag forces

of hull coatings for ocean-going ships: a review. Journal of Coatings Technology and Research, 2015, 12:415-444.

[7] M A Bighiu, A K Eriksson-Wiklund, B Eklund. Biofouling of leisure boats as a source of metal pollution. Environmental Science and Pollution Research volume, 2017, 24:997-1006.

[8] L A Drake, M A Doblin, F C Dobbs. Potential microbial bioinvasions via ships' ballast water, sediment, and biofilm. Marine Pollution Bulletin, 2007, 55:333-341.

[9] L H Sweat, G W Swain, K Z Hunsucker, et al. Transported biofilms and their influence on subsequent macrofouling colonization, Biofouling, 2017, 33:433-449.

[10] PCristiani, G Perboni. Antifouling strategies and corrosion control in cooling circuits, Bioelectrochemistry, 2014, 97:120-126.

[11] S Mieszkin, M E Callow, J A Callow. Interactions between microbial biofilms and marine fouling algae: a mini review. Biofouling, 2013, 29:1097-1113.

[12] D H Baldwin, C P Tatara, N L Scholz. Copper-induced olfactory toxicity in salmon and steelhead: extrapolation across species and rearing environments. Aquatic Toxicology, 2011, 101:295-297.

[13] 王毅,鞠鹏,张盾.钒酸盐可见光催化防污材料研究进展.海洋科学,2018,42:125-136.

[14] 王毅,张盾.铋系可见光催化海洋防污材料研究进展.中国腐蚀与防护学报,2019,39:375-386.

[15] P Ju, Y Wang, Y Sun, et al. In-situ green topotactic synthesis of a novel Z-scheme Ag@ $AgVO_3$/$BiVO_4$ heterostructure with highly enhanced visible-light photocatalytic activity. Journal of Colloid and Interface Science, 2020, 579:431-447.

[16] 王毅,张盾,天然产物防污剂研究进展.中国腐蚀与防护学报,2015,35:1-11.

[17] S C K Lau, P Y Qian. Inhibitory effect of phenolic compounds and marine bacteria on larval settlement of the barnacle Balanus amphitrite amphitrite Darwin. Biofouling, 2000, 16:47-58.

[18] P Wisespongpand, M Kuniyoshi. Bioactive phloroglucinols from the brown alga Zonaria diesingiana. Journal of Applied Phycology, 2003, 15:225-228.

[19] Y Viano, D Bonhomme, M Camps, et al. Diterpenoids from the Mediterranean Brown Alga Dictyota sp Evaluated as Antifouling Substances against a Marine Bacterial Biofilm, Journal of Natural Products, 2009, 72:1299-1304.

[20] G Culioli, A Ortalo-Magne, R Valls, et al. Antifouling activity of meroditerpenoids from the marine brown alga Halidrys siliquosa, Journal of Natural Products, 2008, 71:1121-1126.

[21] B A P da Gama, A G V Carvalho, K Weidner, et al. Antifouling activity of natural products from Brazilian seaweeds. Botanica Marina, 2008, 51:191-201.

[22] M Protopapa, M Kotsiri, S Mouratidis, et al. Evaluation of Antifouling Potential and Ecotoxicity of Secondary Metabolites Derived from Red Algae of the Genus Laurencia. Marine Drugs, 2019,

17:646.

[23] C S Vairappan, M Suzuki, T Abe, et al. Halogenated metabolites with antibacterial activity from the Okinawan Laurencia species. Phytochemistry, 2001, 58:517-523.

[24] C Hellio, C Simon-Colin, A S Clare, et al. Isethionic acid and floridoside isolated from the red alga, *Grateloupia turuturu*, inhibit settlement of Balanus amphitrite cyprid larvae. Biofouling, 2004, 20:139-145.

[25] C Simon-Colin, N Kervarec, R Pichon, et al. Complete H-1 and C-13 spectral assignment of floridoside. Carbohydrate Research, 2002, 337:279-280.

[26] C Simon-Colin, F Michaud, J M Leger, et al. Crystal structure and chirality of natural floridoside. Carbohydrate Research, 2003, 338:2413-2416.

[27] G M König, A D Wright, A Linden. Plocamium hamatum and its monoterpenes: chemical and biological investigations of the tropical marine red alga. Phytochemistry, 1999, 52:1047-1053.

[28] J Zheng, C Lin, L Di, et al. Natural Antifouling materials from marine plants Ulva pertusa//Y.S. Yin, X. Wang (Eds.) Multi-Functional Materials and Structures Ii. Pts 1 and 2, 2009, 1079-1082.

[29] C Nan, H Zhang, S Dong. Growth inhibition of queous extracts of *Ulva pertusa* on three species of microalgae in red tide. Acta Scientiae Circumstantiae, 2004, 24:702-706.

[30] P Iyapparaj, P Revathi, R Ramasubburayan, et al. Palavesam, Antifouling activity of the methanolic extract of *Syringodium isoetifolium*, and its toxicity relative to tributyltin on the ovarian development of brown mussel *Perna indica*. Ecotoxicology and Environmental Safety, 2013, 89:231-238.

[31] E Plouguerné, L M de Souza, G L Sassaki, et al. Glycoglycerolipids From *Sargassum vulgare* as Potential Antifouling Agents. Frontiers in Marine Science, 2020, 7:116.

[32] T Harder, P Y Qian. Waterborne compounds from the green seaweed Ulva reticulata as inhibitive cues for larval attachment and metamorphosis in the polychaete Hydroides elegans. Biofouling, 2000, 16:205-214.

[33] D F Oktaviani, S M Nursatya, F Tristiani, et al. Antibacterial Activity From Seaweeds Turbinaria ornata and Chaetomorpha antennina Against Fouling Bacteria. IOP Conference Series: Earth and Environmental Science, 2019, 255:012045.

[34] A J Salama, S Satheesh, A A Balqadi. Antifouling activities of methanolic extracts of three macroalgal species from the Red Sea. Journal of Applied Phycology, 2017, 30:1943-1953.

[35] 赵风梅.无毒海洋防污剂研究进展.化学研究,2011,22:105-110.

[36] Y Tomono, H Hirota, N Fusetani. Isogosterones A-D, antifouling 13,17-Secosteroids from an octocoral Dendronephthya sp, Journal of Organic Chemistry, 1999, 64:2272-2275.

[37] J D Standing, I R Hooper, J D Costlow. Inhibition and induction of barnacle settlement by natural

-products present in octocorals.Journal of Chemical Ecology,1984,10:823-834.

[38] D Lai,Z Geng,Z Deng,et al.Cembranoids from the Soft Coral Sinularia rigida with Antifouling Activities.Journal of Agricultural and Food Chemistry,2013,61:4585-4592.

[39] D Lai,D Liu,Z Deng,et al.Antifouling Eunicellin-Type Diterpenoids from the Gorgonian *Astrogorgia* sp.Journal of Natural Products,2012,75:1595-1602.

[40] K Michalek,B F Bowden.A natural algacide from soft coral Sinularia flexibilis(Coelenterata,Octocorallia,Alcyonacea).Journal of Chemical Ecology,1997,23:259-273.

[41] N Penez,G Culioli,T Perez,et al.Antifouling Properties of Simple Indole and Purine Alkaloids from the Mediterranean Gorgonian Paramuricea clavata.Journal of Natural Products,2011,74:2304-2308.

[42] 赵晓燕.海洋天然产物防污研究进展.材料开发与应用,2002,16:34-37.

[43] T Okino,E Yoshimura,H Hirota,et al.New antifouling kalihipyrans from the marine sponge Acanthella cavernosa.Journal of Natural Products,1996,59:1081-1083.

[44] Y Nogata,E Yoshimura,K Shinshima,et al.Antifouling substances against larvae of the barnacle *Balanus amphitrite* from the marine sponge.Acanthella cavernosa,Biofouling,2003,19:193-196.

[45] L H Yang,O O Lee,T Jin,et al.Antifouling properties of 10 beta-formamidokalihinol-A and kalihinol A isolated from the marine sponge Acanthella cavernosa.Biofouling,2006,22:23-32.

[46] Y Qiu,Z W Deng,M Xu,et al.New A-nor steroids and their antifouling activity from the Chinese marine sponge Acanthella cavernosa.Steroids,2008,73:1500-1504.

[47] Y Sera,K Adachi,F Nishida,et al.A new sesquiterpene as an antifouling substance from a palauan marine sponge,*Dysidea herbacea*.Journal of Natural Products,1999,62:395-396.

[48] Y Sera,S Iida,K Adachi,et al.Improved plate assay for antifouling substances using blue mussel *Mytilus edulis* galloprovincialis.Marine Biotechnology,2000(2):314-318.

[49] Y Sera,K Adachi,Y Shizuri.A new epidioxy sterol as an antifouling substance from a Palauan marine sponge,Lendenfeldia chondrodes.Journal of Natural Products,1999,62:152-154.

[50] M Tsoukatou,C Hellio,C Vagias,et al.Chemical defense and antifouling activity of three Mediterranean sponges of the genus Ircinia.Zeitschrift Fur Naturforschung Section C-a Journal of Biosciences,2002,57:161-171.

[51] T Hattori,K Adachi,Y Shizuri.New agelasine compound from the marine sponge *Agelas mauritiana* as an antifouling substance against macroalgae.Journal of Natural Products,1997,60:411-413.

[52] T Hattori,K Adachi,Y Shizuri.New ceramide from marine sponge Haliclona koremella and related compounds as antifouling substances against macroalgae.Journal of Natural Products,1998,61:823-826.

[53] T Hattori, S Matsuo, K Adachi, et al. Isolation of antifouling substances from the Palauan sponge Protophlitaspongia aga. Fisheries Science, 2001, 67: 690-693.

[54] S Tsukamoto, H Kato, H Hirota, et al. Mauritiamine, a new antifouling oroidin dimer from the marine sponge Agelas mauritiana. Journal of Natural Products, 1996, 59: 501-503.

[55] S Tsukamoto, H Kato, H Hirota, et al. Ceratinamine: An unprecedented antifouling cyanoformamide from the marine sponge *Pseudoceratina purpurea*. Journal of Organic Chemistry, 1996, 61: 2936-2937.

[56] D Q Feng, Y Qiu, W Wang, et al. Antifouling activities of hymenialdisine and debromohymenialdisine from the sponge *Axinella* sp. International Biodeterioration & Biodegradation, 2013, 85: 359-364.

[57] M Darya, M M Sajjadi, M Yousefzadi, et al. Antifouling and antibacterial activities of bioactive extracts from different organs of the sea cucumber *Holothuria leucospilota*. Helgoland Marine Research, 2020, 74: 4.

[58] S De Marino, M Iorizzi, F Zolla, et al. Starfish saponins, LVI Three new asterosaponins from the starfish *Goniopecten demonstrans*. European Journal of Organic Chemistry, 2000, 2000: 4093-4098.

[59] K Doiron, L Beaulieu, R St-Louis, et al. Reduction of bacterial biofilm formation using marine natural antimicrobial peptides. Colloids and Surfaces B: Biointerfaces, 2018, 167: 524-530.

[60] S Patro, D Adhavan, S Jha. Fouling diatoms of Andaman waters and their inhibition by spinal extracts of the sea urchin *Diadema setosum* (Leske, 1778). International Biodeterioration & Biodegradation, 2012, 75: 23-27.

[61] J S Shellenberger, J R P Ross. Antibacterial activity of two species of bryozoans from northern Puget Sound, Northwest Science, 1998, 72: 23-33.

[62] T Okino, E Yoshimura, H Hirota, et al. New antifouling sesquiterpenes from four nudibranchs of the family Phyllidiidae. Tetrahedron, 1996, 52: 9447-9454.

[63] H Hirota, T Okino, E Yoshimura, et al. Five new antifouling sesquiterpenes from two marine sponges of the genus *Axinyssa* and the nudibranch *Phyllidia pustulosa*. Tetrahedron, 1998, 54: 13 971-13 980.

[64] A R Davis. Alkaloids and Ascidian Chemical Defense-Evidence for the Ecological Role of Natural-Products from Eudistoma-Olivaceum, Marine Biology, 1991, 111: 375-379.

[65] P J Bryan, J B McClintock, M Slattery, et al. A comparative study of the non-acidic chemically mediated antifoulant properties of three sympatric species of ascidians associated with seagrass habitats. Biofouling, 2003, 19: 235-245.

[66] S X Avelinmary, S X Vitalinamary, D Rittschof, et al. Bacterial-Barnacle Interaction-Potential of

Using Juncellins and Antibiotics to Alter Structure of Bacterial Communities.Journal of Chemical Ecology,1993,19:2155-2167.

[67] C Holmstrom,D Rittschof,S Kjelleberg.Inhibition of Settlement by Larvae of Balanus-Amphitrite and Ciona-Intestinalis by A Surface-Colonizing Marine Bacterium. Applied and Environmental Microbiology,1992,58:2111-2115.

[68] C Holmstrom,S Egan,A Franks,et al.Antifouling activities expressed by marine surface associated *Pseudoalteromonas* species.Fems Microbiology Ecology,2002,41:47-58.

[69] F He,Z Liu,J Yang,et al.A novel antifouling alkaloid from halotolerant fungus *Penicillium* sp. OUCMDZ-776,Tetrahedron Letters,2012,53:2280-2283.

[70] H Xiong, S Qi, Y Xu, et al. Antibiotic and antifouling compound production by the marine-derived fungus *Cladosporium* sp. F14, Journal of Hydro-Environment Research, 2009 (2): 264-270.

[71] J Guezennec, J M Herry, A Kouzayha, et al. Exopolysaccharides from unusual marine environments inhibit early stages of biofouling. International Biodeterioration & Biodegradation, 2012,66:1-7.

[72] X Y Zhang,W Fu,X Chen,et al.Phylogenetic analysis and antifouling potentials of culturable fungi in mangrove sediments from Techeng Isle,China.World Journal of Microbiology and Biotechnology,2018,34:90.

[73] J Antunes,S Pereira,T Ribeiro,et al.A Multi-Bioassay Integrated Approach to Assess the Antifouling Potential of the Cyanobacterial Metabolites Portoamides.Marine Drugs,2019,17:111.

[74] G M Konig,A D Wright,R de Nys.Halogenated monoterpenes from *Plocamium costatum* and their biological activity.Journal of Natural Products,1999,62:383-385.

[75] Y Xu,H He,S Schulz,et al.Potent antifouling compounds produced by marine Streptomyces. Bioresource Technology,2010,101:1331-1336.

[76] Y Li,F Zhang,Y Xu,et al.Structural optimization and evaluation of butenolides as potent antifouling agents:modification of the side chain affects the biological activities of compounds. Biofouling,2012,28:857-864.

[77] Y F Zhang,H Zhang,L He,et al.Butenolide Inhibits Marine Fouling by Altering the Primary Metabolism of Three Target Organisms.Acs Chemical Biology,2012(7):1049-1058.

[78] K Konya,N Shimidzu,K Adachi,et al.2,5,6-Tribromo-1-Methylgramine,An Antifouling Substance from The Marine Bryozoan Zoobrotryon-Pellucidum.Fisheries Science,1994,60:773-775.

[79] P Y Qian,L Chen,Y Xu.Mini-review:Molecular mechanisms of antifouling compounds.Biofouling,2013,29:381-400.

[80] X Li,L Yu,X Jiang,et al.Synthesis,algal inhibition activities and QSAR studies of novel

gramine compounds containing ester functional groups.Chinese Journal of Oceanology and Limnology,2009,27:309-316.

[81] J S Todd,R C Zimmerman,P Crews,et al.The Antifouling Activity of Natural and Synthetic Phenolic-Acid Sulfate Esters.Phytochemistry,1993,34:401-404.

[82] E Armstrong,K G Boyd,A Pisacane,et al.Marine microbial natural products in antifouling coatings.Biofouling,2000,16:215-224.

[83] C J Peppiatt,E Armstrong,A Pisacane,et al.Antibacterial activity of resin based coatings containing marine microbial extracts.Biofouling,2000,16:225-234.

[84] T D Perry,M Zinn,R Mitchell.Settlement inhibition of fouling invertebrate larvae by metabolites of the marine bacterium Halomonas marina within a polyurethane coating.Biofouling,2001,17:147-153.

[85] M Sjogren,M Dahlstrom,U Goransson,et al.Recruitment in the field of *Balanus improvisus* and *Mytilus edulis* in response to the antifouling cyclopeptides barettin and 8,9-dihydrobarettin from the marine sponge Geodia barretti.Biofouling,2004,20:291-297.

[86] M Santos Acevedo,C Puentes,K Carreno,et al.Antifouling paints based on marine natural products from Colombian Caribbean. International Biodeterioration & Biodegradation, 2013, 83:97-104.

[87] L D Chambers,C Hellio,K R Stokes,et al.Investigation of Chondrus crispus as a potential source of new antifouling agents.International Biodeterioration & Biodegradation,2011,65:939-946.

[88] L D Chambers,J A Wharton,R J K Wood,et al.Techniques for the measurement of natural product incorporation into an antifouling coating.Progress in Organic Coatings,2014,77:473-484.

[89] T L Norcy,H Niemann,P Proksch,et al.Anti-Biofilm Effect of Biodegradable Coatings Based on Hemibastadin Derivative in Marine Environment. International Journal of Molecular Sciences,2017,18:1520.

[90] K L Wang,Y Xu,L Lu,et al.Low-Toxicity Diindol-3-ylmethanes as Potent Antifouling Compounds.Marine Biotechnology,2015,17:624-632.

作者简介：

王毅（1981—），男，博士，研究员，研究方向为环境友好海洋防污技术。E-mail：wangyi@ qdio. ac. cn

通信作者：张盾。E-mail：zhangdun@ qdio. ac. cn

黄海和东海大型底栖动物群落空间格局长期变化

徐勇[1,2,3,4]，李新正[1,2,3,4]

（1. 中国科学院海洋研究所 海洋生物分类与系统演化实验室，青岛 266071；2. 中国科学院大学，北京 100049；3. 中国科学院海洋大科学中心，青岛 266071；4. 青岛海洋科学与技术试点国家实验室 海洋生物学与生物技术功能实验室，青岛 266237）

摘要：我们研究了黄海和东海海域大型底栖动物群落空间格局近60年来的长期变化，并分析了纬度和深度的影响。我们将1958—1959年、2000—2004年、2011—2013年和2014—2016年4个时期使用箱式采泥器采集的共1 386个大型底栖动物样本数据进行整理汇编，使用相同的分析方法，将这4个时期的大型底栖动物分别划分为26、14、13和18个群落。黄海冷水团群落主要分布在34°N以北和50 m等深线以深海域。在过去近60年，黄海冷水团群落的空间格局变化很小，而其他群落的空间格局变化较大。1958—2016年，黄海冷水团的代表物种从多毛类动物变为蛇尾类动物，而其他空间范围较大的群落，其代表物种从棘皮动物、线虫动物或甲壳动物变为多毛类动物。通过研究不同时期重复调查站位的大型底栖动物，我们发现其群落结构在种和科两个分类阶元均发生显著的时空变化。在不同时期对群落相似性贡献率均较高的大型底栖动物物种受到纬度、水深、底层温度和底层盐度的显著影响，其中纬度和水深影响最显著。从32°—37°N，物种多样性在1958—1959年呈上升趋势，而到了2014—2016年变为下降趋势。32°N貌似是大型底栖动物群落和多样性的一个生态屏障，但它的作用从1958到2016年逐渐减弱。随着水深的增加，物种多样性粗略地呈先上升后下降的趋势。

我们对黄海和东海已经开展了大量的大型底栖动物生态学调查研究，并发现了一些大型底栖动物群落的分布规律。然而，围绕黄海和东海大型底栖动物，还有很多科学问题没有解决，群落空间格局的长期变化就是其中之一。刘瑞玉等（1986）使用

Peterson-Thorson 方法研究黄海和东海的大型底栖生物群落结构，定性描述了全国海洋普查时期（20 世纪 50 年代）黄海和东海大型底栖动物群落结构状况。后来，随着多元统计方法和计算机技术的广泛融入，海洋大型底栖动物在群落结构研究方面步入了定量分析阶段。研究人员根据物种组成的相似性研究了黄海大型底栖动物群落结构，将黄海的大型底栖动物划分为不同的群落（李荣冠等，2003；Zhang et al.，2012，2016b；徐勇等，2016）。虽然在不同的调查时期都有研究人员对黄海和东海的大型底栖动物群落结构进行研究，但是由于调查方法和数据分析方法等的差异，导致不同时期的群落结构之间很难进行比较，结果说服力不强。由于调查资料的限制，使用统一方法进行群落结构长期变化的研究并不多见。Wei 等（2012）使用统一的定量分析方法研究 1964—1973 年、1983—1985 年和 2000—2002 年 3 个时期墨西哥湾北部深海底表鱼类群落结构空间格局的长期变化，发现这种变化并不显著，并且各时期随着水深增加物种的更替都是连续的。研究结果对我们正确认识全球变化对海洋生态系统的长期影响是非常有意义的。

本文将对全国海洋普查以来黄海和东海的大型底栖动物大断面调查资料（1958—1959 年、2000—2004 年、2011—2013 年、2014—2016 年）进行重新整理，使用定量分析方法进行数据分析，对于不同调查时期的资料使用相同的数据分析方法和群落划分标准，确保分析结果之间的可比性，并探讨纬度、水深等对群落的影响。

1　材料与方法

1.1　研究区域、采样站位和步骤

黄海和东海是西北太平洋边缘海，属于全球 64 个大海洋生态系。南黄海是一个半封闭的海域，被中国大陆和朝鲜半岛包围，面积约 3.09×10^5 km^2，平均水深 45.3 m。东海位于中国大陆和琉球群岛之间，面积约 7.7×10^5 km^2，平均水深 370 m。东海大陆架海域面积约 5.0×10^5 km^2，平均水深 72 m。一些河流如淮河、射阳河、长江、钱塘江和闽江等流入黄海和东海，其中长江的径流量最大。黄海和东海的水文特征非常复杂。南黄海有黄海冷水团、黄海暖流、黄海混合水、黄海沿岸流和长江冲淡水；东海有黑潮、黑潮近岸底层分支、黑潮远岸底层分支、黑潮表层分支、台湾暖流、福建浙江沿岸流和长江冲淡水。这些水文特征强烈应吸纳过南黄海和东海的生物群落，包括浮游植物、浮游动物、鱼类以及大型底栖生物群落。

本研究中，在 1958—1959 年、2000—2004 年、2011—2013 年和 2014—2016 年 4 个时期分别有 190、94、75 和 104 个采样站位。大部分站位的采样次数超过 1 次，在 4

个时期分别为 1~6 次、1~7 次、1~7 次和 1~6 次，共 638、194、292 和 262 个大型底栖动物样本。

在每个调查航次每个站位使用 0.1 m^2的箱式采泥器采样两次，合并为一个样本，或者使用 0.25 m^2的箱式采泥器采样一次。在船上，使用 0.5 mm 孔径筛网冲洗样本，将截留的部分使用75%的酒精保存（1958—1959 年为 1 mm 孔径筛网和 5%福尔马林溶液）。在实验室，大型底栖生物标本经虎红染色，在立体显微镜下面鉴定（大部分鉴定到种）并计数。苔藓动物并没有计入，因为它们大部分是群居的。环境因子包括纬度、水深、底层温度和盐度，其中底层温度和盐度仅包含在 1958—1959 年、2000—2004 年、2011 年和 2014—2016 年的调查航次。

1.2 数据分析

每个时期大型底栖生物群落空间格局的确定使用聚类分析来完成。在分析之前，将每个站位在同一时期的调查数据进行整合，物种的丰度数据取平均值。为将稀有物种的影响最小化，在分析中去除了出现频率小于 5%的物种。为避免丰度过高物种的影响，我们将丰度数据进行 4 次方根转化，然后构建 Bray-Curtis 相似性矩阵。大型底栖生物群落的划分基于群落差异是否显著以及 35%的相似性水平，这是为了使最终得到的群落数与刘瑞玉等（1986）得到的群落数相近。使用相似性百分比分析（SIMPER）来确定每个群落的代表种类。除了聚类分析和 SIMPER 分析，其他分析都是基于未整合的包含所有物种的物种-丰度矩阵。

不同时期重复调查站位与同一时期多次调查站位不同。我们选取了 1958—1959 年首次调查，在之后的时期重复调查的 68 个站位，分析其群落结构的长期变化。构建双因素混合模型非参数多元方差分析（PERMANOVA），时期作为固定因子（1958—1959 vs 2000—2016），站位作为随机因子（68 个站位）。在进行 PERMANOVA 之前，构建基于 4 次方根转化的丰度数据，构建 Bray-Curtis 相似性矩阵。为了减小不同时期不同专家在大型底栖生物分类鉴定上的差异性，我们同时在科水平上进行 PERMANOVA 分析。因为科的鉴定比种的鉴定要容易得多，不同专家鉴定的差异性也小得多。

不同时期对群落贡献较高的物种（4 个时期的 SIMPER 90%累加贡献率结果中均出现的物种），我们使用典型对应分析（CCA）或冗余分析（RDA）来分析它们与环境因子（即：纬度、水深、底层温度和盐度）之间的相关性。为了减小排序得分的高度变化值的影响，在分析之前将物种丰度数据进行 4 次方根转化，环境数据进行 lg（X+1）转化。计算环境变量的方差膨胀因子（VIF），在 CCA 或 RDA 分析中排除 VIF>10 的环境因子来避免共线性的问题。

计算每个航次每个站位的物种数、Shannon-Wiener 多样性指数和总丰度。使用广义加性模型（GAM）来分析响应变量（物种数、Shannon-Wiener 多样性指数和总丰度）以及解释变量（纬度和水深）之间的关系。

所有统计分析都是使用 PRIMER 6 & PERMANOVA+和 R 软件完成。

2 结果

2.1 每个时期大型底栖生物群落的空间格局

2.1.1 1958—1959 年

聚类分析将 1958—1959 年的 190 个站位的大型底栖动物划分到 26 个群落。我们使用相同的符号来表示不同时期地理位置相近的群落。这里我们描述了一下空间范围相对较大的 6 个群落。群落 3（出现于 28 个站位），我们将其称为黄海冷水团群落，位于 34°—37.25°N、水深大于 50 m 的空间范围。多毛类动物蜈蚣欧努菲虫（*Onuphis geophiliformis*）和索沙蚕（*Lumbrineris* sp.）是最具有代表性的物种，然后是双壳类薄索足蛤（*Thyasira tokunagai*）和粗纹吻状蛤（*Nuculana yokoyamai*），以及蛇尾类浅水萨氏真蛇尾（*Ophiura sarsii vadicola*）。群落 8（8 个站位）位于 34°—36°N、水深小于 50 m 的空间范围，与深水的黄海冷水团群落相对，代表物种为柄板锚参（*Labidoplax dubia*）和多毛类动物（*Goniada maculata*）。群落 17（14 个站位），主要位于南黄海南部水深小于 50 m 的海域，以日本倍棘蛇尾（*Amphioplus japonicus*）和一种未鉴定的多毛类动物为代表。群落 19（7 个站位）与北部的群落 17 相对，主要位于东海北部水深小于 50 m 的海域，代表物种为豆形短眼蟹（*Xenophthalmus pinnotheroides*）和金氏真蛇尾（*Ophiura kinbergi*）。群落 23（20 个站位）主要位于浙江近海 50 m 以浅海域，代表物种为纽虫和杰氏内卷齿蚕（*Aglaophamus jeffreysii*）。群落 25（8 个站位）位于东海远海 70 m 以深海域，以美人虾属的一种（*Callianassa*）和欧努菲虫（*Onuphis eremita*）为代表。

2.1.2 2000—2004 年

在 2000—2004 年的 94 个站位的大型底栖动物划分到 14 个群落。我们描述了一下空间位置与 1958—1959 年空间范围较大群落的位置相似的 5 个群落。群落 3（出现于 15 个站位）是黄海冷水团群落，位于 34°—36.51°N 和水深大于 50 m 的海域。代表物种为双壳类薄索足蛤（*Thyasira tokunagai*）和橄榄胡桃蛤（*Nucula tenuis*），之后是浅水萨氏真蛇尾和蜈蚣欧努菲虫（*Onuphis geophiliformis*）。群落 5（15 个站位）位于 35°—37°N 和水深小于 50 m 的海域，代表物种为长吻沙蚕（*Glycera chirori*）和短叶索沙蚕（*Lumbrineris latreilli*）。群落7（9个站位）位于南黄海中部和南部水深小于50 m的海域以及长江口，代表物种为长吻沙蚕和豆形短眼蟹（*Xenophthalmus pinnotheroide*）。群落10（8个站位）位于东海北部远海，以长吻沙蚕和日本美人虾（*Callianassa japonica*）为代表。群落12（6个站位）主要位于东海50 m等深线附近海域，代表物种为不倒翁虫（*Sternaspis scutata*）和双鳃内卷齿蚕（*Aglaophamus dibranchis*）。

2.1.3 2011—2013年

在2011—2013年，75个站位被划分到13个群落中。群落1（出现于8个站位）位于34°—37°N和水深小于50 m的海域，代表物种为长吻沙蚕和寡鳃齿吻沙蚕（*Nephtys oligobranchia*），之后是背蚓虫（*Notomastus latericeus*）。群落2（13个站位）是黄海冷水团群落，位于与群落1相对的深水海域，以薄索足蛤和浅水萨氏真蛇尾为代表。群路4（4个站位）主要分布于浙江近海50 m等深线附近海域，以寡鳃齿吻沙蚕（*Nephtys oligobranchia*）和掌鳃索沙蚕（*Ninoe palmata*）为代表。群落6（16个站位）主要位于南黄海南部和东海北部50 m以浅海域。代表物种为长叶索沙蚕（*Lumbrineris longifolia*）和背蚓虫。群落13（4个站位）位于东海中部外海，多鳃齿吻沙蚕（*Nephtys polybranchia*）和独指虫（*Aricidea fragilis*）是代表物种。

2.1.4 2014—2016年

在2014—2016年，104个站位被划分到18个群落。群落1（出现于7个站位）主要位于南黄海北部33°—37°N和水深小于50 m的海域，代表物种为长吻沙蚕和掌鳃索沙蚕。群落2（15个站位）是黄海冷水团群落，主要位于34°—37°N和水深大于50 m的海域。代表物种为浅水萨氏真蛇尾和薄索足蛤（*Thyasira tokunagai*）。群落7（4个站位）位于南黄海南部水深小于40 m的海域，代表物种为不倒翁虫（*Sternaspis scutata*）和中华索沙蚕（*Lumbrineris sinensis*）。群落11（10个站位）大致位于东海50 m等深线附近海域，以多鳃齿吻沙蚕和不倒翁虫为代表。群落15（8个站位）位于东海中部水深大于60 m的海域，代表物种为长叶索沙蚕和背蚓虫。

2.2 不同时期重复调查站位群落结构在种和科水平的长期变化

在不同时期重复调查的南黄海和东海的68个站位中，在种的分类水平上，大型底栖生物群落结构在1958—1959年和2000—2016年以及68个站位之间有着显著差异（PERMANOVA，时间：$P=0.0001$，站位：$P=0.0001$）。时间和站点之间有着显著的交互作用（时间×站位：$P=0.0001$）。在科水平上，大型底栖生物群落结构也存在显著的时空变化（PERMANOVA，时间：$P=0.0001$，站位：$P=0.0001$，时间×站位：$P=0.0001$）。可以推测，南黄海和东海大型底栖生物群落结构在过去近60年间发生了显著的时空变化。

2.3　大型底栖生物与环境因子之间的关系

根据SIMPER的结果，共14种大型底栖生物连续出现于4个调查时期，包括6种多毛类动物、2种甲壳动物、3种软体动物和3种棘皮动物。因为在前置的去趋势对应分析（DCA）中，第一轴的长度为4.688 2 SD>4 SD，表明物种沿轴呈单峰响应，所以使用典型对应分析（CCA）来分析物种与环境之间的关系。排除缺乏环境因子的调查站位，最后897个调查站位参与CCA分析。图1表示所有时期14种大型底栖生物与环境因子（纬度、水深、温度和盐度）的CCA分析结果。蒙特卡洛检验（999次）表明CCA模型整体显著（$P<0.001$）。排序轴的边缘检验（999次）表明前4个排序轴显著，能够将站点和物种很好地分开。CCA前两个轴共解释了10%的物种变化和92.22%的物种环境相关性变化。纬度和水深（$P<0.001$）是前两个最显著的环境因子，之后是水温和盐度（$P<0.001$）。蛇尾类浅水萨氏真蛇尾以及双壳类薄索足蛤和日本梯形蛤（*Portlandia japonica*）与较高的纬度、较深的水深和较低的温度紧密相关。多毛类动物不倒翁虫和背蚓虫以及甲壳动物日本游泳水虱（*Natatolana japonensis*）和豆形短眼蟹（*Xenophthalmus pinnotheroides*）与较低的纬度和较高的温度紧密相关。蛇尾类日本倍棘蛇尾（*Amphioplus japonicus*）对应较浅的水深而司氏盖蛇尾（*Stegophiura sladeni*）对应较高的纬度。

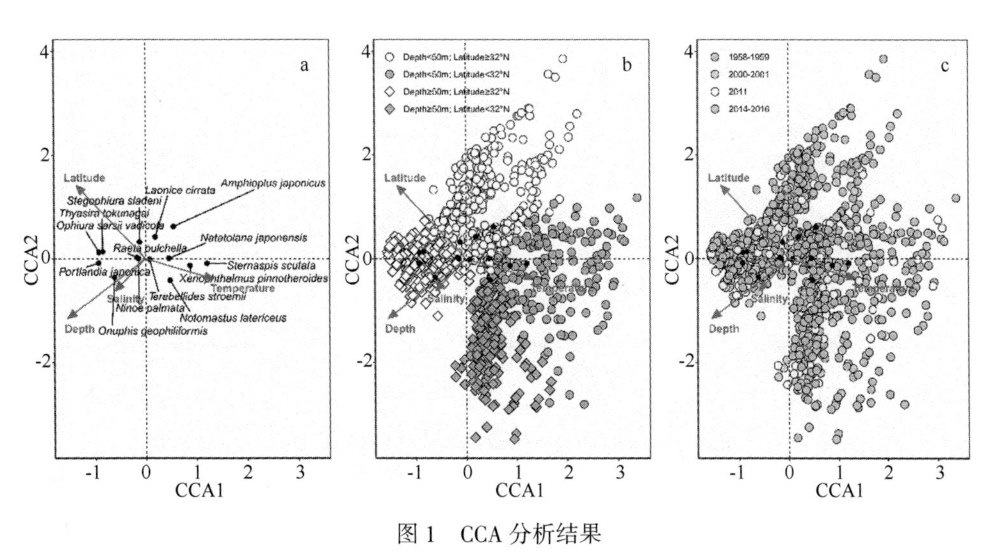

图1　CCA分析结果

a：环境因子与物种排序；b：环境因子与采样站位的排序，采样站位基于32°N和50 m进行标记；c：采样站位基于不同调查时期进行标记（Xu et al.，2020）。

2.4 多样性指数和丰度沿着纬度和水深的变化

我们将纬度和水深作为广义加性模型（GAM）的解释变量，因为纬度和水深是CCA结果中最显著的两个环境因子。图2展示了物种数、Shannon-Wiener多样性指数和总丰度沿着纬度和水深的变化趋势。为了让不同时期的数据具有可比性，我们将纬度的范围限制为28°—37°N，水深的范围限制在15~100 m。从32°—36°N物种数和Shannon-Wiener指数在1958—1959年大致呈上升趋势，在2014—2016年呈下降趋势。在32°N附近，物种数和Shannon-Wiener指数在1958—1959年明显低于其他时期。32°N是大型底栖生物的一个生态屏障，但它的效应从1958—1959年逐渐降低。在31°N附近，总丰度从1958—2004年逐渐下降。物种数和Shannon-Wiener指数随着水深的增加大致呈先上升后下降的趋势，最大值出现在2014—2016年的50~60 m水深范围。从15~80 m，总丰度的时间变化很小，其中50 m附近是个例外，该处总丰度从1958—2016年呈上升趋势。

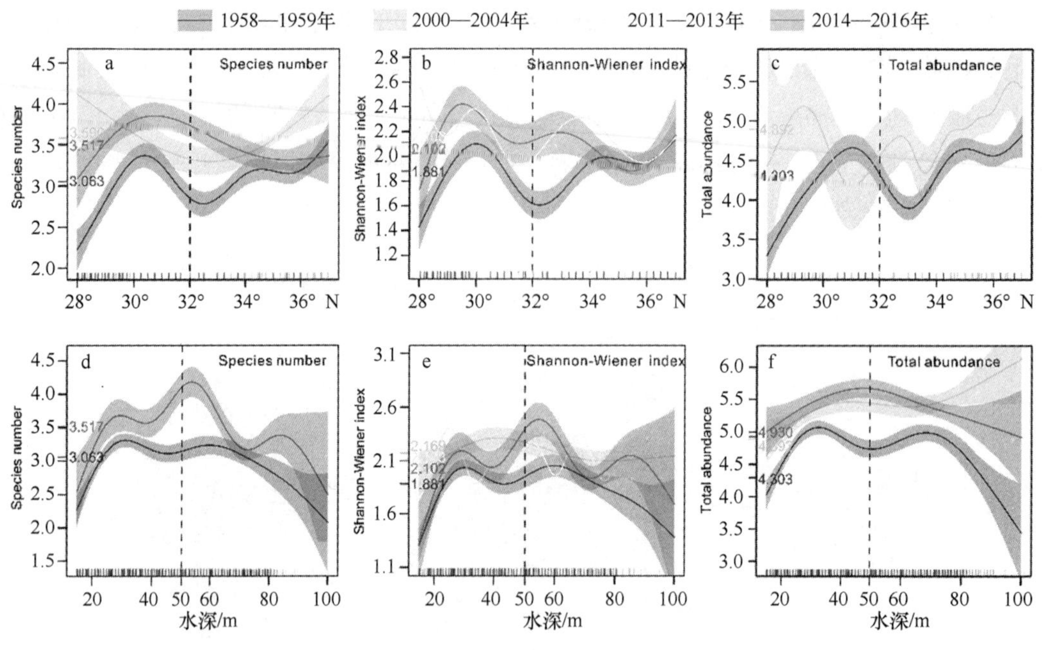

图2 物种数、Shannon-Wiener指数和总丰度随纬度（a、b和c）和水深（d、e和f）的变化趋势（Xu et al.，2020）

3 讨论

对比不同时期大型底栖生物群落的空间格局，我们发现在南黄海50 m以深海域，在 4 个调查时期均分布着一个占据海域面积较大的群落。刘瑞玉等（1986）和 Zhang 等（2012，2016b）将该群落称为黄海冷水团群落。因此，本研究也将其称为黄海冷水团群落。本研究黄海冷水团群落与其他群落基本以 50 m 等深线为界。黄海冷水团群落代表种的长期变化表明，浅水萨氏真蛇尾在该群落的优势地位越来越高，重要性越来越大。Xu 等（2017）通过比较南黄海 70 m 以深海域大型底栖动物丰度的长期变化，发现浅水萨氏真蛇尾的丰度在 2011 年之后大量增加。本研究中浅水萨氏真蛇尾越来越占优势，与 Xu 等（2017）的研究结果一致。除了黄海冷水团群落，在黄海和东海海域其他大型底栖动物群落的空间范围变化也较大。群落最具代表性的物种逐渐由棘皮动物、纽虫和甲壳动物变为多毛类动物。

浅水萨氏真蛇尾在中国北部海域分布广泛，有着相对较宽的生态位（张凤瀛等，1958；彭松耀等，2015）。Xu 等（2017）分析认为，黄海冷水团的浅水萨氏真蛇尾之所以大量增加，除了黄海冷水团本身适宜的环境条件之外，与人类活动也是密切相关的。浅水萨氏真蛇尾是肉食性萨氏真蛇尾（*Ophiura sarsii*）的一个亚种。Harris 等（2019）研究表明，底层拖网渔业能够刺激萨氏真蛇尾的摄食行为。萨氏真蛇尾会爬到底层拖网留下的腐肉碎屑上。萨氏真蛇尾是缅因湾美国鲽鱼的主要食物来源（Packer et al.，1994），因此底层拖网减少了鱼类的数量，也就减少了萨氏真蛇尾天敌的数量。在南黄海冷水团海域，底层拖网可能起到了同样的作用。一方面大大减少了作为捕食者的底层鱼类的数量（Jin and Tang，1996）；另一方面刺激蛇尾的摄食行为（Harris et al.，2009），为其提供更多的食物来源（Gilkinson et al.，2005）。

纬度对大型底栖动物有着重要影响。Purwoko 和 Wolff（2008）研究纬度与潮间带大型底栖动物群落生物量的关系，发现在印度尼西亚苏门答腊岛的 Sembilang 半岛，潮间带大型底栖动物的平均生物量在热带海域站位的测量值要显著低于非热带海域站位的测量值（Purwoko and Wolff，2008）。研究人员发现，在亚热带海域港口内生存的腔肠动物，其个体存活的时间相比热带海域港口更长一些；在热带海域刺胞动物群落的种类丰富度要高于亚热带海域（Fernandez et al.，2015）。刘瑞玉等（1986）将黄海和东海的大型底栖动物划分为 3 种生态类群：东海西部外海陆架区（50～60 m 等深线以外的广阔海域）、东海 50～60 m 及黄海 40～50 m 等深线以内的沿海浅水区、黄海深水区（40～50 m 等深线以外的黄海中央水域），其中黄海深水区的大型底栖生物向南分布的范围一般只到 34°N 附近。刘瑞玉等（1986）发现的黄海深水区的底栖动物分布南限在 34°N 附近的结果与本研究中 4 个时期黄海冷水团群落的分布南限一致。刘瑞玉等（1986）进一步指出在黄海和东海之间虽然没有显著地理屏障（Geographic barrier），却显然存在着一条明显的生态屏障（ecological barrier）。这条生态屏障限制了大多数温带种向南进入东海，同时也阻碍了许多暖水种向北进入黄海，只有在沿岸浅水区一些广温低盐性种类在南北均有分布。黄海和东海的分界线为长江口北岸的启东角与韩国济州岛西南角的连线。这条线与32°N线接近。从物种数和香浓维纳指数的变化趋势来看，32°N线有着物种多样性的极小值点，其值远小于两侧的海域，确实是许多物种分布的屏障，阻碍了南方物种北移，也限制了北方物种南移。本研究发现这一极小值点在2014—2016年消失，说明32°N线生态屏障的作用有减弱的趋势。这一作用也体现在其他学者的研究中。例如：研究发现，暖水性的厚网藻（*Pachydictyon coriaceum*）原分布于浙江舟山以南，2015年夏季在日照平岛和青岛音乐广场附近海域被发现，暖水性的厚缘藻（*Rugulopteryx okamurae*）原分布于浙江东南部的南麂岛以南，2015年夏季在浙江东北部的枸杞岛被发现，而冷水性裙带菜（*Undaria pinnatifida*）的分布南限原为浙江南麂岛，2015年夏季已退至舟山群岛（孙忠民，未发表数据）。Dong等（2012）研究发现花笠螺（*Cellana toreuma*）在中国沿海的分布受到长江冲淡水（位于黄海和东海之间）的影响，长江冲淡水可能是限制北方种群向南分布的一个物理屏障。但是随着人类活动和全球变化的影响，这种屏障作用有所减弱。Dong等（2016）研究发现随着沿海工程建设，长江口以南的岩石潮间带物种逐渐迁移到长江口以北。

水深对大型底栖动物的分布也有着重要影响。Wei和Rowe（2019）研究发现，在墨西哥湾北部，大型底栖动物的α多样性随着水深增大，呈先上升后下降的趋势，呈开口向下的抛物线趋势。α多样性整体上的抛物线的变化趋势在20年间保持稳定。Heyns等（2016）研究发现，南非的Tsitsikamma国家公园海洋保护区的大型底栖生物物种随着水深的增加物种发生相应的变化，在11~25 m水深范围的浅水礁石和45~75 m水深范围的深水礁石，其大型底栖生物物种有着显著差别，在浅水礁石和深水礁石上仅有27.9%的大型底栖生物物种相同。Ganesh和Raman（2007）研究发现，在印度东北陆架和孟加拉湾，受水深影响，大型底栖动物被划分成3个群落，不同群落之间优势种存在着显著差别，包括分布在30~50 m水深的*Charybdis*属群落、51~75 m水深的*Liagore*属群落和大于100 m水深的*Amygdalum watsoni-Tibia delicatula*群落。刘瑞玉等（1986）指出在东海底栖动物的分布特点之一是种数由近岸（西部）向外海（东部）明显增加。本研究中，物种数和Shannon-Wiener指数随水深增加呈先上升后下降的趋势。一般认为水深越浅，越靠近陆地，陆源输入越多，浮游生物越丰富，上层有机质沉降越多。但是水深越浅，越靠近陆地，陆源输入增加的同时，淡水输入也增加，这不利于海洋咸水种的生存，因此在一定的水深范围内，水深越浅，底栖生物的多样性越低。中等水深范围（50 m附近）内的物种多样性相对较高的原因之一是位于群落的交错区。“群落交错区又称为生态交错区或生态过渡带，是两个或多个群落之间(或生态地带之间)的过渡区域”(李博，2000)。在群落交错区，往往存在着“边缘效应”，即群落交错区的物种数以及一些种群的密度要比相邻的群落大(李博，2000)。本研究中除了物种数和Shannon-Wiener指数，大型底栖生物总丰度也表现出随水深增加呈先上升后下降的趋势。

参考文献

李博.2000.生态学.北京:高等教育出版社.

李荣冠.2003.中国海陆架及邻近海域大型底栖生物.北京:海洋出版社.

刘瑞玉,崔玉珩,徐凤山,等.1986.黄海、东海底栖生物的生态特点.海洋科学集刊,27:153-173.

彭松耀,李新正,王洪法,等.2015.南黄海春季大型底栖动物优势种生态位分析.生态学报,35:1-16.

徐勇,隋吉星,李新正,等.2016.南黄海大型底栖动物群落划分及变化.广西科学,23:339-345.

张凤瀛,廖玉麟.1958.我国的蛇尾.生物学通报,7:16-22.

Dando P R,Southward A J.1986.Chemoautotrophy in bivalve mollusks of the genus thyasira.Journal of the Marine Biological Association of the United Kingdom,66:915-929.

Dando P R,Southward A J,Southward E C.2004.Rates of sediment sulphide oxidation by the bivalve mollusc *Thyasira sarsi*.Marine Ecology Progress Series,280:181-187.

Dong Y W,Huang X W,Wang W,et al.2016.The marine ‘great wall’ of China:local-and broad-scale ecological impacts of coastal infrastructure on intertidal macrobenthic communities.Diversity and Distributions 22:731-744.

Dong Y W,Wang H S,Han G D,et al.2012.The Impact of Yangtze River Discharge,Ocean Currents and Historical Events on the Biogeographic Pattern of Cellana toreuma along the China Coast.Plos One,7:10.

Fernandez M O,Navarrete S A,Marques A C.2015.A comparison of temporal turnover of species from benthic cnidarian assemblages in tropical and subtropical harbours. Marine Biology Research, 11:492-503.

Ganesh T,Raman A V.2007.Macrobenthic community structure of the northeast Indian shelf,Bay of Bengal.Marine Ecology Progress Series,341:59-73.

Gilkinson K D,Gordon D C,MacIsaac K G,et al.2005.Immediate impacts and recovery trajectories of macrofaunal communities following hydraulic clam dredging on Banquereau,eastern Canada.Ices Journal of Marine Science,62:925-947.

Harris Jennifer L, MacIsaac Kevin, Gilkinson Kent D, et al. 2009. Feeding biology of *Ophiura sarsii* Lütken,1855 on Banquereau bank and the effects of fishing.Marine Biology,156:1891-1902.

Heyns E R, Bernard A T F, Richoux N B, et al. 2016. Depth-related distribution patterns of subtidal macrobenthos in a well-established marine protected area. Marine Biology, 163.

Jin X S, Tang Q S. 1996. Changes in fish species diversity and dominant species composition in the Yellow Sea. Fisheries Research, 26: 337-352.

Keuning Rozemarijn, Schander Christoffer, Kongsrud Jon Anders, et al. 2011. Ecology of twelve species of Thyasiridae (Mollusca: Bivalvia). Marine Pollution Bulletin, 62: 786-791.

Packer David B, Watling Les, Langton Richard W. 1994. The population structure of the brittle star *Ophiura sarsii* Lütken in the Gulf of Maine and its trophic relationship to American plaice (*Hippoglossoides platessoides* Fabricius). Journal of Experimental Marine Biology and Ecology, 179: 207-222.

Purwoko A, Wolff W J. 2008. Low biomass of macrobenthic fauna at a tropical mudflat: An effect of latitude. Estuarine Coastal and Shelf Science, 76: 869-875.

Wei C L, Rowe G T. 2019. Productivity controls macrofauna diversity in the deep northern Gulf of Mexico. Deep-Sea Research Part I-Oceanographic Research Papers, 143: 17-27.

Wei Chih Lin, Rowe Gilbert T, Haedrich Richard L, et al. 2012. Long-Term Observations of Epibenthic Fish Zonation in the Deep Northern Gulf of Mexico. Plos One, 7.

Xu Yong, Sui Jixing, Yang Mei, et al. 2017. Variation in the macrofaunal community over large temporal and spatial scales in the southern Yellow Sea. Journal of Marine Systems, 173: 9-20.

Xu Yong, Sui Jixing, Ma Lin, et al. 2020. Temporal variation of macrobenthic community zonation over nearly 60 years and the effects of latitude and depth in the southern Yellow Sea and East China Sea. Science of the Total Environment, 739: 139760.

Zhang Jun Long, Zhang Su Ping, Zhang Shu Qian, et al. 2016. What has happened to the benthic mollusks of the Yellow Sea in the near half century? Comparison on molluscan biodiversity between 1959 and 2007. Continental Shelf Research, 113: 21-29.

Zhang Jun Long, Xiao Ning, Zhang Su Ping, et al. 2016. A comparative study on the macrobenthic community over a half century in the Yellow Sea, China. Journal of Oceanography, 72: 189-205.

Zhang Jun Long, Xu Feng Shan, Liu Rui Yu. 2012. Community structure changes of macrobenthos in the South Yellow Sea. Chinese Journal of Oceanology and Limnology, 30: 248-255.

黄河三角洲近海村镇废弃物管控及其对环境的影响分析

张亦涛，欧阳竹，来剑斌，刘晓洁，刘洪涛，李贺
（中国科学院地理科学与资源研究所，北京 100101）

摘要：黄河三角洲地区陆地、河流和海洋三相交汇，同时该区域村镇众多，是我国重要的工农业生产基地。由于各地区多数村镇临近河流和海洋，分布比较分散，因此人类活动产生的废弃物难以收集且极易通过各种途径进入河流最终汇入海洋，虽然近年来农村垃圾管理现状有所改善，但随着收集转运设施老化、成本增加，尤其是部分农村生活污水仍然随意排放，每年仍有大量农村废弃物会随风和径流等进入水体，这是造成近海环境恶化的原因之一。因此，明确黄河三角洲近海村镇废弃物产生及管控现状，分析其对近海环境的影响，探索有效解决方案，从陆域源头切断村镇污染源，对协调该区域人口、环境、资源等各种要素，合理布局农村废弃物处置方式，实现黄河下游生态保护和高质量发展具有重要意义。

关键词：黄河三角洲；近海村镇；废弃物；管控；环境

1　前言

黄河三角洲地域辽阔，位置优越，自然资源丰富，是中国最后一个未大规模开发的大河三角洲，也是一块有待开发的宝地，后发优势明显，开发潜力巨大。黄河三角洲地处黄河最下游，覆盖渤海湾南部的黄河入海口周边沿岸和莱州湾地区，土地资源优势突出，陆运和航运基础好，地理区位条件优越，自然资源丰富，生态系统独具特色，产业发展底子厚，具有发展高效生态经济的良好条件；因此，加快这一地区发展对于推进发展方式的转变、促进区域协调发展和培育新的增长极具有重要意义。2009年12月1日，国务院通过了《黄河三角洲高效生态经济区发展规划》，黄河三角洲的开发建设正式上升为国家战略，该区域位于环渤海的中心位置，覆盖19个县（市、

区），陆地面积 4 000 万亩*。该地区土地后备资源得天独厚，地势平坦，适合机械化作业，目前拥有未利用土地近 800 万亩，人均未利用地 0.81 亩，比我国东部沿海地区平均水平高出近 45%。该地区雨热同季、气温适中、四季分明，有利于农作物、牧草和树木的生长。此外，黄河三角洲地区海岸线近 900 km，是我国重要的海水淡水渔业资源基地；陆地和海洋、淡水和咸水交互，天然和人工生态系统交错分布，具有大规模发展生态种养殖业，开展动、植物良种繁育，培育生态农业产业链，发展生态旅游的优越条件。

经过 10 余年的开发建设，黄三角生态环境不断改善，节能减排成效显著，产业结构进一步优化，循环经济体系基本形成，基础设施趋于完善，水资源保障能力和利用效率明显提高；公共服务能力得到加强，人民生活质量提升。2019 年 9 月 18 日，中共中央总书记、国家主席、中央军委主席习近平在郑州主持召开黄河流域生态保护和高质量发展座谈会并发表重要讲话，从全国发展大局出发，指出保护黄河是事关中华民族伟大复兴的千秋大计，详细阐述了黄河流域生态保护和高质量发展的理念和实施原则，做出了加强生态保护、推进高质量发展的重大战略部署。作为黄河流域的重要组成部分，黄三角地区人口密度大、产业集中，发展与保护并举是该地区未来发展的必然趋势；随着工业污染治理不断完善、农业面源污染防控技术的提升及规范化，农村环境保护问题成为制约该地区高质量发展的因素之一，尤其是该地区陆、海、河交汇，水环境问题一直备受关注。

改善农村生活环境是广大人民群众的自身需求，与城市相比，过去一段时间内，相对贫困的农村着眼更多的是衣食住行等基本生存条件，对于环境问题一般无暇顾及，我国社会主要矛盾是人民日益增长的物质文化需要同落后的社会生产之间的矛盾；经过近 40 余年的改革开放，我党带领全国人民告别贫困、跨越温饱，即将实现全面小康，我国生产力发展水平和人民对美好生活的需求都发生了变化。中国特色社会主义进入新时代，我国社会主要矛盾已经转化为人民对日益增长的美好生活的需求和发展不平衡不充分的矛盾，这一矛盾在农村突出表现在人民对美好生活环境的需求上。改善农村人居环境是建成美丽宜居乡村的必要途径，也是实现乡村振兴战略的必要过程，农村环境保护和人居环境改善与全面建成小康社会、广大农民根本福祉、农村社会文明和谐等农村生产、生活的方方面面息息相关。2018 年，中共中央办公厅、国务院办公厅印发了《农村人居环境整治三年行动方案》，以农村垃圾、污水治理和村容村貌为主攻方向，推进农村人居环境突出问题治理。

---

* 亩为非法定计量单位，1 亩 = 1/15 hm^2。

近年来，我国沿海地区陆源污染突发环境事件频发，对海洋环境造成严重威胁；根据黄河三角洲地区特殊的地理位置，若沿海农村垃圾处理不当最终将对黄河和渤海水体造成不可逆转的影响。该地区水体陆源污染物，主要包括工矿企业和城镇生活污水排放、地面径流冲刷农田携带化肥和农药入水、农村垃圾和生活污水，其中工业和农业污染源均有相应的监测和管控，但对农村污染源的监控较少。实践中，部分情况下将农村污染源统筹考虑在农业面源污染之中，这就造成对农村污染源的考量不足，防控措施针对性较弱，尤其是在黄三角地区的农村，既有一般农村垃圾总量较大、成分复杂、收运困难、污水处理难等特点；也有农村面积较小而分散、离水体近、风大频发、厨余含盐量高、渔业废物多等沿海特色；因此，明确黄河三角洲近海村镇废弃物的产生及管控现状，分析其对近海环境的影响，有助于探索有效解决方案，从陆域源头切断村镇污染源，从而支撑黄河下游生态保护和高质量发展。

2　黄三角村镇分布

我国沿海 11 个省、市、自治区共 61 个沿海城市拥有近岸海域约 303 603 km^2，这些海域都极易受陆源污染物影响。长期以来除几个城市市区紧邻近海以外，海域沿岸分布着大量村镇。农村居民点景观格局最初与农业自然条件、开发历史密切相关，在其后的变化过程中，较多地受到经济发展、国家政策、人类活动、城市发展等的影响。农村居民点景观格局表现出一定的空间差异，农村居民点的规模、数量、分布的密集程度、占地多少等，在农业自然条件较好、开发历史悠久的南部山前倾斜平原区均大于农业自然条件较差、开发历史短暂的现代黄河三角洲地区。近 30 多年来，黄河三角洲地区农村居民点景观格局总的趋势是农村居民点在规模、数量和占地面积上是增加的；在空间分布上则呈现集中、密集的趋势；在形状上没有很大的变化，呈现出形状的不规则发展状态（郎坤等，2019；蔡为民等，2004）。虽然农村居民点呈现了融合集中的趋势，但该地区由于黄河携带了大量的泥沙向渤海推进，形成了大片的新增陆地；当前的遥感影像显示，黄河三角洲沿海核心区多数村镇面积仍然较小且呈分散分布状态（图 1）。

该区占地面积 10 万 m^2 以下的村庄占 41%，50 万 m^2 以下的村庄占 90%（图 2）。黄河三角洲核心地区——垦利区，曾被称作垦区和利津洼，陆地面积 2 331 km^2，海域面积 1 200 km^2，辖 5 个镇 2 个街道，333 个行政村，12 个城区，全区常住人口 25. 16 万人，平均每个社区仅仅 700 多人。由于该地区大面积农田严重依赖灌溉，加之盐碱地改良对灌溉水的需求，为满足灌排条件，多年来的水利建设促成了该地河流、水渠纵横交错相连的局面，并且都可以与入海河流相通，如小岛河、张镇河、永丰河、广

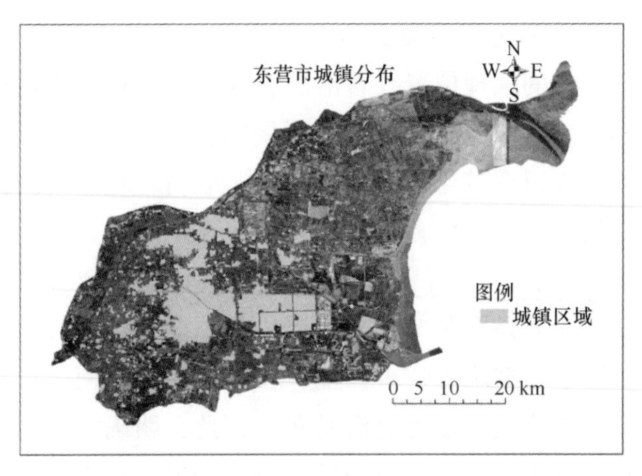

图 1　黄河三角洲核心地区（黄河以南、支脉河以北）居民区分布

利河、支脉河等，村镇也多沿水而建，农村环境问题引起有关部门重视之前，农村垃圾和生活污水排放较随意，由此带来了严重的水环境污染风险。

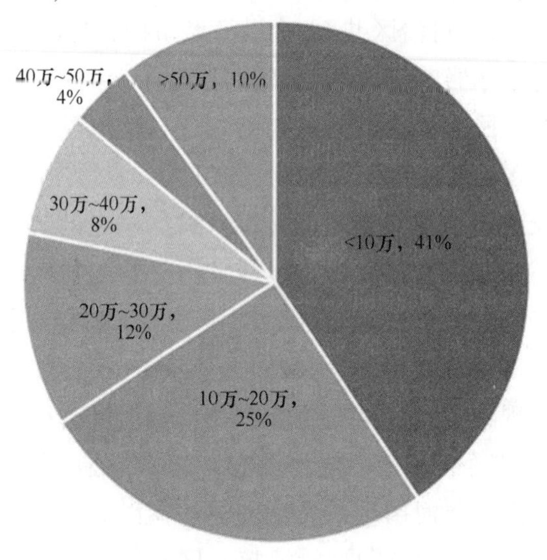

图 2　不同村镇面积占比（单位：m^2）

3　村镇废弃物类型及其环境影响

我国农村生活垃圾组分主要为生物质垃圾（40%～50%，食品垃圾、作物秸秆、树叶）和无机垃圾（20%~40%，灰渣、砖石），因所选区域及采用方法的局限性，农村生活垃圾产生量并无统一口径。根据各种资料，我国农村生活垃圾年产量在 1.10 亿~

2.80 亿 t。导致农村环境污染的沿海村镇废弃物污染主要包括生活污水、生活固废、生产固废三部分。这些废弃物通过臭味、沉降、渗漏、径流等途径产生污染，若积累到一定量进入水体，均会对黄河和渤海造成明显污染。生活污水包括人畜粪污和日常用水等，部分可通过设备收集，但多数随意倾倒，降雨时易渗漏入地下水或面源径流入海；生活固废除农户自主回收部分外，在垃圾收集点暂存过程中，易随该地区频繁发生的大风到处乱飞，直至进入水体；生产固废大多可就地资源化，但部分露天堆置的废弃物极易随降水渗漏入地下水或面源径流入海。

生活污水以含氮、磷等营养元素的水体富营养化因子为主，另外包含及其他可溶性有机污染物和重金属离子，来源主要包括洗涤、洗浴和厨房用废水以及人和畜禽的粪尿及生产污水，其成分相对工业废水较简单，但由于一般没有固定的排污口，排放量小、点多、面广，缺乏收集和处理。生活固废主要有两类，一方面包括可回收、易回收的物品，如报纸、杂志、图书；各种塑料袋、塑料泡沫、塑料包装、一次性塑料餐盒餐具、塑料杯子、矿泉水瓶；玻璃碴、玻璃瓶、易拉罐、铁丝、钢筋、其他金属；旧衣服、废弃织物等；由于有较健全的回收市场，此类物品通过出售可以获得一定的经济效益，因此人们往往可以自动分类收集售卖。另一方面，生活固废还包括一些不可回收的废弃物，如烧制颗粒、垃圾、炉渣、污泥、废电池、破损器皿、残次品、动物尸体、变质食品、厨余等，此类废弃物需要首先从源头进行分类，然后再收集处理。生产固废主要包括人畜粪便、家庭畜禽水产养殖固体废弃物、庭院种植瓜菜秸秆等，此类废弃物大多可就地进行资源化处理。

相较于非沿海地区，黄三角沿海地区农村厨余垃圾有机物含量较高，易腐类有机物含量达到70%以上；含水率普遍较高，范围在70%~80%；脂肪含量范围在3%~8%范围内，脂肪含量峰值出现在夏季，与气温逐渐升高，肉类食物易腐烂有关。可生化性组分保持在7%~15%范围内，总体水平较为稳定，这与当地消费习惯侧重水产品和高盐食物有关。2019 年的实地调研显示，黄三角主体所在地的东营市每天生活垃圾产量高达 1 900 t（表 1），预计 2020 年每日将达到 2 100 t。

表 1　东营各区县生活垃圾产生量

区县	人口数/万人	生活垃圾产生量/（$t \cdot d^{-1}$）	人均垃圾产生量/（$kg \cdot d^{-1}$）
东营区	85	900	1.06
垦利区	23	200	0.87
河口区	22	190	0.86
利津县	30	160	0.53
广饶县	50	450	0.90

2018年《中国生态环境状况公报》显示，9个城市近岸海域水质差，其中包括东营市，而东营市黄河入海口周边符合劣四类水质分布集中。《2017年中国近岸海域环境质量公报》显示，黄河口水质变差，富营养化趋势严重，其中污染物以无机氮为主。美丽中国专项实施以来，采用氮氧双同位素结合相关模型准确示踪了黄河三角洲核心地区的河流硝酸盐来源，结果显示，种植区的河流硝酸盐主要来自工业化肥；生活区的河流硝酸盐主要来自生活垃圾和生活污水，尤其是，丰水期河流中人畜粪便排泄物的硝酸盐大量增加。鉴于城区生活垃圾收集处理的规范化和生活粪污处理的管道化，分析认为，河流中人畜粪便污染物主要是农村生活污水无序排放，在旱季不断累积，进而在丰水期随水释放入海。

目前，黄河流域轻度污染，主要污染指标为氨氮、化学需氧量和总磷。监测的137个水质断面中，Ⅰ~Ⅲ类水质断面占73.0%，比2018年上升6.6个百分点；劣Ⅴ类占8.8%，比2018年下降3.6个百分点。其中，干流水质为优，主要支流为轻度污染。黄三角地区除黄河下游干流以外，支流众多，多为轻度污染，农村废弃物无序排放是其中的重要因素之一。

4 现有管控措施及其问题

我国有4万多个建制镇，60万个行政村，250万个自然村，其中绝大部分地区在过去是没有生活污水处理设施的。随着相关政策、规划和法规的实施，现在全国80%以上的行政村农村生活垃圾得到了有效处理；近30%的农户生活污水得到处理，污水乱排乱放现象明显减少；全国农村改厕率超过一半。多年来，黄河三角洲核心区所在地东营市在生活垃圾收集、运输、处理方面确实做了大量工作，各级政府高度重视，投入了大量人力、物力和财力，采取了多种措施，实施了乡村文明建设专项行动，取得了显著成效。通过政府购买服务，实行县、镇、村三位一体、分级负责的管理体制，明确职责范围，理顺了城乡环卫管理体制，建立健全了横向到边、纵向到底的“城乡环卫一体化”的管理网络，在各村设置保洁员按时打扫卫生，物业公司将垃圾日产日清，建立了村收集、第三方服务转运、县处理的模式。

特别是从2012年开始在全市实行城乡环卫一体化工作以来，东营市委市政府相继出台了《关于深化城乡环卫一体化工作的意见》《关于进一步加强生活垃圾处理工作的意见》《东营市城镇容貌和环境卫生管理条例》《东营市生活垃圾分类工作实施方案》《东营市2020年农村生活污水治理实施方案》，全市各县区所有乡镇街道和市属、省属开发区全部纳入日常监管范围，年度建设运行经费达到了2.7亿元。全市城乡生活垃圾基本实现日产日清、应收尽收，收运量由2012年的28.25万t增长到2018年的

71.17 万 t，实现了生活垃圾全收集。2011 年起相继建成了广饶县生活垃圾焚烧厂、市生活垃圾焚烧发电厂、垦利区生活垃圾综合处理厂、河口区生活垃圾综合处理厂，基本满足了东营市生活垃圾处理的需要。然而，2016 年、2017 年和 2018 年广饶县生活垃圾焚烧厂、垦利区生活垃圾综合处理厂、河口区生活垃圾综合处理厂相继停运，造成了生活垃圾处理能力不足。

随着人口的增长和生活水平的提高，东营市生活垃圾产生量越来越多。2018 年，全市日产生活垃圾 1 950 t，2019 年全市日产生活垃圾达到约 2 050 t，2020 年达到约 2 100 t。而截至 2019 年年底，东营市生活垃圾日处理能力仅为 1 080 t，其中市生活垃圾焚烧发电厂 600 t/d、垦利生活垃圾焚烧发电厂 400 t/d、河口区生活垃圾卫生填埋场 80 t/d，缺口 1 000 t/d。由于处理能力不足，目前广饶县生活垃圾除少部分运往滨州、市生活垃圾焚烧发电厂处理外，自行建设了经过环评的生活垃圾暂存场，垦利区也在原垃圾处理场暂存部分生活垃圾。此外，当前的“城乡一体化”管理模式，只针对农村固体废弃物而不统筹农村生活污水，只能依靠政府继续投入生活污水治理项目；并且，在“村收集”这一层面上，缺乏针对不同类型废弃物的分类措施，这也给终端处理环节造成了很多麻烦。

5　解决方案展望

（1）积极推动落实《农村人居环境整治三年行动方案》，深入学习先进地区的经验，支持试点示范，因地制宜地探索农村垃圾治理模式，制定黄三角特色农村废弃物综合处置方案，全面推进村庄清洁行动。

（2）加快垃圾处理设施建设力度。根据不同地区垃圾产生量和废弃物类型，结合已有处理设施，统筹考虑城乡垃圾异同，合理增加、减少、更新垃圾处理设施设备，尤其是增加农村生活污水处理资金投入，提高农村废弃物无害化处理比例。

（3）顺应各级政府城乡规划，在有条件的地区进行合村并居，进而根据农村分布和综合运距，在遵守特许经营协议的前提下，进行优化调整，加大政府购买服务力度，增加专业清运车辆，研发移动式就地处置废弃物设施设备，最大限度地清理农村生活垃圾。

（4）结合大、中、小学及幼儿教育，加强环保宣传，提高农民对环境问题的关注度。严格监管问责制度，探索实行委托第三方或农民代表不定期暗访检查监督，对暗访发现秩序良好、乱倒垃圾的进行相应的奖惩。

（5）基于黄河三角洲沿海村镇存在的环境问题，采取针对性措施，完善农村废弃物管理（图 3）。加强在农户层面进行固体垃圾分类的环节，区分有害垃圾、可回收物、厨余垃圾；开展农村垃圾生物质废弃物就地资源化轻便技术研究，实现单户或单村操作；针对村镇特征建设小型农村生活污水收集和处理设施。

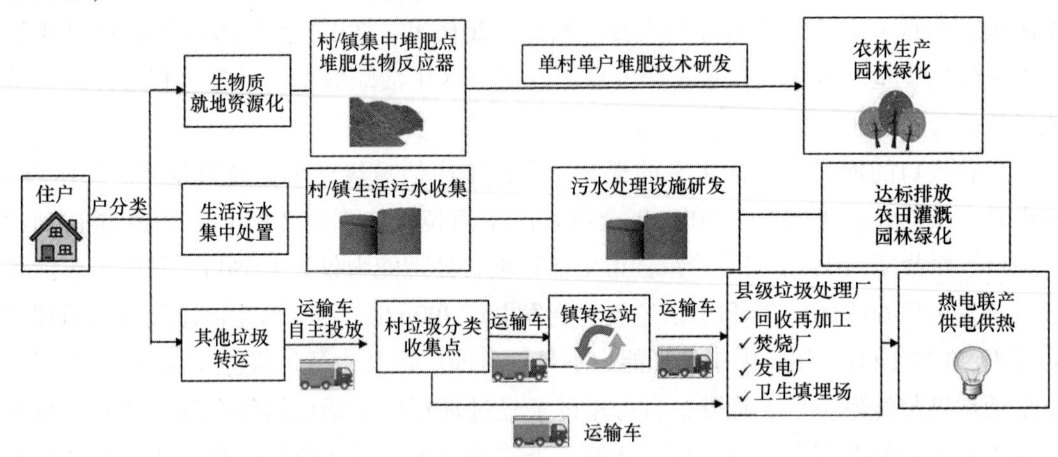

图 3　基于沿海村镇废弃物特征的分类处理和资源化利用模式

参考文献

2017 年中国近岸海域环境质量公报.

2019 年中国生态环境状况公报.

蔡为民,唐华俊,陈佑启,等.2004.近 20 年黄河三角洲典型地区农村居民点景观格局[J].资源环境,16(5):89-97.

东营市 2020 年农村生活污水治理实施方案.

东营市城镇容貌和环境卫生管理条例.

东营市生活垃圾分类工作实施方案.

关于进一步加强生活垃圾处理工作的意见.

关于深化城乡环卫一体化工作的意见.

黄河三角洲高效生态经济区发展规划.

郎坤,赵庚星,王文倩,等.2019.黄河三角洲典型区近 10a 土地利用动态特征分析[J].地理空间信息,17(5):75-80.

农村人居环境整治三年行动方案.

深海热液能源化利用的可行性研究

耿鑫，袁瀚，梅宁
（中国海洋大学 工程学院，青岛 266100）

摘要：海底热液是指受海底裂隙热源加热的高温海水，其温度可达400℃，是人类未来极有开发价值的海底资源矿床。深海热液驱动的多效联产热力系统的理论研究，为海底热液的开发利用提供可行的技术路线。本研究围绕深海热液的流动与输运特性、液固组分识别技术、多效热力系统的热力学原理几个方面对热液能源化利用进行可行性分析，针对深海海底热液驱动的深远海热力系统涉及的科学问题和工程应用关键技术展开探讨。

关键词：深海热液；能源利用；热液驱动

1　研究背景及意义

自从20世纪70年代发现深海热液存在以来，随着科学研究的深入，由于海底热液在伴生矿藏和生物群落生态环境的特殊意义，专家们普遍认为，海底热液是人类未来极有开发价值的海底资源矿床。西方各国已经将深海热液资源的研究和开采技术开发上升到国家未来发展的战略层面，例如：美国把海底热液矿床看作是未来战略性资源的潜在来源，并且由政府出面，制订了中长期开发计划。尽管国内外对深海热液的形成机理、矿物资源和生态环境的研究取得较多成果。然而，对深海热液热资源利用的原理和技术研究鲜有报道。深海热液具有丰富的热资源，例如，取冲绳海槽一处深海热液水深2 500 m的热液喷口相关参数进行计算[1]（c_f=6 150 J/（kg·K），ρ_f=680 kg/m^3，热液流速为v_f=1 m/s，热液喷口直径为0.1 m），其计算所得热通量为Q=1.5 MW。在现已探明的百余座天然形成的海底热液喷口中，大多数喷口直径在数十厘米尺度的热液热通量高达兆瓦量级，且深海热液为温度较高的优质热源，具有极强的热能利用价值。现已经探知的海底热液活动区已达490余处，据估算[2]，这些活动区的热通量可达105 MW。按照现已探明的海底热液估算，全球热液总能量2.28×1021 GJ，具有能源化开采利用的价值。此外深海热液在海洋底层，如不加以合理地规划利用将影响海底热环境。对其能源化的利用除了对深海环境无影响之外，对深海海底热环境保护也具有正面积极的作用。

深海领域研究结果表明[3]：海底热液是大洋海床一种普遍现象，在许多海域存在并具有极大的开发潜力。其中，东太平洋海隆活动区（分布于亚太地区，0°—27°N，覆盖第一/二岛链）的海底热液活动尤为活跃，所探知的热液活动区个数多达234个，平均分布水深为2 500 m左右，储量十分丰富。热液带入海底的热流足以推动大洋中层水的循环，长周期看，对全球海洋温度升高具有一定的负面影响，但是如果海底热液中的热能资源能够被人类所用，取代现有当量的化石能源，对生存环境的保护以及资源的高效利用具有直接效益。

对于海洋热能资源而言，其热资源不仅具有潜在的开发价值，矿物含量丰富热液流体的人工获取并资源化亦为关联技术。热液中溶解有大量非晶金属盐，经过温度与压力的变化，会迅速反应形成无机金属盐、金属氧化物微粒（如磁黄铁矿、闪锌矿、黄铁矿、SiO_2、氧化钡微粒等）[3]。在深海热液的热能利用的同时，对其进行矿产资源的开发利用具有较高价值。

2 深海热液能源化利用的理论基础

2.1 深海热液的流动与输运特性

深海热液形成机制见图1。在热液的形成中，大洋中脊是隆起轴（中心扩张）（Central Spreading），刚性板块垂直于该轴移动，并导致连续的岩块断裂，使得玄武岩的熔岩流出来。玄武岩突然间与海水相接触，由于岩体中的应力作用造成裂隙及断裂。海水渗入断裂中，加热四周的围岩，改变围岩自身的化学性质并析出金属，经过多次循环作用形成海底的“黑/白烟囱”。围绕高温热液的蒸发，含矿的热液所形成的硫化物沉积中含有大量的有用金属。以热液温度作为划分依据，海底热液主要可划分为3种类型：320~400℃，为“黑烟囱”，热液矿物成分以硫化物为主，外观呈黑色烟雾状；100~320℃，为“白烟囱”，矿物成分主要为硫酸盐、非晶质二氧化硅为主，外观呈白色烟雾状；100℃以下，为低温喷口，热液矿物主要成分为碳酸盐和非晶质二氧化硅。海底热液的“烟囱”结构，通道直径通常可达数十厘米[3]。

对于深海热液的输运，采用人工热液立管的形式。热液在海底的人工热液井中汇集，并在人工热液立管中被抽吸向上输运，最终达到海面完成矿物成分分离与换热利用。然而，热液溶剂水往往处于超临界状态，在提升至海面前，需不断换热降温以避免管内闪蒸。在深海海底热液流体特性方面，热物性及其相变相关的成矿现象对流动

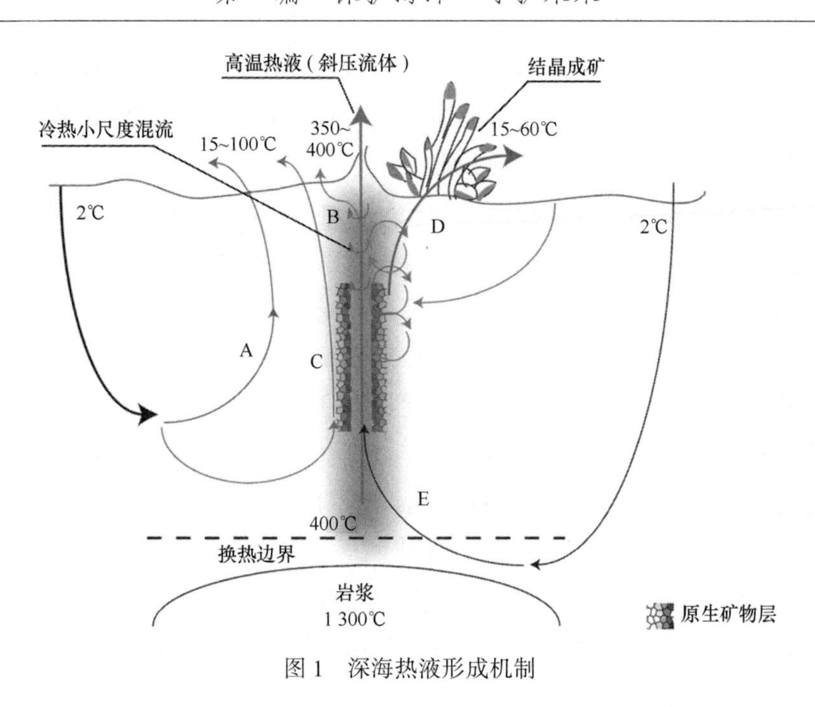

图 1 深海热液形成机制

及传热性质影响较大。在热液成矿作用中，流体主要组分是水。在研究热液矿床时，除了要重视不同介质之间的化学反应和地质演化等因素外，水的相变也是了解热液成矿作用过程的关键。根据化学势函数对温度和压力不同阶次的偏导是否相等，相变可分为一级、二级相变[4]。对于深海热液流动特性而言，深海热液作为斜压流体也是影响其流动和传热的重要因素。斜压流体的压力不仅是密度的函数，还和其他热力学参量（例如，温度等）有关。例如：在原本无旋的流场中，存在导致涡量产生的因素有流场的斜压性时，根据涡量动力学方程，将产生涡运动[5]。对于深海热液，物理化学参数急剧变化会引起一些物质迅速沉淀或溶解，进而导致热液流体的密度不均性。考虑到深海热液在管流中存在的换热、压力变化、非晶盐相变导致的密度波动等因素，其斜压性不能忽略。深海热液系统非常复杂，包括超临界流体流动、流体的强对流以及高温条件下流体与岩石的相互作用等复杂物理现象外，海底热液喷口的群落分布现象，即：喷口在海底一定区域内的密集分布，其海洋温盐非层结的环境条件亦应考虑，由此也会影响到人工热液立管内流体的斜压性[6]。

2.2 深海热液的液固组分识别技术

由于深海热液在微量元素组成和大多数金属元素（例如，Fe、Mn、Cu、Pb、Zn、Hg、Ni 和 Co 等）含量上，还附带有热液喷口附近形成热液沉积物——多金属软泥或块状金属硫化物。因此对于深海热液的开采与利用，势必会涉及液固流体的管道输运问题，此问题的核心是颗粒流体两相流动。颗粒流体两相流动是工程中的一种常见现象。对管道中离散的颗粒相与连续的液体相混合运动机理以及固体成分在线识别技术的研究，是管道水力输送技术应用的关键。

对于两相流参数检测，有多种常见的检测技术[7]：对于在透明管道中检测，使用可视化的高速摄影法较为直观，该方法通过设置透明观测管段[8]或者透明观察窗[9]的方式，对管段内两相流情况进行拍摄及记录；激光多普勒测速[10]，该方法根据多普勒测量原理，使用激光照射示踪粒子，通过检测示踪粒子返回的多普勒信号，然后通过数据处理计算出颗粒的速度。激光测量的优点在于不干扰流场，反应灵敏，测量精度高等，但搭建检测系统的设备较为昂贵[11]；光学检测方法则是利用流体对光的折射、散射、消光等原理，进行相关参数的检测及信号分析来获取更多关于两相流的信息[12]；对于在非透明管道中检测，则可以使用 X 射线技术[13]、核磁共振技术[14]、层析成像技术[15]和放射示踪技术[16]等。固相浓度也是液固两相流测量中重要参数，对其参数检测也出现了多种方法，如电容法、差压法[17]、压阻式压力传感器测量法[18]、振动法[19]和射线法同位素法[20]等。

2.3 多效热力系统的热力学原理

深海热液属于中低温热源，对于中低温热源的利用，主要通过余热回收技术实现。传统的中低温余热回收技术主要有三类：余热发电[21]、余热制冷[23]和发电-制冷多效联产[23]。其中，前两者长时间内独立发展，主要满足各自单一功能，能源利用效率的提升空间有限；而发电-制冷多效联产技术充分集中了动力循环与制冷循环的各自特点，根据运行热源品位需求，对二者进行了有机的耦合与互补利用，其效率在同等条件下较独立的动力/制冷循环有显著提升，引起了国内外学者的广泛关注。动力子系统采用正循环实现功热转化，适应中温热源特性的热力循环有水蒸气朗肯循环和有机朗肯循环。制冷子系统为主要有吸收式制冷循环、吸附式制冷循环、喷射式制冷循环等。对于多效热力系统而言，其能源的梯级利用，以及动力与制冷子系统间的运行匹配优化，是提升热力性能的关键。同时，深海热液在热源梯级利用中的能级差异，以及各部件运行温度、负荷等存在的差异性，共同决定了循环系统的能级利用受内源性与外源性不可逆因素作用。如何通过对深海热液能源梯级的合理匹配，提高综合用能效率，减少循环总体损失，是研究中所要解决的关键问题。

3 深海热液能源化利用的热力系统理论研究

深海热液驱动的热力系统由人工热液井取代海底热液天然喷口，将深海热液提升至海面浮式换热和矿物沉积装置获得热液的热能和矿物沉积物。热利用完成的回液由管线回注如海底岩层裂隙完成热液资源提取过程。获取的热液能源由热力系统进行能量转换和综合利用（图 2）。

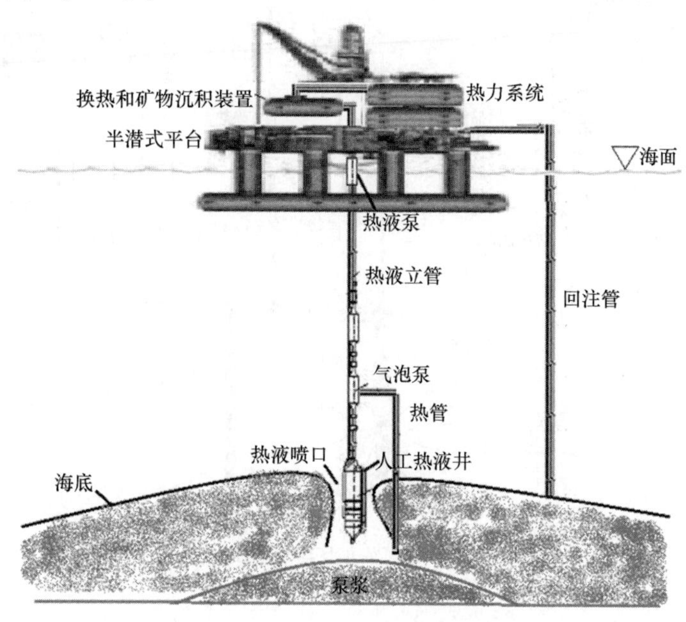

图 2 深海热液驱动的热力系统简图

因此，认识和掌握深海热液的热物性、流体输运特性、热液矿物成分在换热和流动中的相变机理、热液能源有效利用的热力循环构成、热液及其热力系统的运行特性和监测技术等成为深海热液的热能资源开发利用的基础课题。

在深海热液资源获取方面，成熟的海洋石油勘探和钻井技术具有向人工热液井进行技术平移的可能性。深海科考调查使人们认识到海底热液活动是一种普遍的海洋地质现象。在深海底部，沿着地壳裂隙，约 200～400℃的含矿热液从直径约 15 cm 的烟囱中以每秒几米的速度喷出。采用海洋石油开采技术在现有的天然热液喷口基础上进行人工筑井从技术层面上是可行性的。

基于蓄冷–发电–海水淡化联产的多效热力系统见图 3。该多效热力系统通过耦合不同温度运行区间的热力子系统，可实现对深海热液热能的梯级利用，可望解决深海热液驱动的热力系统冷–电–淡水多种能源和资源产出的热力循环原理问题。

4 结论

综上所述，深海热液具有能源化开采利用的价值，对其能源化利用除了对深海环

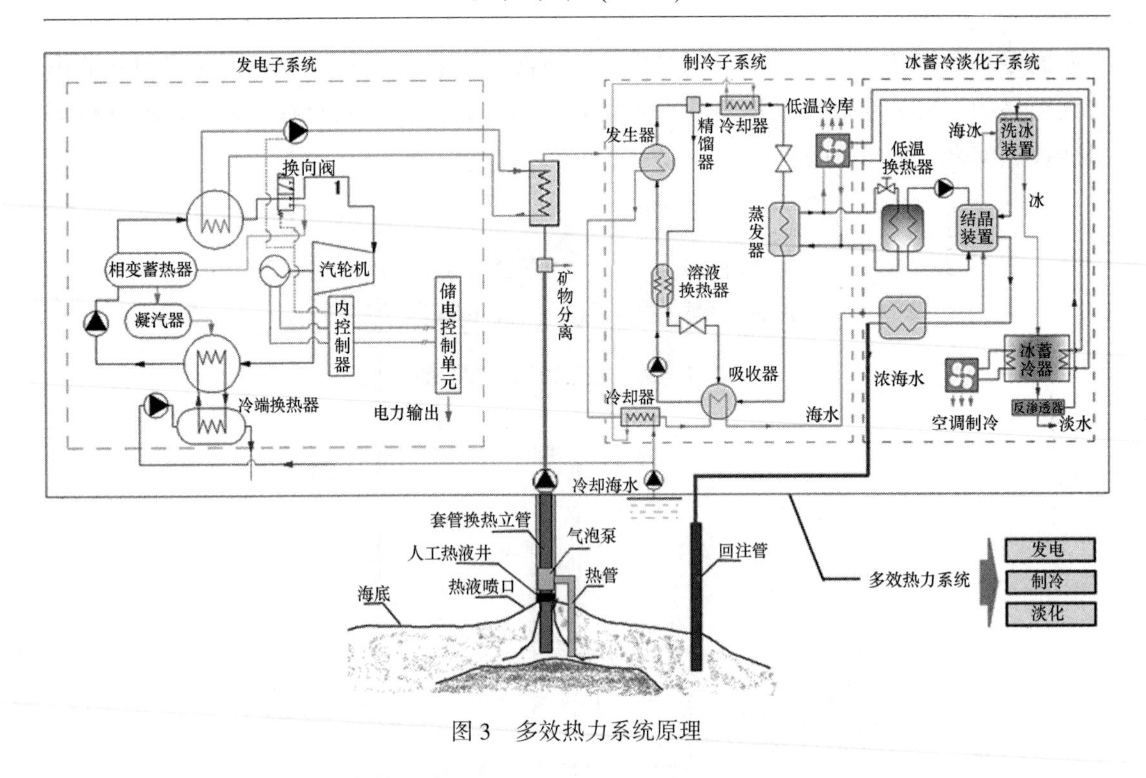

图 3　多效热力系统原理

境无影响之外，对保护深海海底热环境也具有正面积极的作用。深海热液热能利用在热液的成分识别与热物性预测、热液远程输运、斜压流动特性、热力循环系统等方面存在诸多科学问题与技术难题，认识和解决上述难题是实现深海热液热能利用的关键。本研究围绕利用深海海底热液驱动的深远海热力系统涉及的科学问题和工程应用关键技术展开探讨，其中主要的研究内容包括：认识和掌握深海热液的热物性、流体输运特性、热液矿物成分在换热和流动中的相变机理、热液能源有效利用的热力循环构成、热液及其热力系统的运行特性和监测技术等成为深海热液的热能资源开发利用。

参考文献

［1］　高爱国，何丽娟.冲绳海槽伊是名海洼的热水活动特征［J］.海洋科学，1996，20（1）：26-29.

［2］　栾锡武，赵一阳，秦蕴珊，等.热液系统输向大洋的热通估算［J］.海洋学报，2002，24（6）：59-66.

［3］　李江海，牛向龙，冯军.海底黑烟囱的识别研究及其科学意义［J］.地球科学进展，2004，19（1）：17-025.

［4］　张德会.流体的沸腾和混合在热液成矿中的意义［J］.地球科学进展，1997，12（6）：546-552.

［5］　郭炳火.关于海洋中的正压流和斜压流问题的讨论［J］.海洋科学进展，1994（3）：65-69.

[6] Woods A W. Turbulent plumes in nature[J]. Annual Review of Fluid Mechanics, 2010(42): 391-412.

[7] Boyer C, Duquenne A M, Wild G. Measuring Techniques in Gas-Liquid and Gas-Liquid-Solid Reactors[J]. Cheminform, 2002, 57(16): 3185-3215.

[8] Miyahara T, Hamaguchi M, Sukeda Y, et al. Size of bubbles and liquid circulation in a bubble column with a draught tube and sieve plate[J]. Canadian Journal of Chemical Engineering, 2010, 64(5): 718-725.

[9] Lin T J, Tsuchiya K, Fan L S. Bubble flow characteristics in bubble columns at elevated pressure and temperature[J]. Aiche Journal, 1998, 44(3): 545-560.

[10] Vial C, Poncin S, Wild G, et al. A simple method for regime identification and flow characterisation in bubble columns and airlift reactors[J]. Chemical Engineering & Processing Process Intensification, 2001, 40(2): 135-151.

[11] Deshpande N S, Prasad C V, Kulkarni A A, et al. Hydrodynamic characterization of dispersed two-phase flows by laser doppler velocimeter[J]. Chemical Engineering Research & Design, 2000, 78(6): 903-910.

[12] Rahim E, Revellin R, Thome J, et al. Characterization and prediction of two-phase flow regimes in miniature tubes[J]. International Journal of Multiphase Flow, 2011, 37(1): 12-23.

[13] Heindel T J. Gas flow regime changes in a bubble column filled with a fibre suspension[J]. Canadian Journal of Chemical Engineering, 2010, 78(5): 1017-1022.

[14] Sharma S, Mantle M D, Gladden L F, et al. Determination of bed voidage using water substitution and 3D magnetic resonance imaging, bed density and pressure drop in packed-bed reactors[J]. Chemical Engineering Science, 2001, 56(2): 587-595.

[15] Schmitz D, Mewes D. Tomographic imaging of transient multiphase flow in bubble columns[J]. Chemical Engineering Journal, 2000, 77(1): 99-104.

[16] Pant H J, Saroha A K, Nigam K D P. Measurement of liquid holdup and axial dispersion in trickle bed reactors using radiotracer technique[J]. Nukleonika-Original Edition, 2000, 45(4): 235-241.

[17] 高志强.弯管流量计测量原理及应用[J].Technology & Application.2005(7):23-26.

[18] 李海青.两相流参数检测及应用[M].杭州:浙江大学,1991.

[19] 张玉平,金锋,张岩,等.两相流相浓度检测技术的研究[J].北京理工大学学报,2002,22(3):383-386.

[20] 倪晋仁,王光谦.高浓度恒定固液两相流运动机理探析理论[J].水利学报,2000(5):22-26.

[21] Ziółkowski P, Kowalczyk T, Kornet S, et al. On low-grade waste heat utilization from a

supercritical steam power plant using an ORC-bottoming cycle coupled with two sources of heat. Energy Conversion & Management,2017,146:158-173.

[23] Shi Y,Wang Q,Hong D,et al.Thermodynamic analysis of a novel GAX absorption refrigeration cycle[J].International Journal of Hydrogen Energy,2017.

[23] Megdouli K,Tashtoush B M,Ezzaalouni Y,et al.Performance analysis of a new ejector expansion refrigeration cycle(NEERC)for power and cold:Exergy and energy points of view[J].Applied Thermal Engineering,2017,122.

我国河口海岸带沉积物污染类型及其治理技术展望

柳肖竹[1,2]，盛彦清[1]

（1. 中国科学院烟台海岸带研究所 山东省海岸带环境工程技术研究中心，烟台 264003；2. 中国科学院大学，北京 100049）

摘要：河口海岸带作为陆海相互作用最为剧烈的地球关键带，该区域生态系统脆弱且敏感，环境过程异常复杂，其中沉积物质量演变在海岸带环境演化过程中扮演着重要角色。由于河流输送、海水扰动及人类活动干扰等因素，使得上覆水中的大量污染物被悬浮颗粒吸附并在沉积物中蓄积，造成了河口海岸带的沉积物污染，对区域生态环境、人居健康水平及海岸带可持续发展产生了一定威胁。因此，本文从我国河口海岸带沉积物环境质量现状出发，介绍了我国河口沉积物的主要污染类型及相关的治理修复技术，并提出了技术展望与发展方向，旨在为河口海岸带环境综合管理提供一定的决策支撑。

关键词：河口海岸带；沉积物；重金属；营养物质；有机污染物；微塑料；沉积物修复

河口海岸带作为河流与海洋的重要交汇区域，是海陆相互作用最为活跃、对人类经济活动变化响应最为敏感、与近海环境变化最为密切的地区[1]。这里一直频繁往复地发生着物质交汇、咸淡水混合、径流和潮汐相互作用，由此产生了各种复杂的物理、化学和生物过程，形成了河口区环境独特、资源富庶的自然条件和生物生境，同时也为人类生存和发展提供了便利富庶之所。该区域工业、经济发达且人口相对集中，是我国重要的经济驱动带。沿海经济带的快速发展得益于海岸带的资源禀赋，同时也伴生了河口海岸带生态环境的逐步恶化。如城市化进程与工农业迅速发展、大气沉降、陆地河流径流污染物汇聚、海洋船舶石油运输泄漏等，导致河口生态环境中重金属污染、有机物污染以及微塑料污染等问题日益突出。

沉积物或底泥是水生态系统的重要组成部分，其作为水体中各类污染物的“源”和“汇”，能够通过多种途径与上覆水进行物质交换，对潜在有毒有害污染物的运输和储存起着重要作用[2-4]。特别是海岸带表层沉积物，由于其同时受到污染蓄积、水力扰动（潮汐等）、溶氧缺乏和氧化还原电位降低等多重胁迫，环境演变过程及其对上覆水的影响机制更趋复杂。河口海岸带水流缓慢，有利于水中污染物的扩散和沉积[5]，各种污染物易通过吸附作用富集在沉积物，特别是某些难降解、高毒性的惰性物质，其一旦进入沉积环境便很难再迁出或被永久埋藏。因此，河口海岸带沉积物对不同来源的污染物具有较大的截留能力，并可能作为污染物的汇流槽[6-7]。然而，在一定的物理化学条件下，沉积在表层沉积物中的污染物可能被重新释放到水体中，构成河口及海域的二次污染源[8]。因此，准确认识沉积物的污染过程、污染物类型及污染状况，对于开展水域生态环境质量评估、污染防治与修复、综合管理措施制定等均具有重要的现实意义。

1　我国河口海岸带沉积物质量现状

河口海岸带区域是陆域污染物的主要受纳区域，根据2015—2018年《中国海洋生态环境状况公报》显示我国南海近岸以外海域个别站位砷含量超第一类海洋沉积物质量标准，渤海湾中部个别站位多氯联苯（PCBs）含量超第一类海洋沉积物质量标准。海湾中，辽东湾和汕头湾沉积物质量状况一般，辽东湾个别站位石油类含量超第三类海洋沉积物质量标准，汕头湾的主要污染指标是石油类和铜；其他海湾沉积物质量状况良好。我国几个重要河口沉积物如辽河口、海河口、黄河口、长江口、九龙江口、珠江口沉积物质量总体趋好，辽河口、海河口、黄河口、长江口沉积物质量良好的点位比例均为100%；九龙江口沉积物质量良好的点位比例为81.8%；个别点位铜和锌含量超标；珠江口沉积物质量一般，质量良好的点位比例为64.1%；主要超标要素为铜、石油类和砷，其中铜和石油类含量超第三类海洋沉积物标准的比例为10.3%，砷含量超第一类海洋沉积物质量标准的比例为33.3%（表1）。总体来看，我国近岸河口区沉积物质量较好，主要存在的污染情况为重金属及有机物污染。

表1　海洋沉积物质量分类

第一类	第二类	第三类
适用于海洋渔业水域、海洋自然保护区、珍稀与濒危生物自然保护区、海水养殖区、海水浴场、人体直接接触沉积物的海上运动或娱乐区与人类食用直接有关的工业用水区	适用于一般工业用水区、滨海风景旅游区	海洋港口水域，特殊用途的海洋开发作业区

资料来源：海洋沉积物质量（GB 18668—2002）。

2　河口海岸带沉积物的主要污染类型

2.1　重金属污染

近几十年来，重金属污染已经成为世界普遍关注的环境问题之一[9]。工业烟尘、固体废弃物及工业废水的不达标排放均会产生一定的重金属污染，这些污染物经地表径流、大气沉降等多种方式直接或间接进入水体[8-9]，并蓄积在沉积物中。与传统环境污染物相比，重金属因具有生物毒性、非生物降解性、持久性、生物富集等诸多特点成为独特的一类。作为污染物，重金属可以被生物吸收，进入食物链，并可能转移到上层营养水平，对生态环境和人类健康会构成直接威胁[10]。

目前，对沉积物中重金属的研究主要集中在Hg、Cd、Pb、As、Cu、Cr 、Zn和Ni 8种对人体及环境存在严重危害的常规金属或类金属。我国沿海地区，特别是工业发达的河口地区，如珠江口、辽东湾、胶州湾和锦州湾都是重金属污染的重点地区[11]。近年来，珠江三角洲经济发展迅猛，但重金属的污染程度也随之加重[11]。研究表明，我国渤海湾和辽东湾重金属含量相对较高，渤海中部海域重金属含量相对较低。黄海中北部海域表层沉积物中重金属的平均质量分数由高到低依次为（mg/kg）：Zn（44.16）、Cr（37.87）、Pb（18.37）、Cu（17.63）、As（5.52）、Cd（0.17）、Hg（0.04），山东半岛近岸海域重金属相对含量较高[12]。长江口表层沉积物中Ni、Pb、Cd、Cu、As重金属的污染程度也较为严重，其中人为库存量占污染总量的23%～40%[13]。Guo等[14]对东海近海海域的3个柱状沉积物中Cu、Zn、Cr、Pb重金属成分进行了分析，结果表明，20世纪50年代以来，重金属特别是Pb、Zn的富集程度明显。近50年来，长江流域和华东地区人类活动的迅速增加和社会经济的快速发展，导致了长江流域和近海海洋沉积物中重金属的富集。

2.2　有机物污染

沉积物中有机污染物主要以难降解有机物形式存在，由于有机污染物具有极强的亲脂性和持久性，很容易吸附在沉积物上，因此能长期蓄积在沉积物中或重新释放进入上覆水体[15-16]，并通过生物富集作用由食物链到达畜禽等，危及生态系统、环境和人类健康。沉积物中难降解有机物包括石油烃、持久性有机污染物（POPs）和新兴有机污染物（EOCs）等。河口地区沉积物中有机污染物不断累积加剧，对近岸环境构成严重威胁，成为不容忽视的污染物类型[17-18]。

2.2.1　*石油烃类污染*

石油是一种由多种烷烃、环烷烃、芳香烃组成的成分复杂的混合物质，含有多种不易被微生物降解的致癌致畸物质[19]。在过去几十年里，由于海上原油油轮碰撞、管道/储罐泄漏以及油田开采、石油运输等过程中导致的意外泄漏事件，大量石油被释放到海洋中，对海洋生态环境尤其是近岸海域产生了极大的危害。溢油过程中通常涉及重油及轻质油，轻质油很容易蒸发，而大多数富含致癌化合物的重油会附着在沉积物上，这些溢油长期不仅危害水生生物的生存环境，也对溢油海岸线附近的居民健康造成了不利影响[20]。

研究表明，2015—2017 年辽东湾近岸海域沉积物中石油类含量的中位值为 62.7×10^{-6}，为本底值的 4.7 倍，分析结果显示该区域沉积物石油类含量在 2015—2017 年内显著增加。Yang 等[21]研究发现，双子河河口表层沉积物中石油烃类物质的含量在 12.6~48.1 ng/g（平均 23.9 ng/g），当前河口石油烃类的污染程度远低于珠江河口[22]及厦门港口[23]。

2.2.2 持久性有机污染物（POPs）

POPs 因其具有高毒性，难降解，易于生物积累，能在环境中持久存在等特性。大部分 POPs 具有三致效应，还有可能直接导致生物体内分泌紊乱，影响人体和动物的生殖系统和免疫系统[24]。主要包括 PCBs、多环芳烃（PAHs）、二噁英（PCDD/Fs）以及有机氯农药（OCPs）等。POPs 一旦暴露，就会在食物链和生物放大过程中从较低的营养水平向较高的营养水平移动[25]，且能够通过环境介质进行远距离运输，这些特性使得 POPs 成为全球关注的热点。

我国河口区域有机物污染情况比较突出[26-29]，Wang 等[16]对舟山群岛及其邻近象山港表层沉积物中 PCBs 含量形态及空间分布进行研究发现，在研究区域内，五溴代苯对总 PCB 浓度的贡献最大，表明研究区域内的 PCBs 可能来自附近沿海油漆制造工业或造纸厂产生的相关污染物。Wang 等[30]对珠江河口和长江河口沉积物中多环芳烃污染进行评估，结果表明，两个河口沉积物中多环芳烃的生态风险均处于中等水平，但长江口略高于珠江口，致癌风险均为低、中程度，应立即采取监测和控制措施，以减少或消除污染物暴露对人类健康产生的风险。Yuan 等[31]对我国东部沿海 3 个河口的沉积物样品进行了 POPs 分析，发现 PAHs 是福建九龙江口沉积物中普遍存在的污染物，这可能与该地区的重工业和人类活动有关，从 PAHs 的组成中推断出闽江河口的主要污染源是高温多环芳烃，九龙江和珠江河口的主要污染源是与石油有关的 PAHs。研究表明，胶州湾是高度城市化和工业化的海湾，沉积物中 PAHs 的含量水平（平均含量 125.8 ng/g）相对于中国沿海地区较低[32]。在对虎门河口沉积物的研究中发现，在汛期沉积物 PAHs 污染严重，此外，石油排放、车辆排放和木材燃烧等人为污染源也被认为是河口沉积物 PAHs 的潜在来源风险[33]

2.2.3 新兴有机污染物（EOCs）

新兴有机污染物（EOCs）是指由于工业化和人为活动而引入到环境中、对生态系统造成最大破坏的一些非自然存在的人工有机物质。药品和个人护理产品（PPCPs）属于EOCs的子类。由于其生物活性和有害的有毒代谢物，PPCPs被认为是比任何其他污染物更有可能危害环境和水质安全[34]。全氟辛烷磺酸（PFOS）类物质因其自身具有疏水疏油，优异的表面活性等化学特性而被广泛应用于航天航空、纳米材料、电子半导体等一些新兴产业中[35]。然而传统的污水处理厂不能有效地去除这些化合物，使这类污染物普遍存在于地表水中。

研究表明，我国丹江口沉积物中酮基布洛芬（KTP）和三氯卡班（TCC）含量较高且对细菌类、藻类、无脊椎动物和鱼类有明显不同的生态风险[36]。Pan等[37]对长江口水体和沉积物中PFOS的研究中发现，长江口是PFOS的汇流带，由于盐度的急剧变化，大部分PFOS可能在入海前被吸附到河口沉积物中。我国黄河口的沉积物样品中PFOS的含量平均为157.5 ng/L和198.8 ng/g，范围分别为82.30～261.8 ng/L和75.48～457.0 ng/g。随着采样深度的减小，沉积物柱中PFOS的含量由45.32 ng/g增加到379.98 ng/g，表明该地区近年来沉积物中PFOS污染的增加[38]。

2.3 微塑料污染

微塑料通常定义为粒径小于5 mm的塑料颗粒[39]，并被认为是淡水和海洋环境中一个新兴的全球问题[40]。大多数微塑料是通过太阳辐射、生物降解或机械力降解较大的塑料碎片而产生的，也被称为二级微塑料[41]。海洋的每个角落都发现了微塑料，包括海岸线、沉积物、海滩，甚至在深海和极地等偏远地区[42]。沉积物作为大多数海洋微塑料的最终归宿，已成为微塑料污染评估研究的主要焦点。研究表明，微塑料可被甲壳类和鱼类摄取[43]，对生物构成严重危害，可能带来生态风险。

Peng等[44]对长江口53个表层沉积物样品进行调查发现，长江口53个位点的沉积物均受到微塑料污染，且长江口外河口东北段微塑料含量总体较高。Zhu等[40]对渤海9个表层沉积物样品分析发现，在旅游区和港口区沉积物中微塑料含量较高，港口区频繁的航运活动导致该地区塑料微粒的高度集中，由于半封闭渤海的独特特征，周围人口密集，工业工厂众多，沉积物中微塑料丰度明显高于长江口。

2.4 氮磷营养盐过剩所致污染

随着当前我国现代化工农业的快速发展，大量氮磷营养物质通过河流输入、大气沉降、地下水渗透等方式输送到河口区域，并被河口沉积物截留下来，使沉积物中的氮磷营养盐含量增多，最终使沉积物变为氮磷污染的“蓄水池”。然而当外源输入污染得到控制之后，沉积物中的氮磷营养物质又会成为水环境中污染物的重要来源，加速近岸水体富营养化进程[45]。地表水中磷浓度的增加会导致藻类大量繁殖[46]。随着藻类的死亡和分解，水中的溶解氧会被大量消耗，这会对水生生态系统产生负面影响，同时氮浓度过高会对生物造成毒害作用[47]。Percuoco 等[48]曾证实河口沉积物会输送大量的氮素进入近岸水体，其中无机氮的日输送量就达到 1.4 μmol/L。

王文婷等[49]对福建东山湾、福宁湾，浙江象山港以及江苏大丰港 52 个表层沉积物样品进行调查，分析了表层沉积物中的总氮和总磷，并根据主要生源要素污染评价标准判定，东山湾海域污染较严重，氮磷污染均达到二级污染标准。福宁湾及象山港氮磷污染均为二级标准。而大丰湾沉积物只有氮超过二级标准。

3 河口海岸带污染沉积物的治理与修复技术

沉积物污染一直是我国面临的一项严峻的环境问题。基于河口海岸带沉积物的污染现状及河口地区对我国经济发展的重要性，使河口海岸带沉积物的修复成为研究领域的热点及难点。沉积物修复的基本策略是运用最有效经济的技术和方法，最大限度地降低或者消除污染物的危害风险。沉积物修复技术按照修复场地可分为原位修复和异位修复，常见的原位修复见表 2。异位修复主要是指对沉积物进行疏浚，将受污染沉积物挖掘，运送到指定地点再进行物理、化学和生物处理。

表 2 常见原位修复技术

技术类型	修复技术	优点	缺点	适用污染类型
原位修复	自然恢复	对底栖生境影响小，资金投入少	耗时长，修复结果可能达不到预期效果	低浓度、低风险的污染物[50]
	原位覆盖技术	操作简单，效果好	易受水力条件，生物扰动影响	重金属[51]、有机物[52]及高营养盐[53]污染
	原位洗脱技术	操作简单	对底栖生物影响大	高营养盐[54]污染
	原位化学修复	修复效果好	一些药剂尤其是化学氧化剂可能对水生生物产生毒害作用	有机物[55]污染
	原位生物修复	修复效果好	操作复杂	有机物[56-57]及微塑料[58]污染

3.1　重金属污染沉积物修复

3.1.1　原位覆盖

覆盖是一种典型的沉积物原位处理技术。覆盖是指在受污染的沉积物上放置一层由一种或多种物质按照一定比例组成的隔离材料[52,59]。通过该方法可以达到有效隔离和稳定沉积物中的污染物[60]的目的。传统的覆盖材料大多使用无污染的中性材料，如沙子、淤泥、黏土或碎石片等物质，来源广泛，价格便宜。近年来，覆盖材料种类及性能都得到快速发展，不仅能够有效地隔离污染物防止其释放到水环境中，自身还具有吸附性质，可以主动吸附污染物。原位覆盖修复技术对重金属污染、氮磷营养物质污染、有机物污染的沉积物等都有较好的修复效果[61-64]。Xiong 等[51]试图通过利用天然沸石进行活性薄层盖膜（ATC），抑制受污染沉积物中重金属的释放，提高沉积物盖膜效率。结果表明，ATC 与沸石配合使用，可以有效地防止重金属的释放。在 2 cm 厚度下，对 Cd^{2+}、Pb^{2+}、Mn^{2+} 和 Zn^{2+} 的抑制率分别为 35.7%、85.7%、65.6% 和 57.8%。

3.1.2　原位固化/稳定化

对于受重金属污染的沉积物，化学强化洗涤是一种有效的修复方式，但它们的应用受到资金约束以及处理后残留金属流动性增强等诸多限制[65]。最近的研究结果表明，原位固定被认为是一种经济、简单和环保的修复技术[66]。原位固定就是通过向受污染沉积物原位混合固定材料，从而对重金属起到稳定作用，达到修复的目的。重金属的原位固定和修复材料的选择非常重要。Liu 等[66]利用 4 种常见的低成本的修复材料（沸石、海泡石、赤泥（RM）和生物炭（BC））负载纳米级零价铁（nZVI）来固定沉积物中的镉。结果表明，不稳定镉在固定后部分转化为稳定组分，酸溶组分降低了 11%~47%，残余组分增加了 50%~1000%。nZVI/RM 和 nZVI/BC 处理的镉固定化效果最高，毒性特征浸出程序（TCLP）浸出率分别下降 42%和 44%。

3.2　有机物污染沉积物修复

沉积物中的有机物污染通常包括石油烃类，POPs 和 EOCs 等。针对沉积物中的有机污染物，通常采用的处理方法为物理修复、化学修复和生物修复。

3.2.1　原位覆盖

近年来炭质吸附剂因其具有大的比表面积、丰富的多孔结构和高吸附能力，在沉积物污染修复中得到了广泛应用，其中活性炭和生物炭是最常用的沉积物修复炭质吸附剂[67]。炭质吸附剂对具有代表性的有机污染物 PAHs、PCBs 及多种有机农药都有明显的修复作用[52]，可以有效固定和清除沉积物中的有机污染物，国外学者使用生物炭负载黏土覆盖在港口沉积物试验田上，生物炭处理组均观察到孔隙水中 PAHs 和 PCBs 浓度降低，生物炭+黏土处理组观察到生物体内的多环芳烃和 PCBs 含量降低。

3.2.2 化学修复

化学修复包括原位化学修复及异位化学修复，原位化学修复技术需要在原位向沉积物投加化学药剂，但是一些药剂尤其是化学氧化剂可能对水生生物产生毒害作用，因此对于有机物污染的沉积物多采用异位化学修复，通过底泥疏浚将受污染的沉积物挖掘，异位向底泥中投加化学氧化剂或者稳定剂，从而达到修复的效果[68]。目前，常用的氧化剂有硝酸钙、高锰酸钾、过氧化氢等。陈彩成等[55]用高级氧化修复技术去除滩涂中的石油。研究表明，H_2O_2与样品质量投加比为 0.05，$FeSO_4$和 $Fe_2(SO_4)_3$与 H_2O_2摩尔投加比均为 0.1 时，石油烃去除率分别达到 48.9%和 57.4%。Chen 等[69]采用纳米零价铁催化过硫酸盐的氧化过程，在一定温度下按照合适的比例添加，该氧化剂对沉积物中多环芳烃的去除率高达 90%。

3.2.3 生物修复

生物修复是一种既环保又有效的清洁和修复受石油污染沉积物的方法。包括微生物修复和植物修复。微生物修复技术利用微生物降解烃类，如真菌和细菌。在有氧条件下通过氧化将石油污染物降解为无毒的简单无机化合物二氧化碳和水。目前，利用特定种类的微生物进行石油降解的生物修复方法越来越受到人们的关注。国外学者用从长期受 PCBs 污染的沉积物中分离出两种菌种形成联合体菌种，发现这种菌种可以有效降解生物利用度低、毒性高的高氯化 PCB 同族污染物[56]。Zhao 等[70]将原油降解菌吸附在粉状沸石（PZ）/粒状沸石（GZ）表面，并用聚谷氨酸（γ-PGA）包裹用来修复渤海中部受污染的沉积物，结果表明，经过生物修复，超过 50%的石油泄漏污染物正构烷烃（C_{12}-C_{27}）和 PAHs 在 70 d 内被降解。

植物修复指利用植物的耐受性和对污染物的超量累积等特性，吸收、分解、转化或固定沉积物中污染物的技术，目前植物修复多应用于河道、湖泊、潮间带及湿地地区沉积物的修复与治理[71]。张雨等[57]研究苦草对沉积物中 PAHs 修复效果，结果表明，苦草可以有效地修复受 PAHs 污染的沉积物，在重污染和高分子量 PAHs 污染的沉积物中，苦草的修复作用更加明显。

3.3 微塑料污染沉积物修复

微塑料污染在全球已成为一个新兴问题，对海洋生物和人类健康构成潜在威胁。微塑料污染的相关研究主要集中在监测分布和毒性分析领域，降解方法的研究刚刚兴起，目前微塑料污染的修复方式多为生物降解。生物降解是由生长在聚合物表面或内部的微生物引起，能耗低且不会造成二次污染，是绿色环保具有发展前景的降解方式。孔芳等从啮食 60 d 聚苯乙烯的黄粉虫幼虫粪便中分离出能以聚苯乙烯为唯一碳源的两株好氧菌及一株真菌，其中真菌 KHJ-1 降解性能较好，反应 60 d 可降解聚苯乙烯质量的 4.29%[58]。

3.4　高营养盐污染沉积物

3.4.1　原位覆盖

原位覆盖技术也适用于氮磷营养过剩污染的沉积物。许多覆盖材料已经被开发并用于修复沉积物磷污染负荷。研究表明，在受磷污染的沉积物上覆盖固相锁磷剂是抑制沉积物中磷释放的有效方法，可能是控制黑臭河流沉积物内部磷负荷的一种有前景的方法[72-73]。Li 等[53]研究发现，在硅酸钙水合物的覆盖下，可以有效抑制沉积物中磷的释放。此外有研究表明，使用生物沸石/沸石覆盖在受氮污染严重的沉积物上可有效地抑制沉积物中氮的释放，上覆水中总氮的含量与对照组相比最大降低了 56.69%[74]。

3.4.2　底泥疏浚

底泥疏浚是通过挖掘被污染的沉积物，在远离现场的地方进行合理安全的处置。对于重金属、有机有毒污染物等污染严重的沉积物，疏浚可以快速性和永久性消除沉积物中的污染物[71,75]。通过固化、干化等一系列技术处理，沉积物可作为制砖瓦、陶粒等的材料；富含氮、磷等有机质的沉积物可提供植物生长所需的营养物质，因此可将沉积物还田作为有机肥施用或在洼地堆放后作为农林用土[68]。将含大量营养物质的沉积物与水泥混合制作人工藻礁，利用营养盐的溶出特性改善人工藻场藻类的生长环境，可实现废弃物的资源化利用[76]。

3.4.3　微生物修复

微生物修复也可以应用于受营养物质污染的沉积物中，Quan 等[77]在长江口沉积物中筛选分离出了反硝化细菌，研究该细菌对不同浓度硝酸盐氮的去除效率，研究结果表明，在 100 mg/L 硝酸盐氮模拟试验中，分离出的反硝化细菌能在约在一周内能将 90%硝酸盐氮去除。使用微生物修复治理沉积物污染处理效果好，但是微生物对环境要求高，操作复杂。

4　展望

河口区域不仅与近岸环境变化关系最为密切，而且对海洋环境安全至关重要。因此加强河口海岸带区域沉积物监管、优化沉积物修复治理技术，是当下亟待解决的重要问题。

4.1 加强沉积物质量管理，健全相关法规

一方面，强化入河排污口的监察，从源头削减进入沉积物的污染物数量；对受污染的沉积物开展治理修复，加强对流域沉积物的长期监测；另一方面，从总体上看，我国与海岸带沉积物相关的政策法律法规，标准还较少，仍需要不断完善。在我国，虽然《海洋沉积物质量》（GB 18668—2002）根据环境质量将沉积物分为 3 个等级，但由于沉积物性质的不同和保护目标的特殊性，该标准不适用于陆地沉积物。同样，《土壤环境质量标准》（GB 15618—1995）因条件不同，对陆域沉积物仍不适用，因此应该加快创建及完善河流沉积物质量标准，解决疏浚工程的量化、治理与修复的评价、泥沙功能的确定等实际问题。

4.2 原位治理修复技术发展方向

原位治理修复技术在受污染的场地进行就地修复，避免疏浚时引起沉积物的再悬浮问题，减少了因转移沉积物向周围环境流失的污染物总量。其次，原地处理技术不需要额外的场地对疏浚底泥进行堆放或处理，因此也无需对处置设施（如填埋场）进行长期监测。由于原位修复技术具有投资小、操作容易、不易产生二次污染等优点，受污染沉积物的原位修复技术将成为未来解决沉积物污染的一个重要发展方向。

目前，原位修复技术仍存在几点不足。大多原位修复技术都停留在实验室研究阶段，实验室试验结果与工程应用之间关系的研究相对缺乏；此外原位处理技术的治理效果一般不高，其主要原因在于处理过程难以控制，很难将药剂或稳定剂均匀地投加搅拌；另外，一些原位修复覆盖及固化材料可能对生态环境和底栖生物存在潜在的危害。基于此，原位修复技术如何能够高效控制污染物并且加强污染物的自然降解过程是未来研究的重点方向，今后沉积物原位修复技术应从实验室研究走向工程应用，开展受污染沉积物的中试实验，改良原位药剂或者材料的投加方式，使原位修复技术更加符合绿色环保可持续发展理念。

4.3 异位治理技术发展方向

异位修复主要是对受污染沉积物进行挖掘疏浚，在异地进行处理的修复技术。对重金属及有机污染物污染严重的沉积物，疏浚常常作为一种不可缺少的手段。国外学者采用疏浚法对港口受污染沉积物进行异位处置，并将 $FeCl_3$作为萃取剂提取淤泥中的铜和锌，提取效率达 70.1%和 69.4%。

疏浚虽然能够永久的去除沉积物中的污染物，但疏浚费用高且疏浚过程中会造成

沉积物的再悬浮。基于此，要采用底泥疏浚对污染沉积物进行资源化处理之前，要对污染沉积物进行固化/“无害化”处理，以防止在疏浚过程中污染沉积物扩散。还要及时对疏浚后的沉积物进行合理安全的处置，如对重金属污染的沉积物采取“稳定化+资源化利用”处置模式，对有机物污染的沉积物采取“化学氧化+资源化利用”处置模式等。异位修复技术如何高效、环保、经济地进行，值得相关研究者和工作者深入探讨。

参考文献

[1] Li L, Jiang M, Liu Y, et al. Heavy metals inter-annual variability and distribution in the Yangtze River estuary sediment, China. Marine Pollution Bulletin, 2019, 141: 514-520.

[2] Superville P J, Prygiel E, Magnier A, et al. Daily variations of Zn and Pb concentrations in the Defile River in relation to the resuspension of heavily polluted sediments. Sci Total Environ, 2014, 470: 600-607.

[3] Zhang C, Yu Z G, Zeng G M, et al. Effects of sediment geochemical properties on heavy metal bioavailability. Environ. Int. 2014, 73: 270-281.

[4] Castillo M L A, Trujillo I S, Alonso E V, et al. Bioavailability of heavy metals in water and sediments from a typical Mediterranean Bay (Malaga Bay, Region of Andalucia, Southern Spain). Marine Pollution Bulletin, 2013, 76(1-2): 427-434.

[5] Delacerda L D, Pfeiffer W C, Fiszman M, et al. Heavy-metal accumulation by mangrove and salt-marsh intertidal sediments. Brazilian J Med Biol Res, 1983, 16(5-6): 422-422.

[6] Gibbs R J. Transport phases of transition-metals in amazon and yukon rivers. Geol Soc Am Bull, 1977, 88(6): 829-843.

[7] Atkinson C A, Jolley D F, Simpson S L. Effect of overlying water pH, dissolved oxygen, salinity and sediment disturbances on metal release and sequestration from metal contaminated marine sediments. Chemosphere, 2007, 69(9): 1428-1437.

[8] Liu Q Q, Wang F F, Meng F P, et al. Assessment of metal contamination in estuarine surface sediments from Dongying City, China: Use of a modified ecological risk index. Marine Pollution Bulletin, 2018, 126: 293-303.

[9] Ouyang W, Wang Y D, Lin C Y, et al. Heavy metal loss from agricultural watershed to aquatic system: A scientometrics review. Sci Total Environ, 2018, 637: 208-220.

[10] Jahan S, Strezov V. Comparison of pollution indices for the assessment of heavy metals in the sediments of seaports of NSW, Australia. Marine Pollution Bulletin, 2018, 128: 295-306.

[11] Pan K, Wang W X. Trace metal contamination in estuarine and coastal environments in China. Sci Total Environ, 2012, 421: 3-16.

[12] 苗安洋.渤、黄海表层沉积物重金属分布特征及生态风险评价.青岛:中国海洋大学,2015.

[13] Liu Z Y,Pan S M,Sun Z Y,et al.Heavy metal spatial variability and historical changes in the Yangtze River estuary and North Jiangsu tidal flat.Marine Pollution Bulletin,2015,98(1-2):115-129.

[14] Guo Y W,Yang S Y.Heavy metal enrichments in the Changjiang(Yangtze River)catchment and on the inner shelf of the East China Sea over the last 150 years.Sci Total Environ,2016,543:105-115.

[15] Maletic S P,Beljin J M,Roncevic S D,et al.State of the art and future challenges for polycyclic aromatic hydrocarbons is sediments:sources,fate,bioavailability and remediation techniques.J Hazard Mater,2019,365:467-482.

[16] Wang X Y,Xu H Z,Zhou Y D,et al.Spatial distribution and sources of polychlorinated biphenyls in surface sediments from the Zhoushan Archipelago and Xiangshan Harbor,East China Sea.Marine Pollution Bulletin,2016,105(1):385-392.

[17] Tuncel S G,Topal T.Polycyclic aromatic hydrocarbons(PAHs)in sea sediments of the Turkish Mediterranean coast,composition and sources.Environ.Sci Pollut Res,2015,22(6):4213-4221.

[18] 刘娇,有机污染型河口潮滩的修复技术研究.青岛:中国海洋大学,2011.

[19] 胡超魁,李楠,吴金浩,等.辽东湾近岸海域沉积物石油类分布特征及污染状况.海洋环境科学,2020,39(04):551-556.

[20] Agarwal A,Liu Y.Remediation technologies for oil-contaminated sediments.Marine Pollution Bulletin,2015,101(2):483-490.

[21] Yang X L,Yuan X T,Zhang A G,et al.Spatial distribution and sources of heavy metals and petroleum hydrocarbon in the sand flats of Shuangtaizi Estuary,Bohai Sea of China.Marine Pollution Bulletin,2015,95(1):503-512.

[22] Pan J,Hu C,Liu X,et al.Distribution of oil content in sediment of Zhujiang Estuary and relation with estuarine environment.Marine environmental science,2002,21(2):23-27.

[23] Ou S M,Zheng J H,Zheng J S,et al.Petroleum hydrocarbons and polycyclic aromatic hydrocarbons in the surficial sediments of Xiamen Harbour and Yuan Dan Lake,China.Chemosphere,2004,56(2):107-112.

[24] 黄勤超,黄民生,池金萍,等.沉积物中持久性有机污染物生物修复的现状与展望.三峡环境与生态,2012,34(02):36-40+50.

[25] Srivastava V,Srivastava T,Kumar M S.Fate of the persistent organic pollutant(POP)Hexachlorocyclohexane(HCH)and remediation challenges.Int Biodeterior.Biodegrad,2019,140:43-56.

[26] Wang L,Chen G J,Kang W G,et al.Sediment evidence of industrial leakage-induced asynchronous changes in polycyclic aromatic hydrocarbons and trace metals from a sub-trophic lake,

southwest China.Environ.Sci.Pollut.Res,2018,25(13):13 035-13 047.

[27] Shen B B,Wu J L,Zhao Z H.Organochlorine pesticides and polycyclic aromatic hydrocarbons in water and sediment of the Bosten Lake,Northwest China.J.Arid Land,2017,9(2):287-298.

[28] 李爽,刘殷佐,刘入瑜,等.浑河沈抚段多环芳烃的污染特征及风险评价.中国环境科学,2019,39(04):1551-1559.

[29] 张嘉雯,魏健,吕一凡,等.衡水湖沉积物中典型持久性有机污染物污染特征与风险评估.环境科学,2020,41(03):1357-1367.

[30] Wang C L,Zou X Q,Li Y L,et al.Pollution levels and risks of polycyclic aromatic hydrocarbons in surface sediments from two typical estuaries in China.Marine Pollution Bulletin,2017,114(2):917-925.

[31] Yuan D X,Yang D N,Wade T L,et al.Status of persistent organic pollutants in the sediment from several estuaries in China.Environ.Pollut,2001,114(1):101-111.

[32] Cao Y X,Xin M,Wang B D,et al.Spatiotemporal distribution,source,and ecological risk of polycyclic aromatic hydrocarbons(PAHs) in the urbanized semi-enclosed Jiaozhou Bay,China.Sci Total Environ,2020,717:11.

[33] Niu L X,Cai H Y,van Gelder P,et al.Dynamics of polycyclic aromatic hydrocarbons(PAHs) in water column of Pearl River estuary(China):Seasonal pattern,environmental fate and source implication.Appl Geochem,2018,90:39-49.

[34] Chopra S,Kumar D.Ibuprofen as an emerging organic contaminant in environment,distribution and remediation.Heliyon,2020,6(6):e04087.

[35] 吕永龙,王佩,谢双蔚,等.新兴产业发展与新型污染物的排放和污染控制——以全氟辛烷磺酸(PFOS)类新型污染物为例//第十五届中国科协年会第24分会场:贵州发展战略性新兴产业中的生态环境保护研讨会.2013.

[36] 高月,李杰,许楠,等.汉江水相和沉积物中药品和个人护理品(PPCPs)的污染水平与生态风险.环境化学,2018,37(08):1706-1719.

[37] Pan G,You C.Sediment-water distribution of perfluorooctane sulfonate(PFOS) in Yangtze River Estuary.Environ.Pollut,2010,158(5):1363-1367.

[38] Wang S L,Wang H,Deng W J.Perfluorooctane sulfonate(PFOS) distribution and effect factors in the water and sediment of the Yellow River Estuary,China.Environ.Monit.Assess.2013,185(10):8517-8524.

[39] 张钦洲,刁晓平,谢嘉,等.海南东部海水养殖区水体、沉积物中微塑料的分布特征.海南大学学报(自然科学版),2020,(02):159-165.

[40] Zhu X P,Ran W,Teng J,et al.Microplastic Pollution in Nearshore Sediment from the Bohai Sea Coastline.Bull.Environ.Contam.Toxicol,6.

[41] Auta H S, Emenike C U, Fauziah S H. Distribution and importance of microplastics in the marine environment: A review of the sources, fate, effects, and potential solutions. Environ Int, 2017, 102: 165-176.

[42] Waller C L, Griffiths H J, Waluda C M, et al. Microplastics in the Antarctic marine system: An emerging area of research. Sci Total Environ, 2017, 598: 220-227.

[43] Roch S, Brinker A. Rapid and Efficient Method for the Detection of Microplastic in the Gastrointestinal Tract of Fishes. Environ. Sci Technol, 2017, 51(8): 4522-4530.

[44] Xu P, Peng G, Zhu L, et al. Spatial-temporal distribution and pollution load of microplastics in the Changjiang Estuary. China Environmental Science, 2019, 39(5): 2071-2077.

[45] 王佩，卢少勇，王殿武，等.太湖湖滨带底泥氮、磷、有机质分布与污染评价.中国环境科学，2012，32(04)：703-709.

[46] Fox G A, Purvis R A, Penn C J. Streambanks: A net source of sediment and phosphorus to streams and rivers. J. Environ. Manage, 2016, 181: 602-614.

[47] 杨建峡.河道底泥原位生物修复及工程应用.重庆：重庆大学，2018.

[48] Percuoco V P, Kalnejais L H, Officer L V. Nutrient release from the sediments of the Great Bay Estuary, NH USA. Estuar. Coast. Shelf Sci, 2015, 161: 76-87.

[49] 王文婷，王朝晖，刘磊，等.东海典型港湾表层沉积物中主要生源要素分布及污染状况分析.海洋通报，2019，38(06)：690-697.

[50] Magar V S, Wenning R J. The Role of Monitored Natural Recovery in Sediment Remediation. Integr. Environ. Assess. Manag, 2006, 2(1): 66-74.

[51] Xiong C H, Wang D Y, Tam N F, et al. Enhancement of active thin-layer capping with natural zeolite to simultaneously inhibit nutrient and heavy metal release from sediments. Ecol Eng, 2018, 119: 64-72.

[52] Samuelsson G S, Hedman J E, Krusa M E, et al. Capping in situ with activated carbon in Trondheim harbor(Norway) reduces bioaccumulation of PCBs and PAHs in marine sediment fauna. Mar Environ Res, 2015, 109: 103-112.

[53] Li C J, Yu H X, Tabassum S, et al. Effect of calcium silicate hydrates(CSH) on phosphorus immobilization and speciation in shallow lake sediment. Chem Eng J, 2017, 317: 844-853.

[54] 李国宏，叶碧碧，吴敬东，等.原位洗脱技术对凉水河底泥中氮、磷释放特征的影响.环境工程学报，2020，14(03)：671-680.

[55] Chen C, Li Q, Wang J, et al. Advanced oxidation technology for remediation of petroleum-contaminated tidal flat. Chinese Journal of Environmental Engineering, 2016, 10(5): 2700-2706.

[56] Horvathova H, Laszlova K, Dercova K. Bioremediation of PCB-contaminated shallow river sediments: The efficacy of biodegradation using individual bacterial strains and their consortia. Chem-

osphere,2018,193:270-277.

[57] 张雨,晏再生,吴慧芳,等.沉水植物苦草(*Vallisneria natans*)对多环芳烃污染沉积物的修复作用.湖泊科学,2018,30(04):1012-1018.

[58] 孔芳,洪康进,徐航,等.基于啮食泡沫塑料黄粉虫肠道菌群中聚苯乙烯生物降解的探究.微生物学通报,2018,45(07):1438-1449.

[59] Zhu T S,Cao T,Ni L Y,et al.Improvement of water quality by sediment capping and re-vegetation with *Vallisneria natans* L.:A short-term investigation using an in situ enclosure experiment in Lake Erhai,China.Ecol.Eng.2016,86:113-119.

[60] 万佳.改性纳米氯磷灰石稳定底泥重金属 Pb 及其对底泥微环境的影响研究.长沙:湖南大学,2018.

[61] Song X J,Li D P,Zhao Z H,et al.The effect of microenvironment in the sediment on phosphorus immobilization under capping with ACPM and Phoslock(R).Environ Sci Pollut Res,14.

[62] Zhou J,Li D P,Chen S T,et al.Sedimentary phosphorus immobilization with the addition of amended calcium peroxide material.Chem Eng J,2019,357:288-297.

[63] Zhu Y Y,Shan B Q,Huang J Y,et al.In situ biochar capping is feasible to control ammonia nitrogen release from sediments evaluated by DGT.Chem Eng J,2019,374:811-821.

[64] Fan Y,Li Y W,Wu D Y,et al.Application of zeolite/hydrous zirconia composite as a novel sediment capping material to immobilize phosphorus.Water Res,2017,123:1-11.

[65] Wang L,Chen S S,Sun Y Q,et al.Efficacy and limitations of low-cost adsorbents for in-situ stabilisation of contaminated marine sediment.J.Clean Prod,2019,212:420-427.

[66] Liu Q Q,Sheng Y Q,Wang W J,et al.Remediation and its biological responses of Cd contaminated sediments using biochar and minerals with nanoscale zero-valent iron loading.Sci Total Environ,2020,713:10.

[67] Li F,Chen J J,Hu X,et al.Applications of carbonaceous adsorbents in the remediation of polycyclic aromatic hydrocarbon-contaminated sediments:A review J Clean Prod,2020,255:13.

[68] 李敏,张冠卿,张会文,等.不同污染类型底泥处理方式研究.人民黄河,1-6.

[69] Chen C F,Binh N T,Chen C W,et al.Removal of polycyclic aromatic hydrocarbons from sediments using sodium persulfate activated by temperature and nanoscale zero-valent iron.J.Air Waste Manage.Assoc,2015,65(4):375-383.

[70] Zhao G Q,Sheng Y Q,Wang C Y,et al.In situ microbial remediation of crude oil-soaked marine sediments using zeolite carrier with a polymer coating.Marine Pollution Bulletin,2018,129(1):172-178.

[71] 刘大海,李彦平,李铁刚,等.海洋沉积物修复技术进展及发展方向初探.环境科学与技术,2017,40(S1):150-156.

[72] Copetti D, Finsterle K, Marziali L, et al. Eutrophication management in surface waters using lanthanum modified bentonite: A review. Water Res, 2016, 97: 162-174.

[73] Yin H B, Ren C, Li W. Introducing hydrate aluminum into porous thermally-treated calcium-rich attapulgite to enhance its phosphorus sorption capacity for sediment internal loading management. Chem Eng J, 2018, 348: 704-712.

[74] Zhou Z M, Huang T L, Yuan B L. Nitrogen reduction using bioreactive thin-layer capping (BTC) with biozeolite: A field experiment in a eutrophic river. J Environ Sci, 2016, 42: 119-125.

[75] 朱广伟，陈英旭，田光明. 水体沉积物的污染控制技术研究进展. 农业环境保护，2002，(04): 378-380.

[76] 姜昭阳，梁振林，刘扬. 滩涂淤泥在人工藻礁制备中的应用. 农业工程学报，2015，31(14): 242-245.

[77] 全为民，沈新强，甘居利，等. 海洋沉积物中反硝化细菌的分离及去除硝酸盐氮的模拟试验. 海洋渔业，2005(03): 232-235.

我国海洋灾害分析与现代化治理对策研究

李俊磊
（中国科学院海洋研究所，青岛 266071）

摘要：海洋防灾减灾是我国海洋事业发展的重要基础性工作，推进我国海洋灾害治理现代化建设，对于支撑海洋强国建设、保障沿海地区经济社会可持续发展具有重大意义。本研究通过对21世纪以来我国海洋灾害情况进行分析，从法制建设、体制改革、科技创新和共治体系建设等方面提出海洋灾害现代化治理对策建议，为我国海洋灾害治理工作提供借鉴和参考。
关键词：海洋灾害；现代化治理；对策建议

我国拥有约300万 km^2 海域，大陆海岸线长达18 000 km余，沿海地区承载着我国40%以上的人口，贡献了60%以上的GDP，海洋中丰富的天然资源和巨大的生态系统服务价值是保障我国社会经济可持续发展的重要基础。然而，在海洋经济高速增长、沿海地区经济日益发展的同时，我国近海海洋灾害频发，给国家安全、生态文明建设和经济社会发展造成极大损失和重大安全风险。再加上我国海洋灾害防治与应急管理还存在诸多问题，一旦受到海洋灾害的袭击，往往会造成重大经济损失和人员伤亡。在海洋生态灾害不可避免发生的情况下，进行海洋防灾减灾、保护海洋生态环境的首要任务是不断推进我国海洋灾害防治与应急管理体制、机制和法制建设，提升我国海洋灾害现代化治理能力。通过对21世纪以来我国海洋灾害情况进行分析，提出海洋灾害现代化治理对策建议，为我国海洋灾害治理工作提供借鉴和参考。

1　21世纪以来我国海洋灾害总体情况分析

1.1　2000—2019年我国主要海洋灾害发生情况

海洋灾害是指由于海洋变异而导致的在海洋或海岸造成的灾害（李育林，2014），根据“我国近海海洋综合调查与评价”专项《海洋灾害调查技术规程》中的分类方法，海洋灾害可分为海洋环境灾害、海洋地质灾害、海洋生态灾害以及其他灾害。海洋环境灾害主要包括风暴潮、海浪和海冰；海洋地质灾害主要包括海洋地震及次生灾害、海岸侵蚀、海水入侵、土壤盐渍化和海平面变化；海洋生态灾害主要包括赤潮、海洋污损、溢油和生物入侵。影响我国的海洋灾害具有种类繁多、发生频繁和危害严重的特点。为了对我国海洋灾害的发生有一个直观的认识，本研究搜集了2000—2019年我国主要海洋灾害造成的直接经济损失数据（表1），以及风暴潮、赤潮、海浪灾害发生的次数和导致人员死亡数据（表2）。

表1　2000—2019年我国主要海洋灾害直接经济损失统计　　亿元

年份	风暴潮	赤潮和绿潮、其他藻类	海冰	海浪	溢油	海岸侵蚀	直接经济损失
2000	115.4	2.73	—	1.7	1.1		120.93
2001	87	10	—	3.1	—		100.1
2002	63.1	0.2	—	2.5	0.05		65.85
2003	78.77	0.43	—	1.15	0.17	—	80.52
2004	52.15	—	—	2.07	—	—	54.22
2005	329.8	0.69	—	1.91	—	—	332.4
2006	217.11	—	—	1.34	—	—	218.45
2007	87.15	0.06	—	1.16	—	—	88.37
2008	192.24	13.24	0.02	0.55	—	—	206.05
2009	84.97	7.06	0.17	8.03	—	—	100.23
2010	65.79	2.06	63.18	1.73	—	—	132.76
2011	48.81	0.03	8.81	4.4	—	—	62.07
2012	126.29	20.45	1.55	6.96	—	—	155.25
2013	153.96	—	3.22	6.3	—	—	163.48
2014	135.78	—	0.24	0.12	—	—	136.14
2015	72.62	—	0.06	0.06	—	—	72.74
2016	45.94	—	0.2	0.37	—	3.49	50
2017	55.77	4.48	0.01	0.27	—	3.45	63.98
2018	44.56	—	0.01	0.35	—	2.85	47.77
2019	116.38	0.31	—	0.34	—	—	117.03
直接经济损失合计	2 173.59	61.74	77.47	44.41	1.32	9.79	2 368.34

注：数据来源《中国海洋灾害公报》2000—2019；“—”表示数据未统计。

表 2　2000—2019 年风暴潮、赤潮、海浪灾害发生的次数和导致人员死亡数据

年份	风暴潮		赤潮	海浪	
	次数	死亡人数（含失踪）	次数	次数	死亡人数（含失踪）
2000	4	15	28	—	63
2001	6	136	77	—	265
2002	8	30	79	33	94
2003	14	25	119	34	10
2004	19	49	96	35	91
2005	20	137	82	66	234
2006	28	327	93	55	165
2007	30	18	82	50	143
2008	25	56	68	33	96
2009	32	57	68	32	38
2010	28	5	69	35	132
2011	22	0	55	37	68
2012	24	9	73	41	59
2013	26	0	46	43	121
2014	9	6	56	35	18
2015	10	7	35	33	23
2016	18	0	68	23	60
2017	16	6	68	34	11
2018	16	3	36	44	70
2019	11	0	38	39	22
合计	366	886	1 336	702	1 783

注：数据来源《中国海洋灾害公报》2000—2019；“—”表示数据未统计。

风暴潮指由强烈大气扰动，如热带气旋台风、飓风、温带气旋等引起的海面异常升高，使其影响海区的潮位大大超过平常潮位的现象（宋学家，2009）。风暴潮灾居我国海洋灾害之首，在西北太平洋沿岸国家中，我国的风暴潮灾害最频繁一年四季均可发生。2019 年 8 月 10 日，超强台风“利奇马”造成福建以北至辽宁 8 个沿海省（直辖市）直接经济损失合计 102.88 亿元。

赤潮灾害是指因赤潮发生而造成海区生态系统失去平衡，海洋生物资源局部遭到毁灭或破坏的海洋生态灾害。当前，作为世界公害的赤潮已遍及我国所有沿海省、市、自治区导致我国成为受赤潮灾害影响严重的国家之一（谢宏英等，2019）。近 20 年来，我国近海赤潮生态灾害累计发生 1 336 次，2012 年，福建沿海的 1 次米氏凯伦藻赤潮就造成当地鲍鱼养殖业超过 20 亿元的直接经济损失，而且频繁发生的赤潮、水母等生态灾害导致辽宁红沿河、广东阳江、福建宁德等核电站多次发生跳堆，给我国核电安全造成重大安全隐患。

海浪是由风引起的海面波动现象，灾害性海浪通常是指海上波高达 6 m 及以上的海浪，它能掀翻船只，摧毁海上工程和海岸工程，给航海、海上施工、海上军事活动、渔业捕捞等带来极大的危害（许富祥和吴学军，2007）。我国海区由海浪灾害造成海难事故频繁发生，渤海海峡、黄海中部是海难事故高发区，东海南部、台湾海峡和南海北部，大浪分布频率较大（齐平，2006）。2009 年 0903 号热带风暴“莲花”于 6 月 18 日 14：00 在南海生成，受其影响，福建沿海海域共损失各类渔船 256 艘，死亡 1 人，海水养殖受灾面积 12 680 hm^2，防波堤损毁 1. 76 km，护岸损毁 2. 18 km。因灾造成直接经济损失 3. 36 亿元。

海冰灾害是指由海冰引起的影响到人类在海岸和海上活动实施和设施安全运行的灾害，如航道阻塞、船只及海上设施和海岸工程损坏、港口码头封冻、水产养殖受损等。冰情严重时，海冰往往布满整个海面，使各类海上经济活动及工程设施受到严重影响和威胁。我国的渤海及黄海北部海域每年冬季都有不同程度的海水结冰现象。2010 年 1 月中下旬，冬季渤海及黄海北部冰情达到近 30 年同期最严重冰情，辽宁、河北、天津、山东等沿海三省一市受灾人口 6. 1 万人，船只损毁 7 157 艘，港口及码头封冻 296 个，水产养殖受损面积 20. 787 万 hm^2，因灾造成直接经济损失 63. 18 亿元。

海岸侵蚀是指海岸在海洋动力等因素作用下发生后退的现象。海岸侵蚀造成土地流水，损毁房屋、道路、沿岸工程和旅游设施，给沿海地区的社会经济带来较大损失。2016 年，海岸侵蚀在辽宁、山东、广东和海南 4 省造成土地流失 25. 54 hm^2，房屋损毁 11 间，海堤护岸损毁 249 m，道路损毁 1 113 m，直接经济损失 3. 49 亿元。

海上溢油事故主包括船舶溢油、海上石油平台溢油、码头油罐区溢油、输油管道溢油（高亚丽，2015）。近年来，海上石油运输量持续上升，近海港口建设迅速发展，导致海洋溢油事件高频发生，海洋溢油风险日益增大。如 2010 年大连“7・16”溢油、2011 年蓬莱“19-3”油田溢油、2018 年“桑吉”号沉船溢油事件等多起重大海洋溢油事件，对海洋生态环境、社会经济发展和人类健康造成了难以逆转的重大损失和持续影响。2010 年 7 月 16 日大连新港发生特大输油管线爆炸事故，1 500 余吨原油流入海湾，造成直接经济损失共近 44. 80 亿元，其中海洋渔业经济损失 6. 3 亿元，沿海食品加工企业经济损失 465 万元，海盐业经济损失 1.70 亿元，滨海旅游业经济损失 34.95 亿元，清污费用 1.81 亿元（温艳萍和吴传雯，2013）

1.2　2000—2019 年我国海洋灾害发生情况分析

根据《中国海洋灾害公报》2000—2019 统计结果分析可知，20 年来，海洋灾害造成的直接经济损失约为 2 368.34 亿元，死亡 2 669 人。特别是 2005 年的海洋经济损失就超过 330 亿元，占同期海洋经济总产值近 2%，占全国各类自然灾害总损失的 16%。风暴潮仍为主要的海洋灾害，共发生 366 次，死亡（含失踪）886 人，造成直接经济损失 2 173.59 亿元，约占 20 年来海洋灾害经济总损失的 91.77%。海浪灾害造成死亡（含失踪）1 783 人，是造成死亡（含失踪）人数最多的海洋灾害，造成直接经济损失 44.41 亿元；赤潮灾害共发生 1 336 次，是发生频次最高的灾害，造成直接经济损失约 61.74 亿元（含绿潮、其他藻类灾害经济损失）。

2　推进我国海洋灾害治理现代化对策建议

海洋防灾减灾是我国海洋事业发展的重要基础性工作，也是国家综合减灾体系的重要组成部分。全面做好海洋防灾减灾工作，推进我国海洋灾害治理现代化建设，对于支撑海洋强国建设、保障沿海地区经济社会可持续发展具有重大意义。本研究提出的具体建议举措包括：健全海洋灾害治理法制建设，深化海洋灾害治理体制机制改革，提升海洋灾害治理科技创新与支撑能力，构建海洋灾害现代化多元主体共治体系。

2.1　健全海洋灾害治理法制建设

风暴潮、灾害性海浪、海冰、溢油等大部分海洋灾害都具有突发性、不确定性、突破性、衍生性和扩散性等特性，海洋灾害的这些特性提高了对海洋灾害应急法律制度的要求（吴静，2012）。法律是治国之重器，良法是善治之前提，建立健全的海洋灾害治理法律制度和规划体系是海洋灾害治理现代化的基本前提。

（1）要进一步细化海洋灾害治理法律体系，及时修改和补充相关法律，扩大海洋灾害治理法律体系的覆盖范围，从根本上消除立法矛盾，实现海洋灾害应急法律制度的协调统一，将海洋灾害应急管理各个方面纳入法制化轨道。

（2）要加强海洋生态灾害应急预案制度建设，实施海洋防灾减灾应急预案动态化管理，在国家和地方层面制修订各类应急预案，制定相关的地方规章、标准和制度，规范应急管理各项工作，形成纵向到底、横向到边的海洋灾害应急预案体系，提高海洋灾害应急处置和救援行动的效率性。

（3）要制定海洋灾害治理行政问责制度，将海洋灾害治理相关工作列入海洋督察事项，明确问责对象和范围，对在重大海洋灾害应对中失职渎职的，依法依纪追究责任，做到责任面前人人平等，防止各部门模糊职责、相互推诿责任现象的发生。

2.2 深化海洋灾害治理体制机制改革

治理体制上，政府是海洋灾害的治理的责任主体，海洋灾害治理的现代化需要建立完善的管理体系和科学的管理模式，形成中央和地方相结合的跨部门协调与应急联动响应机制，实现国家、省级、市级、县级海洋灾害应急管理机构协调、配合、应急联动运行，推动跨部门信息和资源共享，加强各管理部门的合作关系和共治共赢，实现区域内海洋灾害的有效治理。

工作机制上，要继续加强海洋防灾减灾业务化体系，统筹、优化业务流程。①要加强海洋预报机构和海洋灾害预警预报基础设施建设，不断进行海洋预报技术创新，提升海洋预报服务水平和理念；②要加强专业应急救援队伍建设，加大灾害救援演练力度和救援设备投入力度，在海洋灾害频发地区，组建一支常备的训练精良、反应迅速、高效的专业应急救援队伍；③要建设高效的海洋灾害治理指挥与信息交流平台，在信息网络系统中，优化配置应急救援所需的人、财、物、技术、时间等各要素，打造现代化的应急救援运作模式；④要推进海洋灾情信息存储、加工、发布的流程化管理和业务化运行，提高海洋灾情信息报送效率。

2.3 加强海洋灾害治理的科技创新与支撑能力

海洋灾害的治理必须坚持“预防为主，治理为辅，防治结合”的核心原则（梁军等，2017），而该原则的贯彻离不开海洋科技的创新与支撑，通过不断提高海洋灾害的监测、预报预警技术，研究有关灾害的发生机理机制，研发相关灾害预报数据产品，可以做到实时监测跟踪、提早预报预警、尽快治理救援。

（1）要不断提高现代化的海洋观测能力和技术手段。这不仅仅是要建设更多的海洋观测站数量，更需要大力提高新型观测能力建设，积极部署雷达站、GPS 站、移动观测平台和海啸预警观测台等新型观测设施，全面开展近岸浮标和深海潜标系统建设，配合遥感卫星、新一代科考船和各种大型海洋探测设备的投入使用，构建由岸基、海基、空基、天基、船基构成的“空-天-海-地一体化”海洋立体观测网，为海洋灾害预警、气候变化和海洋科学研究提供实时、有效、丰富、全面、自主、安全和可控的观测数据。

（2）加大海洋灾害研究资金的投入，加强对有关灾害关键过程和机理的认知。2000—2019 年，我国赤潮灾害发生了 1 336 次，是发生次数最多的海洋灾害，但是目前对赤潮、绿潮等灾害发生发展的关键过程和机理还不清楚。应该加大专项科研资金投入，突破赤潮、绿潮、水母等灾害致因及生消过程关键环节的研究，为我国海洋灾害监测预报提供更有力的支撑。

（3）要加强利用大数据与人工智能技术等新方法在海洋防灾减灾中的应用研究。近年来，随着海洋大数据挖掘和人工智能深度学习等技术不断发展，为海洋灾害预报预警提供了更为有效和准确的新手段：基于卫星遥感、现场观测、数值模式等多源海洋数据，通过预处理、质量控制、格式统一等标准化数据处理流程形成持续更新的海洋大数据资源池，运用大数据挖掘和人工智能深度学习算法，可以构建海洋动力和生态灾害预测预警模型，建设海洋灾害决策支持系统，提供近海绿潮、赤潮、风暴潮等海洋灾害预测预警及应急处置调度等功能，为相关部门提供海洋灾害现代化治理的辅助决策支持服务。

（4）应重视海洋灾害防治技术研究与人才培养，培养和选拔海洋科技和海洋灾害预警与防治人才，为中国海洋灾害治理现代化以及海洋生态文明建设提供智力支持与人才保障，同时加强对国际海洋灾害治理研究最新进展的跟踪，引进先进技术与经验，学习与创新海洋监测技术、灾害预报预警技术等。

2.4　加强海洋灾害应急管理宣教工作，构建海洋灾害现代化多元主体共治体系

实现海洋灾害治理现代化，单靠政府一方的力量是难以实现的，应充分调动企业、公民、大众媒体、非政府组织等社会各界，形成集政府、市场、社会多方调节力量于一体的现代化多元主体共治体系。人民群众是海洋灾害的直接影响对象，政府需要加强海洋灾害应急管理宣教工作，深入宣传海洋应急预案，全面普及预防、避险、自救、互救、减灾等知识和技能，不断加强群众的公共安全意识和风险防范意识，提高社会公众应对突发公共事件的能力，使人民群众在灾害发生时能够自发地进行灾害救援、应急准备，而不是只依靠政府救济。这样一方面可以降低灾害损失；另一方面可以加快灾后恢复和重建，迅速恢复生产生活（姚国章，2008）。然后要运用市场机制，将政府、专业救援队伍和社会组织等有效力量整合起来，实现海洋灾害治理的“全民参与”机制。

参考文献

高亚丽.2015.海上溢油污染风险分级分区方法及应用研究[D].大连：大连海事大学.

李育林.2014.基于权变理论的海洋灾害应急管理研究[J].太平洋学报，(5)：85-94.

梁军，吕婧，刘岩.2017.我国海洋生态灾害应急管理机制建设的对策研究[J].绿色科技，(18).

齐平.2006.我国海洋灾害应急管理研究[J].海洋环境科学，(04)：81-83.

宋学家.2009.我国风暴潮灾害及其应急管理研究[J].中国应急管理，(08)：12-19.

温艳萍,吴传雯.2013.大连新港“7.16 溢油事故”直接经济损失评估[J],中国渔业经济,(31)004.
吴静.2012.完善我国海洋灾害应急法律制度的思考[J].知识经济,(05):42-43.
谢宏英,王金辉,马祖友,等.2019.赤潮灾害的研究进展[J].海洋环境科学,38(03):482-488.
许富祥,吴学军.2007.灾害性海浪危害及分布[J].中国海事,(4):65-66.
姚国章.2008.日本自然灾害预警运行体系管窥[J].中国应急管理,(2):51-54.

第二编　科学治理　绿色发展

新时期，海洋管理应进一步深入推进基于生态系统的海洋综合管理体系，统筹海洋开发与保护的关系，高度重视海洋生态文明建设，持续加强海洋环境污染防治，保护海洋生物多样性，让人民群众吃上蓝色、安全、放心的海产品，享受到滨海蓝天、洁净沙滩，为子孙后代留下一片碧海蓝天。

试论自然界的病毒及其与海洋的关系

李乃胜

（中国科学院海洋研究所，青岛 266071）

摘要：新型冠状病毒肆虐，造成全球恐慌，迄今已有上千万人感染，数十万人失去了生命。一场突如其来的疫情，几乎成为全球范围内划时代的重大事件，甚至会改写人类发展的历史，这充分说明人类对病毒的认识还很肤浅，还缺少应对病毒的科学储备和有效举措。

病毒源于海洋，存于自然，几乎是无处不在，无时不在。病毒一方面对人类健康造成巨大威胁；另一方面又是自然界，甚至人体内不可或缺的特殊微生态系统。病毒是生命起源的界限、是基因传递的使者、是生态环境的桥梁、是细菌的天然杀手。人类抗击病毒首先是彻底“防控”，其次是有效“疫苗”，最终靠提高免疫力。而海洋盐卤可能是从“元素平衡”的机理出发、从根本上提升人体免疫功能的关键。

关键词：病毒；微生态；海洋盐卤；人体元素平衡

当时光进入 2020 年，一种不起眼的小小微生物居然在全球范围内掀起了史无前例的轩然大波，一场突如其来的疫情使全世界 200 多个国家和地区几乎无一幸免，迫使整个人类社会不得不重新认真地审视我们的生活方式，甚至社会制度！这个小小的微生物就是新型冠状病毒！在不得不对此刮目相看的同时，也促使全世界人民不得不用新的视觉深入思考“病毒”问题。

尽管生物技术早已进入“分子”时代，各类超高倍电子显微镜多如牛毛，但人类对病毒的认知程度还非常肤浅。这一场抗击病毒的战役迄今还在如火如荼地进行中，何时结束尚无定论，但胜负已见分晓。70 亿人对付一种小小的病毒几乎束手无策！迄今全球感染人数已超过 1 000 万，每天还以 10 万量级的速度增加着。全世界成千上万的科学家和医学工作者都在夜以继日地努力工作，但仍然不得不每天眼看着成千上万人被病毒夺去了生命。号称科技最发达的美国，迅速一跃成为世界头号病毒感染国，除了使出浑身解数“甩锅”别人外，几乎一筹莫展。

在当前新型冠状病毒早已引起全球高度关注的形势下，不需要再赘述防范意识和防范措施，而需要重点探讨如何用科学的态度看待病毒、用科学的思维认知病毒、用科学的方法应对病毒、用科学的智慧利用病毒。

1 病毒到底是何物？

病毒到底是何物？看似很简单的问题，其实很难确切回答，因为它标志着人类对病毒的认知程度。自疫情暴发以来，科学家倾其所能刻苦攻关，有些因急于迅速发表一些暂时的、阶段性的、实验性的观点，致使学者之间经常相互否定，让老百姓一度找不着北。因为受学科限制、受实验条件限制、受采样范围限制，得出的实验结果只能算作暂时性和相对性认识，尚无法真正回答人民关切的问题。譬如：病毒到底来自哪里？病毒到底通过什么途径传播人类？病毒离开宿主到底是死物还是活物？病毒在水中、土壤中、空气中能自然“灭活”吗？具备什么条件已变成“晶体”的病毒能重新激活？对这些大众关切的问题，科学家很难给出统一的确定性答案。又譬如一些科学家的实验证明空气中不会传播病毒，可世界卫生组织很快确认病毒能在空气中传播。

之所以出现这些问题，是因为人们对病毒所知甚少，认识还很肤浅。特别是缺少用学科交叉融合的通盘思维去证明、去认定、去探索、去解释，多是一些实验性、相对性的片面认识见诸报端。医学家习惯于对症下药、治病救人，但对“无症状”怎么治，用什么药能够杀死病毒？基本上爱莫能助；生物学家往往只关注“生命状态”，但对“非生命状态”研究不足，甚至所知甚少；化学家容易关注所有化学元素的存在，不太考虑有机大分子与无机小分子的相互影响；海洋学家、地质学家过于关注病毒形成演化的自然条件，而忽视对病毒本身特殊机理的深刻认识。因此，回答病毒是什么这一基本问题需要医学、生物学、化学、地学、海洋科学的进一步深度融合、相互认证，才有可能给出客观、公正、全面的理解和回答。

根据迄今为止的研究，笼统地说，病毒是一类最原始、最简单、最微小的“非细胞形态”“半生命状态”的微生物。

所谓“最原始”是指病毒可能在“天地玄黄、宇宙洪荒”的时候就出现了，可以认为它是生命的端点、是生命演化的起点。同位素测年揭示，我们生活的地球形成于距今45.67亿年前，这一结果已得到世界地质学家的公认。病毒可能在距今40亿年左右就出现在古老的原始海洋中。相对于人类出现不超过400万年来说，人类简直太年轻了，病毒的出现在时间尺度上可能比人类至少早100倍！

所谓“最简单”是指病毒的身体结构简直太简单了，比最简单的“原核”单细胞还简单，甚至连个完整的细胞都算不上。就是一段相当不完整的遗传物质，有些只含几个基因，只含一种核酸（DNA 或 RNA），外面又罩了一层蛋白质外壳。仅此而已，别无他物！既没有细胞核，也分不出细胞质，连细胞膜也没有，罩在外面的蛋白外壳充其量算作“界膜”！

所谓“最微小”是指病毒的个头太微小了。一般动植物的细胞就大小来说是微米量级，包括人体的红血球、白血球、各类细胞，虽然大小差异很明显，但主体上是微米量级。各类微生物，譬如细菌，虽然各个种属大小明显差异，但笼统地说，也是微米量级。可病毒比它们小得多。总体上属于“纳米”量级。由于其体积出奇的小，其穿透侵入能力就非常强大，各类生物膜都很难抵挡。

正因为病毒具备这三大特点，从生理上就表现为“非细胞”“半生命”状态。病毒是由一个核酸长链和蛋白质外壳构成，没有自身的代谢机构，没有酶系统[1]。因此病毒离开了宿主细胞，就成了没有任何生命活动、也不能独立自我繁殖的化学物质。它的复制、转录和转译的能力都是在宿主细胞中进行，当它进入宿主细胞后，把自己的基因和蛋白质注入宿主细胞，把宿主细胞变成自己复制的“代工厂”，利用宿主细胞中的物质和能量完成自己的生命活动，按照自己的核酸所包含的遗传信息复制，产生新一代病毒，或者融合、修饰、改造宿主细胞的遗传信息引起基因突变[2]。

由此可见，病毒连个完整的细胞都没有，不能养活自己，自身没有新陈代谢，也不能自我繁殖，从这种意义上说，病毒不能算“生物”，起码离开宿主的病毒不能算作生命状态。

狭义的生物病毒只能是一种具有独特的遗传因子，利用宿主细胞的营养物质来自主地复制自身的 DNA 或 RNA、蛋白质等生命组成物质的微小生命体。而广义的病毒复杂得多，包括拟病毒、类病毒和病毒粒子，其中拟病毒和类病毒仅是一条简单的 ssRNA链，病毒粒子是一种类似酶的蛋白分子[2]。因此生物病毒很难有一个明确的、清晰的定义。

根据宿主特征，病毒又可分为植物病毒，动物病毒和微生物病毒。从自身结构上还可分为单链 RNA 病毒，双链 RNA 病毒，单链 DNA 病毒和双链 DNA 病毒[2]。

2　病毒到底在哪里？

病毒到底在哪里？答案是在大自然中。离开宿主的病毒就像灰尘一样，甚至粒径比灰尘还小，在大自然中随风飘扬，随水流动，无处不在，无时不在。这次新型冠状病毒来势汹汹，由于认知程度非常低，开始阶段对于其来自何方、藏身何处，各国科学家众说纷纭，莫衷一是。来自蝙蝠？来自哺乳动物？来自实验室？来自三文鱼？等等，捕风捉影，有一说二。随着研究的进展，科学家不再怀疑新冠病毒来自大自然！

因为越来越多的证据揭示，在废水中，在空气中，在冰冻肉食中，在动物活体内都能找到新型冠状病毒。因此质疑病毒在哪里已没有真正的科学意义，而需要集中精力研究病毒如何传染人？如何进一步激活人体抵抗病毒的能力。

2000年，墨西哥奈卡山脉矿山开采中，在地下300 m处突然挖到了一个巨大的天然水晶洞，长约30 m，宽约9 m，里面充满了含有矿物质的水，洞边缘长出了巨大的水晶体。地质学家观测表明该洞为岩浆冷凝形成的“晶洞”，大概形成于距今2 600万年前，生物学家居然从“热水”中检测出大量病毒[1]，每滴水里达2亿个之多！这个水晶洞从来没暴露在大自然中，从来没接触过地面生物，甚至与生物圈都没有任何关系，这些病毒来自何方？

2003年，法国学者从空调冷却塔废水中，发现了拥有1 059个基因的病毒新种，创造了病毒基因数量的记录。2014年，法国研究人员解冻了冻结3万年之久的西伯利亚冻土，发现了目前体积最大的巨型病毒，这些病毒足有1.5 μm长[1]。

1986年，美国纽约州立大学的研究人员发现，每升海水中竟含有多达1 000亿个病毒颗粒[1]。2019年，一个国际小组对海洋中病毒生态群落进行了较大规模调查，鉴别出了近20万种海洋病毒，而且发现病毒多样性的热点在北冰洋[3]。

病毒在人体中是否长期存在？科学研究揭示，生物菌群可以一直驻扎在人体中，特别是肠道细菌群落简直形成了一个特殊的微观世界，对人体健康，甚至大脑思维发挥着重要作用。但人体中是否也驻扎着病毒群落？过去人们一直认为是不可思议的。2009年，美国科学家从人体痰液中分离出若干DNA片段，证明有些片段来自病毒。进一步研究揭示[1]，人体的肺里平均驻扎了174种病毒。由此可见，病毒，甚至病毒群落在人体中是客观存在的。

综上所述，足以说明病毒无处不在、无时不在。从小小的微生物到体积庞大的哺乳动物；从低等微型海洋藻类到茂密的山林参天大树；从陆地野生花草到农田种植作物；从撒哈拉大沙漠的沙土到南极洲冰盖下的暗藏冰湖，都有病毒存在的踪迹。

病毒相对于人类来说，在与人的接触或在人体中，可能会以污染、携带、感染、传染等多种形式出现。

所谓“污染”是指病毒以“颗粒”形态，像灰尘一样玷污了人的衣服、头发、皮肤等，但病毒并没有以生命形态进入人体。所谓“携带”就是病毒驻扎在人体内，像细菌一样与人体共生共存。所谓“感染”是指病毒进入了人体细胞内，进行了复制致使数量增加，病毒核酸检测呈“阳性”，有些人群出现生病症状，有些人无明显症状，成为无症状感染者。所谓“传染”就是病毒不但进入人体细胞内，借助人体细胞大量繁殖分裂，造成人体细胞破坏，而且还能传染他人。

3 病毒的影响有多大?

一提到病毒，马上令人谈虎色变，因为从一开始就被“污名”化了，认为病毒就是天生害人的，而且堪称是人类最危险的“敌人”。毋庸置疑，病毒传播、制造疾病，对人类健康造成极大的危害，能一次性致死成百万、甚至上千万人。1918 年不堪回首的一场“西班牙”大流感，导致全世界约 5 亿人患病，约占全球人口的 1/3，死亡人数达 5 000 多万，可能比整个第一次世界大战死亡人数还要多。

根据目前的认知水平，估计自然界病毒总数可能超过 100 万种，而且还在不断增加，因为病毒最擅长变异，会借助宿主细胞而不断创造病毒变异体。人们已经认识的大概有 20 万种[3]。从总量来说，大多数、甚至绝大多数病毒对人体无害，而且对自然环境、对生态系统、对人体健康有重要作用。

3.1 病毒是生命起源的界限

既然病毒无处不在、无时不在，那究竟来自何方？根据目前的研究，作为推测，只能说病毒起源于原始的海洋中[3]。因为海水相对于地球来说与生俱来，40 亿年前的地球表面可能没有陆地，只有一个“泛大洋”，那时的地球是真正的“水球”。所谓“泛大陆”，包括人们耳熟能详的“冈瓦纳古陆”“劳雅古陆”等陆地的出现，可能都是后来的事情。

根据目前的研究水平和认知能力，地球上在病毒出现之前应该不可能有任何生命痕迹。因此，病毒是生命与非生命之间的界限，是无机碳转为有机碳的起始点，是无机碳进入生物圈的标志，是地球上一切生命的祖先。因此，病毒的出现可能是地球演化史上最重要的里程碑。病毒把无机物的原始地球罩上了有机物的“生物圈”。

3.2 病毒是基因传递的使者

病毒最微小的体积、最简单的身体结构和不完整的遗传物质片段赋予了它基因传递、搬运、重组、修饰的特殊技能，它几乎能穿越所有的生物膜，它能毫不费力地进入其他生物体的细胞核。病毒借助宿主细胞的能量一方面迅速自我复制繁殖；另一方面，通过自身遗传物质片段的改造重组，实现变异，而产生新的病毒。同时病毒的遗传物质片段又不断地与宿主基因组发生作用，不断地融合、修饰、重组、改造宿主的基因组，引起基因变异，诞生新的生命。病毒就像蜜蜂传递花粉一样，不停地穿梭于各类宿主细胞之间，把 DNA 从一个物种搬运到另一个物种，不停地为生物演化提供新的遗传材料。

病毒携带不完整的基因片段在物种之间穿梭，对地球上的生命演化产生了深远的影响。随着研究的深入，科学家已经认识到大多数细菌的基因组来自病毒；哺乳动物胎盘的“合胞素”源于内源性逆转录病毒感染；不少宿主的细胞发生“癌变”是因为逆转录病毒的遗传物质作祟。特别是旷日持久的“造物主”与“进化论”的口诛笔伐，2 000 多年众说纷纭，莫衷一是。如果充分考虑到病毒对宿主基因的传递和改造作用，就有可能给出比较合理的解释！

凡此种种，可以说，病毒是基因传递的使者，是生命演化的工具。一方面病毒通过基因改造可诱发宿主细胞发生癌变；另一方面病毒又造福生态系统而功不可没。简单地说，病毒一方面不断提供新生命的遗传材料；另一方面又是破坏生命的毒液。因此是创造与毁灭的完美结合。

3.3 病毒是生态环境的桥梁

所谓生态环境是指适合生命存在的自然环境。首先是要具备构成生命所必需的物质基础，就是通常所说的生命元素！譬如：氧、氢、碳、氮、磷、硫，恰恰这些元素是海洋中的常量元素，而且海水与人体的常量元素配比基本一致！海水中蕴藏了 80 余种元素，包括人体中的金属元素和其他微量元素在内，在海水中都能找到对应的含量。这就有力地回答了为什么生命起源于海洋，而不是起源于陆地上的江河湖泊。因为关键是“盐”，是这些生命元素！而淡水中没有这些元素。因此与其说生命源于水，倒不如说生命源于“盐”。由此可见，水和盐是生态环境的第一需要。

第二是有机氧和有机碳。水是氢氧化合物，海水中存在大量的“氧”离子，但不能满足用肺呼吸的动物需要。岩石泥土中含有大量的“碳”，但属无机碳，不能直接构成生命的有机碳链大分子。这其中的转化就依赖病毒的作用，或者说依赖原始的低等生命，包括病毒、细菌、微型藻类的共同作用。譬如海洋聚球藻是海洋中面大量广的原始微型藻类，几乎包揽了全球约 1/4 的光合作用。但对海洋聚球藻的 DNA 分析表明，其捕捉光子的蛋白编码基因源于病毒[1]。同时科学家也在海洋中发现了携带光合作用基因的自由漂浮病毒。由此可推测病毒可能创造了光合作用，缔造了原始的生态环境。

海洋中病毒的强大在于其数量巨大、传播性极强。病毒能迅速杀死大量微生物，随之而来的是每天约有 10 亿 t“有机碳”被释放到海洋中[1]。这些重获自由的有机碳会成为新的养料而哺育更多的微生物，如此循环往复就打造了生命所必需的富含“有机碳”的生态环境。

第三是大型哺乳动物的出现需要特定的生态环境，这也可能是病毒的功劳，可能是病毒使大型动物由“卵生”变成“胎生”，从而在新生代造就了哺乳动物。众所周知，地球演化进入了中生代，一大批大型动物开始出现，不管是会飞的始祖鸟，还是会奔跑的恐龙，都是卵生。尽管恐龙如何“孵蛋”至今没人能说清楚，如何解释恐龙蛋化石与恐龙庞大躯体的比例也是难题，但对其靠“卵生”实现自我繁殖似乎确信无疑。但进入新生代，大型哺乳动物出现在地球上，出现了由“卵生”到“胎生”的跨越式演化。而实现这一华丽转身的根本是“胎盘”的出现，但发育胎盘关键靠“合胞素”。而“合胞素”的形成得益于病毒的作用！大约距今1亿年左右，哺乳动物的祖先被一种内源性逆转录病毒感染，获得了最早的“合胞素”蛋白，创造了最早的“胎盘”，使哺乳动物能够通过“胎生”出现在地球上[1]。嗣后，哺乳动物可能在演化过程中又被其他内源性逆转录病毒多次感染，使“合胞素”编码蛋白性状更佳，从而不断实现更新换代，进一步形成了哺乳动物大家族。

3.4　病毒是各类细菌的杀手

病毒是自然界数量最大的天然“噬菌体”，是各类细菌的天然杀手。特别是海洋中，每一秒钟内，病毒能向其他微生物发起至少10万亿次进攻，每天能杀死整个海洋中约30%的细菌[1]。正因为病毒对以细菌为代表的海洋微生物的天然灭杀，才维持了海洋中的微生态平衡。在杀灭细菌的同时，病毒借助细菌的细胞能量而实现大量自我繁殖，使更多的“噬菌体”加入灭菌队伍。

自古人体小宇宙，在这个“小宇宙”中微生态平衡至关重要。肠道菌群的平衡甚至直接影响着人的精神和大脑！但如何完成和维持这种平衡，病毒作为“噬菌体”发挥着重要作用。而且在人类历史上，在抗生素出现之前，利用病毒治疗病菌感染的成功例子屡见不鲜。第一次世界大战中，有些部队士兵中流行的痢疾、霍乱，甚至鼠疫都是靠“噬菌体”成功控制的。

有些科学家使用“病毒”来描述那些在真核生物中传播和感染的生物；使用“噬菌体”或“吞噬体”来描述那些在原核生物间传播的生物。但生物病毒不管是烈性噬菌体还是温和型噬菌体，都是利用细菌细胞得以复制繁殖，利用细菌细胞的核苷酸和氨基酸来自主地合成自身的一些组件，装配下一代个体。

虽然生物病毒会给人类带来一定的益处，利用噬菌体可以治疗一些细菌感染；利用昆虫病毒可以治疗、预防一些农业病虫害等，但有害的生物病毒却危害极大，例如新型冠状病毒、埃博拉病毒、艾滋病病毒等，给人类带来巨大的生命危险；禽流感病毒、虹彩病毒、白斑杆状病毒等会带来养殖病害；TMV，马铃薯Y病毒等给种植业带来巨大损失。

4　如何应对有害病毒？

病毒是一个庞大的家族，整个种群数量可能超过100万种，真正对人类造成重大灾害的不过几十种，不到总量的万分之一，应该说绝大多数对人畜无害。因此，没有必要一提“病毒”二字，就毛骨悚然，必欲除之而后快。而是需要以冷静的心态，科学应对有害病毒；科学利用有益病毒；科学处置无害病毒。

到目前为止，全世界抗击新型冠状病毒的实践证明了一个严酷的现实，最有效的办法是“躲”而不是“斗”，是“逃避”而不是“进攻”，是阻断传播而不是正面肉搏！彻底地“隔离”、果断地切断传播渠道，是抗击病毒最有效的成功之道。

研发疫苗和筛选有效药物可能是遏制病毒的后续主要途径。当年通过接种牛痘疫苗战胜“天花”病毒就是人类历史上最伟大的胜利。但疫苗研制程序复杂，需要时间，首期疫苗肯定落后于疫情蔓延。当年 SARS 疫苗的推出用了一年半的时间，当疫苗问世时，“非典”疫情早已得到了控制。所以，疫苗研制只能作为近期目标，不能代替应急处置。况且有些病毒变异很快，往往是疫苗问世了，病毒变异了，又需要重新研制新的疫苗。

战胜病毒最终靠的是人体自身的免疫系统。有些人免疫系统健康、强劲、敏感，就能迅速反应，及时识别病毒，把入侵的病毒消灭在萌芽之中，从而表现出“百毒难侵”。因此提升人体免疫能力是抗击疫情的未来战略目标。

那么，如何提升免疫能力？可能海洋“盐卤”具有不可替代的功能[4]！海洋在全球范围内调控生态、滋养生命、影响经济、孕育文明。纵观林林总总的海洋生物，与陆地生物相比，无不表现出很强的抑菌抗毒特性。海洋植物，以大型藻类为代表，显示出天然阻燃、天然杀菌抗毒、天然放射性屏蔽[4]。海洋动物，不管是掠食性还是滤食性，不管是肉食性还是草食性，不管是底栖还是游泳，几乎没发现过因病毒传播而造成的全球性“疫情”，甚至“癌症”患者也远远低于陆地动物。这一切，不得不考虑盐卤的作用。

根据目前的研究，可以说，海洋中的病毒总体上对人体无害。而当有些病毒脱离了“盐卤”环境，上陆进入新的大气环境之后，可能借助若干“中间宿主”的陆地动物，经过若干次变异，最终演变成了对人类“有害”的病毒。

盐是百味之祖、化工之母、生命之源。标准海水具有恒定的盐度值。作为人体，有机质的肉体可大可小，但 11 的盐度基本恒定，这就是生理盐水的标准[5]。如果高于或低于这一标准，人体的各个器官就难以正常运转，体内的各种生物膜也难以承受。

盐在人体中到底起到什么作用？作为无机物的小分子与人体有机质大分子的相互作用机理是什么？人体的信号传递中“盐”发挥了什么作用？人的意念与盐有什么关系？甚至盐与大脑的发育、肌肉的兴奋是什么关系？还基本上是未知数。但目前的科学研究揭示，人体免疫系统与盐的关系十分密切[5]。

人类的生活条件越来越好，但越来越多的“现代病”成为“常态”，其中“精盐”可能是主要元凶。之前全世界范围内几乎都吃“粗盐”，就是直接食用海洋“原盐”，其中氯化钠含量大致在85%～87%[6]，其余的则是钾、钙、镁、锶等无机元素，基本上维持了人体的金属元素平衡。但今天的“精盐”，主要是通过矿盐重结晶、或者通过离子交换膜生产的“离子盐”，氯化钠含量几乎达到100%，造成了“一钠独高”，钾、钙、镁、锶等金属元素严重缺失。本来人体的金属元素配比与海水基本一致，而“精盐”破坏了这种配比平衡，造成了“高钠”而非“高盐”，特别是钠/钾配比、钙/镁配比的失衡使免疫细胞失去了应有的活力。

分子生物学研究证明[5]，钾、镁元素主要在细胞核内，钠、钙元素主要在细胞核外，一旦钾、镁元素缺失，钠、钙元素必然会乘虚进入细胞核，从而导致细胞功能紊乱，丧失了免疫功能，为有害病毒的入侵打开了方便之门。由此可见，海洋盐卤可能是提升免疫力，从根本上抗击有害病毒的新型“健康产品”。

目前，国际学术界公认盐卤矿物组分与人类健康密切相关。日本、以色列等国家对盐卤的应用研究已有几十年的历史[6]，目前已形成了以浓缩海洋盐卤为特色的若干保健产品。我国目前对该领域的研究尚处于起步阶段，亟须揭示盐卤与健康的科学规律，从细胞层面查明盐卤有效抑制病毒入侵的机理。

盐卤资源能有效解决当今人类因“元素失衡”而带来的免疫系统弱化，盐卤产业服务人类健康，有可能成为继合成药、生物药之后的第三大新型“药源”。盐卤产业与未来的“健康中国”息息相关。因此，从国家政策层面上，修改食用盐的标准，彻底改变“盐”就是单纯“氯化钠”的习惯认识；从产业层面上，推出“粗盐”代替“精盐”的产品结构；从“药食同源”的角度，推出“天然盐”替代“离子盐”的政策措施。简单地说，就是通过聚集海洋元素精华的“浓缩盐卤”代替单纯的“精盐”，从而达到提升人体免疫力、有效抗击有害病毒的目的。

我国海盐产业历史悠久、规模庞大。渤海沿岸是国内外著名的盐卤产业密集区。黄海之滨，特别是苏北沿海，具有广袤的地下卤水资源，自古也以盛产“原盐”驰名中外。但上千年来，以资源型、原料型的“盐、碱、溴”出口上市，今天需要实现以“健康产业”为目标的“颠覆性”转型升级。也就是以卤水资源高效利用为目标，打造新型健康产业集群。

盐卤具有天然阻燃、杀菌抗毒、放射性屏蔽、凝固蛋白质、吸附固化粉尘等特殊功能[6]，而且基本上对人体无害。为实现卤水资源功能化应用，以人体“补钾降钠”为主攻方向，着重研发盐卤元素在增强人体免疫功能、现代病预防、亚健康人群、区域性微量元素缺乏、精神智力等领域的针对性应用。打通卤水健康产业链，发展卤素药物，创建集医疗卫生、日化洗化、功能食品、健康服务为一体的现代新兴海洋健康产业体系。

参考文献

[1] Carl Zimmer.A Planet of Viruses the Second Edition.刘旸译.病毒星球.南宁:广西师范大学出版社,2019.

[2] Lauren Sompayrac.How Pathogenic Viruses Work.姜莉、李奇涵等,译.病毒学概览.北京:化学工业出版社,2006.

[3] 唐凤.海洋,病毒之家.中国科学报,2019-4-29.

[4] 李乃胜,徐兴永.做强海洋盐卤业,助力打造“健康中国”.中国自然资源报,2020-3-31.

[5] 李乃胜.试论健康海洋与服务人类健康//经略海洋 2018.北京:海洋出版社,2019:199-212.

[6] 李乃胜.浅谈海洋盐卤与人类健康//经略海洋 2019.北京:海洋出版社,2019:331-339.

发挥海洋科技优势　科学应对有害病毒

——关于海洋盐卤抑制新型冠状病毒的几点思考

李乃胜，徐兴永

（自然资源部第一海洋研究所，青岛 266061）

摘要：新型冠状病毒肆虐全球，科学应对至关重要。坚决彻底迅速切断病毒传播渠道是行之有效的应急之举；研发疫苗和筛选有效药物是近期有望实现的可行目标；提升人体免疫力是抑制病毒入侵、科学战胜疫情的根本长远国策。但如何提升免疫力？医学界以及整个生命科学领域很难给出可定量、可检测的有效举措，多是像心情开朗、睡眠良好、药食同源等无法证实也难以证伪的泛泛之谈。因此，从生命源于海洋的基本原理入手，发挥海洋盐卤的特殊作用，实现人体细胞元素“均衡”，有可能是提升免疫力的重要途径。

关键词：海洋盐卤；免疫力；元素均衡；新型冠状病毒

庚子新春，全国人民万众一心，众志成城，抗击疫情如火如荼，在较短的时间内取得了决定性胜利。我国人口众多，分布密集，控制疫情难上加难，但我们有世界上无可比拟的优势，这就是党中央的集中统一领导和社会主义制度的优越性，我们在较短的时间内创造了人类历史上的奇迹，为全世界抗击新型冠状病毒“疫情”提供了借鉴，塑造了人类有效控制有害病毒传播的典范。

但是新型冠状病毒传播没有国界，疫情仍在世界范围内蔓延，迄今为止，每天都有成千上万的人死于新型冠状病毒。事实证明：疫情可以战胜，病毒永远存在。“人定胜天”的蛮干无济于事，“谈虎色变”的恐惧更不可取。眼下最需要的是用科学的观点看待病毒、用科学的规律了解病毒、用科学的方法应对病毒、用科学的原理抑制病毒。

1　应对新型冠状病毒的“三步走”战略

恐慌源于无知！当年 SARS 病毒突如其来，一度引起全国恐慌，因为我们当时对此所知甚少。2008 年奥运会前夕，即便是对人畜无害的大型绿藻一夜之间覆盖青岛近海，也曾引起一度恐慌，因为我们之前缺少研究。今天尽管新型冠状病毒来势汹汹，但全国上下人心稳定，社会安泰，抗击疫情有条不紊，复工复产循序渐进。因为我们有抗击“非典”的科学积累，有科学透明的信息发布机制，有科学研究的引领支撑，有国际社会的通力合作，更重要的是有中国特色社会主义的制度自信和行动自觉。

1.1 应急处置——隔离防控，彻底切断传播渠道

近百年来，国内外战胜有害病毒的经验证明，面对突发疫情，需要战略上蔑视敌人，战术上重视敌人。严格的隔离防控是最科学、最有效的应急处置措施。通过果断及时、严密精细、严防死守的隔离防控能有效地封锁病毒传染源头、切断病毒传播途径、保护易感人群。中国的特色是全国一盘棋，党中央一声令下，全国人民迅速行动，几乎一夜之间实现村村上岗、户户设防。这一点世界上其他人口大国几乎无法做到！实践证明，举全国之力，在最短的时间内迅速控制疫情，减少病毒传播，既是保护中华民族健康的燃眉之急，也是我国对全人类健康的巨大贡献。

1.2 近期目标——疫苗研发，筛选特色有效药物

通过接种疫苗产生抗体，是人体自行遏制病毒的有效途径。当年通过接种牛痘疫苗战胜“天花”病毒就是人类历史上最伟大的胜利。全球范围内流行的各种“瘟疫”最终大多是通过疫苗而画上句号的。但疫苗研制程序复杂，需要较长时间，首期疫苗肯定落后于疫情蔓延，因为疫情与疫苗是因果关系，先有抗击疫情需求才导致疫苗研发。当年SARS疫苗的推出用了一年半的时间，已经算是相当快了。但当疫苗问世时，“非典”疫情早已得到了控制。所以，疫苗研制只能作为近期目标，因为远水不解近渴，不能代替应急处置。况且有些病毒变异很快，往往是疫苗问世了，病毒变异了，又需要重新研制新的疫苗。因此，疫苗研制的战略目标应该是彻底遏制持久性同一病毒传播，防止同一病毒的卷土重来。

病毒是最原始、最简单、“半生命”状态的微生物，离开宿主就是“结晶体”，堪称“死物”，所以很难找到能猎杀病毒的特效药物。因为杀死“活物”很容易，但杀死“死物”几乎没有办法。杀灭病毒不应该瞄准“死物”，而是在“活物”，即“宿主”身上做文章。归根结底，杀死有害病毒只能从提升人体免疫力入手，也就是只有当病毒寄宿在人体中呈现“生命状态”时才能将它杀死。因此，研发特效药物主要是瞄准由于感染病毒而引发、造成的各种并发症，力求尽快治愈，降低致死率。

1.3 长远目标——增强免疫功能，使之“百毒难侵”

遏制病毒、战胜病毒、杀灭病毒，最有效、最根本的是强化人体自身的免疫系统。顾名思义，“免疫”就是免去“疫情”！有些人免疫系统健康、强劲、敏感，就能迅速

反应，及时识别病毒，把入侵的病毒消灭在萌芽中，从而表现出“百毒难侵”；有人免疫功能弱化，就极易感染，往往是稍有“风吹草动”，不管是遇到哪路病毒、病菌，总是第一批倒下。因此，提升自身免疫能力是抗击各类疫情的长远目标。

那么，如何提升免疫能力？可能海洋“盐卤”能发挥不可替代的作用！“小康”不“小康”，关键看健康；健康不健康，关键看海洋。海洋是生命的摇篮，大气的襁褓，风雨的温床，环境的净土。这一切都是人类健康的基础，也是未来人类健康的战略要地。

海洋是地球的命脉，海洋在全球范围内调控生态、滋养生命、影响经济、孕育文明。无论是现在，还是未来，没有海洋健康，就没有人类的繁荣。今天海洋无偿赠予我们的，正是关乎明天人类存亡的无价之宝。

海洋的基础是“海水”，海水的特色是“盐分”。一提到海洋，人们自然会想到，正因为地球是个蓝色的水球，正因为海水是“咸”的，才带来了适合人类生存的环境。这就产生了海洋盐卤与人类健康密切相关的重要命题，而且极有可能是健康层面最基本的问题。

2　从毒理溯源看海洋盐卤的作用

盐卤源自海洋，这是一个基本事实。标准海水的盐度为35。而海洋覆盖地球表面积的70.8%，海水的平均深度约为3 780 m。按照这样的容量估算，如果把海水里的盐全部提取出来堆放在陆地上的话，全球陆地表面会罩上超过200 m厚的盐。

生命起源于海洋，而不是起源于淡水，由此推论，真正的生命之源是“盐”。生命作为一个有机质大分子的聚合体，如何与无机物的小分子“盐”相互作用，可能是生命溯源研究的重大科学问题。

2.1　追根溯源——病毒起源于海洋

根据现在人们的认知程度，最低等、最古老的原始生命起源于原始的海洋中，比如说病毒、盐藻、蓝藻、细菌。据研究，盐藻作为地球上最古老的生命之一，其细胞核发育并不完整，属于原始的原核单细胞，现已查明其出现起码有30多亿年的历史，比地球的年龄小不了多少。病毒更特殊、更原始，是否发育了“细胞核”还是个问题，甚至算不算“生命”都有不同的认识，可能就是一个单体遗传物质罩上了一个蛋白质外壳。因为离开宿主，就没有生命特征，起码是无限期的“休眠”状态。可一旦碰到合适的宿主就马上激活，而且能迅速变异繁衍。科学家估算，海洋中可能有几十万种病毒存在，仅在北冰洋就已发现并证实了2万余种，有人把北冰洋称为地球上的

“病毒之家”。这应该可以作为一个侧面证明，病毒起源于海洋中。而且科学研究证明，这些海洋病毒绝大多数对人体无害，这些病毒的宿主绝大多数是海洋中的细菌。

随着地下深处和深海极端环境中“耐盐”和“耐热”细菌群落的大量发现，以及对苦卤生物和深海热液生物的生态学研究，越来越揭示出细菌与“盐”的关系非常密切。海洋中的盐，或许就是造就原始地球上“生命胚胎”的重要载体。因此，探寻盐卤与病毒起源的关系，对于揭开生命奥秘具有重要的科学意义，对于从根本上战胜有害病毒有重要的理论意义。

2.2 海陆对比——海洋中的疫情微乎其微

与狭小的陆地相比，广袤的海洋中生物数量特别巨大，种类特别繁多，只是人们的认知程度还非常低。从小到肉眼看不见的病毒、细菌和微藻，大到比陆地上最高的大树还高若干倍的巨型海藻，比陆地上的大象还重几十倍的蓝鲸，几乎是无奇不有、无处不在。而且陆地上的生物大多在地面上一层分布；而海洋中的生物是从海面到海底几千米垂向立体化多层分布。

纵观林林总总的海洋生物，与陆地生物相比，无不表现出很强的抗病毒特性。陆地上司空见惯的“鸡瘟”“猪瘟”“禽流感”和“蓝耳病”等动物流行性疾病，各种农作物、蔬菜、水果病害，已成为面源性重大问题。而广袤的海洋中几乎没发现过“鱼瘟”，也很少见到海带、海草等天然海洋植物病害。与之截然不同的表现是：海洋植物，以大型藻类为代表，显示出天然阻燃、天然抗菌抗毒、天然放射性屏蔽。海洋动物，不管是掠食性还是滤食性，不管是肉食性还是草食性，不管是底栖还是洄游，几乎没发现过因病毒传播而造成的“疫情”，甚至“癌症”的发病率也远远低于陆地动物。这一切，不得不考虑盐卤的作用。

当前对海洋生态安全的威胁主要来自环境污染和人类活动。过度捕捞猎杀，造成渔业资源枯竭；过度富营养化，造成某些海洋生物暴发性生长，譬如，赤潮、绿潮、水母，从而引发巨大的生态灾害。

2.3 盐卤作用——有效提升免疫能力

标准海水有一个恒定的盐度值。作为人体，有机质的肉体重量可大可小，但11盐度基本恒定不变，这就是生理盐水的标准。如果高于或低于这一标准，人体的各个器官就难以正常运转，体内的各种生物膜就难以承受。

盐在人体中到底起到什么作用？作为无机物的小分子与人体有机质大分子的相互作用机理是什么？应该说人们的认知程度还非常低。量子纠缠的信号传递中“盐”发挥了什么作用？人的意念与盐有什么关系？甚至盐与大脑的发育、肌肉的兴奋是什么关系？还基本上是未知数。但目前的科学研究揭示，人体免疫系统与盐的关系十分密切，只有免疫系统健康才能有效抵制有害病毒入侵！

在陆地大型哺乳动物中，为什么只有人特别爱吃“盐”？为什么人体对盐的需求量特别大？马、牛、羊可以大口吃青草，但人吃青菜如果不放点盐就很难下咽。老虎和狮子吃生肉大快朵颐，但人勉强吃点少放盐的“生鱼片”“生肉片”还凑合，如果整天吃不加盐的大块生肉，肯定不行。这就从另一方面说明，人比其他大型哺乳动物更需要盐，这也说明了人体与无机盐的特殊关系。一句话，人离不开盐！

人类的生活条件越来越好，但越来越多的“现代病”成为“常态化”。难道生活条件变好必然会导致“现代病”吗？难道营养好就一定要得病吗？今天越来越多的癌症、心梗脑卒、抑郁症成为人类健康的主要杀手，与20世纪80年代之前截然不同，其中“精盐”可能是主要元凶之一。80年代之前全世界范围内几乎都吃“粗盐”，就是直接食用海洋“原盐”，也就是常见的“大盐粒子”，基本上未经过任何形式“再处理”的盐。这种盐其中氯化钠含量在85%~87%，其余的则是钾、钙、镁、锶等无机盐，基本上维持了人体的金属元素平衡。但今天的“精盐”，基本上是通过矿盐重结晶，或者通过离子交换膜生产的“离子盐”，氯化钠含量几乎达到了百分之百，造成了“一钠独高”，其他钾、钙、镁、锶等金属元素严重缺失。本来人体血液的金属元素配比与海水基本一致，而“精盐”破坏了这种配比平衡，造成了“高钠”而非“高盐”，特别是钠/钾配比、钙/镁配比的失衡使免疫细胞失去了活力，从而导致免疫功能严重下降，进而引发了这些现代疾病。分子生物学研究已经证明，钾、镁元素在细胞内，钠、钙元素在细胞外，一旦钾、镁元素缺失，钠、钙元素必然会乘虚进入细胞，从而导致细胞功能紊乱，丧失了免疫功能，为有害病毒的入侵打开了方便之门。由此可见，海洋盐卤可能是从根本上抗击有害病毒的新型“健康产品”。

3　利用盐卤抗击有害病毒的尝试性建议

生命起源于海洋，盐卤资源能有效解决当今人类因“元素失衡”而带来的免疫系统弱化，盐卤产业服务人类健康，有可能成为继合成药、生物药之后的第三大新型海洋药源。盐卤产业与未来的“健康海洋”和“健康中国”息息相关。因此，打造健康海洋，服务人类健康，实现人海和谐是提高中华民族健康水平的现实需求，也是有效抗击有害病毒的长远之计。

3.1　长远目标——天然盐代替离子盐

目前，国际学术界公认盐卤矿物组分与人类健康密切相关。日本、以色列等国家对盐卤的应用研究已有几十年的历史，目前已形成了以浓缩海洋盐卤为特色的若干保健产品。我国目前对该领域的研究尚处于起步阶段，亟须揭示盐卤与健康的科学规律，从细胞层面查明盐卤有效抑制病毒入侵的机理。从国家战略层面上，从“药食同源”的角度，修订国家食用盐的标准，推出“天然盐”替代“精盐”的政策措施，改变“盐”就是单纯的“氯化钠”的习惯认识，通过聚集海洋元素精华的“浓缩盐卤”代替单纯的氯化钠，从而达到提升人体的免疫力、有效抗击有害病毒的目的。这样一方面实现了盐卤产业的“颠覆性”转型升级；另一方面从根本上提升了国人的健康水平。

3.2 近期目标——发展盐卤健康产业

我国渤海沿岸是“京津冀鲁辽”产业密集区，也是国内外著名的盐卤产业密集区。黄海之滨，特别是苏北沿海，具有广袤的盐碱地和地下卤水资源，自古也以盛产“原盐”驰名中外。但上千年来，以资源型、原料型的“盐、碱、溴”出口上市为主体，今天需要实现以“健康产业”为目标的彻底转型升级。也就是以卤水资源高效、可持续利用为目标，打造可持续发展的绿色盐业新模式，打造新型健康产业集群。

为实现卤水资源功能化应用，以人体“补钾降钠”为主攻方向，着重开发盐卤不同元素在增强人体免疫功能、现代病预防、亚健康人群、区域性微量元素缺乏症、精神智力等领域的针对性应用。打通卤水健康产业链，发展卤素药物，创建集医疗卫生、日化洗化、功能食品、健康服务为一体的现代新兴海洋健康产业体系。

3.3 应急举措——推出新型盐卤抗病毒产品

迄今在定性层面上的研究可以证明，盐卤具有天然阻燃、杀菌抗毒、放射性屏蔽、凝固蛋白质、吸附固化粉尘等特殊功能。而且盐卤产品成本低廉，工艺简单。面对当前新型冠状病毒的传播，理应利用海洋盐卤的天然特性，迅速推出一系列抑制新型冠状病毒的大众化产品。譬如盐卤漱口水、盐卤洗手液、盐卤消毒液、盐卤喷雾剂、盐卤辅助食品等廉价实用的抗病毒系列产品。

总之，抗击病毒是当下第一要务，提升健康水平是未来长远目标。我们需要立足自主创新，突破关键技术，实现卤水资源深层次、高值化开发，以打造新兴海洋健康产业为突破口，以提升中华民族的健康水平为目的，实现传统海洋盐卤产业的“颠覆性”转型升级。

美丽中国之健康美丽海洋的任务和目标

宋金明，孙松，邢建伟

（1. 中国科学院海洋生态与环境科学重点实验室 中国科学院海洋研究所，青岛 266071；2. 青岛海洋科学与技术试点国家实验室 海洋生态与环境科学功能实验室 青岛 266237；3. 中国科学院大学，北京 100049；4. 中国科学院海洋大科学研究中心，青岛 266071）

摘要：由于人类活动的不断加剧，近海和海岸带区域承受了前所未有的资源和环境压力。保持和恢复我国近海和海岸带的资源环境，是建设健康美丽中国的核心目标之一。本文在对我国近海及海岸带存在的主要生态环境问题分析和剖析国内外进展的基础上，提出了“近海与海岸带环境综合治理及生态调控技术和示范”的研究任务和目标，即聚焦海岸带-近海环境破坏、生态灾害频发、生物资源衰退等关键科学问题，创新研发近海和海岸带生态环境治理、近海生态灾害综合防控和生物资源增效调控的关键技术和模式，开展典型海岸带-近海生态环境脆弱区重大生态环境修复工程示范，构建陆地减排-海岸带减缓-近海提质的一体化技术体系，为陆海统筹“绿色发展”提供新范例；综合评估近海生态系统承载力，提出我国未来30年海岸带和近海面临的重大风险及其系统解决方案，为实现建设“美丽海洋”的战略目标、近海生态安全和可持续发展提供科学依据。

关键词：近海与海岸带；修复示范工程；美丽健康海洋；可持续发展系统解决方案

党的十九大报告提出“坚持陆海统筹，加快建设海洋强国”，对加强生态文明建设、建设美丽中国、实现绿色发展做出重大部署，将海洋作为区域和经济社会发展的重要领域纳入“五位一体”总体布局和“四个全面”战略布局。《国家中长期科技发

资助项目：中国科学院战略性先导科技专项课题“近海环境健康评估技术与海域评估方案”（XDA23050501）；烟台“双百计划”资助项目。

展规划纲要（2006—2020年）》与《“十三五”国家科技创新规划》也明确提出将“海洋生态与环境保护技术，近海环境及生态的关键过程研究”列入国家重大科技需求，显示了国家保护海洋生态环境和建设“美丽海洋”的决心与强烈需求。在国际上，“联合国海洋科学十年可持续发展路线图”制定的2020—2030年规划中，聚焦大洋、近海和海岸的可持续发展主题，其宗旨是竭尽全力扭转海洋健康衰退的循环，改善大洋、近海和海岸的可持续发展条件，通过实施“对海洋生态系统及其运作有定量认识作为管理和适应计划的基础”“基于地球系统观测，研究和预测海洋作为评估社会科学和人文科学及经济的前提”“综合集成海洋灾害预警系统”等六大重点研发任务，最终达到洁净的海洋、甄别确定污染源、量化和减少污染源、清理海洋中的污染物的目的。

进入21世纪以来，我国在沿海地区部署了近20个战略性国家发展规划，近海与海岸带既是国家经济发展的支柱区域，又是区域社会发展的“黄金地带”。在国家“一带一路”和生态文明建设战略部署下，近海与海岸带作为核心海洋经济区，已成为拉动我国经济社会发展的新引擎。我国近海生态系统具有独特的资源和地缘优势，其服务功能对沿海地区的经济社会发展起着决定性的保障作用。目前，我国沿海地区以13%的国土面积承载了40%多的人口，创造了60%以上的国民生产总值，近海生态系统已成为国家缓解资源环境压力的核心区域[1-2]。我国在开发利用海洋、发展海洋经济方面已经取得举世瞩目的成就，海洋渔业、海水养殖业、观光旅游业、海工装备业等已成为我国沿海国民经济发展的重要增长点，为沿海经济和整个国民经济的发展做出了重要贡献。

近几十年来，在高强度人类活动和气候变化的双重影响下，近海与海岸带面临着富营养化加重、污染加剧、人工岸线无序增长等严重问题，导致近海与海岸带生态环境对外界扰动的自我维持和调节能力减弱，部分生态系统出现功能退化，甚至丧失等现象，由此导致的生境恶化、湿地退化、生态灾害频发、生物资源衰退等问题十分突出[3-6]。因此，保持和恢复近海与海岸带的资源环境，实现近海与海岸带的可持续发展就成为建设美丽中国，推动生态文明的重要任务。

1 近海与海岸带的状况与美丽海洋不相适应

1.1 近海与海岸带生态灾害频发，亟须创新环境综合治理及生态调控技术体系

近海与海岸带是陆、海相互作用及人类活动的强烈承受区域，是环境变化的敏感带和生态系统的脆弱带，也是自然生态环境与经济社会可持续发展的关键带。近年来，

由于人类活动和全球变化的影响，我国近海与海岸带环境和生态系统的结构和功能已经发生了显著变化，富营养化问题持续加剧，底层水体低氧区不断扩展，海水酸化日趋严重，生物资源渐趋衰竭，海洋生产力流向了赤潮、绿潮和水母等无经济价值的灾害生物，生态灾害频发，严重影响了近海生态系统的安全，威胁近海人类的生存环境[7]。根据《2019 年中国海洋生态环境状况公报》，东海的水质最差，劣四类水质面积最多，为 22 240 km^2，占总管辖海域劣四类水质的 78.5%。东海也是唯一一个 2019 年未达一类海水水质标准海域面积、劣四类水质海域面积双双上升的海区，未达一类海水水质标准海域面积同比上一年增加了 8 250 km^2，劣四类水质海域面积也增加了 130 km^2，2019 年直排入东海污染源污水总量为 460 570 万 t，比渤海、黄海、南海之和还多了 1/3。渤海、黄海、南海三大海区的未达一类海水水质海域面积、劣四类水质海域面积均有下降。在过去 50 年间，我国已经损失了 53%的温带滨海湿地和 73%的红树林，破坏了鱼类产卵场、育幼场和索饵场，降低了底栖生物多样性并减弱了湿地对水体的净化功能，导致近海与海岸带生态系统服务功能的下降[1]。目前，针对造成近海和海岸带生态环境改变的原因、类型和速度等因素的认知仍然非常有限，对人类活动影响下海岸带系统的变化趋势及其对全球变化的反馈作用也了解甚少，更缺乏基于“陆海统筹”的近海与海岸带环境综合治理技术。

在这种背景下，亟须在国家层面解决全球变化下近海环境如何健康发展、海洋生物资源如何增效和可持续利用等问题，以保障近海与海岸带生态系统的健康发展，增强近海与海岸带生态系统对经济社会发展的长久支撑能力。

1.2　近海与海岸带社会发展存在结构性缺陷，亟须提供生态环境与经济发展协同战略方案

目前，我国近海与海岸带高脆弱区已占全国岸线总长度的 4.5%，中脆弱区占 32.0%，轻脆弱区占 46.7%，非脆弱区仅占 16.8%[1]。如何科学地优先应对在脆弱近海与海岸带地区所发生的快速而深刻的变化，又如何预测这些变化可能对近海与海岸带本身及其生物多样性、社会群体与生活产生前所未有的影响，已成为近海与海岸带可持续发展研究的重大课题。为确保我国近海和海岸带系统的健康可持续发展，并为近海和海岸带综合管理制定科学策略，亟须构建我国近海生态系统承载力模型；从生态系统、环境安全和生物资源变动角度出发，综合分析近海和海岸带生态系统承载力，提出我国典型近海区域渔业生产经营空间布局和可持续发展模式。同时，基于我国近海生态系统承载力评估、全球气候变化、经济社会发展、技术能力和工程能力发展等，对我国近海环境敏感区、生态灾害易发区和海水养殖重点区域的未来发展趋势进行评估，提出“资源-环境”平衡条件下的我国近海生态环境战略报告和系统解决方案。

对此，选择有代表性的近海与海岸带区域进行试点，突破传统陆地、湿地和海洋研究工作单元割裂的现状，强化生态环境科学研究的整体性和系统性，因地制宜地研发生态环境综合治理方案和生物资源增效调控技术，统筹近海和海岸带资源环境保护与社会经济发展，构建生态环境综合治理和绿色发展技术体系，并开展应用示范，研究成果将为我国近海与海岸带环境保护和资源恢复提供理论依据和技术支撑，也将为我国近海渔业的持续健康发展探索出一条生态、高效、稳定的发展模式；同时，提高我国对近海与海岸带生态环境发展趋势的认知水平和预测能力，对实现“美丽海洋”的战略目标、生态安全和可持续发展具有重要科学意义。

2 近海与海岸带可持续发展国内外趋势

近海与海岸带是人类经济社会活动高度密集区和海陆物质能量交互区，已成为现代经济和社会发展的关键带和生态环境脆弱带。在人类活动和全球气候变化的双重因素影响下，近海和海岸带环境变迁的速度和强度远远超过“自然”环境变化的作用[8]。从全球尺度看，近40年来，随着现代化工农业的迅猛发展和海洋开发活动的加剧，近海与海岸带环境恶化和生态退化正在以惊人的速度加快，导致近海生态系统动荡加剧，生物资源衰退，生物多样性变化显著，赤潮、绿潮和水母旺发等生态灾害频发，危及经济社会发展和近海生态安全[9-10]。

国际上对海洋生态系统的研究主要围绕着环境变化、生态系统演变、生态安全以及它们之间的关系展开。发起并组织实施的相关大型研究计划包括以研究赤潮为主的“全球有害藻华生态学与海洋学研究（GEOHAB）”和“有害藻华与环境响应（HARRNESS）”；强调陆海相互作用对生态系统影响的“海岸带陆海相互作用研究（LOICZ）”；以及全面研究生态系统的“全球海洋生态系统动力学研究（GLOBEC）”和“海洋生物地球化学与生态系统整合研究（IMBER）”等。以上研究计划加深了对近海与海岸带生态环境现状的了解，也为理解生态环境变化机制提供了基础。

2.1 近海与海岸带生态系统脆弱性与生态灾害发生机理

海洋生态系统的脆弱性与气候变化和人类活动的相关性在近几十年里愈加明显，海水温度上升、富营养化、缺氧、酸化等生态环境问题日益显现。受全球气候变化影响，海水表层水温持续上升，加剧了水体层化现象，减弱了营养物质交换，在一定程度上导致了中、低纬度海域初级生产力水平的下降。在近海许多海域，营养盐过量输入导致的全球富营养化问题，引发藻华、有害水母暴发以及潜在致灾生物暴发以及底层水体缺氧等生态环境问题，对近海生态系统，尤其是渔业资源造成了巨大威胁。全球海洋酸化问题则会影响到颗石藻等初级生产者以及珊瑚礁和牡蛎礁等重要生境，甚至可能会导致食物网结构的改变[4]。

我国沿海经济社会的快速发展对于近海和海岸带有限的空间资源提出了更高的要求。长期以来，我国海岸带的变化巨大，城市化、大型工程、资源开发、陆源物质排放、人口增多后出现的环境压力对近海环境造成了严重影响[11-12]，近海生态系统呈现出显著动荡变化的态势。近 50 多年来，我国近海生态系统在多重压力胁迫下发生了很大的变化，主要表现为近海富营养化及营养盐结构失衡；浮游植物、浮游动物及底栖生物的种类组成和分布格局发生了显著改变；渔业生物小型化、早熟化趋势明显，种类组成发生变化，生态系统产出质量下降，近海生态系统发生突发性生态灾害事件的风险也在不断增加。

海洋生态系统作为一个整体，对于外界扰动具有一定的适应和自动调节机制；然而，一旦环境因素的影响超越生态系统的承受能力，生态系统可能会产生突发性变化，引发生态格局更替。从生态系统健康、生态灾害等方面来看，我国近海整个生态系统已处于动荡状态。厘清导致我国近海生态系统动荡的原因，依赖于对生态系统结构、功能和演变机制的深入了解，对此尚需要进行大量深入细致的研究工作。

2.2　近海与海岸带环境综合治理与生态调控机制

近海和海岸带是缓解资源环境压力的重要地带，但在人类活动和全球气候变化的双重因素影响下，我国近海和海岸带环境变迁的速度和强度远远超过“自然”环境变化的作用[11]。然而，当前对海岸带及近海生态环境的研究主要关注不同介质中的污染物分布、来源及其污染状况，而对于近海与海岸带环境综合治理的报道较少，陆地减排-海岸带减缓-近海资源环境提质一体化技术体系尚未建立。总体而言，陆源减排和海洋限捕、限养仍然是近海和海岸带管理的主要手段。

通过控制面源污染保护近海环境在发达国家已有较多实践。欧盟 2016 年通过的全球海洋治理联合声明文件，将从改善全球海洋治理架构、减轻人类活动压力和发展蓝色经济等领域实现海洋资源环境的安全和持续开发，其中控制海洋污染仍然是减轻环境压力的重要内容。与发达国家相比，我国对面源污染控制政策起步较晚。2016 年，国务院“十三五”生态环境保护规划中首次提出“防治农业面源污染”，但如何防止陆源污染，具体的限量标准和实施措施仍有待加强。

项目在解析现有陆域环境过程影响的基础上，以第一产业为对象发展资源集约化利用技术，提出克服目前模式下主要环境影响的新方法和新体系；构建以陆海统筹、生产与生态统筹、环境与宜居统筹为目标的陆海农牧资源与生产多要素协调技术体系；集成生态环境建设关键技术与海洋生物资源增效调控关键技术，将为资源与环境双重约束趋紧背景下的近海与海岸带资源环境综合治理提供科技支撑。

2.3 近海与海岸带承载力评估与趋势预测

近年来，我国近海生态系统呈现出显著变动的态势是海洋生态系统演变的直接体现。针对海洋生态系统的演变，联合国已发起全球海洋评估研究，旨在制定一套普遍适用于所有国家而又考虑到各国不同的国情、能力和发展水平的目标体系，科学认知和评估海洋生态系统的健康状况，分析人类活动压力给海洋生态系统造成的影响，为海洋管理和决策提供科学依据。国际上于20世纪70年代开始开展生态系统健康研究，近年来，近海生态系统健康研究已从单一的生态系统自身结构和功能特征，逐步发展成为涵盖生态、社会、经济和人类健康等诸多方面、从海洋大气-海水-颗粒物-沉积物集成体系强调海洋生态系统服务功能的多学科综合研究[8,13]。例如，美国环境保护署发布《全国近岸状况报告》，对其近岸水体状况进行评估；欧盟的《水框架指令》提出了较完整的海洋环境评估技术指标，并进一步制定了《海洋战略框架指令》，将海洋环境定期监测及评估纳入动态管理进程。指标体系法在物理学、化学、生物学、生态学和毒理学等方法的基础上，利用计算机数学模拟等新技术，已成为目前海洋生态系统健康研究中最常用的评估方法。国内对于海洋生态系统健康评估研究也给予了越来越多的关注，相继开展了一些相关研究，并在近海多个河口、海湾等开展了生态系统健康状况评估工作。然而，针对我国近海生态系统特征的本土化指标体系的建设仍在探索阶段，海洋生态系统健康评估的理论、方法和验证研究需要进一步完善和发展[14]。通过研究和评估我国近海生态系统健康和承载力状况，并加强生态系统整体水平上的整合研究与未来发展趋势的预测研究，将为我国海洋可持续发展和生态系统水平的管理决策提供科学依据。

3 “近海与海岸带环境综合治理及生态调控技术和示范”的任务及目标

作为美丽中国先导专项项目5，“近海与海岸带环境综合治理及生态调控技术和示范”将紧密围绕国家重大战略部署和海洋生态环境治理需求，聚焦海岸带-近海环境破坏、生态灾害频发、生物资源衰退等关键过程，创新研发海岸带和近海生态环境治理、近海生态灾害综合防控和生物资源增效调控的关键技术与模式，为改善近海区域环境质量、实现生态环境保护与经济社会协调发展提供技术基础和调控策略；构建典型海岸带-近海生态脆弱区的重大修复工程示范，为陆海统筹“绿色发展”提供新范式；综合评估近海生态承载力，提出我国未来30年海岸带和近海面临的重大风险和系统解决方案，为实现建设“美丽海洋”的战略目标、生态安全和可持续发展提供科学依据。

该项目5年的总体目标是厘清农业生产、湿地损失和近海养殖活动影响近海生态系统环境质量的途径、范围和程度，评价我国海岸带和近海环境破坏与生态系统结构功能改变、生物资源衰退、生态灾害频发之间的关联程度；形成陆海贯通断面的长期监测技术方案，并完成本底数据库建设和现状评估；建立近海生态系统承载力综合分析方法，以现有科技水平、经济实力、经济社会需求等为基本考量，提出未来30年我国海岸带和近海面临的重大挑战和系统解决方案。通过项目实施，形成海岸带和近海生态环境治理的关键技术体系，构建海岸带与近海环境综合治理及生态调控示范区；形成降低农业面源污染的海岸带绿色农业和多生产要素协调技术体系，完成典型区域应用示范，并提出相应的推广机制和模式；构建以抗逆红树和柽柳为主体的滨海湿地人工修复示范区，科学评测湿地修复对污染物的滞留和缓冲作用；形成由实时预警、源头控制和资源化利用构成的近海生态灾害综合防控技术体系，完成在典型海域针对水母暴发、多源藻华的防控示范和业务化应用；构建针对富营养化和营养盐结构失衡的近海生态系统人工调控技术，完成在养殖区和污染区的应用示范，实现氮磷污染改善和生物资源增产的效果。

参考文献

[1]　宋金明,段丽琴,袁华茂.胶州湾的化学环境演变.北京:科学出版社,2016:1-400.

[2]　孙松,孙晓霞.对我国海洋科学研究战略的认识与思考.中国科学院院刊,2016,31(12):1285-1292.

[3]　Wernberg T,Bennett S,Babcock R C,et al.Climate-driven regime shift of a temperate marine ecosystem.Science,2016,353(6295):169-172.

[4]　Song J M.Biogeochemical Processes of Biogenic Elements in China Marginal Seas.Springer-Verlag GmbH & Zhejiang University Press,2010:1-662.

[5]　唐启升,方建光,张继红,等.多重压力胁迫下近海生态系统与多营养层次综合养殖.渔业科学进展,2013,34(1):1-11.

[6]　Ekstrom J A,Suatoni L,Cooley S R,et al.Vulnerability and adaptation of US shellfisheries to ocean acidification.Nature Climate Change,2015,5(3):207-214.

[7]　Qu C F,Song J M,Li N,et al.Jellyfish(*Cyanea nozakii*)decomposition and its potential influence on marine environments studied via simulation experiments.Marine Pollution Bulletin,2015,97:199-208.

[8]　宋金明,李学刚,袁华茂,等.渤黄东海生源要素的生物地球化学.北京:科学出版社,2018:

1-870.

[9] Anderson D M, Cembella A D, Hallegraeff G M. Progress in understanding harmful algal blooms: paradigm shifts and new technologies for research, monitoring, and management. Annual Review of Marine Science, 2012(4): 143-176.

[10] Kudela R M, Raine R, Pitcher G C, et al. Establishment, goals, and legacy of the global ecology and oceanography of harmful algal blooms (GEOHAB) programme. Global Ecology and Oceanography of Harmful Algal Blooms, 2018: 27-49.

[11] Liu J, Song J M, Yuan H M, et al. Biogenic matter characteristics, deposition flux correction and internal phosphorus transformation in Jiaozhou Bay, North China. Journal of Marine Systems, 2019, 196: 1-13.

[12] Kang X M, Song J M, Yuan H M, et al. Historical trends of anthropogenic metals in sediments of Jiaozhou Bay over the last century. Marine Pollution Bulletin, 2018, 135: 176-182.

[13] 宋金明, 李学刚. 海洋沉积物/颗粒物在生源要素循环中的作用及生态学功能. 海洋学报, 2018, 40(10): 1-13.

[14] 宋金明, 李学刚, 袁华茂, 等. 海洋生物地球化学. 北京: 科学出版社, 2020: 1-691.

发挥自主海洋卫星优势
推进数据应用快速发展

徐承德

（自然资源部第一海洋研究所，青岛 266061）

摘要：海洋科技创新驱动能力是经略海洋、建设海洋强国的“牛耳”和“引擎”。“十五”以来，我国的海洋领域高科技——海洋卫星发展迅速，自 2002 年首颗 HY-1A 卫星成功发射后，陆续发射了 8 颗海洋水色、海洋动力环境、海洋监视监测卫星，在海洋系列卫星的研制、发射、业务化运行、数据应用等方面取得了突破性的成果，积累了丰富的经验。本文介绍了我国海洋卫星发展历程、海洋系列卫星数据产品及应用发展的基本情况。我国自主海洋卫星已处于世界先进水平，涉海相关部门可利用自主海洋卫星优势，拓展数据应用的广度和深度。

关键词：海洋卫星；发展历程；数据产品；应用发展

1　我国海洋卫星发展的历程

我国十分重视海洋卫星及其探测技术的发展，从 20 世纪 80 年代开始，海洋科技工作者们怀揣梦想，立志开拓中国的海洋卫星事业，不断推动海洋卫星的立项发展。在国家的大力支持下，1997 年 6 月，我国第一颗海洋卫星——海洋一号正式立项。目前，我国已发射了以海洋一号（HY-1）、海洋二号（HY-2）及高分三号（GF-3）为代表的 8 颗海洋水色、海洋动力环境及海洋监视监测系列卫星，建立起了高效运行的海洋遥感卫星观测体系，发挥了显著的社会和经济效益。

1.1　中国第一颗海洋卫星——HY-1A 卫星

2002 年 5 月 15 日，在太原卫星发射中心，中国第一颗海洋卫星（HY-1A）由长征四号乙火箭发射升空。HY-1A 卫星在完成了 7 次变轨后，于 2002 年 5 月 27 日到达预定轨道。该卫星是我国第一颗用于海洋水色探测的试验型卫星，装载两台遥感器，一台是10波段的海洋水色扫描仪；另一台是4波段的电荷耦合元件成像仪。

1.2　HY-1B卫星

2007年4月11日，我国第二颗海洋卫星——HY-1B卫星成功发射，实现了海洋水色卫星由试验应用型向业务服务型的过渡。HY-1B卫星是HY-1A卫星的后续星，星上载有1台10波段的海洋水色扫描仪和1台4波段的海岸带成像仪。该卫星在HY-1A卫星基础上研制，其观测能力和探测精度进一步增强和提高。

1.3　中国第一颗海洋动力环境卫星——HY-2A卫星

2011年8月16日，我国第一颗海洋动力环境卫星——HY-2A卫星，在太原卫星发射中心成功发射，目前该卫星仍在轨运行。该卫星搭载微波散射计、雷达高度计、扫描微波辐射计和校正微波辐射计4个微波遥感器，集主、被动微波遥感器于一体，具有高精度测轨、定轨能力与全天候、全天时、全球海洋动力环境参数探测能力。

1.4　GF-3卫星——探海监测全能星

2016年8月10日，我国在太原卫星发射中心用长征四号丙型运载火箭成功将高分三号卫星（GF-3）送入预定轨道。该卫星的应用填补了我国自主高分辨率多极化合成孔径雷达（SAR）遥感数据的空白。GF-3卫星以海洋应用为主用户，具备12种成像模式，涵盖传统的条带成像模式和扫描成像模式，以及面向海洋应用的波成像模式和全球观测成像模式，是世界上成像模式最多的合成孔径雷达卫星。它的分辨率达1 m，是同类卫星中分辨率最高的。GF-3卫星显著提升了我国对地遥感观测能力，能够获取可靠、稳定的高分辨率SAR图像，极大地改善了我国天基高分辨率SAR数据严重依赖进口的情况，使天基遥感跨入全天时、全天候、定量化和米级的应用时代。

1.5　HY-1C卫星

2018年9月7日，长征二号丙运载火箭在太原卫星发射中心点火起飞，成功将HY-1C卫星送入预定轨道，发射任务取得圆满成功。此次长二丙火箭发射创下了太阳同步轨道卫星高度最高、卫星最重的纪录。HY-1C属于海洋水色观测卫星，是HY-1A和HY-1B卫星的后续星。它优化了载荷设计，减少了杂光影响，新增了紫外观测波段和星上定标系统，大气校正精度和水色定量化观测水平大幅提升。

1.6　HY-2B卫星

2018年10月25日，海洋二号B星（HY-2B）在太原卫星发射中心用长征四号乙运载火箭成功发射。HY-2B卫星是我国第二颗海洋动力环境系列卫星，该星进一步提升了我国海洋动力环境遥感的业务化观测能力，将与后续发射的海洋二号C星和D星组成我国首个海洋动力环境卫星星座，可大幅提高海洋动力环境要素全球观测覆盖能力和时效性。

1.7　中法海洋卫星（CFOSAT）

2005年，中法两国签署了关于天文和海洋合作的行政协议，中法海洋卫星（CFOSAT）项目组成立，中法两国航天领域合作的首颗卫星项目正式启动。2018年10月29日，CFOSAT卫星在我国酒泉卫星发射中心用长征二号丙运载火箭成功发射。CFOSAT是中法两国在高科技领域合作的里程碑，推动了两国海洋卫星工程发展和卫星应用服务水平的提升，为中法两国和世界各国提供了高质量的海面风浪观测数据。CFOSAT是增强中法双方和平开发和利用外太空领域合作的实际行动，也是双方在共同应对气候变化问题上继续加强合作的具体体现，对推动构建人类命运共同体具有重要意义。

1.8　HY-1D卫星

2020年6月11日，海洋一号D卫星（HY-1D）在我国太原卫星发射中心成功发射。该卫星是我国海洋水色系列卫星的第四颗卫星，与2018年成功发射的HY-1C进行上、下午组网观测，组成我国首个海洋民用业务卫星星座，填补了我国海洋水色卫星下午无观测数据的空白。HY-1D配置与HY-1C性能相同的有效载荷，双星组网观测可使每天观测频次与获取的观测数据提高1倍，上午被太阳耀斑影响的海域下午观测能够避免；上午被云层覆盖的观测海域和未被观测的区域下午有机会得到弥补。这大幅提升了我国对全球海洋水色、海岸带资源与生态环境的有效观测能力，标志着我国跻身国际海洋水色遥感领域前列。

2　我国海洋系列卫星数据产品

为方便国内外用户了解、获取、使用我国海洋系列卫星数据产品，自然资源部国家卫星海洋应用中心建立了海量卫星遥感数据存档分发系统，我国海洋系列卫星标准数据产品均可在海洋卫星数据分发系统（https：//osdds. nsoas. org. cn/）下载，用户注册后即可免费下载使用。

2.1　海洋水色卫星（海洋一号：HY-1A、HY-1B、HY-1C、HY-1D）

我国海洋水色卫星HY-1A、HY-1B、HY-1C、HY-1D具有水色水温扫描仪器（COCTS）、紫外成像仪（UVI）、海岸带成像仪（CZI）和船舶自动识别系统（AIS）4个有效载荷的数据产品。其中L2级标准产品包括海表温度（SST）、叶绿素浓度、色素浓度、海水漫散射衰减特性、大气要素、总悬浮物、悬浮泥沙含量、海水透明度和植被指数。这些产品可用于初级生产力分布、渔业和养殖业资源状况调查，大型藻类生态环境监测，获取海冰冰情和海面油膜等信息，了解重点河口港湾的悬浮泥沙分布规律，为沿岸海洋工程及河口港湾治理提供基础数据。

2.2 海洋动力环境卫星（海洋二号：HY-2A、HY-2B）

我国海洋动力卫星 HY-2A、HY-2B 具有雷达高度计、微波散射计、微波辐射计、校正辐射计 4 个有效载荷的数据产品。其中 L2 级标准产品包括海面高度（SSH）、海面风（SSW）、有效波高（SWH）和海表温度（SST）。这些产品可用于海平面变化监测、大洋环流和海洋重力场测量、台风中心位置确定、台风移动路径预测、风暴潮灾害预警、海洋风能资源调查、海洋数据同化和数值预报初始场设定。

2.3 海洋监视监测卫星（高分三号 GF-3）

GF-3 卫星的主要有效载荷是合成孔径雷达（SAR），数据产品主要包括 12 种成像模式、分辨率从 1 m 至 500 m、刈幅从 10 km 至 500 km、多极化的雷达图像产品，可用于获取海上目标及海岛和海岸带监测；另可提取海上溢油、海面风场、海浪方向谱、内波等信息，用于海洋污染和海洋动力环境监测。GF-3 卫星具有全天候、全天时和高空间分辨率的特点，使其可以为我国海上执法监察、维护海洋权益、海域使用管理和海洋环境保护等提供强有力的数据支撑。

2.4 国际合作卫星（中法海洋卫星 CFOSAT）

中法合作的 CFOSAT 卫星在全球首次实现了大面积、连续风浪同步监测，L2 级标准数据产品包括海浪方向谱和海面风场。CFOSAT 上搭载的海浪波谱仪（SWIM），可探测的海浪波长范围为 70~500 m，且可连续开机运行，同时具备卫星高度计的星下点有效波高观测能力，可以更全面地获取全球范围的海浪信息。结合散射计（SCAT）载荷，实现风浪同步观测，可以极大提高对风浪相互关系的认识，为海上工程、海洋航行安全、海洋灾害预警等提供重要的海况信息。

3 我国海洋系列卫星应用发展

自第一颗自主海洋卫星发射后，我国海洋系列卫星应用取得了长足发展。海洋水色、海洋动力和海洋监视监测的三大系列海洋卫星的高质量数据产品，得到了国内外科研和业务机构的认可，并应用于海洋生态环境监测、海洋防灾减灾、海洋资源开发等重要领域。

3.1 海洋生态环境监测

海洋卫星可对大洋、近海、海岛、海岸带区域进行高分辨率和大面积的成像观测，在海洋水质、海洋污染、海洋漂浮藻类等海洋生态监测方面具有不可替代的作用。综合利用搭载在 HY-1 卫星上的光学遥感器，可实现对大型海洋漂浮藻类包括浒苔、马尾藻等藻种生长、发展、暴发、消亡的全生命周期精细化观测和鉴别，获得它们的分布面积和海上漂移路径。利用不同藻类在不同波段反射率特性，可计算植被指数和漂浮藻类指数，判别海洋藻类，为海洋生态保护与恢复提供基础监测信息。

3.2　台风监测

台风海况下，利用浮标、船舶、飞机等平台的现场观测数据难以获取，因此卫星是进行台风监测、预报及研究的有效观测手段。综合利用 HY-1、HY-2、CFOSAT 和 GF-3 卫星，以及气象卫星观测，研发基于卫星资料的台风监测技术，可以准确捕捉台风中心的位置并跟踪其变化，并从观测数据中获取台风的行进路线及移动速度，为预报人员分析研判台风演变、风浪强度和破坏性提供直观而有效的依据。

3.3　灾害性海浪监测

CFOSAT、HY-2 和 GF-3 卫星可获取海浪方向谱和有效波高观测数据，这些高质量的观测数据可用于台风灾害过程的巨浪监测、海上航行安全保障、海浪能调查、海-气相互作用研究等。特别是 CFOSAT 卫星搭载的波谱仪和散射计，首次实现了海面风浪的连续、大面积同步观测，对于区分风浪、涌浪，深入理解风浪要素相互关系，改进风浪模型，从而提升海况预报和灾害性海浪预报的准确性有着非常重要的意义，并且为海上航行、海上工程施工、海上军事活动和渔业捕捞等提供基础海况保障信息。

3.4　大洋渔场环境监测

渔场海况速报信息是开展渔情分析和确定中心渔场的基础，卫星遥感技术可以快速提供大面积海洋环境参数分布图，海洋卫星结合船载遥感系统是提供远洋渔场海洋环境条件的有效途径。综合利用 HY-1 和 HY-2 卫星数据，可对大洋渔场环境进行业务化监测，获取渔场的海温、叶绿素、海面风场和有效波高等海洋环境分布数据，制作海洋环境要素分布专题图，直接向海洋渔业生产部门提供服务，可显著减少远洋捕捞船舶的燃油消耗，具有重要的经济和社会效益。

3.5　海冰监测

海冰分布和海冰灾害对极地研究和海上活动有着重要影响。面向深度参与北极治理、建设冰上丝绸之路等重大国家需求，利用 HY-1、HY-2 和 GF-3 卫星数据，可实现我国自主海洋卫星对南北极地区海冰变化的监测，形成覆盖南北极重点关注区域的监测能力和海洋环境保障能力。同时，我国渤海和黄海部分发生的海冰灾害，对海上活动会造成一定的影响，利用海洋卫星资料，可对渤海及黄海北部的海冰灾害进行科学研究和业务化监测，获取海冰分布特征参数信息并及时、准确、有效地为相关部门提供卫星遥感海冰监测信息。

3.6 海平面变化监测

海平面上升对人类的生存和经济发展是一种缓发性的自然灾害。HY-2 系列卫星高度计可进行厘米级的海面高度观测，数据产品可用于海平面变化监测、建立平均海面高模型、海洋重力场反演、海表地转流和大洋环流监测、海洋大地水准面计算等。通过长时间序列 HY-2 卫星观测数据的积累，可以监测全球海平面的变化特征，近 30 年来的高度计连续监测表明，全球平均海面呈现加速上升的趋势。利用 HY-2 卫星高度计结合地壳运动和局部地面沉降影响，研究区域海平面变化，对沿海地区城市基础设施建设和经济发展具有重大意义。

3.7 海岛、海岸带监测

随着遥感技术的迅猛发展，卫星遥感影像数据在海洋领域的应用也不断扩展和深入，已经成为岸线调查、海岛保护与规划、海域使用与评价不可或缺的重要数据源。利用 HY-1 的 CZI 成像仪数据和水色扫描仪数据，结合 GF 系列卫星数据，可开展我国海岛、海岸带和河口地区的资源调查，制作植被分类图、岸线动态变化图、河口悬浮泥沙等分布图，为我国海岛、海岸带管理和资源利用、河口地区土地分类利用等提供技术支撑和服务保障。

3.8 珊瑚礁生态监测

珊瑚礁是热带海洋最突出、最具代表性的生态系统之一，具有惊人的生物多样性和极高的初级生产力。南海分布着许多珊瑚岛礁，受人类活动和全球变暖的双重影响，海水温度的异常升高对珊瑚礁生态环境造成了严重威胁，很大一部分珊瑚礁正处于退化之中。综合利用我国自主 HY-1 和 GF 等多源卫星获取的可见光数据，可对浅水珊瑚分布进行调查和分析，提取浅水珊瑚礁区域水深和底质信息。大量的珊瑚礁白化主要是由海水温度升高造成的，利用 HY-2 和 HY-1 卫星获取的海面温度，基于珊瑚礁白化预警的海面温度变化监测理论和监测指标体系，可对珊瑚白化进行预警监测。

4 结束语

21 世纪以来，我国海洋卫星从无到有，实现了跨越式发展，有效载荷涵盖光学和微波、主动和被动，卫星数量由单星到星座，完成了科研试验到业务应用的转变，海洋水色环境、海洋动力环境、海洋监视监测 3 个系列的海洋卫星均达到了国际先进水平。卫星数据在海洋生态环境监测、海洋防灾减灾、资源开发、航行保障和科学研究方面取得了诸多应用成果。随着后续多星组网观测，我国自主海洋卫星的时间和空间分辨率将进一步增强，卫星产品应用的深度和广度将进一步提高。多要素、高精度、全覆盖的自主海洋卫星综合观测和高质量的服务应用体系，将为我国涉海相关部门、科研机构以及世界海洋学界提供重要技术支撑和服务保障。

参考文献

[1] 白照广,李一凡,杨文涛.中国海洋卫星技术成就与展望[J].航天器工程,2008,17(4),17-23.

[2] 贾永君,林明森,张有广.海洋二号卫星A星雷达高度计在海洋防灾减灾中的应用[J].卫星应用,2018,(5):34-39.

[3] 兰友国,郎姝燕,林明森,等.海洋二号卫星A星微波散射计在台风遥感监测中的应用[J].卫星应用,2018,(5):40-42.

[4] 林明森.海洋二号卫星用户需求分析[J].卫星应用,2003,11(2):7-13.

[5] 林明森,张有广,袁欣哲.海洋遥感卫星发展历程与趋势展望[J].海洋学报,2015,37(1):1-10.

[6] 林明森,张有广.我国海洋动力环境卫星应用现状及发展展望[J].卫星应用,2018,(5):19-23.

[7] 刘建强.我国海洋卫星体系及卫星海洋应用体系建设进展与建议[J].海洋科学进展,2004(2):100-105.

[8] 潘德炉,何贤强,李淑菁,等.我国第一颗海洋卫星HY-1A的应用潜力研究[J].海洋学报,2004,26(2):37-44.

[9] 张有广,林明森.海洋二号卫星A星数据产品国际化应用实例[J].卫星应用,2018,(5):32-33.

[10] 蒋兴伟,宋清涛.海洋卫星微波遥感技术发展现状与展望[J].科技导报,2010(3):107-113.

[11] 蒋兴伟.我国海洋卫星系列的发展及其应用展望[J].Aerospace China,2001,(9):13-17.

[12] 蒋兴伟.海洋二号卫星地面应用系统概论[M].北京:海洋出版社,2014.

[13] 蒋兴伟,林明森,张有广.中国海洋卫星及应用进展[J].遥感学报,2016,20(5):1185-1198.

[14] 蒋兴伟,何贤强,林明森,等.中国海洋卫星遥感应用进展[J].海洋学报,2019,41(10):113-124.

[15] 孙志辉.团结奋进再创辉煌——中国海洋卫星事业发展20年回顾[J].海洋开发与管理,2007,24(3):3-12.

[16] 郑本昌.倚天观海,助力海洋发展战略——中国海洋卫星应用面面观[J].太空探索,2018,(11):13-15.

[17] 郑全安,吴克勤.我国的海洋遥感十年发展回顾(1979—1989)[J].海洋通报,1990,9(3):90-96.

[18] Xu Ying, Liu Jianqiang, Xie Lingling, et al. China-France Oceanography Satellite (CFOSAT) simultaneously observes the typhoon-induced wind and wave fields [J]. Acta Oceanologica Sinica, 2019, 38(11):158-161.

[19] Jiang Xingwei, Song Qingtao. Ocean Satellite Programs in China. Comprehensive Remote Sensing [M]. Volume 8, Elsevier. 2018:278-283.

加强深海生态环境保护
深度参与深海环境治理

于洪军[1]，许岳[2]，于莹[1]，贾颖[2]，丁忠军[2]
（1. 自然资源部第一海洋研究所，青岛 266061；2. 国家深海基地管理中心，青岛 266237）

摘要：深海大洋位于国家管辖海域以外海域，是深度参与全球海洋治理、构建人类命运共同体的重要领域。开发利用深海矿产资源、重视深海生态环境保护，已成为世界各国和地区中长期战略的重要组成部分。随着深海采矿时机的逐渐成熟，深海活动整体已经从“深海进入、深海探测”阶段发展到“深海开发”阶段，其中“区域”内环境问题，包括深海采矿活动对生态环境影响、生物多样性保护，成为各方关注和讨论的焦点。本文分析深海生态环境保护的必要性和紧迫性，阐述不同国家和地区深海生态环境保护和环境影响评估的现状，深入探讨其发展趋势和存在的问题，论述我国深海生态环境保护的思路，提出参与国际规章制度制定的建议，以期推动我国深海生态环境保护，增强我国国际海域事务话语权，引导全球海洋环境的治理，有效维护我国海洋权益。

1　引言

国际海底区域资源的开发利用和海洋生态环境保护如何协调发展是深海生态环境保护的热点问题。深海蕴藏着丰富的矿产和生物等资源，是人类社会生存与发展的战略新疆域。《联合国海洋法公约》规定“国际海底区域及其资源是全人类共同继承财产”，由国际海底管理局（以下简称“海管局”）代表全人类行使管理权。《中华人民共和国深海区域资源勘探开发法》（以下简称《深海法》）规定“承包者应当在合理、可行的范围内，利用其可获得的最佳技术，采取必要措施，防止、减少、控制勘探、开发区域内活动对海洋环境造成的污染和其他危害”。党的十八大报告指出：“提高海洋资源开发能力，发展海洋经济，保护海洋生态环境，坚决维护国际海洋权益，建设海洋强国”，同时，党的十九大报告提出：“坚持陆海统筹，加快建设海洋强国”。深海大洋位于国家管辖海域以外海域，是深度参与全球海洋治理，构建人类命运共同体的重要领域。

随着深海采矿时机的逐渐成熟，国际海底管理局有关环境保护相关规章正在加紧制定，目前要求每个承包者在申请多金属结核开采权之前，必须提交深海采矿环境影响评估报告和环境管理计划，供海管局和相关利益攸关方审议。因此，重视深海生态环境保护，开展深海采矿环境评价，是我国作为缔约国，履行国际责任和承诺，维护人类共同利益的重要表现，体现可持续发展的要求，对我国履行国际义务、树立负责任大国形象，科学认识深海采矿环境影响、发展环境友好型的深海采矿技术，参与深海采矿环境规章制定、增强我国国际海域事务话语权，引导全球海洋环境的治理，有效维护我国海洋权益，都具有重要意义。

2 深海生态环境保护的必要性

2.1 履行国际义务、树立负责任大国形象

1998年6月海管局在我国三亚首次召开了关于制订“区域”内多金属结核矿产资源勘探环境指南的研讨会，与会者指出必须根据既定的科学原则，考虑海洋学的限制性因素，确定通用的环境评估方法，最终制定了一套关于在“区域”内多金属结核勘探活动可能对环境造成的影响的评价指南（草案）。在核准《“区域”内多金属结核探矿和勘探规章》（ISBA/6/A/18）1年后，法律和技术委员会于2001年在ISBA/7/LTC/1/Rev. 1文件中公布指南，于2010年根据研究进展对该指南加以修订。在多金属硫化物和富钴结壳两种资源勘探规章的颁布后管理局开始着手建立一套环境指南，并于2013年公布了适用范围包括多金属结核、多金属硫化物和富钴结壳3种资源勘探阶段的环境指南（ISBA/19/LTC/8）。指南中明确“区域”内勘探矿物的合同应要求承包者收集海洋环境基线数据，建立环境基线，供对照评估其勘探计划方案可能对海洋环境造成的影响，及要求承包者制定监测和报告这些影响的方案。规定以下几类活动需要进行环境影响评估：①利用系统人为扰动海底的活动；②测试采集系统和设备；③利用船载钻机进行钻探活动；④岩石取样；⑤使用海底拖撬、挖掘机或拖网进行面积超过10 000 m^2 的采样活动。海管局进一步要求，在试验采矿之前、期间和之后，各承包者必须在采矿试验前提交环境监测方案，对采矿试验区和参照区进行环境监测。

2014年海管局着手准备开采规章的起草工作，向深海采矿各利益相关方发放了调查问卷，2015年出台了开采规章草案，2016年召开了开采规章研讨会，决定“开发规

章”“环境规章”和“海底采矿事务局规章”分单元分别起草，2017年1月海管局发布了“区域”内矿产开采规章草案-环境规章草案，供2017年2月法律和技术委员会以及3月柏林会议讨论。

我国自1996年加入《联合国海洋法公约》(以下简称《公约》)成为缔约国，即有责任和义务依照《公约》开展“区域”内活动。到目前为止，我国已分别申请到东太平洋多金属结核勘探区、西太平洋多金属结核勘探区、西太平洋富钴结壳勘探区和西南印度洋多金属硫化物勘探区，成为首个对3种主要国际海底矿产资源均拥有专属勘探权和优先开采权的国家。这一方面体现了我国经济实力的增强；另一方面也体现了我国科学技术水平的提高。但同时也使我国成为深海资源勘探活动中比较活跃的几个国家或组织之一而备受国际社会所关注。按照国际相关规则要求，率先开展全系统的采矿试验并进行环境影响评价研究，展示我国在开展深海矿产资源勘探与开发的同时，也重视“区域”内资源开采活动对环境影响的管控，避免造成“区域”内海洋环境破坏，特别是对生态系统的破坏，树立我负责任大国形象。

2.2　科学认识深海采矿环境影响、发展环境友好型的深海采矿技术

国际海底区域面积巨大，资源储量丰富。目前已知具有潜在商业开采价值的金属矿产资源主要有多金属结核、富钴结壳、多金属硫化物等。有关“区域”内矿产资源开采所产生的环境影响，自20世纪70年代以来，西方发达国家和工业财团相继开展了DOMES、BIE和DISCOL等一系列深海采矿模拟实验和环境影响评估等工作。上述成果在一定程度上既提高了国际社会对深海矿产资源开发的认识，也提高了保护深海环境的意识，而且还为海管局制定有关“区域”内环境管理法规，提供了重要科学依据。德国的“扰动与再迁入实验”(DISCOL)研究显示，经开采过的海底区域需要经过7年的时间，生态系统才可大致恢复至开采之前的状况；同时也发现，即使是7年之后，该扰动区域的个别物种仍无法恢复至扰动前的水平。2015年德国政府重新对该区域制定了长期的研究计划，观察期定为25年。

综合分析，目前国际上还没有相关国家开展过全系统采矿试验。已进行的一系列深海采矿环境影响实验与研究，其采矿的最大规模也只有商业采矿的约1/19，而且采矿试验是断断续续进行的，最长一次的试验时间也只有54 h。同时模拟深海采矿，也与商业采矿有本质的区别。上述的环境影响评估活动完全不足以用于推广至商业开采时的环境影响评估。同时，相比陆地上，深海的采矿更为依赖科学技术的发展。深海采矿环境影响的深入研究，有利于我国发展环境友好型深海采矿技术，最终实现深海采矿与环境保护之间的平衡。

2.3 参与深海采矿环境规章制定、增强我国国际海域事务话语权

深海海底蕴藏着丰富的矿产和生物等资源，是人类社会生存与发展的战略新疆域。目前深海活动整体已经从“深海进入、深海探测”阶段发展到“深海开发”阶段。为此，海管局正积极推进“区域”内矿产资源开发规章制定工作。其中“区域”内环境问题，包括深海采矿活动对生态环境的影响和生物多样性保护等，成为各方关注和讨论的焦点，因此，通过定期参加海管局和深海采矿等相关国际学术会议，开展海管局开发规章（草案）环境规则的跟踪研究，掌握环境影响评估、环境管理计划等问题的最新进展；研究开发规章（草案）环境规则对具体采矿实践环境体系和环境内容的要求，结合我国深海资源调查勘探、深海采矿试验环境研究及近海/陆地和深海油气资源开发等实践活动和环境评估过程，针对深海资源开发过程可能出现的环境问题和环境规则体系问题进行研究，形成深海开采环境评估体系，提出应对方案；开展深海采矿环境相关法律和生物保护区建设等方面的影响研究，继而将我国深海资源环境问题研究与海管局开发规章环境规则制定有机结合，相互促进，形成深海采矿环境影响环境制度和对策研究报告，积极参与并根据实践成果影响国际海底管理局开发规章环境规则的制定，为我国未来环境工作计划提供支撑。

3 深海生态环境保护的迫切性

我国“十三五”期间实施“海洋强国战略”和“海洋安全战略”，注重生态环境保护。2016年5月颁布实施的《中华人民共和国深海海底区域资源勘探开发法》，第一条即明确提出了“保护海洋环境，促进深海海底区域资源可持续利用，维护人类共同利益”的宗旨。尽管我国自“八五”后期在多金属结核勘探区开展了一系列的环境调查，获取了一定的环境基线数据，在“九五”期间制定并实施了我国科学家自己提出的“基线及其自然变化”计划，体现出我国科学家对深海环境和保护的重要贡献，但自2001年在云南抚仙湖开展多金属结核采矿试验后，我国近10多年基本没有开展过深海采矿试验，相关环境影响评价工作更是甚微。这与美国、德国、日本等一些发达国家相比，我国在相关领域工作进展差距明显，甚至还落后于同为发展中国家的印度。我们必须承认，我国的深海环境研究工作还处于起步阶段，研究基础较为薄弱。在恰逢国际社会紧锣密鼓推进区域内资源开采环境规则制定之际，我国应加紧开展采矿试验和环境影响评价，提升我国深海采矿环境评估能力和积累环境评估经验及实践，推进深海生态环境保护工作，以应对提出有利于我国权益的环境规则。

4　深海生态环境保护现状、发展趋势和存在的问题

4.1　深海生态环境保护现状

近年来，随着深海矿区申请热潮的再度掀起，多个国家和组织进行了以深海采矿及其环境影响评价研究为主体的深海生态环境保护工作（Roberts et al.，2017；O'Leary et al.，2016；McCauley et al.，2015）。第一次深海采矿环境影响试验是1970年7月，美国深海投资财团和哥伦比亚大学拉蒙特-多尔蒂地质观测站在大西洋海底732 m处开展气泵提升采矿系统试验，同时也开展了环境影响评价。随后美国、法国、俄罗斯、日本和德国等自20世纪70年代至90年代，相继开展了一系列深海采矿试验及环境影响评价。上述成果从理论上论证了深海采矿在技术上的可能性，并提高了国际社会认识和保护深海环境的意识，为海管局制定有关“区域”内环境管理法规，提供了重要的科学依据。德国的“扰动与再迁入实验”（DISCOL）研究显示（图1），经开采过的海底区域需要经过7年的时间，生态系统才可大致恢复至开采之前的状况，同时也发现，即使是7年之后，该扰动区域的个别物种仍未恢复至扰动前的水平。

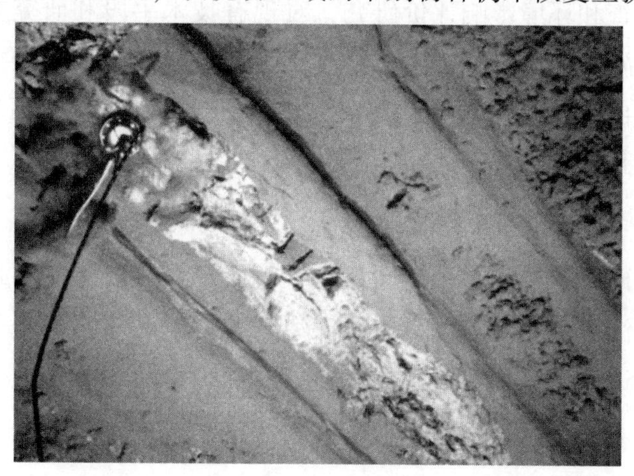

图1　DISCOL试验犁耙系统扰动后的海底情况

2005—2007年，Nautilus矿业公司率先开展了“Solwara 1”计划，计划在巴布亚新几内亚附近的俾斯麦海1 600 m水深进行了多金属硫化物试采，这是世界上首次针对多金属硫化物的试开采活动。同时在试采区邻近海域进行了环境基线调查和采矿活动的环境影响评价（EIA）研究（Nautilus，2008）。项目期间共在试采区开展了8个航次的环境调查和环境影响监测，研究内容包括物理海洋、海洋生物、海洋化学、水质和沉积等，结果认为多金属硫化采矿活动的主要环境影响包括：①物质和生境的破

坏；②采矿机引起的羽流和水质扰动；③污水排放引起的羽流和水质扰动；④采矿引起的噪声和震动，并对以上环境影响提出相应的缓解措施（Nautilus，2011，2016a，2016b，2017）。2009年韩国在日本海进行了1 000米级多金属结核采矿系统模拟采矿试验，事先在试验区铺撒模拟结核，主要进行的是采集和提升试验，但没有进行同步的环境影响监测与评估。

欧盟委员会第七框架计划（Europena Commission's Framework 7 initiative）于2013—2016年资助开展了MIDAS计划（Miller et al.，2018），该计划对多金属结核和多金属硫化物两种资源的深海采矿潜在环境影响进行了研究，研究成果表明，多数情况下，受深海采矿活动影响的深海环境基线（包括底栖生物丰度、多样性和群落结构）要恢复到采矿前水平需要非常长的时间，唯一可能存在的例外是快速扩张的洋中脊活动热液区，受火山爆发等事件影响，新的热液喷口会快速形成，进而加速生物群落的恢复与重建（Mullineaux et al.，2010）。2015年在JPI OCEAN资助下，由德国主导、多个欧盟国家参与，启动了深海采矿生态效应研究项目（Ecological aspects of deep sea mining），并于当年在CC区和秘鲁海盆"DISCOL计划"扰动试验区重新进行了一个航次环境基线调查和环境影响评价研究，对现有技术手段和研究方法进行了测试和检验，发现采矿等海底扰动对底栖生物群落和生态系统功能的影响可持续数十年。针对这一现象，欧盟再次立项，制定了25年的观测研究计划，对该区域进行长期海洋环境影响调查研究（JPI，2016）。

4.2 深海生态环境保护的发展趋势

通过几十年的研究，各国承包商和科学家围绕深海采矿试验、环境影响评价和开发规章制定，加快深海生态环境保护，对深海环境影响评价和配套规章制度制定、深海生态系统和采矿试验未来的发展趋势逐渐形成一些共识。

4.2.1 深海采矿环境影响评估及开发规章制定越来越受重视

作为战略资源基地，越来越多的承包者相继获得国际海底区域矿产资源勘探和优先开发许可，"区域"资源竞争日趋激烈和资源勘探愈加频繁，环境问题变得尤为重要。目前，海管局秘书长以及西方矿业巨头正积极推动开发规章的制订工作，于2017年8月国际海底管理局公布"'区域'内矿产资源开发规章（草案）"，向深海采矿各利益相关方征求意见，其中5个附件涉及深海环境问题，各方提高开发阶段环保门槛的呼声越发高涨。随着商业深海采矿临近，环境方面的各项规章总体上呈现出"要求愈发细化、规定愈发严格、体系愈发成熟"的趋势。因此，环境调查和环境影响评价研究工作的复杂性和难度不断提升，愈来愈成为各国研究的焦点。

4.2.2　深海生态系统长期监测工作越来越重要

与人类熟知的浅海生态系统不同，深海生态系统具有生物多样性高、能量输入低、生命代谢活动缓慢、生态恢复能力弱和环境承载力低的特点。这些特点决定了深海底栖生态系统一旦受到人类活动的扰动和破坏，其自然的恢复周期十分漫长。目前的深海采矿技术不可避免地会对深海生态环境造成扰动和破坏，而要科学地评价这种扰动造成的生态影响及生态系统遭受扰动后的恢复能力及速率，只依赖短期监测数据的前后对比研究远远不能说明问题，需结合模型模拟和模型评价的方式才能更好地评估上述影响。而在深海生态系统建立评价模型以及完善评价模型必须基于长期监测获得的时间序列数据积累。此外，深海采矿对环境的影响因其生产规模和生产周期的不同还会产生级联、累积和放大等效应，要评估这些不同类型效应对环境影响的问题也依赖对模拟采矿或模拟实验区域的长期监测研究数据才能实现。

4.2.3　模拟试验和深海采矿试验是生态环境保护的重要环节

自 1970 年大西洋开展气泵提升试验，模拟试验已经被广泛应用于深海采矿环境评价，并得到了广泛认可，为现有规章制度建设提供了必要的技术支撑。但其存在着影响时间短以及范围小的缺陷，不能真实模式采矿对环境的影响。而接近真实开采的采矿试验能够给出更具说服力的环境影响评价结果。在真实的水深和底质环境背景下，应用采集头等模拟手段，观测小规模搅动底质后羽状流影响范围，是建立采矿影响的羽状流模型以及验证的必要手段。深海采矿系统受气象、水文、海底底质影响，采集与传输等控制工序复杂，由浅入深的采矿试验进度安排是深海采矿系统成功的关键。响应海管局《“区域”内矿产资源开发规章草案》，设计特定的模拟实验，验证环境评价关键参数，同时利用由浅入深的采矿试验，形成并完善深海采矿环境影响评价体系，这是当前海洋科学发展的趋势。

总之，基于现有科学认识，以深海采矿试验、环境影响评价及规章制定为主体的生态环境保护是一项复杂和长期持续的工作，在现有条件下，我国需制定科学合理的工作思路，使之可应用于未来矿区的采矿环境影响评价工作，适应当前国际形势发展的需求。

4.3　深海生态环境保护存在的问题

虽然国际上已进行了一系列的深海生态系统调查、采矿环境影响实验与研究，但在评价方法体系、试验规模和环境自然基线调查方面仍存在下列问题。

（1）环境评价方法体系问题。当前海管局公布的“开发规章草案”环境部分，基本按照近海/陆地成熟环评体系，对深海采矿环境影响评价工作缺乏针对性，需通过深海采矿试验和环境影响研究为草案制定提供科学依据。

（2）试验性采矿规模方法问题。现有深海采矿环境影响研究基本上可以分为两类：一类是对试验性采矿的影响研究；另一类是对模拟深海采矿的影响研究。以环境现状调查、区域模拟试验环境影响调查等基于非商业采矿过程为主的深海采矿环境评价工作难以准确展示深海采矿环境影响程度。①就前者来说，其采矿的最大规模也只有商业采矿的约 1/19，而且采矿试验是断断续续进行的，最长一次的试验时间也只有 54 h。因此，这些试验的结果只对环境造成短期的、小范围的影响。而有些影响在试验性采矿期间很不明显，但在大规模商业开采期间，可能会变得突出起来。如浮游动物和仔鱼由于长期摄食含有大量低营养价值的悬浮颗粒物质，可能会使它们营养不良，死亡率有所增加，生理活动削弱（生长减慢、群落补充速率降低）等。此外，各种复杂生态学过程的相互作用效应也要较长时间才能显示出来。因此，这些结果还不足以阐明采矿的长期效应、各种复杂生态学过程的相互作用效应和尾矿物质沿密度跃层的扩散与累积等一系列问题，将它们外推时需特别谨慎。②就后者来说，仅仅是模拟深海采矿，与商业采矿有本质的区别。无论是 BIE 实验使用的“深海沉积物再悬浮系统（DSSRS）”，还是 DISCOL 实验使用的“犁耙系统”，它们都只是将上层的结核和沉积物翻到下层、推向轨迹的两侧或将表层沉积物扬起后再沉积，这比实际采矿对海底的扰动要轻得多。在商业采矿时集矿机将绝大部分的结核吸走，同时还将大量表层沉积物吸入集矿机，杀死其中的生物后，再排出形成底层沉积物羽流，因此，可以预见商业开采后底栖生物群落再生与恢复的时间更长，尤其是硬相底栖生物群落。

（3）基线自然变化和试验性采矿环境影响结果不一致问题。通过对国际上现有深海采矿环境影响实验结果的分析，我们已发现一些国家和国际组织所进行的环境影响实验结果不尽一致，甚至互相矛盾。这除了实验设备和方法不同可能对深海环境所造成不同的影响外，基线本身所具有的自然变化特性可能是另一个更重要的原因。所谓基线是指没有人为影响时，环境参数本身的自然波动，它不是一条线，而是一个变化的范围。因此，为了准确评价非自然扰动对生态系统的影响，必须开展合同区内长期基线时空自然变化的调查和研究。这将有助于区别自然变化和非自然扰动对海洋生态系统的影响。

5　深海生态环境保护的思路

联系国际上深海生态环境保护工作实际，在矿产资源合同区逐步开展全系统联动采矿工程试验，深海采矿环境影响评价和环境制度建设的工作同步进行。环境制度建设工作为环境评价工作提供指导，而深海采矿环境评价工作为制度建设、参与国际海底矿产资源开发规章制订提供技术支撑，实现互动共进。同时，将技术层面和法律制度层面充分结合，为我国进入国际深海采矿领域提供坚实的后盾，提高我国在深海生态环境保护方面的话语权。

5.1　评估模型和评价体系的预研究

深海生态环境影响评估首先需开展评估模型及评估指标体系的预研究工作。预研究工作分两部分内容：一是进行深海采矿羽状流模型的预建；二是开展深海采矿环境影响评估指标体系和方法体系预建。

（1）羽状流模型包括：①采矿废水尾矿在海洋表层排放随表层海洋流场进行扩散所表现出的表层羽状流；②集矿机海底行走及矿物采集所引起的沉积物扰动会随近底流场产生沉积物羽状流。通过收集矿产资源合同区表层和底层流场结构资料，结合相关海流模型，初步预建羽状流水动力模型。

（2）借鉴国际海底管理局有关环境指南和国际上现有深海采矿环境影响实验的主要成果，以及近海、陆地和深海油气资源开发成熟的环境影响评价体系，预建深海矿产资源开采环境影响评价指标和方法体系。

5.2　合同区采矿试验选址和环境基线调查

按照国际海底管理局勘探规章环境要求，开展合同区选址和环境基线调查工作，确立试验海试区。合同区选址调查主要通过区域海底矿产资源丰度、质量、海底地形和海洋流场结构等调查研究，选定采矿试验区。同时根据环境评价的要求，划定环境参照区，其物种构成应当与试采区生物和环境具有相似性，以保证环境影响评估质量。

环境基线研究是正确评估深海采矿环境影响的前提与基础。由于深海环境具有时空变化的特点，因此，对采矿试验区和环境参照区的环境基线需进行多次调查，以尽可能获得足够的信息，确定环境要素对自然环境变化的自然反应和自然过程。根据国际海底管理局环境指南的要求，对包括物理海洋、海洋地质、海洋化学、海洋生物和海底沉积特征在内的环境要素开展多个航次海上调查工作，获得矿区及附近海域的全面环境参数，并补充完善羽状流水动力模型，为采矿环境影响评价提供基础环境资料。

5.3　深海采矿环境影响预测模型和评价方法体系构建

深海采矿环境影响预测模型和方法体系的构建分为以下几个方面：①羽状流模型的构建。在预研究、选址调查和环境基线研究的基础上，综合试验期间现场表层废水尾矿排放和近底层扰动沉积物羽状流的监测分析，对预建的深海采矿羽状流模型进行验证、补充完善及修正，从而建立深海采矿羽状流扩散模型。②生态指示性类群的筛选。在环境基线调查研究的基础上，从生态系统物种和能量流动角度，初步解析矿区生态群落结构和功能，理清生物类群的生态指示性意义，筛选区域环境指示性类群，开展长期监测，试图从生态系统功能方面解析深海采矿环境影响。③环境影响预测模型的建立。基于环境基线和不同类型、不同强度模拟试验（沉积物覆盖、羽状流模拟等），建立深海采矿环境影响的预测模型，并通过获取矿区长周期环境数据，不断修正和完善，以期预测矿区环境影响变化趋势。④评价方法体系的构建。结合试验前的环境数据与资料，通过试验期间搭载采矿船进行样品采集、环境现场监测和试验后矿区环境调查监测，在试验区和参照区环境特征对比分析的基础上，分阶段采用 PSR 模型和趋势性环境影响评价方法，评估采矿试验对海底生物与环境、水柱生物与环境，以及海洋化学环境、水文要素和地质环境等的影响。通过上述各项工作，筛选出深海采矿环境影响评价指标和指示性类群，修订和完善深海采矿环境影响评价方法体系，形成深海采矿环境影响评估技术指南，初步建立深海采矿环境影响预测模型，为参与国际海底矿产资源开采规章制定提供科学依据。

5.4 深海采矿环境规章制订跟踪和对策研究

以国际公约为基础，实时追踪海管局开发规章及其环境制度的制定及发展动态，特别是规章制定过程中需顾及的环境影响评估相关规定和要求，适时调整执行方案，以确保先进性与国际性；在基线调查、试验和环境监测阶段，协助制定试验期间的环境管理和监控计划、关闭计划及紧急响应和应急计划的框架，并以试验期间获取的监测数据为支撑、推进深海采矿环境影响评价体系发展；在试验后长期监测阶段，协助实施关闭计划，起草深海采矿环境规章和相关制度的法律条款。同时为践行《深海法》对深海勘探开发的环境要求，建立适用于深海矿产开采环境影响监测与评估的方法体系，为制定以《深海法》为基石的配套法规体系，特别是为制定环境保护及环境影响评估相关规定提供实践基础和科学依据。

5.5 深度参与国际规章制度制定的建议

随着国际海底管理局对深海资源勘探和开发规章制定工作的推进，我国“区域”内规章制度建设工作也不断跟进。2016 年 2 月 26 日，《中华人民共和国深海海底区域资源勘探开发法》经第十二届全国人大常委会第十九次会议审议通过，并于当年 5 月 1 日实施。2017 年，根据《中华人民共和国深海海底区域资源勘探开发法》《中华人民共和国行政许可法》和有关法律，国家海洋局为加强对深海海底区域资源勘探和开发活动的管理，规范深海海底区域资源勘探、开发活动的申请、受理、审查、批准和监督管理，促进深海海底区域资源可持续利用，保护海洋环境，制定了《深海海底区域资源勘探开发许可管理办法》，并于当年 5 月正式生效。两部深海海底区域资源管理法规制度的颁布实施规范了我国公民、法人或者其他组织在国家管辖范围以外海域从事深海海底区域资源勘探和开发活动，是我国深海大洋事业的里程碑。

同时作为海洋大国，我国政府和科研院校积极参与国际海底管理局（ISA）“区域”内规则的制定工作，定期参加 ISA 年会、法律和技术委员会会议及其他有关会议，就开发规章制订、定期审查等进行发言，有理有据地提出了我方观点。在 ISA 第 23 届会议首日，中国大洋矿产资源研究开发协会在牙买加首都金斯敦举办了“资源开发与环境保护的平衡”主题边会，表达了我国资源开发要与环境保护相平衡的立场，对于塑造积极、负责任的大国形象，引导开发规章的后续讨论具有重要意义。上海交通大学极地与深海发展战略研究中心获得大会的一致通过，正式成为国际海底管理局观察员，我国在国际海底管理局的观察员席位获得“零”的突破。此外，我国相关专家也介绍了近年来中国在国际海底区域的有关活动和“区域”内环境管理计划构想等，充分表达我国“区域”内资源开发利用的态度，反映了我方诉求，维护了我国的国际海底权益。

国家深海基地管理中心、自然资源部第二海洋研究所和上海交通大学等单位的研究团队持续关注《开发规章草案》的制定过程，对《开发规章草案》的进行初步解读，并提出我方相关认识与建议。

（1）参与区域环境管理计划（REMP）。我们需认识到 REMP 的重要性和必要性，积极参与到海管局体系下的 REMP 及其海洋保护区网络建设。通过 REMP 商讨过程，寻找最大公约数，构建“海洋命运共同体”。坚持科学驱动，关注预防性方法导致相关壁垒的形成。鉴于多数深海的科学知识有限，应将预防性方法作为 REMP 制定的起点和原则。

（2）制定环境标准与准则。我们应认识到开发规章框架下标准和准则制定工作直接关系开发规章出台进程和实际操作性，可能增加开发规章预期出台的不确定性。开发规章框架下标准和准则制定将成为海管局未来较繁重的工作，预期将成为未来海管局重点工作之一。我们建设性参与海管局标准制定工作存在一定挑战，也具备相关基础。应高度重视环境标准的制定工作，加强与海管局的沟通联系，积极推动深海领域标准的制定工作，加强深海领域标准方面人才的培养。

（3）提出风险防范方法。我们认为，与开发规章标准和准则制定工作类似，风险预防方法的约束力直接关系开发规章出台进程、实际操作性，具体内容影响承包者的义务，可能增加开发规章预期出台的不确定性。风险评估框架及风险预防方法目前正处于讨论阶段，虽有参照规则，但缺乏具体内容，厘清风险问题预期将成为未来海管局重点工作之一。考虑到海管局在制定风险预防方法采取的“技术和措施，与科学活动过程相互促进、完善，以促进更好的知情决策”的政策，我们应充分发挥大洋环境工作优势，高度重视海管局数据库战略、环境基线数据评估等，争取规章制定的话语权。

总之，开发规章作为落实“‘国际海底区域’及其资源属于人类共同继承财产”原则的重要法律文件，应完整、准确、严格地遵守《公约》和《关于执行1982年12月10日〈联合国海洋法公约〉第十一部分的协定》（以下简称《执行协定》）的规定和精神。开发规章应明确、清晰地界定“国际海底区域”内资源开发活动中有关各方的权利、义务和责任，确保国际海底管理局、缔约国和承包者三者的权利、义务和责任符合《公约》及《执行协定》的规定，确保承包者自身权利和义务的平衡。当前，开发规章的制定已进入关键阶段，中国应继续对开发规章的制定保持高度关注，积极参与开发规章的制定，发挥更加重要的作用。

6 我国深海生态环境保护展望

我国“十三五”期间实施“海洋强国战略”和“海洋安全战略”，注重生态环境保护。2016年5月颁布实施的《中华人民共和国深海海底区域资源勘探开发法》，第一条即明确提出了“保护海洋环境，促进深海海底区域资源可持续利用，维护人类共同利益”的宗旨。尽管我国自“八五”后期在多金属结核勘探区开展了一系列的环境调查，获取了一定的环境基线数据，在“九五”期间制定并实施了我国科学家自己提出的“基线及其自然变化”计划，体现出我国科学家对深海环境和保护的重要贡献。但自2001年在云南抚仙湖开展多金属结核采矿试验后，我国近10多年基本没有开展过深海采矿试验，相关环境影响评价工作更是甚微。这与美国、德国和日本等一些发达国家相比，我国在相关领域工作进展差距明显，甚至还落后于同为发展中国家的印度。我们必须承认，我国的深海环境研究工作还处于起步阶段，研究基础较为薄弱。

目前，国际上还没相关国家开展过全系统采矿试验。可喜的是，我国2016年国家重点研发计划“深海多金属采矿试验工程”项目立项，开展真正意义上的深海采矿试验，全系统采矿试验规模可达商业开采的1/5以上。项目中设立了“深海环境调查与环境影响评估”课题，针对1 000米级的多金属结核采矿试验，开展选址调查、环境基线研究和环境影响评价，相关环境影响监测与评估结果比现有的深海采矿模拟实验更具说服力。考虑到试采区生态系统恢复需要一个相对较长的时间，试验后环境影响的监测和相关评价也是一项长期持续的工作，为此实施长周期的深海多金属结核采矿环境调查与影响评价计划，开展深海采矿环境影响的监测与评估，最终建立深海多金属结核环境影响评价体系和相关评价标准，形成环境影响指南。在恰逢国际社会紧锣密鼓推进区域内资源开采环境规则制定之际，我国应加紧开展采矿试验和环境影响评价，迫切提升我国深海采矿环境评估能力和积累环境评估经验及实践，以应对提出有利于我国权益的环境规则，为我国参与国际深海生态环境保护提供强有力的科学支撑。

致谢

感谢中国侨联特聘专家委员会海洋专业委员会约稿。本文受国家重点研发计划课题“环境调查与环境影响评估”（批准号：2016YFC0304105）和中国大洋矿产资源研究开发协会（技术研发类）课题“深海采矿环境规章制订跟踪和对策研究”专项经费资助。

参考文献

JPI.2016.JPI Oceans:The Ecological Impact of Deep-Sea-Mining.Available online at:https://jpio-miningimpact.geomar.de/home(Accessed August 15,2016).

McCauley D J, Pinsky M L, Palumbi S R, et al.2015.Marine defaunation: Animal loss in the global ocean.Science,347,1255641.

Miller K A,Thompson K F,Johnston P,et al.2018.An overview of seabed mining including the current state of development, environmental impacts, and knowledge gaps. Frontiers in Marine Science (4):418.

Mullineaux L S,Adams D K,Mills S W,et al.2010.Larvae from afar colonize deep-sea hydrothermal vents after a catastrophic eruption.Proceedings of the National Academy of Sciences,107:7829-7834.

O'Leary B C,Winther-Janson M,Bainbridge J M,et al.2016.Effective coverage targets for ocean protection.Conservation Letters(9):398-404.

Nautilus Minerals.2008.Environmental Impact Statement.Available online at: http://www.cares.nautilusminerals.com(Accessed August 9,2016).

Nautilus Minerals.2011.Nautilus Granted Mining Lease.News Release Number 2011-2.Nautilus Minerals Inc.Available online at:http://www.nautilusminerals.com/irm/PDF/1009_0/NautilusGrantedMiningLease(Accessed December 11,2017).

Nautilus Minerals.2016a.Nautilus Obtains Bridge Financing and Restructures Solwara 1 Project Delivery. Press release dated August 22, 2016. Available online at: http://www.nautilusminerals.com/irm/PDF/1818_0/NautilusobtainsbridgefinancingandrestructuresSolwara1Projectdelivery (Accessed November 22,2016).

Nautilus Minerals.2016b.How It Will All Work.Available online at:http:// www.nautilusminerals.com/irm/content/how-it-will-all-work.aspx? RID=433(Accessed August 8,2016).

Nautilus Minerals.2017.Nautilus Minerals Seafloor Production Tools Arrive in Papua New Guinea.Press release April 3,2017.Available online at:http://www.nautilusminerals.com/irm/PDF/1893_0/NautilusMineralsSeafloorProductionToolsarriveinPapuaNewGuinea(Accessed June 12,2017).

Roberts C M,O' Leary B C,McCauley D J,et al.2017.Marine reserves can mitigate and promote adaptation to climate change.Proceedings of the National Academy of Sciences,114:6167-6175.

作者简介：

于洪军，男，1965 年生，汉族，海洋地质专业博士，自然资源部第一海洋研究所海洋地质与地球物理研究室，二级研究员，中国科学院研究生院博士生导师。主要研究方向为近海地质环境及灾害、深海生态环境保护等，先后承担相关国家自然科学基金、国家专项 20 余项，发表学术论文 100 余篇，撰写专著 8 部，获得科学技术奖励多项，多次担任“蛟龙”号航次总指挥。

秉持陆海统筹健康海洋战略
加强海洋防灾减灾能力建设

于洪军，付腾飞，徐兴永，刘文全，陈广泉，苏乔，刘海行
（自然资源部第一海洋研究所，青岛 266061）

摘要：海岸带地区是陆地和海洋相互作用的区域，对于全球生物地球化学、气候变化、海岸带生态系统以及世界经济具有重要作用。充分发挥陆海统筹的战略引领作用，以构建健康海洋为最终目标，是世界各国和地区经略海洋和可持续发展的重要组成部分。由于气候变化和人类开发活动的双重影响，海岸带地区成为世界上最为活跃但也最为脆弱的区域，沿海经济高速发展的同时，海洋地质灾害频发，因此明晰陆海相互作用过程，预测海岸带灾害变化及其在全球变化中的作用，加强防灾减灾能力建设，为人类有效持续管理利用海岸环境和资源，已成为各国关注的重点。本文以陆海相互作用区典型地质灾害海水入侵、滨海土壤盐渍化为描述重点，从发生机理、监测评估、仪器研发、预测模拟、防治修复等方面全链条探讨海洋地质灾害研究现状及发展趋势，探讨海陆相互作用区防灾减灾的思路，以丰富海岸带地质灾害理论，推进国家“蓝黄”战略的实施和“渤海粮仓”计划的落实，加强海洋防灾减灾能力建设，为可持续发展模式下秉持陆海统筹战略，构建健康海洋目标提供必要的科学依据。

1　引言

联合国政府间气候变化专门委员会（The Intergovernmental Panel on Climate Change，简称“IPCC”）第五次评估报告指出，1901—2010 年期间全球平均海平面上升了 0. 19 m，并将在 21 世纪继续上升，速度很可能超过 1971—2010 年观测到的速度。随着全球气候变化导致的海平面上升和人类向沿海地区移民扩张压力的增大，按照此现有速度，预计到 2100 年在将会有多达 6. 3 亿人将生活在年洪水水位以下的土地上。从 1993 年以来，西太平洋地区的表层海水升温显著，海平面上升的速率超过全球海平

面平均上升速率的 3 倍（Nicholls et al.，2010）。根据《2017 年中国海平面公报》，2017 年中国沿海气温较常年均值高 0.90℃，海平面较常年平均值高 58 mm，高于全球平均水平，因此中国的陆海相互作用区未来将面临更为严峻的考验。

陆海相互作用区是陆地和海洋两种不同生态系统物质和能量交汇、存储、运输的区域，尽管现代海岸带只占世界海洋表面积的 15%，水体积的 0.5%，但此区域的生物多样、地球化学活跃，是气候变化、全球碳循环和营养盐循环的活跃地区（Agardy and Alder，2015），因此海岸带健康对于整个健康海洋的构建尤为重要。其流域水文和河口的水动力、生态系统对于海洋和陆地两个系统之间的物质交换起着重要作用，如河流搬运泥沙至河口地区沉积和沿岸输运，影响海岸带的地貌演变；地下水向海排泄输运着营养盐和污染物；在特定水文条件下海水也会向内陆侵染，岸滩发生侵蚀，同时海岸还影响着大气中二氧化碳等与气候相关的气体、碳、氮、硫等重要元素的通量，因此陆海相互作用区的物理、化学、生物过程不仅影响其自身功能，而且对整个地球系统发挥着重要的作用。我国政府高度重视海洋资源开发、环境保护和权益维护，先后提出“发展蓝色经济”“海洋强国”“建设海上丝绸之路”等一系列重大战略或倡议，健康的海洋生态系统已成为支撑我国经济社会可持续发展的重要前提条件。降低人类活动对近海生态系统的影响，开展防灾减灾工作，推进我国海洋生态文明建设、保障沿海地区经济社会可持续发展，是建设美丽中国的内在需求。

近年来，随着经济迅速发展，人类活动对和海岸带施加的压力与日俱增，改造着海岸带的环境。据统计，全世界 50%~70%的人口居住在仅占世界面积 5%的海岸带低平原地区（Steyl et al.，2010），却创造着每年 25 万亿美元的经济价值，但是过度的开发利用却也使得该区域成为世界上最为脆弱的地区，如土地和淡水管理上的显著变化使得地下水漏斗区增大，加大了海水入侵的风险，沿岸城市化工业化的不断开发，也影响了海岸带物理化学环境的变化，危害生态系统的多样性和稳定性。为了提高对海岸带在全球物质循环系统中的作用，以及海岸带系统对全球变化响应等问题的认识，预测海岸带在全球变化的作用，为人类有效持续利用海岸带资源，一个集中研究陆地、海洋、大气相互作用的研究计划——海岸带陆海相互作用计划（LOICZ）应运而生。LOICZ 计划就是旨在通过各国的努力，构建健康的海岸带环境，而在这一应对过程中，首先亟须解决的便是由于全球变化和人类活动的双重压力而诱发的海洋地质灾害。

2 陆海相互作用区典型海洋地质灾害

海洋地质灾害是一种自然现象，当人类经济活动未触及它时，只是地质演化的一个环节，当人类的发展和活动涉及它时，才会危及人类生命财产安全。海岸带作为岩石圈、水圈、大气圈、生物圈相互作用、相互渗透、相互影响的关键地带，陆海相互作用过程复杂，具有对环境变化敏感和对灾害抵御脆弱的特点，因此构建健康海洋，需对海洋地质灾害进行调查、监测、预警预报和防灾减灾的相关研究。

随着全球气候变化导致的海平面上升和人类向沿海地区移民扩张压力的增大，该区域的生态系统也变得愈发脆弱。海平面的上升，会加剧海岸带灾害、破坏海岸生态系统，产生一系列严重的生态和社会经济影响（Ataie-Ashtiani et al.，2013，Gornitz，1991），这是因为海岸带地区在全球可持续发展中占有极为重要的地位，陆海相互作用区的生态脆弱性及其复杂性致使该区域环境对全球气候变化和人类活动的响应十分迅速，海洋地质灾害频发。海洋地质灾害有很多种，比如海底坍塌、海底滑塌、砂土液化、水下沙坡、活动断层、海岸侵蚀、海水入侵、土壤盐渍化等。其中海水入侵、滨海土壤盐渍化由于发生地域广泛、持续时间长，因此治理难度较大，已经对我国海洋资源开发和环境保护构成了全面持久的威胁，是海洋地质灾害中较为典型的灾种。海水入侵是指滨海地区人为超量开采地下水，引起地下水位大幅度下降，海水与淡水之间的水动力平衡被破坏，导致咸淡水界面向陆地方向移动的现象（Ataie-Ashtiani et al.，1999）。土壤盐渍化是指土壤底层或地下水的盐分随毛管水上升到地表，盐分积累在表层土壤中的过程（王遵亲等，1993）。通常情况下，海岸带地下水处于平衡状态，当气候变化加之人类活动的影响引起的地下水动力变化时，会使得海岸带地区地下水环境压力严峻，进而诱发一系列环境地质灾害，如海水入侵以及随之发生土壤盐渍化（Hopfensperger et al.，2014；Vallejos et al.，2015），导致生态退化严重，严重影响海岸带生态环境和经济可持续发展。本文将以海水入侵、滨海土壤盐渍化两种灾害为例，阐述其发生机理、现状评价、监测预警、防治修复等全链条，为增强防灾减灾工作深入研究、加强能力建设提供参考。

3　海水入侵、土壤盐渍化灾害研究

我国有绵延 18 000 km 的大陆海岸线，海水入侵主要发生在地下水开采量较大的沿海城市。1964 年首先在大连市发现了海水入侵，紧随其后，1970 年青岛市也出现海水入侵问题。大部分沿海城市的海水入侵出现在 20 世纪 70 年代后期至 80 年代初期之后。目前，海南、广西、广东、江苏、上海、山东、河北、天津、辽宁、台湾等省、市、自治区均有海水入侵的报道。根据我国 2009 年至 2017 年海洋环境监测结果和 908 调查数据，渤海地区是我国海（咸）水入侵最为严重的区域，在不考虑咸水体分布的情况下，最大入侵距离超过 30 km。近 10 年来，我国海水入侵整体趋势较为平稳，没有出现入侵距离大幅增加现象。其中黄、渤海地区入侵距离有所减小，东海和南海地区部分断面的入侵距离有所增大。

山东拥有 3 200 km 余的海岸线，约占全国的 1/6，海岸带类型多样，地质灾害效应复杂。山东沿海是我国海水入侵最为严重和典型的区域，大量地下水的开采引发地下咸淡水混染，导致地下水矿化度升高，水质恶化，加之全球气候变暖，海平面上升，使得该区域海水入侵情况越发严峻。由海水入侵导致的地下水咸化，进而盐分在土壤积聚，形成土壤盐渍化导致海岸带地区大量土壤退化、农作物减产。据统计，山东沿海地区的海水入侵面积已经超过 2 000 km^2（《山东省地下水超采区综合整治实施方案 2015—2025》，2015），土壤盐渍化面积已超过 2 243 km^2（《山东省土地利用总体规划 2006—2020 年》，2012）。

近年来随着山东省地下水整治的开展，滨海地下水位有所回升，但部分超采区仍然存在地下水漏斗，加之开采过程中与地下卤水的混染，咸化地下水被用于灌溉又使得土壤盐渍化加剧。李振声院士站在国家粮食安全的高度，基于我国对粮食增产的需求，于 2011 年提出了建设“渤海粮仓”的战略构想（李振声等，2011）。但环渤海低平原区，尤其是山东沿海地区，具有面积广阔的中低产区和大面积的盐碱荒地，因淡水资源匮乏，土壤瘠薄，严重制约其发展（付腾飞等，2017）。

3.1 深入致灾机理研究，探索健康海洋根本

海水入侵的形成必须具备两个条件：其一是水动力条件，即咸淡水之间存在一定的水头差；其二是水文地质条件，即咸淡水之间有相同含水层相连。当二者同时出现，才会发生海水入侵。海水入侵的形成机理，可以从海水入侵两个必备条件的变化来进行评述（Morgan et al.，2015）。其中水文地质条件是环境地质条件下客观存在的一个特殊地质体，它的变化一般是缓慢的，甚至短时期内可认为它是不变的，因此只有水动力条件可人为的或受自然某些因素而改变。这也是海水入侵发生的一个重要条件。人类各种经济活动，如大量开采地下水，河流上游兴修水利工程（水库）等，这些活动虽然给人类带来一定的利益，但这些活动都改变了地下水的天然动力条件，破坏了地下水天然平衡状态，从而使原本就有的海水入侵进一步加剧。自然界也不是一成不变的，如遇干旱年份甚至连续数年干旱，大气降水的减少，将会影响地表水体水位下降，影响大气降水对地下水的入渗补给量，造成地下水位下降，这也可影响到海水入侵的加剧和范围的扩大。

海水入侵类型的划分，其实质反映的是海水入侵通道与入侵物源在成因类型上的差别。所谓海水入侵通道是指海水沿透水层进入陆地后矿化度最高的部位。所谓海水入侵物源是指入侵到淡水含水层中海水的来源（现代海水或者地下卤水）。从水动力学角度，海水入侵的发生、发展取决于陆地淡水水位的高低；从水文地质学角度，陆

地地下淡水的多少取决于地下水的空间赋存条件，即岩性、地层和构造特点。前者表述的是咸淡水动态平衡的问题，后者反应地下水赋存条件的问题。因此，对海水入侵类型的划分应同时考虑海水入侵的入侵通道与入侵物源的类型。

海水入侵必须具备入侵通道，依据海水入侵主要通道对海水入侵灾害进行分类。海水入侵的通道主要有以下几种方式：①含水层浸染：即顺层海水入侵，主要发生在入海河流的冲（洪）积平原区，这些冲（洪）积平原的含水层呈层状分布，海水顺着含水层向内陆渗透，形成顺层浸染，有些地区地层呈多元结构，同时有几个含水层存在，在地下水位大幅度下降的情况下，海水也可能同时顺两个或多个含水层浸染；②古河道、断裂带浸染：古河道和断裂带一般透水性较强，若地下水位下降，海水也往往沿这些构造带内侵；③现代河口浸染：沿现代河床浸染主要指涨大潮时，海水沿低洼的现代河床上溯入侵；④沿基岩风化层和半风化层浸染：在第四系厚度较小及下覆基岩为变质岩、碎石岩、片麻岩等易风化岩地区，海水沿着基岩的风化层和半风化层浸染；⑤越流入侵：第四纪以来，由于新构造运动及古气候变化，在沿海某些地段多次发生海水入侵。每次海水入侵都沉积了大量海相底层，其层内保留了原来的咸水，形成了天然海水入侵层，咸水体超覆于淡水体之上形成上咸下淡的含水结构。而按照海水入侵的物质来源对海水入侵进行分类，可以分为海水入侵、咸水入侵与混合入侵。

而滨海盐渍土实质为盐分在水土系统中的迁移，当外界环境条件发生变动时（如海平面上升、过量开采地下水等），都会加剧海水入侵或咸淡水楔形体的运移，导致地下水咸化（Colombani et al.，2016，Ketabchi et al.，2016），这个过程如果发生在浅水层，且地下水埋深较浅时，盐分就会在毛细作用及蒸发作用下向表层迁移形成土壤盐渍化灾害（Vu et al.，2018）。

随着海洋经济的快速发展和海岸带开发日趋增强，海岸带系统格局或要素发生重大改变，导致海水入侵、海岸侵蚀和土壤盐渍化等地质灾害现象频发，严重威胁沿海地区经济社会的发展和人民生命财产的安全。因此构建健康海洋，需深入研究海岸带地质灾害触发条件、集聚效应与耦合机制等关键问题，明晰海岸带地质灾害灾变过程与结果分异特征，辨析地质灾害对自然因素和区域人类活动的响应。

3.2 提升灾害原位监测技术，支撑健康海洋监管水平

党的十九大报告提出要坚持人与自然和谐共生，树立和践行青山绿水就是金山银山理念，提出建设美丽中国等系列国家战略。当前我国在生态文明建设、环境污染防控和灾害防治等方面面临着巨大挑战，而这些目标的实现都离不开一手的原位数据。我国从 1999 年开始，科技部会同有关部门，围绕生态系统、特殊环境与大气本底、地球物理和材料腐蚀 4 个方面，遴选建设了 106 个国家野外站。经过系统建设，这些国

家野外站在长期连续基础数据获取、自然现象和规律认知、推动相关领域方向发展等方面发挥了重要作用。因此为达到防灾减灾，健康海洋的目标，必须开展系列科学观测和研究工作，获取长序列原位数据，夯实灾害监测预警能力，建立灾害原位监测网络、开展灾害评估和预警等。

3.2.1 海水入侵、土壤盐渍化灾害监测

灾害原位监测网络主要包括常规监测和自动化监测。海水入侵、土壤盐渍化的常规监测主要是对现有监测站位开展定期取样和测试，监测内容包括地下水水位、地下水和土壤主要离子以及同位素指标等。随着传感器技术和信息化技术的发展，自动化远程监测技术已成为海水入侵、土壤盐渍化灾害监测的发展趋势。自动监测网络的建立可充分发挥监测数据的时效性，及时掌握灾害的发生发展现状，为海水入侵、土壤盐渍化灾害评价提供数据支持。

3.2.2 海水入侵、土壤盐渍化灾害评价

灾害孕灾环境复杂，致灾因子多样，且不同地区的评价因子差异较大，在深入研究灾害机理并建立了监测网络的基础上，就需要开展相关灾害现状评价、危险性评价和预警预报的综合灾害评估体系。①现状评价是在区域灾害调查的基础上，针对灾害特点，分析区域海水入侵、土壤盐渍化特征与时空分布规律，评价区域海水入侵灾害的入侵距离、入侵范围、入侵程度及趋势，土壤盐渍化的程度和分布。②危险性评价是因为灾害孕灾环境复杂，致灾因子多样，且不同地区的评价因子差异较大，信息量模型可以对灾害的评价因子进行分析，进而得出各个因子之间的“最佳因子组合”，实现海水入侵、土壤盐渍化灾害的危险性评价。③预警评价是基于监测数据的整体概率预警，并对相应概率进行统计，分析结果与危险性评价结果进行叠加，得出灾害预警等级。

3.3 创新防灾减灾手段，实现灾害绿色治理

目前，全世界已经有几十个国家和地区的几百个地方发现了海水入侵问题，海水入侵给各国沿海地区带来严重危害，造成巨大经济损失，严重阻碍经济社会的持续发展（Adrian et al.，2013）。目前对海水入侵的防治主要有：限量开采地下水、人工回灌、人工抽水和修建地下截水（Ahmed，2017）。自 20 世纪 50 年代，国内外很多沿海地区不断有修建地下截水墙，防止海水入侵的报道，如美国的洛杉矶，我国的大连、烟台等地。目前，大连市已在旅顺口区的三涧堡、龙河和长海县大长山岛三官庙修建了 3 段水泥墙体，锦州市 2006 年对大、小凌河实施了拦截海水入侵工程，龙口市 1995 年修建了黄水河地下截水墙。目前，山东已建成八里沙河、黄水河、白沙河、大沽河、

外夹河和王河6座地下水库，在防治海水入侵的同时，增加地下淡水的储量。从"九五"开始，除了常规的拦蓄补源、地下水回灌防治工程，结合水利灌溉工程每年汛期实施外，这一时期还出现了一些新型的海水防治工程，如填海造陆式的防潮和蓄淡工程、拦蓄补源工程、地下水回灌工程、河口地下坝与地下水库工程、潮间带抽咸养殖工程等，在一定程度上减缓了海水入侵灾害的发生（程舜等，2016）。渗透反应墙（permeable reactive barrier，简称"PRB"）是20世纪90年代新兴的一种地下水污染原位处理技术，是当前研究的热点之一，在欧美已有工程应用的报道（黄润竹等，2016）；但国内对PRB的研究才刚刚开始，大部分还停留在实验室研究阶段，主要集中于填充材料和反应机理的研究。

海水入侵灾害的防治核心问题是减少地下淡水开采，平衡咸淡水的界面。因此，可从工程技术对策、生态防治对策和行政管理对策3个层面开展海（咸）水入侵的综合防治。工程技术措施主要包括引入客水以淡压咸、修建地下水库（含呼吸式）、构建地下防渗墙和选择性渗透反应墙（帷幕）、潮间带抽咸养殖工程等方面进行综合防治。生态修复对策是以防治海水入侵和海岸生态恢复为双重目标，综合运用各种工程和非工程的措施，集成一个立体的防治体系，在滨海湿地或海岸生态区维持咸淡水界面达到一种动态的平衡，把海水入侵灾害影响控制在较轻的程度。行政管理对策主要包括加强地下水和卤水开发管理、充分考虑海平面上升引起的管理对策的改变，城乡供水工程一体化和建设节水型社会，节约用水。

滨海土壤盐渍化的主导诱因是海水入侵，滨海盐渍土盐渍化程度高、面积广、危害大，不但造成资源的破坏和工农业生产的巨大损失，而且严重威胁生态环境安全和区域可持续发展（付腾飞，2015）。国外对土壤盐渍化的防控与修复主要利用水利、化学、农业、生物、物理改良等技术。水利改良措施主要包括灌溉淋洗及排水携盐，如澳大利亚、美国及近中东地带的缺水区采用滴灌或喷灌等。化学改良主要有利用煤矿副产品和糖厂副产物改土，如绿矾改良苏打盐碱化土壤等。农艺措施主要采用草田轮作、棉花和苜蓿轮作、造林种草形成荫蔽带以减少蒸发抑制反盐等技术。生物改良主要种植耐盐植物，如美国种植籽粒苋，朝鲜种植芦苇，加速土壤落干等。物理改良采用电渗法，以直流电作用于土壤并用水淋洗等。已有土壤盐渍化防控与修复多以水利措施为主，多以土壤盐分调控为杠杆，以临界深度理论作为其防控与修复依据。

多年来，海岸带重度盐渍化区的修复一直受到土壤盐渍化的制约和影响。植被稀少、高地下水位、高地下水矿化度和高蒸腾比，进一步加剧了土壤的盐渍化，形成植被稀少→土壤盐渍化加剧→植被进一步减少的恶性循环。在以往的盐渍化区生态修复的过程中，采取了多种措施，如利用淡水洗盐、种稻改碱、暗管排碱、挖沟排盐、修筑台田等方法，可以在一定程度上降低地下水位，减少土壤盐分含量，增加植被的种类和密度。但是，以上方法和措施造价较高，受到淡水资源的限制而不宜大面积推广。因此，立足于海岸带重度盐渍化区域的实际，在充分了解盐生植物分布及适宜性的基础上，筛选适宜盐碱地生长的耐盐植物，建立目标种的栽培技术，继而根据生态位差异性建立耐盐植物立体组合模式，是有效解决海岸带重度盐渍化区域生态修复的关键。

4 海水入侵、土壤盐渍化防灾减灾研究展望

海洋强国战略中明确要求“保护海洋生态环境”，《全国海洋经济发展“十三五”规划》和《“十三五”海洋领域科技创新专项规划》中也明确提出“建立健全环渤海区域海洋生态环境保护机制”“提升国家海洋环境监测能力，继续加强渤海环境综合整治”“加强海洋灾害和海洋气象灾害的监测预报”的优先支持内容。因此，未来海水入侵、土壤盐渍化灾害研究仍需进一步完善全链条研究，以支撑防灾减灾，构建健康海洋。

4.1 推进典型灾害原位观测研究，构建灾害数据管理研究中心

我国正处在实施创新驱动发展战略的关键时期，要求加强国家创新体系建设，强化战略科技力量，强化基础研究。随着海洋强国战略的实施，我们在海洋地质灾害防灾减灾方面不断布局，取得了一定的成绩，但是由于海洋地质灾害的持续性和广泛性，未来工作仍需围绕防灾减灾和生态修复的需求，布局海洋地质灾害的原位监测网络，以开展长期定位观测，获取覆盖全国以及规范化的长期连续观测和试验数据，并针对典型海洋地质灾害，推动国家野外站观测数据进行长期积累，建立稳定运行的数据汇聚系统和数据管理中心。

4.2 拓展物联网技术应用领域，实现海洋地质灾害的大数据分析

随着物联网技术的发展以及数据采集技术的进步，目前已经进入了大数据时代。物联网是新一代信息技术的高度集成和综合运用，具有渗透性强、带动作用大、综合效益好的特点，因此其在海洋防灾减灾领域的应用必定有利于促进海洋开发向智能化、精细化、网络化方向转变。在加强原位、长序列观测能力的基础上，对海洋地质灾害的监测、预警、勘察、评价、防治以及管理等过程中，会产生大量的相关数据信息，这些数据是环境变化和灾害骤发的记录和证明，更是重要的国家和社会基础保障信息资源。因此未来防灾减灾需要开展基于物联网技术的海洋地质灾害监测设备研发，通过物联网监测获得海量数据，进而开展数据的深度挖掘，分析地质灾害现状，结合大数据特征，对大数据时代地质灾害防治进行探讨，以对地质灾害成灾规律总结

得更加客观全面，对地质灾害的预测能够更加及时和准确，为地质灾害的防治工作可提供有力的技术保障。

4.3　遵循环境友好型先导准则，构建链式灾害协同防治机制

目前，对海水入侵与土壤盐渍化灾害仅开展单灾种研究与防治，忽略了相关灾害之间的整体性研究和防治。如海水入侵-土壤盐渍化灾害链的研究仍处于海水入侵、土壤盐渍化或者水盐运移单一研究的阶段，必须将海水入侵与土壤盐渍化作为一个灾害链整体进行系统研究，考虑不同尺度的自然影响因子与人类活动要素，构建全面的研究体系，进而揭示灾害链发生机理、演化过程及关键节点，清晰刻画海水入侵-土壤盐渍化灾害链结构特征，加强断链减灾技术研究，实施精准断链减灾，实现链式灾害防治机制由单灾种防治向链式灾害协同防治方向的发展。

因此，在科学规划陆海统筹、健康海洋发展的战略框架，掌握近海生态系统健康总体的情况下，开展长期、系统、连续的研究，研发近海环境监测预警技术，解析近海环境演变的关键过程与机理，科学预测近海环境演变趋势，重点实现典型海洋地质灾害的发生机理、监测评价、仪器研发和防治修复的全链条研究，才能进一步提升海洋地质灾害的应对防控能力，才能保障近海生态安全、维护生态系统健康的对策，为促进山东海洋生态文明建设和沿海经济可持续发展，支撑海洋领域和沿海地区新旧动能转换，提供科学依据和技术保障。

致谢

感谢中国侨联特聘专家委员会海洋专业委员会约稿。本文受国家自然科学基金委员会联合基金项目——山东海岸带海水入侵-土壤盐渍化灾害链发生与治理机制研究（U1806212）和国家自然科学基金项目——海水入侵-盐渍化灾害链的水盐运移机制及电阻率判定研究（41706068）资助。

参考文献

程舜，戴文涛，罗伟华.2016.莱州市海水入侵治理实践与经验[J].山东水利，(3)：32-33.

付腾飞，张颖，徐兴永，等.2017.山东滨海低平原区盐渍土盐分的时空变异研究[J].海洋开发与管理，34(12)：38-45

付腾飞.2015.滨海典型地区土壤盐渍化时空变异及监测系统研究应用[D].青岛：中国科学院研究生院(海洋研究所).

黄润竹，高艳娇，刘瑞，等.2016.应用可渗透反应墙进行地下水修复的综述[J].辽宁工业大学学报(自然科学版)，36(4)：240-244.

李振声,欧阳竹,刘小京,等.2011.建设“渤海粮仓”的科学依据——需求、潜力和途径[J].中国科学院院刊,(4):371-374.

王遵亲,祝寿泉,俞仁培.1993.中国盐碱地[M].北京:科学出版社.

Adrian D Werner, Mark Bakker, Vincent E A Post, et al.2013.Seawater intrusion processes, investigation and management: Recent advances and future challenges. Advances in Water Resources, (51):3-26.

Agardy T, Alder J.2015. Chapter 19: coastal systems. In: Millennium ecosystem assessment. Ecosystems and Human Well-being: Current State and Trends, Volume 1.Island Press, Washington.

Ahmed A T.2017.Experimental and numerical study for seawater intrusion remediation in heterogeneous coastal aquifer[J].Journal of Environmental Management, 198(Pt 1):221.

Ataie-Ashtiani B, Volker R E, Lockington D A.1999.Tidal effects on sea water intrusion in unconfined aquifers[J].Journal of Hydrology, 216(1-2):17-31.

Ataie-Ashtiani B, Werner A D, Simmons C T, et al.2013.How important is the impact of land-surface inundation on seawater intrusion caused by sea-level rise? [J]. Hydrogeology Journal, 21(7):1673-1677.

Colombani N, Mastrocicco M.2016. Scenario Modelling of Climate Change's Impact on Salinization of Coastal Water Resources in Reclaimed Lands[J].Procedia Engineering, 162:25-31.

Gornitz V.1991.Global coastal hazards from future sea level rise[J].Palaeogeography Palaeoclimatology Palaeoecology, 89(4):379-398.

Hopfensperger K N, Burgin A J, Schoepfer V A, et al.2014.Impacts of Saltwater Incursion on Plant Communities, Anaerobic Microbial Metabolism, and Resulting Relationships in a Restored Freshwater Wetland[J].Ecosystems, 17(5):792-807.

Ketabchi H, Mahmoodzadeh D, Ataie-Ashtiani B, et al.2016.Sea-level rise impacts on seawater intrusion in coastal aquifers: Review and integration[J].Journal of Hydrology, 535:235-255.

Morgan L K, Bakker M, Werner A D.2015. Occurrence of seawater intrusion overshoot[J]. Water Resources Research, 51(4):1989-1999.

Nicholls R J, Anny C.2010.Sea-level rise and its impact on coastal zones[J].Science, 328(5985):1517-1520.

Steyl G, Dennis I.2010.Review of coastal-area aquifers in Africa[J].Hydrogeology Journal, 18(18):217-225.

Vallejos A, Sola F, Pulido-Bosch A.2015.Processes Influencing Groundwater Level and the Freshwater-Saltwater Interface in a Coastal Aquifer[J].Water Resources Management, 29(3):679-697.

Vu D T, Yamada T, Ishidaira H.2018. Assessing the impact of sea level rise due to climate change on seawater intrusion in Mekong Delta, Vietnam[J].Water Science & Technology, wst2018038.

为建设健康海洋提供海洋地质学支撑

曾志刚
（1. 中国科学院 海洋研究所海洋地质与环境重点实验室，青岛 266071；
2. 中国科学院大学，北京 100049）

摘要：海洋的健康与否，事关人类社会的可持续发展。建设健康海洋需制约人类活动的负面效应，防控海洋的非自然演变和灾害。基于此，通过多角度、多层面、多时空调查研究海洋，发展海洋科学和技术，无疑是建设健康海洋的一个重要途径。特别是，开展海洋地质调查研究，掌握海洋地球的演变规律，考察自然变化和人类活动对海洋的影响，将有助于人类进一步认识多因素作用下海洋的响应及其特征，具备海洋非自然演变和灾害应对措施及能力。进而，在了解海洋及其演变机理的基础上，我们才有可能制定可行、有效的健康海洋建设法规，规范人类的海洋行为，为建设健康海洋提供科技和法规支撑。

关键词：海洋科学与技术；海洋地质学；未来发展；贡献健康海洋建设

人类走向海洋的第一步就是从脚踏海底开始的。一方面，面对海洋，我们从鱼、虾、蟹、贝、藻体会到了海洋的富足和温暖，从咸涩海水和狂风巨浪感受到了海洋的苦难与艰险；另一方面，人类至今无法确证生命是来自海洋还是奔向海洋，不清楚海陆变迁如何影响生物进化及人类的迁徙。尽管如此，从古希腊神话的传说，郑和下西洋，哥伦布发现新大陆，到全球化经济，人类社会的发展不仅无法回避甚至还得益于海洋的存在。

1　认识海洋，才能开发、保护海洋

自然科学体系的璀璨珍珠离不开海洋的抚育。从达尔文的进化论；魏格纳的大陆漂移说，还有海底扩张说，板块学说；到威尔逊旋回，海洋成为人类不断更新理论认知的源泉，其在为海洋科学系统发展提供物质基础及调查研究平台的同时，也促进了人类对地球系统及其生命活动的深入理解。不仅如此，海洋科学是自然科学对海洋的研究，是建立在数学、物理学、化学、生物学和地球科学等自然科学和技术发展上的科学，这决定了海洋科学的大科学体系特征，即自然科学的数学、物理、化学、生物学和地球科学等均可在海洋领域找到自己的用武之地，无疑它们的交叉融合将使得海洋科学呈现出别样的特色及模式、结构与功能，也注定了未来海洋科学在调查和研究相结合，时间、空间、技术与人类活动4个维度和空-天-海-地-生及人一体化的基础上必将走向综合基础科学的发展之路，进而为人类从地球的海洋走向宇宙的海洋搭起一座科学和技术的崭新桥梁。毫无疑问，海洋科学与自然科学其他学科在研究方法、体系构建和核心思想上的每一次创新，都将为海洋技术的发展提供新的机遇及范式，而海洋技术的每一次进步，都将为海洋科学与自然科学其他学科的发展提供新的手段、增加新的能力。这种互助发展模式，也注定了科学与技术始终是人类认识海洋及自然世界缺一不可的利器。

海洋科学的内涵包含着认知和技术两个核心，而海洋认知和海洋技术是打造海洋强国、建设健康海洋缺一不可的两个利器，这就决定了世界上任何想成为海洋强国、维护海洋健康的国家，无一例外的前提是拥有及具备系统的海洋认知和技术储备。其中，海洋认知和技术的含金量将通过原创知识和关键技术来体现。因此，发展海洋科学，拥有原创知识和先进技术，将是国家成为海洋强国、建设健康海洋的必由之路。

从人力资源、科技投入以及航次调查等方面考察，我们至今对海洋的了解依旧匮乏，导致“下海比上天难”的局面没有打破，这也使得海洋具有更多的可能性。海洋传统的养殖、船舶、交通运输、旅游观光和资源开发等行业无疑也面临着数百年来厚积而待发的局面。即一方面在保护海洋环境的前提下朝着传统产业增效、增产、减能、减排、防污、降低成本的方向发展；另一方面就是在海洋科学拓展新领域、发现新现象的同时，催生新产业的诞生。两个方面的发展，毫无疑问均需要海洋科学和技术的同步支撑，特别是新产业的诞生和健康海洋的建设更依赖于海洋科学和技术的先行发展。

2　保护海洋环境，需建设健康海洋

保护海洋环境，建设健康海洋的目标体现为了解自然状态下海洋的演变规律及其特征，把握海洋灾害产生的机理，揭示海洋灾害和人类活动对海洋环境的影响。在此基础上，认识海洋环境对灾害和人类活动的响应，具备防控海洋灾害和制约人类活动负面影响的科学与技术条件及能力，构建指导、约束海洋领域行为规范及保障健康海洋建设的法规体系。因此，很显然，没有海洋科学和技术的领先，就不具备实现保护海洋环境、建设健康海洋目标的基础和前提。海洋科学和技术对保护海洋环境、建设健康海洋战略目标实现的作用显而易见。

人类社会对海洋资源开发利用和海洋环境保护日益迫切的需求是海洋科学发展的动力之一，这也正是凸显其在健康海洋建设中不可替代地位的关键所在。能源短缺、环境恶化、生存空间狭小和自然灾害频发是当前全球面临的主要问题，这些问题的解决或答案很大程度上只能在海洋中寻求。海洋地球中蕴藏着丰富的资源（空间、矿产和能源资源），全球变暖、海洋酸化、海平面上升、地震海啸、火山喷发、极端气候事件等无一不与海洋科学密切相关。海洋科学则正是人类了解、通向和保护海洋的众妙之门。

站在宇宙中看地球，将使人类更清醒地认识到健康海洋建设在实现空-天-海-地-生及人一体化进程中的重要作用。从海洋地球，生命现象，到人类活动，实现人类和海洋的和谐、共赢，无一不需要海洋科学的率先发展，即在发展、应用海洋探测技术的基础上，通过丰富对海洋系统的认知，掌握海洋物理、化学、生物和地质等各方面的特征及规律，进而服务健康海洋建设不断发展的需求。

健康海洋建设是在全球各国达成共识的基础上才可以得以有效实施的一项工程，而绝不是一国之所为，这决定了国家在成为海洋强国的基础上，进一步引领开展健康海洋建设，方可收到水到渠成的功效。因此，海洋科学在为国家实现海洋强国梦想建功立业的基础上，将聚焦健康海洋建设，有助于实现人类活动与海洋世界的和谐共存。

具备自由探索海洋的能力及技术方法，满足人类问询海洋世界方方面面的好奇心，始终是海洋科学不断发展的动力来源之一。在这个海洋科学的发展过程中，无论是遇到新的物质、新的物种、新的基因，还是对海洋有新特征、新规律和新现象的认知，以及新技术的开发及应用，都将为海洋领域中矿物资源、基因资源和能源等新兴产业的发展注入新的活力，促进新兴产业发展和健康海洋建设的同时，更能拓展新兴产业的发展空间，并有可能衍生出具绿色、环保、可持续发展等优良属性的新的产业。

3　发展海洋地质学，贡献健康海洋建设

海洋科学是产生新认知的源泉、开拓新疆域的动力。海洋科学的研究水平、原创工作及成果的积累是国家综合国力的重要组成部分。不仅如此，海洋科学的工作使海洋连接大气圈、生物圈和岩石圈乃至地球深部成为可能，其聚焦海底的过去、现在与未来，探求人类活动与地球系统和谐共存的发展之道，指引探测技术的发展方向，未来无疑将在交叉、从宏观到微观、从区域到局部、从近海到远洋等各个层次的工作过程中，领略新的风景、迸发新的灵感、产生新的动能及进步，进而为健康海洋建设做出实实在在的贡献。

毋容置疑，海洋地质学是海洋科学大厦的基石。海洋由海水、生物和海底构成，

是连接大气圈、生物圈和岩石圈的桥梁，了解海洋及其健康状况不仅需要认识海水中的物理过程、化学组成和生命活动，也需要掌握海底的结构与物质组成，这是健康海洋建设的基础。

海底热液、冷泉、火山、风化、沉积等活动；深海富稀土元素软泥、铁锰多金属结核、富钴结壳、天然气水合物、深水油气等资源；山峦起伏、沟壑纵横等构造地形，营造了特殊、变化的海洋地质环境，影响着生物的种群组构、海水的物理化学特征、波浪流的时空演变，致使海洋地质学可为海洋生物学、海洋生态学、海洋化学、物理海洋学和探测技术等所有涉海工作提供了必要的环境认知及研究支撑。海洋地质学的发展将为海洋生物学理解深部生物圈及海底下的“海洋”；海洋生态学理解热液、冷泉及极地环境的生物群落；物理海洋学理解底流及地球内部能量释放；海洋化学理解海水演变及海底风化的物质贡献，技术实现对海洋的自由探测等，提供不可或缺的基础知识及认知，进而在理解生命起源，认识生物多样性，知悉海洋流体结构，了解海水前世今生，低成本高效探测海洋等人类关注的海洋重大问题上做出应有的贡献。与之相应，海洋科学其他学科的发展也无疑将为海洋地质学认识海洋地球，联系太空、大气、海洋、生物及人类活动，拓展新的发展空间，提供新的视角与能力。

特别是，海洋地质学构成了海洋科学发展的关键一环。人类为了生存与发展，不能不了解自然及其赖以生存的地球。因此，在国家总体学科发展布局中地球系统科学始终无法缺席，这也决定了除了研究陆地外，认识海底世界必不可少。加之，目前人类探索海底依然无法像在陆地上一样自由、随意，仅此一点即决定了海洋地质学所处的无可替代的地位。

海洋地质学成为海洋科学诞生新理论、产生新增长点的摇篮。人类的发展及其认知自然的目标可以一个接一个的实现，这是以自然科学体系及其地球系统科学不断产生新理论、拓展新领域为前提而得以实现的。作为自然科学体系大家庭不可缺少的一员——海洋地质学的永续发展及对海洋地球系统的认知积累，将会不断为完善自然科学知识体系、增添自然科学新功能、提升自然科学生产力做出新的贡献，进而成为实现新阶段国家科技发展战略目标、建设健康海洋的重要工作基础之一。

随着技术的不断进步，人工智能、3D 打印、基因克隆、量子和石墨烯产业、低温超导、绿色资源及能源利用等，人类似乎寻找到了新的发展道路及天地。尽管如此，所有这一切的完善发展及应用依然离不开空–天–海–地–生及人这一天然的受众实体及资源基础，依然离不开科学、技术、经济、社会这一天然的动能体系及转换平台。其中，海洋地质作为海洋科学的一员，将在为新技术发展提供知识积累及基础的同时，不断完善、牢固连接地球系统各环节单元的海洋地质桥梁，不断深刻融入服务、支撑经济社会发展的主流阵营，使未来的人类社会在享有多样物质供给的同时，也拥有蓝天白云、海鸥及健康的海洋。

4　几点建议

保护海洋环境，建设健康海洋，需要专业的海洋保护和健康海洋建设队伍，提升保护海洋和健康海洋建设的科技水平，开展海洋环境保护和健康海洋建设示范工作，支撑海洋防灾减灾，拓展海洋保护和健康海洋建设格局，创造海洋保护和健康海洋建设法规，完善海洋环境保护和健康海洋建设信息网络，助力政府海洋环境保护和健康海洋建设决策，实现全球化海洋保护，保障海洋经济发展。为此，提出如下几点建议。

（1）壮大海洋队伍，发展海洋科技。开展海洋科学与技术研究、完善海洋科学与技术体系、创新海洋科学与技术思想，无一不是海洋科技队伍的贡献。因此，提高健康海洋建设从业人员素质，发展保护海洋的科技队伍，以崭新、前瞻的海洋观，彻底超越落后、跟踪、模仿的历史，让建设健康海洋事业为人类从有限的地球海洋走向无限的宇宙海洋奠定扎实的人力和科技基础。

（2）示范环境保护，支撑防灾减灾。海洋环境如何保护？健康海洋建设如何实施？人类的海洋活动如何规范？防灾减灾如何实现？至今人类没有灵丹妙药。这是海洋保护和健康海洋建设工作者始终需要面对的问题，并倾力进行的重点工作之一。未来，在了解海洋环境及其演变规律的基础上，考虑人类活动的影响，完善海洋观测网和/或站，调查环境变化和灾害过程，提高海洋环境观测和灾害监测及预警、预报的技术水平，建章立制，科学提升人类海洋意识及规避灾害的能力，进而为规范海洋环境保护、防控海洋灾害、建设健康海洋提供海洋科学和技术保障。

（3）拓展资源格局，推动经济发展。人类的海洋及资源观随着科学与技术水平及分解、组合元素、分子等物质能力的提升而正在日益改观。目前，我们面向健康海洋建设的需求依然是水体的健康，灾害和极端气候的防控，水产、矿物、能源、空间的安全开发利用，相应的技术、调查研究及标准规范应运而生。这一海洋与经济格局，与占地球表面积 70.8%的海洋，似乎并不匹配，促使人类对海洋未来的资源环境利用与经济规模有更大的期许。这种期许注定将促使未来海洋资源环境格局和经济发展模式发生革新及调整。为此，海洋科学将在深度融合人工智能、基因克隆等创新技术的基础上，发现新的资源类型，提供新的技术方法，引导新的海洋生产等方面继续发挥不可替代的作用，进而为未来全球健康海洋建设及海洋资源环境格局和经济发展模式变革注入新的力量。

（4）创造法规体系，提升国际地位。人类实现与海洋的共存、共赢，建设健康海洋，其前提是建立规范人类海洋活动的完善的法规体系，而充分认识海洋地球及人类活动的影响则是建立该法规体系的前提。未来，进一步大力发展海洋科技，率先开展基于人工智能等创新技术的新型海洋探测，加速积累海洋原创知识和关键先进技术，领先海洋强国，进而具备领导创建全球遵守的海洋法规体系的先决条件，维护国际海洋秩序，保障空-天-海-地-生及人的一体化发展，提升我国在国际海洋事务中的话语权和影响力，为人类有能力在海洋获得更大的生存资源与空间做出海洋科技贡献。

（5）维护海洋权益，服务国防安全。科学维护海洋权益，服务国防安全的目标是为了人与海洋的和谐共存，保障国际社会的和平发展。未来，海洋科学与技术在了解海洋的同时，一方面将为人类制定和平、安全、开发利用海洋资源与空间的方案及规则提供科学与技术支撑，实现海洋资源和空间的全球共管均用；另一方面，在了解海洋物理、化学、生物和地质等属性的基础上，结合人工智能和新型功能材料制备等创新技术，提升声、电、光、磁等探测水平，为构筑海洋安全体系、建设海洋强国提供科技保障。

（6）贡献信息网络，助力政府决策。海洋科学已为人类发展贡献了智慧、海量数据和资料。目前，海底各类地质图件的系统绘制及其数据、资料积累，为人类的海洋活动提供了基础的海底环境调查研究保障。未来，海洋科学工作一日不中断，其原创知识和先进技术的产出就会日积月累。为此，坚持海洋科学的可持续发展，融合创新技术，从海洋数学、物理、化学、生物、地质等多个层面，从时间、空间、技术和人类 4 个维度，致力于推进空-天-海-地-生及人类活动一体化，使海洋科学的产出及成果，可以有形的状态存在，贡献海洋强国领先，维护国家海洋权益，保护海上活动安全，也可充实、丰富信息网络，助力政府海洋事务决策，革新人类海洋资源格局与经济发展模式，领导海洋法规体系和健康海洋建设，协调和平利用海洋资源与空间。

总之，海洋科学是保护海洋环境、预报预警海洋灾害、开发海洋资源、维护海洋权益和保障海上安全的前提。人类在开发利用海洋的同时，至今无法系统确证海洋地球的深部（>5 km）结构与物质组成，不清楚海洋地球系统演变及海陆变迁与地球磁场倒转的关系，经历了火山、地震和海啸等灾害，面临着天然气水合物等资源开采、未知海洋生物致灾的潜在风险，破坏着难以恢复的海洋生态环境。加之，全球对海洋空间、资源、灾害和污染的日益重视，对健康海洋的日益需求。人类所面临的诸如此类的发展问题及困惑，无一例外均与海洋地球系统有关。因此，为人类保护海洋环境、和平适度利用海洋空间和资源，防控海洋灾害和污染，未来多层次、多维度开展海洋科学调查研究，在了解海洋地球系统的同时，掌握关键数据和资料，完善、制定海洋标准和法规，不仅可为维护国家的海洋权益、保障海洋安全、建设全球化健康海洋提供科学保障及技术支撑，也是人类在海洋领域共同发展的必由之路。

基于“久治难愈”的浒苔灾害之患探索其“标本兼治”之策

马绍赛

（中国水产科学研究院黄海水产研究所，青岛 266071）

摘要：本文基于多年来有关浒苔灾害的研究成果，阐述了 2007 年以来连续 13 年夏初季节暴发在黄海的浒苔灾害的成因、浒苔灾害暴发的时空变化、浒苔灾害的危害等备受关注的问题，并提出了建立在自然资源部统一领导与协调下，以省、市、县（市）为责任主体的三级联防联控机制，以市场主导、政策引导的价格机制；以浒苔为特殊渔业资源，激发渔民捕捞浒苔积极性的激励机制，以提升附加值扩大产能的浒苔系列产品的开发创新机制，为进一步提高浒苔灾害的防控效果提供支撑。

关键词：浒苔灾害；暴发成因；联防联控；应急处置；特殊渔业资源；标本兼治

浒苔（*Entermorpha prolifera*）属于绿藻类，分布广泛。浒苔灾害系指浒苔暴发性增殖或高密度聚集而出现的异常海洋生态现象，世界沿海国家多有发生。我国黄海浒苔灾害从 2007 年暴发以来，已持续 13 年之久，其影响范围之广，持续时间之长，危害程度之大，当属世界浒苔灾害之最。

面对这一严重的海洋灾害，受灾沿海城市奋力抗灾防灾，虽然取得了一定的成效，但浒苔灾害至今仍未得到根本性的解决。据报道，2019 年黄海浒苔灾害最大影响范围约 55 600 km^2[1]，覆盖面积最大峰值约 29 500 km^2，并凸现出 3 个特点：①始发早，历时长。比 2018 年始发时间提前了近 1 个月，比 2017 年提前了 10 d；消亡时间仅比 2018 年提前了 8 d，比 2017 年推迟近两周；②暴发峰值出现时间也相应推迟。比 2018 年推迟近 10 d，比 2017 年推迟超过半个月；③覆盖面积大。比 2018 年增加约 180%，比 2017 年增加约 45%[2]。2020 年 6 月初，黄海浒苔灾害又再次出现，形势依然十分严峻。可见浒苔灾害的治理与防控已成为常态性工作，任重而道远。本文基于多年来有关黄海浒苔灾害的研究成果，阐述了浒苔灾害暴发的成因、浒苔灾害暴发的时空变化、浒苔灾害的危害等备受关注的问题，并提出建立在自然资源部统一领导与协调下，以省、市、县（市）为责任主体的三级联防联控机制，以市场主导、政策引导的价格机制；以浒苔为特殊渔业资源激发渔民捕捞浒苔积极性的激励机制，以增加附加值提升产能的浒苔系列产品的开发创新机制，为进一步提高浒苔灾害的防控效果提供支撑。

1 浒苔灾害暴发成因

浒苔灾害暴发的成因较为复杂，有其内在的因素，也有其外在的因素。浒苔灾害暴发的内在因素主要包括：浒苔快速生长的繁殖力和浒苔的特殊管状结构。①浒苔快速生长的繁殖力：在富营养的海水中，浒苔起始生物量较低时，浒苔幼苗的日生长速率可高达80%[3]，而在营养一般的海水中，浒苔的日生长速率为10%~37%[4]。②浒苔的特殊管状结构：当浒苔脱离附着基，浒苔中空的管状内充满了光合作用产生的气泡，浒苔的浮力得以增加，可以漂浮于水体中生活[4]。而漂浮状态下的浒苔生长率大于沉水状态下或固着状态下的生长率[5]。

浒苔灾害暴发的外在因素主要包括：海水的富营养和适宜的海洋水文气象条件。①海水的富营养：以黄海浒苔灾害为例，随着黄海沿海城市化的进程和工业化的发展以及水产养殖业的兴起，黄海近海海域氮、磷等营养要素超标十分严重，无机氮超标面积高达75%以上，磷酸盐超标面积高达44%以上（表1），由此导致水体的富营养程度不断加剧，为浒苔快速生长繁殖创造了有利的营养物质基础；②适宜的海洋水文气象条件：黄海5—7月水温随气温升高而升高，形成浒苔的快速增殖最佳的温度环境，在风和表层流的作用下，由南向北漂移，在近海和岸滩形成高密度聚集或堆积。

表1　2009—2018年我国海洋天然重要渔业水域营养盐超标面积百分比

年份	监测面积/万 hm^2	无机氮/%	磷酸盐/%
2009	1 259	90.5	62.4
2010	801	91.8	81.4
2011	788	79.9	50.2
2012	368	83.1	58.0
2013	378	83.4	46.8
2014	358	79.3	51.2
2015	378	80.5	57.8
2016	596	85.1	61.8
2017	523	80.0	64.3
2018	523	75.4	44.0

注：超标面积百分比为超标采样点面积占总采样点面积的比。

资料来源：中国渔业生态环境状况公报。

2　浒苔灾害暴发时空变化

根据卫星遥感和航空遥感图像以及船舶跟踪监测结果综合分析显示，黄海浒苔夏初始发于长江口以北的江苏省沿海海域，随着水温的升高，在富营养的海水中快速生长繁殖，受风和表层流的驱动，由南向北漂移于近海和岸滩形成高密度聚集或堆积，即浒苔灾害暴发。黄海浒苔灾害所波及的城市有江苏省的盐城市和连云港市，山东省的日照市、青岛市、威海市和烟台市。由于受到流场和风场等水文气象条件年际变化的影响，黄海浒苔灾害暴发时间、漂移路径和分布范围每年均有所不同[6]，从而导致浒苔灾害所波及城市的受灾程度亦出现明显的年际差异。黄海浒苔灾害的发生和发展具有如下特点：①每年暴发时间，早的年份为 5 月上旬，晚的年份为 6 月上旬至 7 月上旬，消亡结束时间，早的年份为 7 月底，晚的年份为 8 月底；②浒苔暴发期持续时间最短约 50 d，最长约 85 d，暴发持续时间呈现波动态势；③浒苔漂移路径从南向北随风场和流场移动，过程中持续快速增殖和高密度聚集，先后在连云港、日照、青岛以及烟台的海阳、威海的乳山和石岛等市近海形成灾害。浒苔灾害覆盖面积最大峰值（表 2），有些年份出现两个时段，如 2011 年至 2015 年间，分别为 5 月底和 6 月中下旬，最大峰值介于 1.5 万～3.5 万 km^2；有些年份最大峰值只出现一个时段，如 2019 年覆盖面积最大峰值出现在 7 月上旬，约 2.95 万 km^2[7]。

表 2　2011—2019 年黄海浒苔覆盖面积最大峰值统计　　万 km^2

年　份	2011—2014	2015	2016	2017	2018	2019
覆盖面积	1.50～2.00	3.50	2.28	2.03	1.75	2.95

注：资料引自：中国渔业生态环境状况公报。

3　浒苔灾害的危害与发展态势

持续 13 年的黄海浒苔灾害不仅给受灾沿海城市海水浴场游泳、海上体育运动、文化旅游活动、生物资源繁衍和海水养殖生产等造成了严重的影响，同时也给当地市民的生活秩序和工作秩序造成了严重的干扰，成为最突出的自然灾害之一。

青岛市是受浒苔灾害影响最严重的城市，面对浒苔灾害青岛市委市政府高度重视，采取了一系列举措，奋力抗灾防灾。调动专业力量和动员社会力量进行打捞和布网拦截的应急处置。2008 年为了青岛奥帆赛顺利举行，军民协同抗击浒苔灾害的场面令人记忆犹新。与此同时，还组织了科学研究力量进行科研攻关。然而，虽然浒苔灾害的应急处置有成就有亮点，科学研究有成果有突破，成就斐然，但浒苔灾害仍然像一块“久治难愈”的“顽症”肆虐不止，让青岛市委市政府和广大市民背负沉痛压力。据报道，2019 年青岛市近岸海域再次遭受绿潮侵扰，青岛市沿海范围内浒苔灾害覆盖面积约 195 km^2，为 2018 年的 6 倍，大有加剧之势[1]。为了做好 2019 年浒苔灾害的防控工作，青岛市提前修订完善了《2019 年浒苔灾害应急处置总体工作方案》《海域工作组浒苔处置工作方案》和《陆域工作组浒苔处置工作方案》，组建了由 190 艘渔船组成的打捞船队，对沿海重点海域内浒苔实施清捞，累计出船 4 718 艘次，打捞浒苔 23.9 万 t，取得了明显的处置效果。

其他受灾沿海城市的抗灾防灾情况与青岛市的抗灾防灾情况类似。

4 浒苔灾害治理与防控策略的探索

笔者多年从事海洋渔业生态环境与生物修复研究工作，对浒苔灾害的发生、发展及其生态危害十分关注，目睹了 10 多年抗灾防灾所付出的代价，感受到浒苔灾害暴发的复杂性以及消除浒苔灾害的艰巨性与持续性，深刻体会到没有“良方妙法，施法除灾”的捷径可寻。基于上述认识，笔者针对进一步提高浒苔灾害的处置效率与效果，以实现“标本兼治”的可能性，特提出如下几点探索性意见与建议。

（1）鉴于浒苔初发于长江口以北的江苏省沿海海域，浒苔灾害波及的城市有江苏省的盐城市和连云港市，山东省的日照市、青岛市、威海市和烟台市。因此，要建立在自然资源部统一领导与协调下，以山东省和江苏省为一级责任主体，浒苔灾害波及的城市为二级责任主体，其辖区的相关县市为三级责任主体的三级联防联控“治理浒苔灾害”机制，实行分工负责，各有侧重，密切配合，协同发力。江苏省浒苔初发沿海的相关市聚焦源头治理，在浒苔孢子、幼苗期或灾害形成早期，适时处置，灭灾于萌发阶段。山东省的日照市、青岛市、威海市和烟台市及其辖区的相关县市聚焦过程应急处置，要在浒苔未抵岸滩前及时处置。要不断总结经验，科学施策，提高应急处置效率和效果。通过两省及其浒苔灾害波及的相关城市共同努力，以实现浒苔灾害“标本兼治”的目的。

（2）根据浒苔分布于水体中，在适宜的气候条件下，依赖于丰富营养盐环境条件快速增殖的生理与生态特点，采取有效措施，严格控制陆源含氮、磷的废水向近海输入。加快受灾城市的相关城镇区污水管网全覆盖的进程，尽快解决居民生活废水直排入海的问题，阻断浒苔快速增殖的营养源。在江苏省浒苔始发的沿海海域，可同时尝试增殖放流和营养竞争性藻类群落构建等生物干预手段，以改善生物群落结构，形成多营养层次的生态系统，使生态系统中能量、物质输入和产出达到均衡状态，从而摧毁支撑浒苔快速增殖的基础条件。硫酸铜、生石灰、次氯酸钙等对浒苔孢子和幼苗具有较好的杀除作用，但应审慎使用，以防引起次生环境危害风险。

（3）13 年浒苔灾害应急处置实践证明，打捞的方式是一种较为有效的应急处置手段，目前难以找到更好的方法取而代之。然而，如何进一步提高浒苔的打捞效率乃当下亟待解决的问题。首先要进行浒苔打捞应急处置的理念创新，建立更加有效的机制，包括组织机制、激励机制、监管机制与质量控制机制等。将浒苔作为一种特殊的渔业资源，和渔民有利可图的捕捞对象，激发渔民打捞浒苔的积极性。浒苔灾害发生期恰逢黄海海域禁渔休渔期，把浒苔打捞变成渔民捕捞生产的补充，将目前要求渔民被动打捞浒苔变为渔民主动捕捞浒苔的自觉行动。实行浒苔捕捞资源共享，浒苔捕捞资源分布及发展趋势信息共享，以提高浒苔的打捞效率。同时渔业管理部门要加强监管，严厉打击借捕捞浒苔之机违捕其他渔业资源、破坏禁渔休渔制度等不法行为。

（4）建立浒苔打捞的支撑条件，依托已有码头，配置针对浒苔卸货的专用设施设备，以方便卸货，提高卸货效率。青岛市为浒苔打捞卸货已经构建起来的海上浒苔综合处置平台，在实际应用中显示了极好的效果，要进一步提升其性能和处置效率，使其成为所有渔民打捞浒苔卸货的公共平台。同时要加大专用捕捞浒苔资源的渔具渔法研发力度，以提高浒苔打捞的效能。目前青岛海大生物集团已建有 23 万 t 鲜浒苔处理能力的生产线，基本可满足青岛市浒苔打捞量的资源化利用要求。在此基础上，通过浒苔系列产品的研发和技术创新，进一步扩大产能，同时要加强产品的质量控制，提升产品的附加值。建立以市场为主导，以政策为引导，适当补贴和税收减免的价格机制，以支撑从浒苔捕捞到产品生产的产业健康发展。

参考文献

[1] 韩小伟.今年浒苔上岸量为历年最少 青岛已无害化处理浒苔 23.8 万吨[N].半岛网-半岛都市报,2019-08-05.

[2] 农业农村部和生态环境部.中国渔业生态环境状况公报(2019).2020:51-52.

[3] 田千桃,霍元子,张寒野,等.浒苔和条浒苔生长及其氨氮吸收动力学特征研究[J].上海海洋大学学报,2010,19(2):252-258.

[4] 梁宗英,林祥志,马牧,等.浒苔漂流聚集绿潮现象的初步分析[J].中国海洋大学学报,2008,38(4):601-604.

[5] 丛珊珊.环境因子对浒苔(*Enteromorpha prolefera*)生长,生存状态和营养吸收影响的实验研究[D].青岛:中国海洋大学,2011.

[6] 刘帆,费鲜芸,王旻烨,等.黄、东海海域浒苔时空分布变化特征研究[J].海洋环境科学,2017(3):102-108.

[7]　农业农村部,生态环境部.中国渔业生态环境状况公报,2015—2019.

作者简介：

马绍赛，男，中国水产科学研究院黄海水产研究所原科研处处长、研究室主任、农业农村部黄渤海区渔业生态环境监测中心原主任，研究员（二级），中国侨联特聘专家。研究方向：海洋渔业生态环境与生物修复。曾获农业部中青年有突出贡献专家荣誉称号，享受国务院特殊津贴。

生态文明体制改革背景下海洋空间利用年度计划的提出与制度构建

刘大海

（自然资源部第一海洋研究所，青岛 266061）

摘要：海洋空间利用年度计划是自然资源部基于其国土空间用途管制职责提出的海洋空间资源管理新思路。基于当前海洋资源管理面临的问题、生态文明体制的改革要求以及空间资源计划管理经验，研究并提出海洋空间利用计划的内涵；并在此基础上，提出了海洋空间利用年度计划的构建原则、目标和制度体系。通过以上研究，拟为海洋空间利用年度计划制度的建立和实施提供技术支撑和决策支持。

关键词：海洋空间利用年度计划；内涵；制度框架；资源配置；计划管理

海洋空间是沿海地区经济社会发展的基础和载体，在沿海地区经济高质量发展中扮演着重要角色。近年来，海洋开发利用规模和强度持续增大，粗放利用、闲置浪费、生态环境损害等问题日渐凸显，给海洋资源可持续利用和区域经济可持续发展带来巨大压力。随着生态文明体制改革的逐步深化，我国资源管理理念也发生变化，以 2017 年全面从严管控围填海为标志，海洋空间资源管理由过去重视保障资源供给为主逐步转变为保护资源环境为主。

海洋空间利用年度计划是自然资源部基于其国土空间用途管制职责提出的海洋空间资源管理的新思路。根据自然资源部“三定”方案，其职责之一是“组织拟订并实施土地、海洋等自然资源年度利用计划”，海洋空间利用年度计划成为与土地利用年度计划同等重要的计划管理制度。在此之前，学术界和管理部门尚未提出海洋空间利用年度计划的概念，亦无相关实践和经验，建立和完善海洋空间利用年度计划制度体系成为管理部门和研究机构的紧迫任务。本研究通过梳理、研究围填海和土地利用计划的经验，针对当前海洋开发利用存在的问题，结合生态文明体制改革相关要求，研究提出了海洋空间利用计划的内涵，并初步构建了海洋空间利用计划制度体系，以期为该制度的建立和实施提供技术支撑和决策支持。

1 研究与实践进展

1.1 国家计划管理体制

1.1.1 国家计划管理

计划管理原理由马克思和恩格斯创立，在我国经过不断发展，形成了具有中国特色的计划管理理论[1]。国家计划，即政府制定和实施的计划。中华人民共和国成立后，我国逐步建立起国家计划经济体制，并编制和实施国民经济发展五年计划。到改革开放早期，经济理论界开始对是否坚持恢复计划管理体制进行探讨，国家开始了对计划管理实践的探索。在编制“九五”计划时，国家计划编制理念发生转变，其性质越来越接近市场经济的计划，到“十一五”时期，中长期计划就开始称作中长期规划。经改革开放后30年的转型，我国国民经济管理基本实现了由计划管理向宏观调控的转变，实现了国家计划向国家规划转变[2]。当前，在我国社会主义市场经济中，国家计划的主要形式是指导性计划，也包含少量指令性计划[3]，与财政、金融一起构成宏观调控中最基本、最全面、影响最广泛的3种重要经济手段，在导向、政策、配置、协调和信息等方面发挥重要作用[4]。

1.1.2 国家计划与规划

计划有广义与狭义之分，一般从时间来分，广义的计划包括长期规划、中期规划和年度计划等，狭义的计划多指5年计划、年度计划等短期计划[5]。规划与计划共同构成了国家规划（计划）体系。当前，我国计划管理主要以规划为主，规划确定总体目标，注重宏观管理，计划注重在中观或微观层面上落实国家规划。为破解资源瓶颈，我国土地、水资源、矿产资源、海洋（围填海）均实施了总量控制和计划管理相关政策制度，为政府部门合理控制资源开发利用规模，促进资源集约高效实用发挥了重要的约束和引导作用。

1.2 空间资源计划管理研究进展

在空间资源管理方面，我国分别在1986年和2009年提出土地利用年度计划和围填海年度计划。由于计划管理制度更侧重管理和实践，学术界对两项制度的研究较少，一般集中在计划管理存在的问题及改进研究方面。

通过梳理相关文献，当前计划管理存在的问题基本集中在制度自身、管理手段和地方政府3个方面。①制度自身层面，计划管理制度自身存在信息不完全、预算软约束、棘轮效应和管制俘获等难题[6]，成为阻碍资源实现最优配置不可避免的缺陷。

②计划管理手段层面，计划管理部门在编制计划时以经验决策为主，与实际使用需求差距较大；管理过程过度重视数量指标控制；忽视执行效果管理以及现有考核机制不健全，缺少激励机制等[7]。③地方政府层面，地方政府基于发展需要，会争取更多的指标，而未考虑真正的使用需求，造成指标浪费；利益驱动造成计划指标分配的公平缺失；此外，地方政府在计划管理中也缺少对下级政府指标执行效果管理。以上因素造成在计划管理过程中往往出现部分地区指标供不应求；而另一部分地区则出现指标低效使用甚至闲置的问题，难以实现预期目标。

基于以上问题，各项研究提出的主要对策包括：将计划管理制度法制化，强化对突破指标行为的惩戒；推动计划管理从部门计划向政府计划转变，将计划管理纳入政府工作中；科学编制计划和下达（分配）指标，统筹长期与短期、全局与地方的利益；实行计划指标的资产化管理，探索指标采购和部分指标有偿调剂制度；建立健全土地利用年度计划考核监管制度，充分发挥考核结果的应用；加大计划指标制定中的公众参与，进一步提高计划编制的科学性和公共透明，发挥社会监督作用[8-9]。

1.3 土地利用年度计划实践进展

1.3.1 发展历程

经过30余年的发展，我国形成了以《中华人民共和国土地管理法》为基本框架，以《土地利用年度计划管理办法》为具体实施依据，以国务院和相关主管部门政策文件等为补充的相对健全的年度计划制度体系（表1）。

表1 土地利用年度计划制度体系

年份	主要制度（法律、法规、政策文件等）	出台部门
1986	《关于加强土地管理，制止乱占耕地的通知》	国务院
1987	《建设用地计划管理暂行办法》	国家计委、国家土地管理局
1996	《建设用地计划管理办法》	国家计委、国家土地管理局
1998	《中华人民共和国土地管理法》	全国人民代表大会常务委员会
1999	《土地利用年度计划管理办法》	国土资源部
2004	《国务院关于深化改革严格土地管理的决定》	国务院
2004	《土地利用年度计划管理办法》（第一次修订）	国土资源部
2006	《土地利用年度计划管理办法》（第二次修订）	国土资源部
2006	《国务院关于加强土地调控有关问题的通知》	国务院
2008	《土地利用年度计划执行情况考核办法》	国土资源部
2016	《土地利用年度计划管理办法》（第三次修订）	国土资源部

土地利用计划管理源于 1986 年 3 月，中共中央、国务院在《关于加强土地管理，制止乱占耕地的通知》中规定，“今后必须严格按照用地规划、用地计划和用地标准审批土地”。1998 年修订的《中华人民共和国土地管理法》首次明确了土地利用年度计划的法律地位。1999 年，国土资源部发布了《土地利用年度计划管理办法》，并先后于 2004 年、2006 年和 2016 年进行了 3 次修订。

此外，为了加强耕地保护，科学管控新增建设用地规模，国务院和自然资源主管部门出台诸多政策文件，对土地整治、建设用地增减挂钩、占补平衡、土地复垦等工作进行具体规定，涉及土地利用年度计划管理、指标的使用及改进等，进一步丰富和完善了土地利用年度计划制度体系，使其更符合不同阶段土地保护与利用需求。

1.3.2 土地用途转用过程及对应指标分析

土地利用年度计划是土地用途管制在时间和数量层面上的具体要求和安排。土地利用年度计划指标主要包含新增建设用地计划指标、土地整治补充耕地计划指标、耕地保有量计划指标、城乡建设用地增减挂钩指标和工矿废弃地复垦利用指标[10]，这些指标是落实耕地保护及占补平衡、控制建设用地规模等政策的重要抓手。从用途管制角度分析，除了耕地保有量计划指标外，其他指标均体现出对土地用途转化的管控（图 1）。

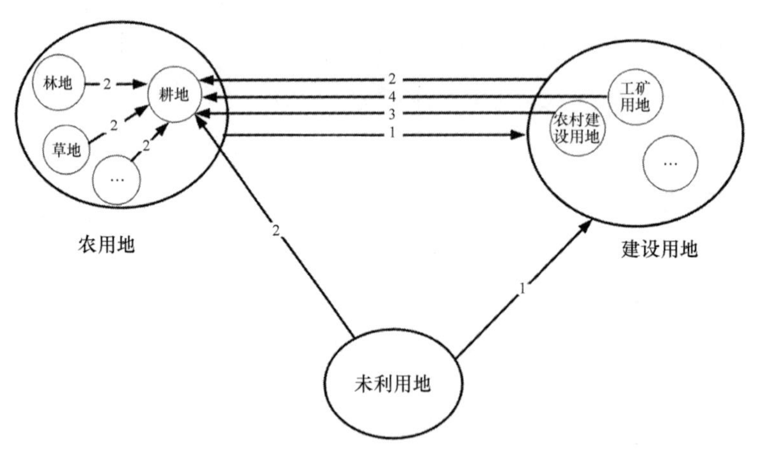

图 1　土地用途转化过程

（1）过程 1 代表建设用地增加的途径——新增建设用地，建设用地增加来自对农用地或未利用地的占用，与新增建设用地计划指标对应。

（2）过程 2 代表耕地数量增加的途径——土地整治补充耕地，包括农用地整治、建设用地整治、未利用地开发和土地复垦等具体措施，与土地整治补充耕地计划指标对应。

（3）过程3+1代表城乡建设用地增减挂钩的过程，体现了建设用地与耕地数量的动态平衡；过程3表示农村建设用地整理复垦为耕地，过程3和过程1必须整体审批和实施，与城乡建设用地增减挂钩指标对应。

（4）过程4+1代表工矿废弃地复垦利用的过程，同样体现了建设用地与耕地数量的动态平衡；过程4表示历史遗留的工矿废弃地以及交通、水利等基础设施废弃地复垦过程，与工矿废弃地复垦利用指标对应。

通过上述土地用途转用过程分析可以发现，土地利用年度计划以指标为抓手，旨在协调两个对象的关系，实现两个目标——两个对象包括保护对象（耕地）和管控的对象（建设用地）；与之对应的两个目标，一是守住耕地红线，维护国家粮食安全；二是合理供应建设用地，保障经济持续发展。土地利用年度计划的目标也与生态文明体制改革“发展和保护相统一”的理念一致。

2　海洋空间利用年度计划的内涵与使命

2.1　理论基础——海洋空间资源配置

2.1.1　海洋空间资源配置要素

资源配置是指把一定数量的资源按照某种规则分配到不同的产品的生产中，以满足不同的需要[11]，资源稀缺性与需求无限性的基本矛盾产生了如何实现资源最优或有效配置的问题[12]。海洋空间资源配置可以理解为海洋空间资源在时间和空间上在不同用途之间的数量分布状态，因此从要素层面可以将海洋空间资源配置分为时间配置、空间配置、用途配置和数量配置[13]。

海洋空间资源的时间配置，是指对海洋空间资源在不同时段或当代人与后代人之间的分配，以保证资源的可持续利用；海洋空间资源的空间配置，是指对海洋空间资源在不同区域或平面之间的分配，其目的是充分发挥资源禀赋，有效协调不同用海活动之间的矛盾；海洋空间资源的用途配置，是指对海洋空间资源在不同海洋产业之间的配置，其目的是推动海洋产业结构不断调整优化；海洋空间资源的数量配置，是指对海洋空间资源供给数量多少的控制，其目的是科学管控海洋开利用规模和强度。

在实践中，我国针对四类要素配置方式，逐步建立和完善相应的制度体系：①国家实施海洋功能区划制度，通过划定不同海洋功能类型区，指导和约束不同海洋开发利用活动在相应的功能区内进行，属于海洋空间配置的范畴。②国家和地方出台的支持或限制不同类海洋产业或用海活动的政策文件，如传统的滩涂养殖、晒盐等用海受到限制，而海洋生物、海工装备、天然气水合物、海上风电等新兴产业用海受到支持，属于用途配置的范畴。③自 2012 开始实施的围填海计划管理，按照年度下达国家和地方围填海计划指标，严格控制围填海总量和规模，属于时间和数量配置的范畴。

2.1.2 海洋空间资源配置手段

市场与计划是资源配置的两种基本手段[14]，前者以市场机制的自发调节作用为基础，以自由的价格制度、企业制度和契约关系为核心[15]；后者以计划部门根据社会需要及可能，以计划配额、行政命令进行资源配置的方式进行配置。市场被认为是资源配置的最为有效的手段，在不同经济体制的国家广泛存在，并发挥重要作用。由于外部性、信息不对称、竞争不完全、自然垄断等因素导致市场并不能有效解决公共产品供给、分配公平等问题，市场失灵的情况难以避免，在此情况下，政府配置成为弥补市场缺陷的有效手段[16]。

我国海域使用者取得海域使用权的基本形式包括行政审批和招标、拍卖、挂牌。前者属于社会主义市场经济体制下计划配置的范畴，后者属于市场化配置的范畴。当前，我国海域资源配置以行政审批的方式为主，资源价格采用政府定价的方式确定，市场化配置程度不高。以 2015 年为例，全国通过申请审批方式确权海域面积 228 435. 72 hm^2，通过“招拍挂”确权海域面积 25 177. 41 hm^2，市场化配置海域面积占比不及 10%。

2017 年印发的《关于创新政府配置资源方式的指导意见》[17]提出“对于不完全适宜由市场化配置的公共资源，要引入竞争规则，充分体现政府配置资源的引导作用，实现政府与市场作用有效结合。”因此，针对当前我国海洋空间资源配置市场化配置程度不高、计划配置存在缺陷的情况，应充分发挥市场在价格、供求、竞争等机制方面的优势，使海洋空间资源能够最大限度得到公平高效利用，促进国有资产增值保值。同时，在市场失灵的情况下，政府应适当干预，加强计划管理，有效发挥其引导性、弥补性和规制性作用，抑制用海规模盲目扩张以及生态环境损害等负面影响。

2.2 海洋空间利用年度计划的概念及内涵探讨

海洋空间资源属于海洋资源的子类[18]，是海洋开发利用活动的载体，在管理实践中一般进一步分为海域、海岸线和海岛，本研究所述海洋空间资源利用特指海域和海岸线的利用。在本研究语境下，年度计划属于按年实施的国家计划的范畴，更进一步，特指国家在资源配置方面的计划。基于当前海洋开发利用存在的问题，借鉴土地利用计划管理经验，笔者认为海洋空间利用计划是国家对海洋空间资源进行有计划开发利用、保护和整治修复所采用的宏观行政调控措施，是国家对计划年度内新增海洋开发利用空间、稳定和提升自然岸线保有率、海岸线和海湾整治修复及围填海存量资源开发的具体安排。

从资源要素配置来看，海洋空间年度利用计划属于时间配置和数量配置的范畴；从资源配置手段来看，海洋空间年度利用计划属于社会主义市场经济体制下资源计划配置的范畴；从计划管理内容来看，海洋空间利用年度计划不仅包含海洋空间资源开发利用管理，还包含对海洋空间资源保护与整治修复的管理。

2.3　困境与使命

经济高质量发展阶段依然离不开国土空间的高效供给。海洋空间资源管理一方面面临着优质后备资源稀缺、生态环境严重损害等严峻形势；另一方面又承担着为经济高质量发展谋求发展空间的压力，紧迫的资源环境保护职责与日益增长的用海需求成为海洋资源管理难以协调的矛盾。当前，在处理开发与保护问题中，国家逐步形成了把保护放在首位，推进科学发展、有序发展和高质量发展的思路[19]。遵循上述思路，笔者认为海洋空间资源开发与保护面临问题的根本解决途径在于：尊重经济增长与海洋空间资源配置的内在联系，准确预测并合理安排海洋空间开发利用的规模和强度，推进资源科学有序开发和高质量利用。

因此，海洋空间利用年度计划既要保护好海洋资源，又要保障经济高质量发展。一方面要充分发挥对资源开发的约束作用，合理控制海洋开发利用规模；另一方面要引导地方政府积极参与海洋资源环境整治修复，推动形成良好的海洋开发与保护格局，实现海洋空间资源节约、高效和绿色利用。

3　海洋空间利用年度计划制度框架设计

3.1　构建原则

3.1.1　坚持问题导向

海洋空间利用计划应直面当前海洋开发管理面临的后备海洋资源不足、自然岸线大幅消失、生态环境损害、围填海存量资源闲置等问题[20-22]，合理运用强制性和引导性手段，控制海洋开发利用规模，推动海洋资源合理、有序、有度利用；同时，强化地方政府保护海岸线和海洋生态环境意识，推进海岸线和海湾整治修复，推动围填海存量资源开发利用。

3.1.2　坚持宏观调控与市场调节相结合

海洋空间利用计划是国家宏观调控的手段之一，但这并不意味着对市场机制的否定。在社会主义市场经济中，海洋空间资源配置必须遵循相应的市场规律。因此，海洋空间利用计划应充分考虑国民经济发展对海洋空间开发利用的需求，为经济高质量发展提供资源保障，但同时又必须坚持生态文明体制改革的相关要求，加强计划管理，合理安排海洋空间供应总量，防止行业粗放发展。如果海洋资源环境承载力过高，就会损害海洋资源环境。

3.1.3 坚持中央严格管控与地方自主发展相结合

海洋空间利用计划的严格管控应体现为管控力度之严，而非管控范围之大。一方面，海洋空间利用计划应强化对海洋资源环境、自然岸线等的保护，对海洋开发利用总量进行严格控制，不得随意突破；另一方面，不需要针对每一类空间（或开发利用活动）都制定管控计划，要给予地方政府因地制宜自主选择发展模式的权利。总之，海洋空间利用计划应要求“管得严”，而非“管得细”。

3.2 拟实现的具体目标

3.2.1 控制海洋开发利用规模和速度

当前海洋资源环境面临的诸多问题多与开发利用规模过大、速度过快有关。因此，海洋空间利用年度计划的首要任务就是要使海洋开发利用保持在合理的规模和速度。一方面需要科学测算符合资源环境承载力要求的资源开发利用总量，设定资源开发利用的数量上限；另一方面需要将资源开发利用数量按年度进行分配，从而实现计划管理对开发利用规模和速度的管控，推进海洋空间资源集约节约和精细化利用。

3.2.2 稳定和提升自然岸线保有率

自然岸线是当前海洋开发利用活动的集中区，也是受损最严重的区域，应成为海洋空间资源保护与修复工作的重中之重。海洋空间利用年度计划要进一步强化自然岸线保有率的红线地位，通过强制性指标管控和奖惩机制，约束各地严守自然岸线保有率；同时，应鼓励和引导地方主动修复受损岸线，提升自然岸线的保有率。

3.2.3 改善海湾生态环境质量

海湾与陆地联系紧密，生态服务和经济服务功能强大，但由于开发利用强度大、粗放随意，我国大部分海湾生态系统都遭到严重破坏。海洋空间利用年度计划应充分发挥其引导性作用，鼓励地方政府主动参与海湾整治修复，改善海湾环境质量。

3.2.4 解决围填海历史遗留问题

要充分发挥海洋空间利用年度计划的引导作用，要求沿海地方政府根据围填海历史遗留问题清单，按照“生态优先、节约集约、分类施策、积极稳妥”的原则制定出处理方案；设置地方围填海项目前置条件，敦促地方政府加快解决围填海历史遗留问题，如在未完成历史遗留问题处理之前，限制或禁止该地开展围填海项目。

3.3 制度体系构建

3.3.1 完善海洋空间利用年度计划的法律体系

明确的法律地位是海洋空间利用年度计划实施的基础和保障。之前的围填海年度计划仅以部门规章的形式发布，法律地位低。反观土地利用年度计划制度，早在 1998 年《中华人民共和国土地管理法》修订时就明确了法律地位。此外，原国土资源部还制定并不断完善《土地利用年度计划管理管理办法》及相关配套制度。不断完善的法律体系提高了土地利用年度计划的权威性和可行性。因此，建议下一轮修订《中华人民共和国海域使用管理法》或者制定自然资源基本法时，在条文中明确海洋空间年度利用计划的法律地位，增强计划管理制度的权威性。同时，应研究制定《海洋空间利用年度计划管理办法》，对计划的实施程序、指标使用及管控要求、各级政府部门职责、监督考核及奖惩等进行明确规定，指导地方政府切实履行海洋空间利用的计划管控要求。

3.3.2 构建海洋空间利用年度计划指标体系

海洋空间利用年度计划贯穿计划编制、下达、执行、监督和考核各环节，是实现海洋开发利用规模和强度管控、强化海洋资源修复与保护的有力抓手（表 2）。对比围填海与土地利用年度计划指标可以发现，围填海计划指标仅包含中央和地方围填海年度计划指标（分为建设用和农业用两类），指标的直接目的为控制围填海规模；后者计划指标的目的除了控制建设用地规模（新增建设用地计划指标），还包含耕地资源保护和修复（耕地保有量计划指标、土地整治补充耕地计划指标），以及土地使用的综合调控（城乡建设用地增减挂钩指标和工矿废弃地复垦利用指标），后者的指标内容更为丰富和科学，值得海洋空间利用年度计划借鉴。基于此，海洋空间利用年度指标设置拟采用“强制性”和“引导性”相结合的思路，前者包括对海洋空间开发利用规模进行科学管控，严守自然岸线保有率的底线以及自然岸线“占补平衡”；后者包括引导和鼓励地方政府开展海湾整治修复、自然岸线整治修复和盘活围填海存量资源。拟设置海洋空间利用年度计划指标体系如下。

表 2　海洋空间利用计划指标分析

指标类型	目的意义	指标性质
新增海洋空间利用计划指标	控制海洋开利用规模，保障经济社会发展对海洋空间资源需求	强制性
自然岸线保有率计划指标	守住 35% 自然岸线保有率目标	强制性
海岸线整治修复计划指标	提升自然岸线保有率	引导性
自然岸线占补平衡指标	稳定自然岸线保有率	强制性
海湾整治修复计划指标	改善海湾生态环境	引导性
围填海存量资源利用指标	解决围填海历史遗留问题	引导性

（1）新增海洋空间利用计划指标，指下达给沿海各省（自治区、直辖市）可用于本年度使用的海洋空间数量。

（2）自然岸线保有率计划指标，指辖区内大陆自然岸线保有量（长度）占大陆海岸线总长度的百分比值。

（3）海岸线整治修复计划指标，指依据全国海岸线整治修复规划及年度计划确定的年度海岸线整治修复数量。

（4）自然岸线占补平衡指标，指用海项目需要占用自然岸线的，要恢复或重建与所占自然岸线长度和质量相当的海岸线，确保自然岸线保有率不降低。

（5）海湾整治修复计划指标，指依据蓝色海湾等海洋生态修复工程规划，开展海域整治修复计划的数量。

（6）围填海存量资源利用指标，指依据国民经济和社会发展计划、地方土地利用总体规划、海洋功能区划等，对围填海存量资源进行再开发的数量。

3.3.3　构建基于计划指标的配套制度

土地利用年度计划各项指标分别对应相应的配套制度，如城乡建设用地增减挂钩指标和工矿废弃地复垦利用指标对应《城乡建设用地增减挂钩节余指标跨省域调剂实施办法》《城乡建设用地增减挂钩节余指标跨省域调剂实施办法》《自然资源部关于健全建设用地“增存挂钩”机制的通知》《历史遗留工矿废弃地复垦利用试点管理办法》等诸多政策制度。完善的配套制度不仅有利于指导具体的资源开发与保护工作，并与不同时期土地资源管理要求相适应，还有助于地方政府准确把握计划指标执行要求，避免理解偏差。因此，建议针对海洋空间利用年度计划指标体系，尤其是自然岸线占补平衡指标、海岸线整治修复计划指标、海湾整治修复计划指标、围填海存量资源利用指标分别出台相应的配套制度，明确对自然岸线占补平衡、海岸线和海湾整治修复、围填海存量资源开发等活动的具体要求，并使其与海洋空间利用年度计划相衔接，以指标为抓手提升上述工作的完成质量。

3.3.4　建立和完善监督考核及奖惩机制

根据土地和围填海利用年度计划实施经验，资源计划管理体制下容易出现考核重视指标执行数量，忽略执行质量的问题[7,23]，在一定程度上容易对地方政府申请和执行计划指标形成错误导向。建立科学完善的监督考核及奖惩机制：①要完善指标执行效果评价体系，坚持数量与质量并重的考核方式；②要严格过程监管，保证计划管理的科学性和严肃性，避免出现大量指标闲置浪费或低效利用的情况；③完善奖惩机制，将考核结果应用于下一年度的计划编制依据，引导形成绿色节约高效的海洋空间开发利用格局。

3.3.5　建立计划弹性调节机制

刚性和弹性，计划管理中维护计划权威性和追求实践可行性难以避免的矛盾。计划的刚性体现为指标管理的约束性、政策实施的强制性等[24]。在实践中，刚性太强、弹性不足是规划计划管理方式面临的普遍问题，不利于资源的高效利用。在海洋开发利用管理中，由于不同用海项目审批和施工的环节、周期等各不相同，再加上计划指标执行过程中存在各类不确定因素，指标执行过程往往难以完全达到预期。在此情况下，应建立海洋空间利用年度计划弹性调节机制：首先要通过广泛调研掌握地方计划指标执行过程中存在的问题及原因；其次，基于不同类别用海项目的审批、建设特点，研究最优的海洋空间利用计划实施周期；最重要的是要在符合管控要求的前提下，制定计划指标弹性调节的具体措施或制度，如探索预留指标、节余指标处理方式、跨省域调节指标方法等，提高计划管理的科学性和可行性，实现政府对海洋空间资源的有效和规范管理。

4　结语

从土地利用年度计划管理的发展历程来看，海洋空间年度利用计划制度体系尚需一定时间建立和完善。在此之前，学术界应重点在海洋空间利用需求预测、海洋空间利用计划指标体系构建、海洋空间利用计划实施程序与配套制度研究及制定、海洋空间利用计划实施周期及弹性调节方法、海洋空间利用计划执行的监督考核及奖惩机制等 5 方面开展研究，为海洋空间利用年度计划的建立与实施提供技术支撑和决策支持。

参考文献

[1]　裴元秀.计划管理原理产生和发展的三个阶段[J].中州学刊,1985(5):10-13.

[2] 刘瑞."中国国民经济管理探索与实践"笔谈——纪念改革开放30周年——从计划到规划：30年来国家计划管理的理论与实践互动[J].北京行政学院学报,2008(4):49-51.
[3] 王文寅.不确定性、国家计划与公共政策[J].经济问题,2003(11):22-24.
[4] 曲波.中国城市化和市场化进程中的土地计划管理研究[D].北京:中国社会科学院,2008.
[5] 王文寅.国家计划与规划[M].北京:经济管理出版社,2006.
[6] 姜海,李成瑞,王博,等.土地利用计划管理绩效分析与制度改进土地利用计划管理绩效分析与制度改进[J].南京农业大学学报(社会科学版),2014(2):73-79.
[7] 姜海,徐勉,李成瑞,等.土地利用计划考核体系与激励机制[J].中国土地科学,2013(3):55-63.
[8] 王克强,刘红梅,胡海生.中国省级土地利用年度计划管理制度创新研究——以A市为例[J].中国行政管理,2011(4):80-84.
[9] 黄卫挺.土地利用年度计划必须成为硬约束[J].宏观经济管理,2012(7):16-17.
[10] 中华人民共和国自然资源部.土地利用年度计划管理办法[EB/OL].http://www.mlr.gov.cn/zwgk/zytz/201605/t20160520_1406065.htm,2016-05-12/2018-10-31.
[11] 梁钧平,王立彦.两种资源配置机制的分析[J].思想政治工作研究,1993(4):44-45.
[12] 刘大海.海陆资源配置理论与方法研究[M].北京:海洋出版社,2014.
[13] 杨庆媛.土地经济学[M].北京:科学出版社,2018.
[14] 朱跃.市场和计划是当代社会资源配制的两种形式[J].理论导刊,1993(5):27-29.
[15] 刘俊奇.试论市场与政府的关系[J].学术月刊,1999(6):19-25.
[16] 白永秀.市场在资源配置中的决定性:计划与市场关系述论[J].改革,2013(11):5-16.
[17] 新华社.中共中央办公厅 国务院办公厅印发《关于创新政府配置资源方式的指导意见》[EB/OL].http://www.gov.cn/zhengce/2017-01/11/content_5159007.htm,2017-1-11/2018-10-31.
[18] 高伟.海洋空间资源性资产产权效率研究[D].青岛:中国海洋大学,2010.
[19] 宁吉喆.贯彻新发展理念 推动高质量发展[J].求是,2018(3):29-31.
[20] 翟伟康,张建辉.全国海域使用现状分析及管理对策[J].资源科学,2013,35(2):405-411.
[21] 林磊,刘东艳,刘哲,等.围填海对海洋水动力与生态环境的影响[J].海洋学报,2016,38(8):1-11.
[22] 刘百桥,孟伟庆,赵建华,等.中国大陆1990-2013年海岸线资源开发利用特征变化[J].自然资源学报,2015(12):2033-2044.
[23] 李晋.围填海计划管理研究[M].北京:海洋出版社,2017.
[24] 张鸿.刚性规划下的弹性利用[J].中国土地,2009(9):55-55.

海洋沉积物修复技术进展及发展方向初探

李彦平
（自然资源部第一海洋研究所，青岛 266061）

摘要： 近年来，由于沿海城市化和工业化的快速发展，排海污染物急剧增加，海洋沉积物生态环境逐渐受到破坏。沉积物修复是未来海洋生态环境保护的组成部分和必要环节，然而目前相关修复工程技术尚不成熟，至实际应用尚有差距。针对该需求，本研究对国内外海洋沉积物以及与之相似的陆地水体沉积物和土壤的修复技术进行了梳理，从物理修复、化学修复和生物修复3个方向进行了分类综述，重点关注近年来沉积物修复的研究和实践中的应用进展。并针对海洋沉积物的分布特点，初步探讨了未来海洋沉积物大规模修复的思路。

关键词： 海洋沉积物；物理修复；化学修复；生物修复；规模化修复

海洋沉积物是海洋底部堆积的不同性质和来源的生物或矿物的碎屑物质[1]，面积约为3.5亿 km^2，是地球上面积最大的覆盖层，构成了地球空间覆盖中最大的单一生态系统，在全球生物地球化学循环中占有重要地位[2]，与人类社会生活也息息相关。本研究针对新出现的海洋沉积物污染问题进行了初步研究，并对其进展和发展方向进行探索，以期为该问题的预防和解决提供借鉴。

1　我国海洋沉积物及污染概况

近年来我国城市化、工业化快速发展，排入海洋中的污染物日益增多，对海洋生态系统造成了巨大的威胁。据统计，2015年我国典型海洋生态系统86%处于亚健康和不健康状态[3]，近岸海域环境污染形势严峻。更为严重的是，由于海洋沉积作用，污染物最终在海洋沉积物中富集，使其成为地球上藏污纳垢的最终场所。如2011年6月，隶属于康菲公司的蓬莱19-3油田发生的两起重大溢油事故，不仅造成6 200 km^2的海域海水污染，还致使1 600 km^2沉积物污染，沉积物中石油类含量最大超标71倍，影响范围涉及辽宁、河北、天津、山东等多个省、市。

海洋沉积物一旦遭受污染，将直接导致其生态环境的恶化，威胁海底生物的生存。此外，由于沉积物与底层海水之间的交换作用，还存在对海洋产生二次污染的潜在危险[4]。沉积物能够累积各种有毒有害物质，由于其毒性以及在生物体内的累积作用，能够引起严重生态问题[5]。近年来，由于珠江口海域沉积物中铜的含量升高，中华白海豚死亡数量逐年增加，2006—2015 年有记录的年均死亡数近 14 头，整体生存状况堪忧。因此，在日益重视海洋生态环境问题的同时，不可忽视海洋沉积物所遭受或面临的污染。根据《中国海洋环境状况公报》，近年来我国管辖海域沉积物质量状况总体良好。但不可忽视的是，由于陆源污染物的大量排海，各入海排污口及邻近海域的沉积物遭受到严重污染（表 1）。排污口沉积物质量不达标（排污口邻近海域沉积物质量不能满足所在海洋功能区沉积物质量要求）的约占 1/3，且主要污染物种类由 2010 年的 3 类增加到 2015 年的 7 类。

表 1　2010—2015 年入海排污口海洋沉积物监测数据

年份	入海排污口/个	不达标排污口/个	海洋沉积物主要污染物
2010	100	36	铜、石油类和镉
2011	86	30	石油类、铜和铬
2012	84	25	石油类、镉、汞和粪大肠菌群
2013	91	32	石油类、镉、铜、铅和粪大肠菌群
2014	94	31	石油类、铜、铬、汞、镉、硫化物和粪大肠菌群
2015	93	32	石油类、铜、铬、汞、镉、硫化物和粪大肠菌群

2　海洋沉积物污染修复方法

目前，沉积物修复技术尚在发展中，尤其是国内海洋沉积物污染治理尚无大规模、常态化工程案例。本研究总结归纳了淡水、海水沉积物及部分土壤修复的技术方法，并对其进行海洋适用性探讨，以期为海洋沉积物修复提供借鉴和思路。

沉积物修复按修复地点可分为原位修复和异位修复，按修复机理可分为物理修复、化学修复和生物修复。本研究主要从修复机理方面概述沉积物修复技术方法。

2.1　物理修复

物理修复通常采用工程技术，直接或间接消除沉积物中的污染物[6]，一般包括覆盖修复、疏浚修复和底泥曝气修复等。

2.1.1　覆盖修复

覆盖修复的原理是利用覆盖材料物理性地将污染的沉积物与上覆水体隔离，以阻止其再悬浮或迁移，减少沉积物中污染物的释放通量。传统意义上的覆盖修复大多使用无污染的中性材料，如沙子、淤泥、黏土或碎石片等，并已经在河道、近海、河口区域开展过大规模工程化应用，如日本 Kihama 湖（细沙覆盖）和 Akanoi 海湾（细沙覆盖）、美国 Eagle 海湾（沙性沉积物覆盖）、Denny 海湾（沙性沉积物覆盖）、塔科马港（沙性沉积物覆盖）、Sheboygan 河（含石块的沙层覆盖）、Manistique 河（塑料衬垫覆盖）、Stlawren 河（沙、砂砾、砾石覆盖）、Hamilton 海港（沙子覆盖）、挪威 Eitrheim 海湾（土工织物和篾筐覆盖）等在 20 世纪 90 年代都有采用覆盖法治理沉积物污染的工程实例[7]。

而近年来新发展的利用活性炭或含活性炭的材料作为覆盖层，除了能够隔离污染物外，还能主动吸附污染物，更有效地防止污染物释放到水体中或被海底生物吸收。该技术将活性炭单独或与沙、土等材料混合，作为薄覆盖层覆盖在沉积物上方，修复对象基本集中在有机污染物上[8-11]。2011 年，挪威特隆赫姆港通过现场试验研究不同覆盖层对 PAH 污染沉积物的吸附效果，发现“活性炭+黏土”作为覆盖层对 PAH 的吸收量达 60%[12]。

采用覆盖法修复海洋沉积物污染，尽管操作简单，可以进行大规模应用，但由于该方法对底栖生物活动干扰很大，且由于污染物依然存在于海洋系统中，因此该方法非长久之计。

2.1.2　疏浚修复

疏浚修复，或称挖泥修复，一般采用机械方法直接将污染源清除。国内海洋沉积物疏浚一般限于港池和航道疏浚，且主要目的是改善船舶通航条件，而河流、湖泊、水库等内陆水体底泥疏浚已有大规模的使用，如天津临港经济区为减轻渤海近岸污染，2015 年投入 2.19 亿元启动大沽排污河综合整治工程，包括河道底泥的疏浚清淤和异地深化处理等流程，至 2016 年 6 月，大沽排污河综合整治工程完成 90%。

疏浚修复费用高，但能够通过转移快速减少污染物的含量，多用于沉积物遭受严重污染的情况，由于对沉积物中的生物群落及其功能影响较大，一般需要联合其他修复技术才能达到修复目的。

2.1.3　底泥曝气修复

底泥曝气与常规水体曝气技术相似，通过向沉积物中人工增氧，控制沉积物中含 N、P、H_2S 等污染物的释放。底泥曝气不仅能提高沉积物或底层水体中溶解氧的含量，还能形成由水体底部到表层的水流，将营养盐从底部带到中上部水体。目前，底泥曝气技术仅在河流沉积物修复中有相关研究，如李大鹏等[13]研究发现底泥曝气有利于去除河道底泥中的 COD_{Mn}，并使其在较长时间内保持较低水平，对总磷的去除效果最佳。刘波等[14]通过试验研究发现，底泥曝气对消除河道中的含氮污染物的作用明显。

尽管底泥曝气在海洋沉积物修复中尚无应用实例，但考虑到某些海域沉积物营养盐、硫化物等污染严重，且海水、淡水曝气技术已广泛应用，因此通过底泥曝气改善海水水体及底层沉积物质量具有一定的可行性。

2.2 化学修复

化学修复是指向沉积物中加入化学试剂，使其与污染物发生氧化、还原、沉淀、聚合等反应，使污染物分离出来或降解转化成低毒甚至无毒的化学状态[15]。

沉积物化学修复技术投放剂量难以控制，有的试剂还会造成水体和沉积物二次污染，因此一般只做应急措施，到目前为止在海洋沉积物修复中很少有应用。在土壤或河道污泥治理中，化学修复技术的应用相对成熟，包括淋洗法、底泥固化法、电动修复法和玻璃化法。

2.2.1 淋洗法

淋洗法可以分为原位淋洗和异位淋洗，其中原位淋洗一般是将淋洗剂掺入或注入沉积物中，促使污染物溶出，然后将含有污染物的溶液抽出，进行深度处理。该方法关键在于高效淋洗剂的使用，常用的主要有酸、碱、表面活性剂、植物油和 EDTA 络合剂等[16]。

目前，淋洗法主要应用于土壤和河流底泥等的修复，操作方便，效率高，可以处理重金属、石油类及持久性有机污染物等多类污染物[17]。国外已发展到工程应用阶段，在我国尚无应用实例，基本处于研究阶段。据报道，在实验室条件下利用极强氧化性的羟基自由基与过硫酸盐作为氧化剂，对河流有机污染物和重金属进行异位淋洗，8 h 即可让河流除臭，并可将 80%的有机污染物去除[18]。

2.2.2 底泥固定法

底泥固定法是指向底泥中投加化学固定剂，如氯化铁、硫酸铝、氯化钙等，产生絮凝沉淀作用，使污染物固定在底泥中。采用底泥固定法，沉积物依然保留在底泥中，很可能因底泥环境变化而进入水体，因此常需要联合采用疏浚法一起彻底清除污染物。该方法常用于修复景观水体底泥污染，但由于固定剂可能污染水体，使用风险较大[19]。

2.2.3 电动修复法

电动修复技术是通过在污染沉积物介质上施加直流电压形成电场，以驱使介质中带电荷的污染物向反向电极进行定向迁移，并通过对溶液收集和处理，减少沉积物中的污染物[20]。电动修复法最早由 Acar 提出，用来去除土壤中的污染物[21]，可修复的污染物主要包括：重金属、放射性物质、毒性阴离子、重质非水相液体、氰化物、石油系碳氢化合物、爆炸性物质、混合有机离子化污染物、卤化碳氢化合物、非卤化有机污染物、多环芳香碳氢化合物等[22]。

目前，电动修复技术在国外土壤修复实践中已有为数不多的工程案例。在国内尚无成功工程应用案例，但近年来对我国电动修复土壤的研究已取得了阶段性突破[23]。在海洋沉积物的电动修复方面，国内暂没有相关研究，国外仅在实验室条件研究不同因素（如通电电压、电流、电极区域溶液、络合剂、通电时间等）[24-26]对沉积物样品中重金属的修复效果。

2.2.4 玻璃化法

玻璃化法一般用于疏浚底泥或土壤的有机污染物或重金属修复，对底泥或土壤进行高温处理（1 600~2 000℃），有机污染物或部分无机物挥发或热解去除，重金属及其他物质被固定化[27]。玻璃化法最早于 20 世纪 80 年代在美国应用，90 年代后，在美国、日本和欧洲等地区持久性有毒污染物（PTS）污染底泥修复中得到广泛应用。玻璃化法修复效果好，但极易对环境造成二次污染，因此需谨慎使用[28]。

2.3 生物修复

生物修复是指利用生物体的代谢活动将存在于沉积物中的污染物降解为 CO_2 和 H_2O 或其他无毒无害的物质，从而恢复沉积物正常的生态环境。生物修复按主体可分为微生物修复、植物修复、植物-微生物修复。

2.3.1 植物修复

植物修复指利用植物对污染物的忍耐性和超量累积特性，吸收、分解、转化或固定沉积物中的有害污染物的技术，以达到部分或完全修复的目的[29]，一般通过以下 3 种途径实现：①直接吸收污染物，并将其转运到植物其他部位或分解成非毒性产物；②通过根系分泌物（包括酶），与污染物发生生化反应降解污染物；③通过植物与根际微生物联合作用降解污染物[30]。植物修复适用于污染范围广、污染物浓度低的区域，用于修复的植物有藻类植物、草本植物和木本植物等[31]。

目前，河道、湖泊等陆地水体沉积物植物修复的研究比较成熟，如利用黑麦草、高羊茅草和玉米作为修复植物修复河道底泥有机污染物[32]，利用柳树和西洋接骨木修复疏浚底泥[33]。海洋沉积物植物修复技术的研究与实践基本限于潮间带或湿地，研究发现生长在潮间带的红树植物对重金属、营养盐和有机污染物有较好的耐受性，能够通过根系吸收富集污染物，达到修复目的[33]。

利用植物的耐受性和富集性修复沉积物污染，具有成本低、易操作、环境干扰小等优势，但也存在一定缺陷，如针对不同污染情况需要选用不同生物，只适用处理轻度污染的情况，修复速度较慢，累积植物的再处理技术复杂等。

2.3.2 微生物修复

微生物修复指利用沉积物环境中的土著微生物或人工培养的功能微生物群，通过创造适宜的环境条件，促进其代谢功能，从而降解或消除污染物的修复技术。通过微生物来源将微生物修复分为3种途径：①利用沉积物中土著微生物的代谢功能；②活化土著微生物分解能力；③实验室培养特定的微生物。

微生物修复最早应用于海洋溢油处理，随后在土壤、沉积物有机污染物的修复中得到广泛应用，并扩展到无机污染物的修复。微生物主要通过两种途径修复有机污染物：①通过分泌胞外酶降解污染物；②将污染物吸收，通过胞内酶降解。微生物修复重金属污染的原理主要包括生物富集和生物转化。前者指微生物通过胞外络合、沉淀以及胞内积累等途径将重金属富集在体内，以减少沉积物中的重金属含量；后者指微生物通过生物氧化和还原、甲基化与去甲基化以及重金属的溶解和有机络合配位降解转化重金属[34]。

微生物修复在海洋沉积物污染治理中的研究或应用，一般见于石油类污染物的修复。陈小睿[35]从入海口沉积物中分离出石油烃降解菌进行模拟修复实验，发现添加鼠李糖脂、无机营养盐、接种高效混合菌剂及同时添加无机营养盐和接种高效混合菌剂对沉积物中石油烃的降解率分别为62.66%、69.92%、64.79和79.02%。王丽娜[36]从近海筛选出长期受石油污染区域的高效石油烃降解菌株，从实验室到现场进行了完整的微生物修复实验。对比了不同环境条件下降解菌的降解效果，发现表面活性剂菌株Bbai-1和营养盐实验池中的降解菌降解效果最佳。同时，在滩涂和海底现场试验中发现，利用沸石吸附微生物修复菌剂，再进行现场投放的方法具有良好的可操作性。

2.3.3 植物-微生物联合修复

植物-微生物联合修复指植物与某些特定微生物协同作用，吸收和降解沉积物中的污染物，达到修复目的。植物根系能够为微生物生长提供碳源、氮源及生活场所，并通过根系分泌物提高微生物对污染物的降解活性。同时，微生物对污染物的降解，能够有效促进植物生长，从而相互作用促进污染物的降解和转化。

利用植物-微生物联合修复技术在土壤修复中的研究和应用较为广泛，在滩涂或潮间带有地区有翅碱蓬、红树等植物与微生物联合修复的研究，如高世珍[37]通过研究潮间带地区翅碱蓬和 PCBs 特异降解菌对多氯联苯污染沉积物的联合修复，发现种植翅碱蓬可能会显著提高根系微生物数量，促进 PCBs 的降解。

2.4　沉积物修复技术的海洋适用性

目前，我国海洋沉积物修复技术与国外尚有一定差距，与其他领域沉积物修复技术也有较大差距。在此情况下，综合考虑海洋特殊理化环境，借鉴其他领域的经验方法是未来海洋沉积物修复技术发展的有效途径之一。

物理修复技术在修复工程量大、污染严重的海域具有显著优势。如在港池、航道、油气开采区等重污染海域进行疏浚修复，可以在短时间内移除污染物。此外，辅以含活性炭等新型材料的“覆盖+吸附”模式，配合疏浚工程，可进一步提高污染物的去除效果。由于对海底生物生活环境影响极大，覆盖和疏浚工程适用于沉积物遭受严重污染的海域。而底泥曝气修复在海水养殖区有较大的应用潜力，能够有效解决底泥中因营养物质过剩引起的海底缺氧问题。

化学修复是一种高效的修复方式，但化学试剂选用或使用不当，很容易引起水体二次污染，因此应谨慎应用。目前国内研究相对较少，今后高效、无污染的试剂研发将是化学修复技术的重要课题之一。

生物修复是一种生态环保型的修复方式，目前在海底区域尚无研究或应用实例，由于生物修复缓慢且生物对污染物的耐性有一定限值，因此该方法仅适用于轻微污染的情况。在未来，培育大型海底藻类植物、选育高效降解菌、研究转基因植物或微生物等将是生物修复技术发展的有效途径。

3　海洋沉积物修复技术发展方向展望

近岸海域是海洋事业发展的宝贵空间，作为海洋生态修复的重要组成部分，未来近岸海洋沉积物具有重大的修复需求，其修复技术和工程应用也面临考验。基于此，本研究从以下几方面对我国海洋沉积物修复的发展方向进行初探。

3.1　修复技术从研究走向工程应用

目前，我国沿海地区经济社会发展高度依赖海洋，海洋环境对我国海洋强国建设和经济可持续发展的重要性不言而喻，未来海洋开发和利用必须对海洋生态系统实施有效保护和积极修复。海洋沉积物修复研究在国内外已开展多年，目前能达到实际应用的成熟技术很少。2015 年，国家海洋局提出实施“蓝色海湾”综合治理工程，利用污染防治、生态修复等多种手段改善 16 个污染严重的重点海湾和 50 个沿海城市毗邻重点小海湾的生态环境质量。作为海洋生态的重要组成部分，海洋沉积物修复也将会是海湾治理的重要工作之一，因此未来海洋沉积物修复的首要任务是加强沉积物污染机理、修复技术的研究，比如海底污染物的迁移、扩散和沉积规律以及污染物消除机理等，着力推进修复技术在工程实践中的应用，保证修复技术安全、有效，并降低修复费用。

3.2 修复工程实现大型化和规模化

由于海水流动性强，污染物在海水中扩散范围广，使海水及底部沉积物污染面积扩大。尤其是近岸的海湾、河流入海口及人类活动密集的地区，海洋沉积物污染通常比较严重且分布较为广泛。据“我国近海海洋综合调查与评价”专项调查成果，我国仅海湾面积就达 27 760.58 km^2[38]，其污染修复挑战巨大。因此，海洋沉积物还面临着修复面积广、修复工作量大的难题，这要求修复工程一定要实现大型化和规模化，提高修复效率，缩短修复时间。

3.3 推动联合修复技术的应用

海洋沉积物污染修复技术实践表明，常规的单一修复技术很难从根本上有效解决沉积物污染问题，一般来说物理修复方法见效快但投入费用高，化学修复方法效果显著但容易造成二次污染，生物修复方法成本低、无污染，但见效慢。因此，在物理、化学及生物等各个方向进行深入研究的同时，还应有效利用各类修复方法的优势，扬长避短，提高修复效率和效果。同时，由于沉积物中通常多种污染物并存，采用联合修复技术还能够达到同时有效消除多种污染物的目的。

联合修复技术将应用物理、化学和生物修复技术，所以应解决两个关键问题：①要研究有效化学试剂或高效降解菌；②要保证污染物能够充分参与反应。除此之外，多种技术的高效聚合方式也是应解决的重要问题之一。

3.4 严格控制二次污染

大量研究和实践表明，传统的物理、化学修复方法常会造成沉积物或海水水体的二次污染，如采用淋洗法或底泥固定法，化学淋洗剂、固定剂等可能会直接污染海水环境；采用覆盖法，沉积物再悬浮导致污染物扩散到水体中会造成环境再次污染；采用疏浚修复，疏浚沉积物的再处理不当，也容易造成二次污染等。因此，未来海洋沉积物修复技术的研究和应用要标本兼治，既达到沉积物修复目的，又不影响其他生态系统的环境质量。

4 结语

海洋沉积物污染往往来自海水污染，同时又反作用于海水环境，且一旦遭受严重污染，将逐渐导致海洋环境服务功能和可持续利用功能衰退。由于海底生态系统自我修复能力较差，再加上近年来陆源污染物排海及海上船舶航行、油气开采等溢油问题突出，致使海洋沉积物质量面临形势日益严峻。因此，现阶段加快发展高效、无污染的修复技术具有重要的生态、社会和经济意义。

我国修复技术较发达国家尚有一定差距，在未来应着力推进修复技术实现“实用化、大型化、规模化”，以缓解近岸海域承受的环境压力。此外，在探讨加快发展修复技术的同时，更应从源头对排海污染物进行预防和治理，以减轻沉积物修复的难度与压力。

参考文献

[1] 陈锡康.气象与海洋[M].北京:农业出版社,1983:191-197.

[2] 宋金明.海洋沉积物中的生物种群在生源物质循环中的功能[J].海洋科学,2000,24(4):22-26.

[3] 新华网.国家海洋局:我国典型海洋生态系统86%处于亚健康和不健康状态[EB/OL]. http://news.xinhuanet.com/energy/2016-04/09/c_1118574094.htm,2016-04-09/2016-07-31.

[4] 李任伟.沉积物污染和环境沉积学[J].地球科学进展,1998,13(04):398-402.

[5] Morillo J,Usero J,Rojas R.Fractionation of metals and as in sediments from a biosphere reserve (Odiel salt marshes) affected by acidic mine drainage[J].Environmental Monitoring and Assessment,2008,139(1):329-337.

[6] 李明明,甘敏,朱建裕,等.河流重金属污染底泥的修复技术研究进展[J].有色金属科学与工程,2012,03(01):67-71.

[7] 宁寻安,陈文松,李萍,等.污染底泥修复治理技术研究进展[J].环境科学与技术,2006,29(09):100-102.

[8] 韩丹,张清,刘希涛,等.活性炭固定沉积物中HCHs和DDTs的研究[J].环境工程学报,2011,05(05):1008-1014.

[9] 孟晓东.炭质吸附剂原位治理污染底泥技术研究[D].北京:北京交通大学,2016.

[10] Werner D, Ghosh U, Luthy R G. Modeling polychlorinated biphenyl mass transfer after amendment of contaminated sediment with activated carbon[J].Environmental Science & Technology,2006,40(13):4211-8.

[11] Patmont C R,Ghosh U,Larosa P,et al.In situ sediment treatment using activated carbon:A demonstrated sediment cleanup technology[J].Integrated Environmental Assessment & Management,2015,11(2):195-207.

[12] Cornelissen G,Krus M E,Breedveld G D,et al.Remediation of contaminated marine sediment using thin-layer capping with activated carbon—a field experiment in Trondheim harbor,Norway.[J].Environmental Science & Technology,2011,45(14):6110-6116.

[13] 李大鹏,黄勇,李伟光.底泥曝气改善城市河流水质的研究[J].中国给水排水,2007,23(05):22-25.

[14] 刘波,王国祥,王风贺,等.不同曝气方式对城市重污染河道水体氮素迁移与转化的影响[J].环境科学,2011,32(10):2971-2978.

[15] 张丹.城市河道底泥化学修复的探索与研究[D].天津:天津大学,2009.

[16] 曹金清,王峥,王朝旭,等.污染水体底泥治理技术研究进展[J].环境科学与管理,2007,32(07):106-109.

[17] 商丹丹.化学淋洗方法处理城市河道污染底泥试验研究[D].哈尔滨:哈尔滨工业大学,2013.

[18] 人民网.香港学者研发河流沉积物修复技术可净水除有机物[EB/OL].http://hm.people.com.cn/n/2014/0821/c230533-25511307.html,2014-08-21/2016-07-31.

[19] 彭祺,郑金秀,涂依,等.污染底泥修复研究探讨[J].环境科学与技术,2007,30(02):103-106.

[20] 杨长明,李建华,仓龙.城市污泥重金属电动修复技术与应用研究进展[J].净水技术,2008,27(04):1-4.

[21] 陆小成,陈露洪,徐泉,等.污染土壤电动修复[J].环境科学,2004(S1).

[22] 张兴,朱琨,李丽.污染土壤电动法修复技术研究进展及其前景[J].环境科学与管理,2008,33(02):64-68.

[23] 中华人民共和国国土资源部.电动修复重金属污染土壤技术取得突破[EB/OL].http://www.mlr.gov.cn/xwdt/jrxw/201503/t20150302_1344136.htm,2015-03-02/2016-07-31.

[24] Masi M,Pazzi V,Losito G.Laboratory scale electrokinetic remediation and geophysical monitoring of metal-contaminated marine sediments[J].Egu General Assembly,2013:15.

[25] Iannelli R,Masi M,Ceccarini A,et al.Electrokinetic remediation of metal-polluted marine sediments:experimental investigation for plant design[J].Electrochimica Acta,2015,181:146-159.

[26] Masi M,Iannelli R,Losito G.Ligand-enhanced electrokinetic remediation of metal-contaminated marine sediments with high acid buffering capacity[J].Environmental Science & Pollution Research,2015:1-11.

[27] 李立欣,战友.河湖底泥修复技术的研究进展[J].黑龙江环境通报,2008,32(4):27-29.

[28]　籍国东,倪晋仁,孙铁珩.持久性有毒物污染底泥修复技术进展[J].生态学杂志,2004,23(04):118-121.

[29]　USEPA.Introduction to Phytoremediation[R].EPA/600/R-99/107,W ashington D C,2000.

[30]　汪家权,陈晨,郑志侠.沉积物中重金属植物修复技术研究进展[J].现代农业科技,2013(2):224-226.

[31]　李思聪.不同植物对典型重金属污染沉积物的修复及效果评价[D].天津:天津大学,2014.

[32]　李东梅.植物对城市排污河典型有机物污染沉积物的修复研究[D].天津:天津大学,2012.

[33]　孟范平,刘宇,王震宇.海水污染植物修复的研究与应用[J].海洋环境科学,2009,28(05):588-593.

[34]　刘志培,刘双江.我国污染土壤生物修复技术的发展及现状[J].生物工程学报,2015,31(6):901-916.

[35]　陈小睿.胶州湾石油污染底泥的模拟微生物原位修复技术研究[D].青岛:中国海洋大学,2007.

[36]　王丽娜.海洋近岸溢油污染微生物修复技术的应用基础研究[D].青岛:中国海洋大学,2013.

[37]　高世珍.植物微生物联合修复多氯联苯污染沉积物的初步研究[D].内蒙古农业大学,2010.

[38]　张云,张英佳,景昕蒂,等.我国海湾海域使用的基本状况[J].海洋环境科学,2012(05):755-757.

基于农业统计数据的东营市肥料利用率的时空变化分析

邵长秀[1]，孙志刚[1,2]，侯瑞星[1]，林承刚[3]，孙西艳[4]
（1. 中国科学院地理科学与资源研究所，北京 100101；2. 中科山东东营地理研究院；3. 中国科学院海洋研究所，青岛 266071；4. 中国科学院烟台海岸带研究所，烟台 264003）

摘要：本研究以东营市为研究对象，分析了东营各区县 2000—2017 年的主要化肥施用趋势，在此基础上，结合农作物种植数据和施肥量的变化，计算出历年化肥利用率。结果表明：(1) 小麦、玉米、棉花、稻谷和大豆为东营市主要农作物，其播种面积占农作物总播种面积比重合计的 84.9%。其中大豆播种面积比重呈显著减少趋势变化，平均每年减少 0.6%；玉米播种面积比重呈显著增加趋势变化，平均每年增加 1.0%。(2) 河口区和垦利区以棉花播种面积比重 40%以上，但棉花比重在下降玉米比重则显著增加。利津县和广饶县小麦和玉米播种面积比重均 30%以上，且其比重持续增加大豆比重呈减少趋势。(3) 东营市 2000—2017 年化肥利用率总体呈增加趋势，多年平均为 17.0%。位于东营市偏北部的利津县和垦利区化肥利用率较低，分别为 9.9%和 14.0%；东营市偏南部的广饶县和东营区化肥利用率较高，分别为 25.2%和 17.4%。本研究可为合理确定农业种植结构及提高肥料利用率提供理论依据。

关键词：化肥利用率；种植结构；东营

1 引言

肥料是农业生产中重要的物质基础[1]，也是日益显著的环境污染因子。集约化生产水平不断提高，农业物质投入不断增加，单位耕地面积化肥用量不断增加，农药和化肥的利用率随着化肥用量的增加而降低，导致农业面源污染成为水环境的最大污染源。在黄河三角洲地区盐碱土壤治理利用和中低产田地提升过程中，不合理的强灌强排、过量施用农药化肥等农用化学品，加剧了面源污染，不仅对生态环境安全、农产品质量安全构成严重威胁，而且增加了入海污染物的农业贡献率。探讨如何保证粮食生产，提高肥料利用效率以及减少农业面源污染已成为一个研究焦点。

中国化肥的大量投入使用促使农业生产水平提高和粮食增产，同时也对生态环境造成严重污染。栾江等[2]提出“化肥施用强度”是指不同作物而言的单位面积肥施用量，通过分析中国1991—2010年化肥使用情况，得出化肥使用强度的增加是中国化肥施用总量增长的主因，但2007年以后，化肥使用强度的贡献下降、播种面积调整的贡献提高。王珊珊等[3]分析2005—2015年中国13个粮食主产省份数据，得出粮食主产区化肥施用量增长的主因是化肥施用强度的增加，但2010年以后其贡献趋于下降，而种植结构调整的贡献呈上升趋势。Xin等[4]、张卫峰等[4-6]得出种植结构调整是中国化肥施用量大幅增长的重要原因。潘丹[7]分析指出农业生产结构调整和化肥利用效率变动共同推动了化肥消费强度的增加，且化肥利用效率贡献率高于机构调整贡献率[7]。不同生态区的特点调整作物的种类与布局，进行合理的间、套、轮作等措施有助于提高化肥利用效率[8]。山东省生产结构调整有效地缓解了中国化肥消费强度的增加，农业生产结构向“化肥节约型”的产业转移趋势明显。

2　数据来源与研究方法

2.1　数据来源

文中统计数据来分别来自《东营市统计年鉴（2000—2017）》，其中包括东营市各区县主要农作物播种面积、总产量、单位面积产量和化肥施用总量（折纯，下同）及氮肥、磷肥、钾肥和复合肥施用量。

氮磷钾复合肥料，正式名称为复混肥料，执行GB 15063—2009国家标准，主要成分是氮、磷、钾。肥料中氮、磷、钾的纯在形态是$N-P_2O_5-K_2O$，参照hydro的15-15-15三元复合肥比例。

2.2　研究方法

从现有的统计资料中无法区分粮食作物、经济作物及其他作物的化肥施用量，假定所有作物单位面积的化肥施用量和施用结构大致相同。因此各作物的化肥施用量可以利用作物播种面积占农作物总播种面积的比重来估算[9-10]。

化肥农学效率[11]（Agronomic efficiency，AE），是指单位施肥量所增加的作物籽粒产量，$AE=(Y-Y_0)/F\times100\%$，式中，Y为施肥后的作物产量；Y_0为不施肥条件下的作物产量；F为化肥投入量。具体化肥农学效率计算方法如下[12-13]。

（1）化肥施用量与粮食产量间的效应曲线符合报酬递减率，利用 1991—2017 年 27 年内单位面积化肥施用量和单位面积作物产量数据，进行抛物线方程拟合：

$$Y=b_0+b_1X+b_2X^2$$

式中：Y 为单位面积粮食产量（kg/hm^2）；X 为单位播种面积施肥量（kg/hm^2）。

根据拟合方程计算对应区县的对照产量（即不施肥产量 b_0）、最高产量（现有条件下通过施肥可达到的最高产量）和最高产量对应的施肥量。

（2）计算化肥利用率：①计算施肥产量，将当年及前一年产量的平均值作为当前产量，以当前产量减去不施肥产量，即为施肥产量。②根据籽粒[12]和秸秆[14-17]氮磷钾含量[18]（表 1）计算当前施肥水平下的养分吸收量。③计算化肥利用率，即施肥产量对应的养分吸收量占化肥投入量的百分比。

表 1　作物秸秆籽粒比及养分含量　　%

作物	籽粒养分含量			秸秆籽粒比	秸秆养分含量		
	氮（N）	磷（P_2O_5）	钾（K_2O）		氮（N）	磷（P_2O_5）	钾（K_2O）
小麦	2.05	0.36	0.52	1.1	0.65	0.18	1.05
水稻	1.18	0.29	0.35	1	0.91	0.13	1.89
玉米	1.56	0.31	0.57	2	0.92	0.12	1.18
大豆	2.03	1.8	3.07	1.6	1.8	0.46	1.4
棉花	4.81	1.7	4.41	3	1.24	0.15	1.02

3　结果与分析

3.1　东营市主要农作物种植结构变化分析

小麦、玉米、棉花、稻谷和大豆为东营市主要农作物，其播种面积占农作物总播种面积的比重分别为 24.2%、23.1%、30.7%、3.2% 和 3.8%，合计 84.9%。由 2000—2017 年东营市主要农作物种植结构变化可知（图 1），东营市稻谷和小麦播种面积占农作物总播种面积比重均为先减少后增加趋势，稻谷和小麦播种面积比重 2004—2013 年最低，分别为 1.9%和 17.9%；2017 年返升至 7.9%和 37.6%。东营市玉米播种面积占农作物总播种面积比重呈显著增加趋势，2000—2017 年从 15.3%增加至 35.5%，平均每年增加 1.0%（$R^2=0.7142$）。东营市棉花播种面积占农作物总播种面积比重呈先增加后减少趋势，2004—2013 年棉花播种面积比重高达 43.4%，2017 年降为 8.6%。东营市大豆播种面积占农作物总播种面积比重呈显著减少趋势，2000—2017

年从 16.8%减少至 3.1%，平均每年减少 0.6%（$R^2=0.5741$）。

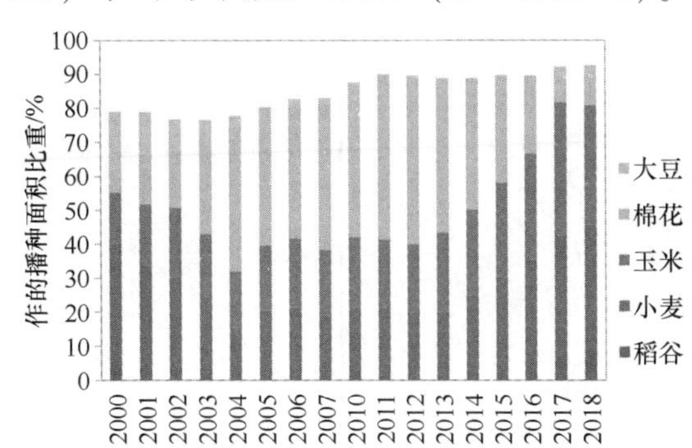

图 1　2000—2017 年东营市主要农作物种植布局变化

河口区 2000—2017 年五大作物播种面积占农作物总播种面积的 86.8%。其中棉花播种面积比重最高，多年平均为 41.5%。小麦和玉米次之，播种面积比重多年平均分别为 17.4%和 12.0%。2000—2017 年玉米和稻谷播种面积比重呈显著增加趋势，平均每年分别增加 1.2%和 0.5%，大豆播种面积比重呈显著减少趋势变化，平均每年减少 1.0%。

利津县 2000—2017 年五大作物播种面积占农作物总播种面积的 83.1%。小麦和玉米播种面积比重最高，多年平均分别为 33.1%和 35.9%。2000—2017 年玉米播种面积比重呈显著增加趋势，平均每年增加 1.0%，大豆播种面积比重呈显著减少趋势，平均每年减少 0.8%。

垦利区 2000—2017 年五大作物播种面积占农作物总播种面积的 84.3%。其中棉花播种面积比重最高，多年平均为 40.6%。小麦和玉米次之，播种面积比重多年平均分别为 19.5%和 16.3%。2000—2017 年玉米和稻谷播种面积比重呈显著增加趋势，平均每年分别增加 1.0%和 0.5%，大豆播种面积比重呈显著减少趋势，平均每年减少 1.1%。

东营区 2000—2017 年五大作物播种面积占农作物总播种面积的 84.9%。其中棉花、小麦和玉米播种面积比重多年平均分别为 31.6%、24.0%和 22.5%。2000—2017 年小麦和玉米播种面积比重呈显著增加趋势，平均每年分别增加 0.8%和 1.1%，大豆播种面积比重呈显著减少趋势，平均每年减少 0.4%（图 2）。

广饶县 2000—2017 年五大作物播种面积占农作物总播种面积的 93.8%。其中小麦和玉米播种面积比重最高，多年平均分别为 43.1%和 46.1%。且 2000—2017 年小麦和玉米播种面积比重均呈显著增加趋势，平均每年均增加 0.8%；大豆播种面积比重呈

显著减少趋势，平均每年减少 0.1%。

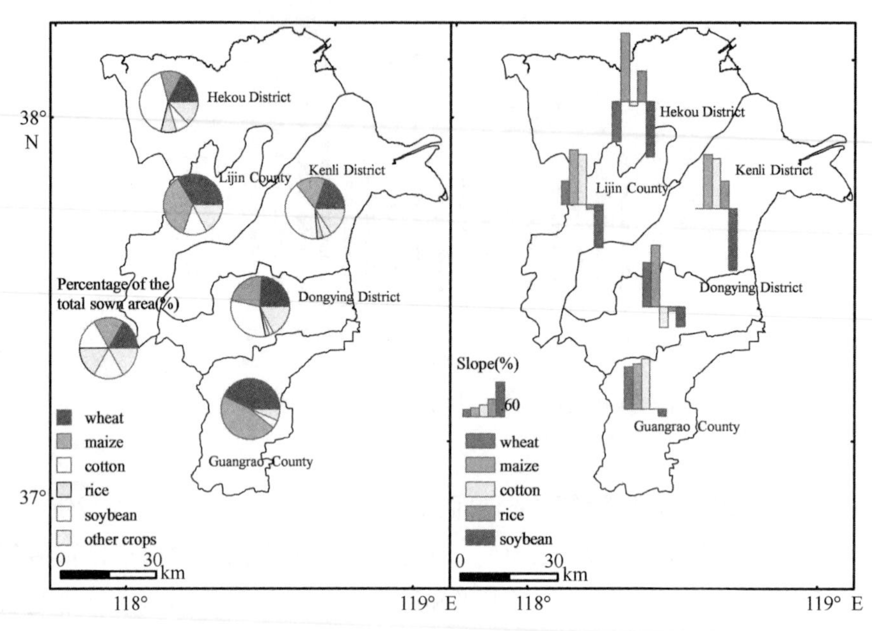

图 2　2000—2017 年东营市各区县主要农作物种植结构及其变化

3.2　化肥利用率变化

从 2000—2017 东营市个区县化肥利用率变化可知（图 3），2013 年东营市化肥利用率及除广饶县的各区县均锐减至极低点，主要原因分析如下：2013 年垦利区、河口区、利津县和东营区棉花播种面积比重分别为 68.9%、61.2%、57.7%和 44.1%，玉米播种面积比重分别为 8.7%、20.8%、16.9%和 23.9%，受当年 7 月连续降水的影响，玉米和棉花产量遭受严重灾害，甚至大量绝收现象。因此通过主要作物播种面积和产量计算的化肥利用率出现极低值。

东营市 2000—2017 年化肥利用率总体呈增加趋势，多年平均为 17.0%。多年平均而言，广饶县、河口区化肥利用率较高，分别为 25.2%、20.0%；利津县、垦利区化肥利用率较低，分别为 9.9%和 14.0%。东营市各区县化肥利用率均呈增加趋势。河口区化肥利用率增加速度最快，平均每年增加 1.1%（$R^2=0.3664$），至 2018 年河口区化肥利用率达 35.8%。

东营市 2000—2017 年氮利用率普遍高于总化肥利用率，总体呈增加趋势，多年平均为 26.5%。多年平均而言，广饶县、东营区和河口区氮肥利用率较高，分别为 47.8%、29.5%和 27.9%；利津县、垦利区氮肥利用率较低，分别为 14.2%和 19.6%。东营市各区县氮肥利用率均呈增加趋势。广饶县氮肥利用率增加速度最快，平均每年增加 2.5%（$R^2=0.7547$），至 2018 年广饶县氮肥利用率达 59.6%。

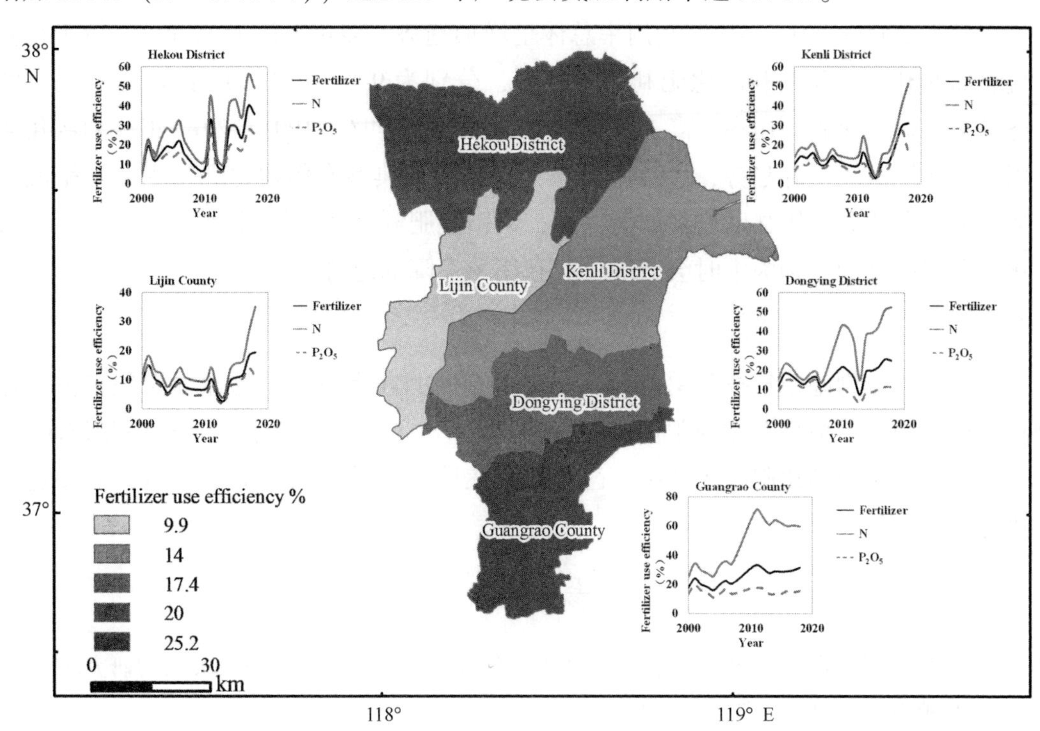

图 3　2000—2017 年东营市各区县化肥利用率变化

东营市 2000—2017 年磷利用率普遍低于总化肥利用率，总体呈波动变化，多年平均为 11.7%。多年平均而言，河口区、广饶县磷肥利用率较高，分别为 15.6%、14.9%；利津县、东营区和垦利区磷肥利用率较低，分别为 8.1%、10.5%和 10.7%。东营区磷肥利用率呈弱减少趋势，平均每年减少 0.2%；河口区和垦利区磷肥利用率呈弱增加趋势，平均每年分别增加 0.5%、0.4%。

4　结论与讨论

4.1　结论

小麦、玉米、棉花、稻谷和大豆为东营市主要农作物，其播种面积占农作物总播种面积比重合计 84.9%。其中大豆播种面积比重呈显著减少趋势，平均每年减少 0.6%；玉米播种面积比重呈显著增加趋势，平均每年增加 1.0%。河口区和垦利区的棉花播种面积比重达 40%以上，但棉花比重在下降玉米比重则显著增加。利津县和广饶县小麦和玉米播种面积比重均在 30%以上，且其比重持续增加大豆比重呈减少趋势。

东营市 2000—2017 年化肥利用率总体呈增加趋势，多年平均为 17.0%。位于东营市偏北部的利津县和垦利区化肥利用率较低，分别为 9.9%和 14.0%；东营市偏南的广饶县和东营区化肥利用率较高，分别为 25.2%和 17.4%。1991—2017 年垦利区化肥利用率总体呈波动下降趋势，1991—2017 年垦利区各典型农作物化肥利用率均呈波动下降趋势。在化肥施用强度增加的情况下，大田化肥利用率及作物化肥利用率均下降，且化肥利用率高的作物为主时会减缓化肥利用率下降的趋势。

4.2 讨论

本文将各作物施肥量按照单位面积施肥量相同的前提下，作物播种面积在占农作物总播种面积比重估算总体施肥量，实际农业生产中会更加复杂，需要进一步调研。

本文只考虑当年化肥利用效率，已有研究表明一些养分具有累积效益，需要进一步研究。

参考文献

[1] 武兰芳,陈阜,欧阳竹,等.黄淮海平原麦玉两熟区粮食产量与化肥投入关系的研究.植物营养与肥料学报,2003(03):257-263.

[2] 栾江,仇焕广,井月,等.我国化肥施用量持续增长的原因分解及趋势预测.自然资源学报,2013,28(11):1869-1878.

[3] 王珊珊,张广胜,李秋丹,等.我国粮食主产区化肥施用量增长的驱动因素分解.农业现代化研究,2017,38(04):658-665.

[4] XIN L,LI X,TAN M.Temporal and regional variations of China's fertilizer consumption by crops during 1998—2008.Journal of Geographical Sciences,2012,22(4):643-652.

[5] 张卫峰,季弱秀,马骥,等.中国化肥消费需求影响因素及走势分析——I 化肥供应.资源科学,2007,29(6):162-169.

[6] 张卫峰,季胡秀,马骥,等.中国化肥消费需求影响因素及走势分析Ⅱ.种植结构.资源科学,2008,30(1):31-36.

[7] 潘丹.中国化肥消费强度变化驱动效应时空差异与影响因素解析.经济地理,2014,34(03):121-126.

[8] 孙传范,曹卫星,戴廷波.土壤—作物系统中氮肥利用率的研究进展.土壤,2001(02):64-69.

[9] 林忠辉,陈同斌,周立祥.中国不同区域化肥资源利用特征与合理配置.资源科学,1998(05):29-34.

[10] 赵雪雁,刘江华,王蓉,等.基于市域尺度的中国化肥施用与粮食产量的时空耦合关系.自

然资源学报,2019,34(07):1471-1482.

[11] 张福锁,王激清,张卫峰,等.中国主要粮食作物肥料利用率现状与提高途径.土壤学报,2008,45(5):915-924.

[12] 陈同斌,曾希柏,胡清秀.中国化肥利用率的区域分异.地理学报,2002,57(5):531-538.

[13] 曾希柏,陈同斌,林忠辉,等.中国粮食生产潜力和化肥增产效率的区域分异.地理学报,2002(05):539-546.

[14] 戴志刚,鲁剑巍,周先竹,等.中国农作物秸秆养分资源现状及利用方式.湖北农业科学,2013,52(01):27-29.

[15] 高利伟,马林,张卫峰,等.中国作物秸秆养分资源数量估算及其利用状况.农业工程学报,2009,25(07):173-179.

[16] 刘刚,沈镭.中国生物质能源的定量评价及其地理分布.自然资源学报,2007(01):9-19.

[17] 韩鲁佳,闫巧娟,刘向阳,等.中国农作物秸秆资源及其利用现状.农业工程学报,2002(03):87-91.

[18] 娄善伟,高云光,郭仁松,等.不同栽培密度对棉花植株养分特征及产量的影响.植物营养与肥料学报,2010,16(04):953-958.

建立基于生态系统健康的海洋综合管理

孙松，臧文潇
（中国科学院海洋研究所，青岛 266071）

地球表面约有 70.8%的部分被海洋所覆盖，海洋在地球生物生长繁殖和生物圈的运行中起到不可替代的作用。海洋，不只是各类海洋生物的栖息地、产卵场，还为人类提供了食物、资源、能源、运输、旅游、文化等服务，并从水分、热量、气候、物质等各个方面维持着生态系统的平衡。但是近年来，随着人类活动的干扰不断增加，海洋生态系统出现了多方面的失衡现象，威胁我国海洋经济和生态系统健康。生态安全最基本的要素是生态系统自身的完整性和稳定可持续的生态状况，也包含了生态系统为人类的生存和发展提供服务的能力[1]。长期以来，尽管许多学者从多方面对不同的海洋生态系统安全问题以及问题的来源进行了分析，但因为各个方面和不同地区互相联系、互相制约，对于全球海洋生态系统安全问题的解释仍然缺少一个全面的、系统性的认识和解释。因此，在对于海洋生态系统安全问题的分析中，应从我国海域入手，放眼全球，寻找不同区域、不同时期和不同问题来源之间的联系，以整体的思想来解释海洋生态系统的可持续发展问题。

1 海洋生态系统健康问题的表现形式

用整体性和联系性的思想来看待，海洋生态系统健康问题可以分为 3 个部分来进行分类研究，分别是区域尺度的近海生态安全问题、全球尺度的深海大洋生态问题，以及由于海洋连通性和流动性产生的联动问题。

1.1 近海生态安全问题

当今，全球人口中有一半以上生活在沿海地区，近海资源、环境和空间已成为支撑人类社会发展的重要物质基础[2]。近海海域还是我国海水养殖、渔业捕捞、海洋资源开发和沿海地区发展的主要场所，近海生态系统失衡严重威胁我国海洋经济的发展。同时，近海生态系统是海洋中受人类活动影响最密切的生态系统，长期以来受到多重胁迫，生态系统健康问题不容乐观。

1.1.1　海域生境恶化

近海海域生境和物种多样性程度高，不同物种之间以及生物与环境之间的关系复杂，近海海域生态环境恶化会严重影响生物的生长代谢以及近海生态平衡。

近年来，我国近海海域富营养化问题日趋严重，尤其是渤海、南黄海、长江口邻近海域、东南沿海和北部湾[2]，过量的氮、磷随河口、地下水、海水养殖水和海洋环流输入近海海域中，使得局部地区污染加剧。富营养化会带来多种问题，①由于营养盐过剩，赤潮或其他海洋藻类暴发，产生毒素威胁鱼类和其他海洋生物的生存。②富营养化还会改变浮游植物群落结构，如局部海域莱州湾的藻类生长由氮限制转变为磷限制，进而改变了群落中的优势种，或是引起水母等水生生物大量增加，高营养级生物减少，威胁渔业资源[3]。③富营养化还会引起底层缺氧。

当过量的有机物被分解者和其他微生物分解时会消耗大量氧气，导致海洋底层水体的缺氧，进而影响游泳生物和底栖生物的生存。随着人类经济活动的发展，低氧现象在全球范围内的发生频率、规模和持续时间都在不断增长，严重影响了游泳生物和底栖生物的生存，也影响了我国如贝类养殖、鱼类养殖等海水养殖产业。首先，低氧现象会影响鱼类的代谢、生长与繁殖，造成鱼类大面积死亡，并进而形成“死亡区”，对海洋渔业产生严重威胁。其次，低氧还会改变海域中的生物化学循环，影响硝化作用和反硝化作用、影响营养盐形成的物质结构等。此外，研究表明，低氧还会影响温室气体的排放，因为许多与温室气体有关的生物代谢过程都与氧含量有关，低氧区的温室气体排放量远远大于普通海域[4]。在波罗的海的浅水进行的干扰实验显示，适当的环境干扰胁迫，如水深改变、海流冲刷似乎有利于大型底栖生物从小规模缺氧和高硫环境中迅速恢复[5]。从我国近海来看，长江口是低氧现象最突出的区域，长江口的低氧现象主要受黑潮支流、长江冲淡水和海水层化的影响，也与浮游植物沉降速率有关。低氧主要发生在4—10月，其中8月最为严重，达到14 800 km^2[6]。

海洋酸化问题是近些年来生态学家研究的重点之一，大气二氧化碳含量升高的速度已经超越了碳循环过程和海洋吸收二氧化碳过程的限度。如对于南大洋海域的海洋酸化情况进行数据模拟得知，到21世纪末南大洋大部分海域都将处于文石不饱和状态，pH值也在不断下降[7]。海水酸性首先会改变海洋水化学环境，增加海水中氢离子和碳酸氢根的含量，减少碳酸根的含量。这些海水成分的改变会影响生物的生理过程，如固定碳的光合作用，颗石藻体内叶绿素含量和光和速率的下降[8]，生物体内组织的pH稳定，营养物质的获取，氮的固定，以及碳酸钙的沉积，也会影响颗石藻、甲壳生物和具壳软体动物的外壳形成，鱼类的酸碱调节机制、产卵周期以及耳石的功能[7]，同时影响珊瑚礁、牡蛎礁等以碳酸钙为主要架构的生态系统的健康。同时，在生物适应海洋酸化的过程中，不同的生物具有不同程度的敏感性和适应性，海洋酸化带来的生理改变会影响生态系统中关键种的生存，进而会演替出新的优势种，改变群落结构和生态系统功能[9]。

由于全球气温升高、栖息地破坏以及海洋酸化等影响，特殊生态系统如珊瑚礁、红树林、海草床等生态系统发生严重退化。针对三亚珊瑚礁的研究显示，部分珊瑚礁因海洋工程、旅游活动、污水排放发生退化，但新生珊瑚不断补充进来，也就是说，排除人类干扰以后，珊瑚礁生态系统还有恢复的可能[10]。据统计，全球50%的盐沼湿地、35%的红树林、30%的珊瑚礁和29%的海草床因破坏而丧失[2]。我国广西滨海有多种湿地类型，如红树林湿地、海岸性咸水湖、河口湿地、海草床湿地、浅海水域、沙石海滩、珊瑚礁湿地、岩石海岸、三角洲湿地、潮间盐水沼泽、淤泥质海滩。20世纪90年代以来，随着广西经济的快速发展，自然因素如病虫害、生物入侵；人为因素如盲目的农业开垦、商业开发和港口建设导致湿地的面积越来越小，生态环境恶化，湿地物种多样性降低，食物网结构简单化，最终导致生态系统平衡被破坏[11]。

由人类输入到海洋中的垃圾，随着海流进行全球范围内的输运，也会威胁近海生态系统健康。微塑料污染、海洋垃圾等风险，不仅使海水质量恶化，还严重影响了海洋动物的生长繁殖。微塑料对于海洋生物的威胁主要体现在两方面：一方面是大型垃圾直接对海洋生物产生的物理伤害，如缠住海龟、哺乳动物和鱼类等，或堵塞它们的呼吸道和消化道，最终导致死亡；另一方面是这些塑料垃圾在紫外线和热的作用下、风和海浪的物理作用下被分解破碎，后释放出大量的有毒物质，从而引起生物分子学、组织学、细胞学以及行为学等的改变[12]。经海上输油管道泄露、运输船舶排污和陆上工业生产排污进入海洋的石油，会对海洋生物产生致命灾害。①漂浮在海洋表面的油膜会阻止海洋与大气之间的气体交换，造成下层水体缺氧，海洋生物因缺氧而死亡。②大多数海洋生物的卵和幼体碰触到油膜即会死亡，即使死里逃生，也难以生长。③油污里的有毒有害物质会随着食物链进行富集，进入人类海水养殖生物，威胁海产品质量[13]。重金属、有机毒素会随着食物链和食物网在生物体内富集，到达人类养殖或捕捞的海洋渔获物中，威胁海产品安全。

1.1.2 生态灾害频发

海域生态失衡除了表现出海洋酸化、气温升高、富营养化等长期的慢性症状，还引发了周期性、突发性的生态灾害的暴发。通常情况下，生态系统是动态稳定的，具有一定的抵抗力稳定性和恢复力稳定性，但一旦环境干扰的影响超过生态系统的耐受能力，生态系统可能会发生难以逆转的变化，原有群落甚至会被新生群落所替代，出现生态演替现象，危及生态安全[2]。近年来，有害藻华、浒苔、水母生态灾害频发，不仅消耗了大量的人力和物力去治理，还严重影响了近海生态安全。

外来生物入侵也是国际生态研究的重点，由于世界贸易和经济一体化，船舶运输会带来海洋外来物种的入侵，在本地海域建立种群，威胁本地生物多样性，改变本地的物质循环和能量流动。外来入侵种可以是动物、植物，也可以是病毒或细菌。外来物种入侵会产生多种生态学效应，①入侵种与本地种杂交，污染遗传信息；②传播病虫害，导致缺乏相应抗原的本地种死亡；③与本地种产生资源竞争，使得本地种缺乏生长空间和食物而死亡；④产生有毒藻类大量繁殖的赤潮[14]，大多数藻类的迁移能力有限，但随着压舱水却能扩散至数万千米之外。藻类成体在压舱水中不易存活，但休眠的包囊却具有很强的迁移能力，压舱水排放后包囊遇到适宜的环境后即会萌发[15]。

1.1.3　渔业资源被破坏

19 世纪时，著名博物学家 Thomas Henry Huxley 认为鱼类资源是取之不尽用之不竭的，到了近代，人们又用“海洋农牧化”和“耕海牧渔”的理念大肆开发海洋渔业资源，使渔业产量下降；渔获物质量下降[16]。根据相关数据显示，到 2017 年我国捕捞产量已经突破了 2 000 万 t[17]。随着人类无序捕捞和无序养殖的进行，海洋经济鱼类逐渐出现了低龄化和小型化的趋势。多数传统优质鱼类资源衰退，难以形成鱼汛，捕捞产量和渔业资源密度持续下跌。如对山东省近海渔业资源的调查显示，2012—2016 年间，山东近海的大个体、高营养级的鱼类如小黄鱼、马鲛等鱼类种群数量和密度逐渐下降，而鳀等个体小、营养级低的鱼类资源量逐年上升[18]。

1.2　深远海生态安全问题

深海指的是水深大于 200 m 的海洋，这些区域大多远离陆架，较少受到人类干扰开发。但是随着陆地资源逐渐被消耗殆尽，深海开发技术的不断进步以及开发成本的下降，人类开发的目标逐渐转向深远海。尽管深海无光、低温、压力大、食物少，但深海仍然是地球上最大的生物栖息地之一，尤其是热液区和冷泉区等区域生物多样性极高。同时，深海还具有丰富的矿产资源和能源。开发利用深海资源的同时，也对深海生态系统带来了许多问题。

1.2.1　生物多样性下降

深海作业的难度大、成本高，因此关于深海物种的研究数据并不是非常充足。深海鱼类种群更容易受到环境变化的干扰，因为它们有更长的生长发育时间、更长的生命周期和低繁殖率，同时有些深海鱼类喜欢在海底海山或底质上产卵，使它们更容易被胁迫。有些深海鱼类的种群数量实际上已经达到了世界自然保护联盟“IUCN”所规定的“濒危”水平，例如，北大西洋大陆坡上的棘尾深海鳐、圆吻突吻鳕、大吻拟深海鳕、灰背棘鱼和长尾鳕，在1978—1994年间种群数量下降了87%～98%，用IUCN的标准进行校正，则下降了99%～100%[19]。深水物种的恢复需要更长的时间。

1.2.2 底层生境破坏

深海海底蕴含着丰富的油气资源，因此各国进行了不同规模的深海资源勘探。在作业过程中，在大型的机械设施活动过程中会对海洋底质产生不同程度的扰动，一方面会扬起大量的海底沙尘堵塞底栖生物的感觉器官和呼吸器官；另一方面会改变海底水质环境，使底栖生物丧失栖息地和产卵场，同时影响微生物的代谢[20]。

渔业活动中的拖网捕鱼和疏浚可以通过破坏海底生境的形态结构来降低栖息地多样性。研究证实了基于生态学原理的预测，在变化的环境中，变动少、寿命长的物种的稳定群落比寿命短的物种更容易受到人类活动扰动的影响[21]。不仅是机械作用对海洋底质造成扰动，大功率的科考设备和勘探设备还会带来化学污染、海洋腐蚀和光污染等问题。船舶行驶所排出的污染物和勘探过程中产生的废料都被直接丢弃在海底，大大增加了海底生态环境的负担。

1.3 全球联动问题

1.3.1 有毒物质随食物链积累

各类陆源污染物会随着地表径流、海水养殖水和大气沉降进入海洋中，进而进入海洋食物链中，并随着食物链和食物网进行积累，如DDT、二噁英、多氯联苯和其他杀虫剂和除草剂等。积累在海洋生物体内的有毒物质不会主动排出，进而会影响到生物的生长代谢和生态系统健康。研究显示，海沟中的多氯联苯高于较浅海域沉积物中的含量，类二噁英的毒性当量（TEQ）高于大多数从半工业区和工业区收集到的海洋表层沉积物中的毒性当量，表明海沟沉积环境对污染物的富集具有放大作用，持久性有机污染物已经到达了海洋的最深层[22]。

1.3.2 气候变化问题

目前，已经有许多证据链证明了全球确实存在气候变化问题，出现了如大气和海洋温度升高、海平面上升、海洋酸化以及其他与气候变化相关的现象[23]。温室气体，如甲烷、二氧化碳、臭氧等会吸收大气逆辐射的热量，从而对大气产生保温现象，而人类化石燃料的燃烧是大气中温室气体的主要来源。自从1900年以来，全球平均气温上升了0.8℃，观察记录显示1983—2012年可能是过去800年中平均气温最高的30年[23]。由于全球气候变暖，预计到21世纪末，海洋溶解氧含量将下降4%～7%，暗示了全球气候变暖最终可能导致深海缺氧[24]。底层缺氧与多种因素有关，但是研究显示

海水层化在底层缺氧中起关键作用[6]。全球气候变暖导致海洋温度升高，减少了水体对溶解氧的吸收。同时海水表层吸收太阳辐射和热量加剧了海洋水体的层化，阻滞了海洋中的垂直水体交换，由此影响了营养物质和氧气交换，也会加重底层缺氧问题。2000年以来，印度洋、太平洋和大西洋出现了明显的缺氧带（OMZ），并且溶解氧较低的水团在水平和垂直扩张[25]。

2　威胁海洋生态系统安全的因素和过程

认识威胁海洋生态系统安全的因素和过程的主要目的是治理和调整，而这些威胁的主要来源是人类的各种工农业建设活动，因此应从人类活动相关类别的角度来分析海洋生态系统威胁问题，有助于后续管理和评价。

从人类活动的角度来说，海洋生态系统所受的威胁主要可以分为4个部分。第一是气相污染，主要来源于各类化石燃料的燃烧所产生的废气和废热。第二是液相污染，主要来源于各类废水与水溶性污染物的排放。第三是生物因素，主要来源于由远途船舶运输引起的生物入侵和由过度捕捞和无序养殖引起的渔业资源的破坏。第四是人工建设威胁，主要来源于海洋中的各类大型工程建设以及人类投放到海洋中的固体垃圾。

2.1　气相污染

近年来，各国虽然大力发展新能源和新旧动能转换，但是化石燃料燃烧仍然是工业生产和城市建设中主要的能量来源。化石燃料燃烧不仅会释放出大量氮气、二氧化碳、甲烷等废气，还会释放热量进入生态系统，使海水温度上升，水体层化加剧。

由于化石燃料燃烧、水泥生产和土地利用方式的改变，海洋吸收的二氧化碳总量是过去200年人类排放二氧化碳总量的1/3。自工业革命以来，海洋表层水体的pH从8.2降为8.1[9]。化石燃料燃烧释放出大量二氧化碳，1980—2011年，大气中二氧化碳含量平均每年上升1.7×10^{-6}，从2001年开始，这一速率开始上升到每年2.0×10^{-6}[2]，随着工业的快速发展，这一速率还会持续上升。

农业生产中施用的化肥会转化为活性氮进入生物圈中，与化石燃料释放出的含氮气体一起，致使19世纪以来生态系统中的氮增加了约20倍。据估算，从19世纪末至今，全球活性氮入海通量增幅接近80%。海洋固氮量为1.4亿t，陆地固氮量为1.1亿t，而人类排放到环境中的氮为1.6亿t[26]。到2030年，全球近海生态系统的氮通量还会再增加10%~20%[2]。

2.2　液相污染

液相污染主要来源于陆源的水污染输入，以及随之而来的化肥、金属元素和有机物等水溶性物质。

随着人类活动向近海海域和河口输入大量的有机物质，导致近海富营养化程度加剧，藻类大量繁殖，产生的有机物和个体碎片沉降到更深层的海域，被微生物分解时消耗大量溶解氧，而随着海水层化的加剧，裹挟着溶解氧水团的垂直交换减弱，被消耗掉的溶解氧难以得到补充，由此形成了低氧区域[27]。

磷在自然界中的存在形式主要是沉积态和液态磷，几乎不会以气态形式存在，因此磷循环受到污水排放、化肥施用等人类活动的影响从陆地输入海洋。每年有400万~600万t溶解态磷经由陆地径流输入海洋，是自然状态下海洋磷输入的两倍左右[28]。

2.3 生物因素

近些年海洋外来物种入侵被全球环境基金组织（GEF）列为四大海洋问题之一(其他3项为海洋污染，渔业资源破坏以及生境破坏)。入侵途径主要有以下几种：①附着在远洋运输船舶底部的外来生物，随船舶去往全世界；②通过船舶压载水迁移的海洋生物是外来物种入侵的主要途径，国际上被认证的由于压载水而传播的入侵生物有500余种[29]；③运河的运输，虽然部分运河由于盐度和温度不同，对野生动物存在天然的阻隔，但是也有一些运动能力强的生物可以突破屏障，进入新的环境中定植，如苏伊士运河和巴拿马运河所联通的生物区系[30]。另外还有一些人为主动的行为，如水产养殖、观赏物种引入、科学研究活动、生境修复和管理过程中，也会释放植物孢子或者由于管理不善而产生物种的泄露，导致生物入侵[14]。

在渔业资源方面，渔民的不当捕捞方式和过度也严重威胁了海洋环境和鱼类种群的繁衍。渔业对于海洋环境和生态系统的影响取决于捕鱼范围、捕鱼活动级别和所用的工具类型[21]。渔民为了在节约成本的前提下，获得尽可能多的渔获物和经济价值，采用底层拖网的方式，将鱼类一网打尽，不仅破坏了海底的底质环境，还使渔业资源严重衰退[17]。

2.4 工业建设和经济活动

我国沿海区域分布了许多产业园区、港口和钢铁企业。据统计，我国沿海地区国家级园区占全国产业园区的43%，有1 094个；沿海地区港口有150多个，生产用码头泊位5 830个；沿海钢铁基地有9个，基地外沿海城市还分布着50多家大中型钢铁企业。产业低质、产能过剩问题突出，同时污染排放对近海海洋环境有危害[31]。围海造地是人类开发海洋、拓宽陆地面积的工程之一，但是围海造地也存在许多负面问题，如破坏沿海湿地、威胁近海水质、影响近海生物以及它们的栖息地和产卵场。我国石油污染问题也十分严重，石油污染主要来源于输油管道泄露、船舶运输排污和陆上工

业生产管道泄漏。重金属也是威胁海洋生态安全的一大因素，主要来源于工业发展过程中排放入海的放射性污水，核动力船的排污。海洋垃圾的主要来源是海上事故、人类倾倒以及经水循环或大气循环被带入海中的垃圾，经海洋微生物分解后释放大量有毒物质进入大海，进而被海洋生物摄取进入食物链。据统计，每年有 800 万 t 的塑料倾倒进入海洋[12]。海洋垃圾的消亡周期非常长，一旦在海洋中堆积，就会长时间对海洋生态系统产生负面影响。“微塑料”最早由英国普利茅斯大学的 Richard Thompson 教授于 2004 年提出，指的是直径小于 5 mm 的塑料纤维、颗粒或薄膜，主要来源于塑料垃圾、人类各种洗化用品和服装材料，在使用过程中被丢弃、冲洗进入管道或释放出聚酯纤维等塑料纤维，经大气循环和水循环最终进入海洋中[12]。据报道，仅在美国，每年就有 100 t 的微塑料进入海洋[32]。

3　海洋生态系统健康管理及可持续发展

在新时期海洋开发和管理的过程中应该考虑在维持海洋生态系统的健康状态和可持续发展的前提下，使海洋生态系统的产出功能和服务功能最大化。可持续发展本质在于管理不可确定性，在时间维度上包含两大方面的内容：一是回顾过去，对传统发展方式的反思和修正；二是展望未来，对人类未来发展范式的理性选择和自我设计[33]。

影响整个海洋系统的因素很多，要求对海洋治理和管理采取动态和适应性的办法，而不是静态的办法。一个适应性的管理制度需要周密的规划和有计划的结构才能有效地实施。它还需要各部门之间以及各国之间的协调，特别是在影响的重要来源是全球的情况下。此外，由于自然变化、气候变化和人与人之间的相互作用，一个最新和相关知识基础对于管理一个不断变化的系统，例如，海洋系统，是至关重要的。因此，研究和知识生产将需要在任何现代海洋管理制度中发挥关键作用。

海洋生态系统是复杂的，在地理范围上不易界定。生态系统跨越行政和政治界限。这表明，确定和界定待管理区域的空间范围是一项挑战。在作出这些决定时，有必要在大型海洋生态系统的背景下确定和考虑管理领域，确保在海洋生态系统部分区域内的任何管理行动都考虑到海洋生态系统整体的连锁反应。陆地上的空间规划和管理通常被视为一种二维活动，传统上在海洋规划和管理领域也是如此。然而，将海洋视为一个二维系统是不可行的，因为一个人所要管理的大部分生产和生态系统功能都是深度依赖的，而且可以从底部到表面在整个水柱中找到。增加这种复杂性是系统动态特性的一年，其中随着时间的推移，生态系统价值管理可能有不同的空间偏好。因此，时间是需要纳入管理考虑、研究和知识生产的第四个方面。所有这些都表明，为一个不断变化、今后将有所不同的系统制定一个可预测的海洋管理制度，需要认真规划和分配资源。如果要成功地管理海洋系统，以保持健康海洋与可持续发展，这方面是十分重要的。在这个过程中需要建立许多反馈回路。由于不同管理行动的有效性、效率和公平性在规划过程的后期被确定，在过程早期确定的目标可能会被修改。随着新的信息被识别并纳入过程，现有和未来条件的分析必须改变。因此，尽早将监测和评价纳入这一进程是至关重要的，还需要有可衡量和具体的目标、明确的管理行动、相关指标和指标，以及利益攸关方在整个进程中的参与。

可持续发展的本意是资源可以无限期地利用，但是如果不加以限制，人们对于一个已经将要被耗尽的资源仍然可以在较低开发水平上进行利用，同时给生态系统结构和功能、生物多样性、生物和经济产能带来不利影响。因此可持续发展渔业应建立在不对上述问题产生负面影响的基础上，对渔业资源进行开发利用[34]。对于渔业资源质量下降的问题的管理，应更加关注渔业资源的承载力和水环境承载力等指标。海洋渔业资源承载力是指在可持续利用的前提下对海洋渔业资源的最大开发程度，海洋渔业捕捞强度、资源的再生能力与生境是衡量渔业资源承载力的重要指标，也是衡量海洋渔业是否可持续发展的重要因子[35]。同时要科学管控渔业捕捞活动、保护和恢复鱼类产卵场，发展离岸养殖[16]。

参考文献

[1] 石洪华，秦建运，郑伟.海洋生态系统健康评价研究的几个问题.//2007中国可持续发展论坛暨中国可持续发展学术年会.2007.

[2] 孙晓霞，于仁成，胡仔园.近海生态安全与未来海洋生态系统管理[J].中国科学院院刊，2016，31(12)：293-301.

[3] 祝雅轩，裴绍峰，张海波，等.莱州湾营养盐和富营养化特征与研究进展[J].海洋地质前沿，2019，35(04)：1-9.

[4] NAQVI S W A，BANGE H W，FARíAS L，et al.Marine hypoxia/anoxia as a source of CH_4 and N_2O[J].Biogeosciences，2010，7(71)：

[5] IA G，JAHN A，VOPEL K，et al.Hypoxia and sulphide as structuring factors in a macrozoobenthic community on the Baltic Sea shore：Colonisation studies and tolerance experiments[J].Marine Ecology-progress Series-mar ecol-progr ser，1996，144：73-85.

[6] 池连宝.长江口及邻近海域低氧区的时空变化特征与关键过程研究[D].青岛：中国科学院大学（中国科学院海洋研究所），2019.

[7] 张海波，叶林安，卢伍阳，等.海洋酸化对渔业资源的影响研究综述[J].环境科学与技术，42(S1)：50-56.

[8]　黄书杰,徐东,王东升,等.海洋酸化对颗石藻生理特性的影响[J].渔业科学进展,2019(3):1-14.

[9]　TURLEY C J F,FISHERIES.Ocean acidification[J].A National Strategy to Meet the Challenges of a Changing Ocean.2011,12(3):352-4.

[10]　吴钟解,王道儒,叶翠信,等.三亚珊瑚变化趋势及原因分析[J].海洋环境科学,2012,31(05):682-5.

[11]　杨晨玲.广西滨海湿地退化及其原因分析[D].南宁:广西师范大学,2014.

[12]　谈俊尧.英国微塑料研究及应对措施[J].全球科技经济瞭望,2019,34(Z1):89-92.

[13]　王英郦,王潇然,葛峻杰.我国海洋污染危害及防治措施[J].资源节约与环保,2019,(9):24.

[14]　刘艳,吴惠仙,薛俊增.海洋外来物种入侵生态学研究[J].生物安全学报,2013,22(01):8-16.

[15]　王朝晖,陈菊芳,杨宇峰.船舶压舱水引起的有害赤潮藻类生态入侵及其控制管理[J].海洋环境科学,2010,29(06):920-2+34.

[16]　孙松.海洋渔业 3.0[J].中国科学院院刊,2016,31(12):1332-1338.

[17]　黄徐晶.浅析海洋渔业资源的保护和可持续利用[J].农业与技术,2018,38(16):102.

[18]　赵国庆,邱盛尧,曲慧敏,等.山东近海海洋渔业资源结构现状浅析[J].烟台大学学报(自然科学与工程版),2018,31(03):239-247.

[19]　DEVINE J A,BAKER K D,HAEDRICH R L.Fisheries:deep-sea fishes qualify as endangered.[J].Nature,2006,439(7072).

[20]　谢伟,殷克东.深海海洋生态系统与海洋生态保护区发展趋势[J].中国工程科学,2019,21(06):1-8.

[21]　COUNCIL N R.Effects of Trawling and Dredging on Seafloor Habitat[M].Washington,DC:The National Academies Press,2002.

[22]　DASGUPTA S,PENG X,CHEN S,et al.Toxic anthropogenic pollutants reach the deepest ocean on Earth[J].Geochemical Perspectives Letters,2018(7):22-26.

[23]　SCIENCES N A O.Climate Change:Evidence and Causes[M].Washington,DC:The National Academies Press,2014.

[24]　MATEAR R J,HIRST A C.Long-term changes in dissolved oxygen concentrations in the ocean caused by protracted global warming[J].2003,17(4).

[25]　WHITNEY F A,FREELAND H J,ROBERT M.Persistently declining oxygen levels in the interior waters of the eastern subarctic Pacific[J].Progress in Oceanography,2007,75(2):179-199.

[26]　NICOLAS G,N G J.An Earth-system perspective of the global nitrogen cycle.[J].Nature,2008,

451(7176).

[27] RABALAIS N, CAI W-J, CARSTENSEN J, et al. Eutrophication-driven deoxygenation in the coastal ocean[J].27(1):172-83.

[28] FILIPPELLI G M.The global phosphorus cycle:past,present,and future[J].Geo Science World, 2008,4(2):

[29] CARLTON J T.The Scale and Ecological Consequences of Biological Invasions in the Wolrd's Oceans[M].1999.

[30] COHEN A N.Species introductions and the panama canal[J].Bridging Divides:Maritime Canals as Invasion Corridors,2006,83:127-206.

[31] 王殿昌.保护海洋空间资源 提高生态服务功能[N].中国海洋报,2019-09-03.

[32] THOMPSON R C.Microplastics in the Marine Environment:Sources,Consequences and Solutions [M]//BERGMANN M, GUTOW L, KLAGES M. Marine Anthropogenic Litter. Cham, Springer International Publishing,2015:185-200.

[33] 吴柏海,余琦殷,林浩然.生态安全的基本概念和理论体系[J].林业经济,2016,38(07):19-26.

[34] COUNCIL N R. Sustaining Marine Fisheries[M]. Washington, DC: The National Academies Press,1999.

[35] 冯菲,陈森,周艳波,等.广东省海洋渔业资源承载力分析[J].渔业信息与战略,2019,34(04):250-256.

中韩海洋合作研究成果概况及合作领域浅谈

韩京云
（自然资源部第一海洋研究所，青岛 266061）

摘要：本文对中韩涉海论文及专利进行分析和研究，结合目前中韩国情提出海洋调查与研究、海洋应用技术、海洋生态文明等领域的合作建议。

关键词：韩国；海洋；合作

中韩两国一衣带水，隔海相望。研究、开发与保护海洋是中韩两国共同的利益和责任。1994 年中韩两国签署《中华人民共和国国家海洋局和大韩民国科学技术部海洋科学技术合作谅解备忘录》，1995 年 5 月 12 日，双方在青岛成立中韩海洋科学共同研究中心。自中韩海洋科学共同研究中心成立以来，中心在促进两国的海洋科学研究、技术发展、人才培养、行政管理、信息交流等诸多领域取得较好的成绩。期间中韩海洋科学共同研究中心主要在原国家海洋局系统和韩国海洋水产部系统内促进了“中韩水循环动力学研究”等不少具有影响力的海洋合作项目。

1　中韩海洋合作研究成果概况

1.1　中韩海洋合作论文情况

从涉海 SCI 期刊论文统计来看，中韩的合作论文自 1997 年的 2 篇到 2016 年的 100 篇，表现出中韩合作急剧增加的态势（图 1）。但与中国 45 314 篇、韩国 10 880 篇的 SCI 论文相比，中韩海洋合作论文非常有限。

1.2　中韩涉海主要合作研究单位

经过 20 多年，中韩海洋合作不仅仅局限在国家海洋局（现自然资源部）和韩国海洋水产部系统的合作，相关高校和研究机构开展的中韩海洋合作也引人注目。

与韩国进行海洋合作和交流较多的中国机构主要有国家海洋局和中国科学院系统所属单位、中国海洋大学、北京大学、北京师范大学等（图 2）。与中国进行海洋领域

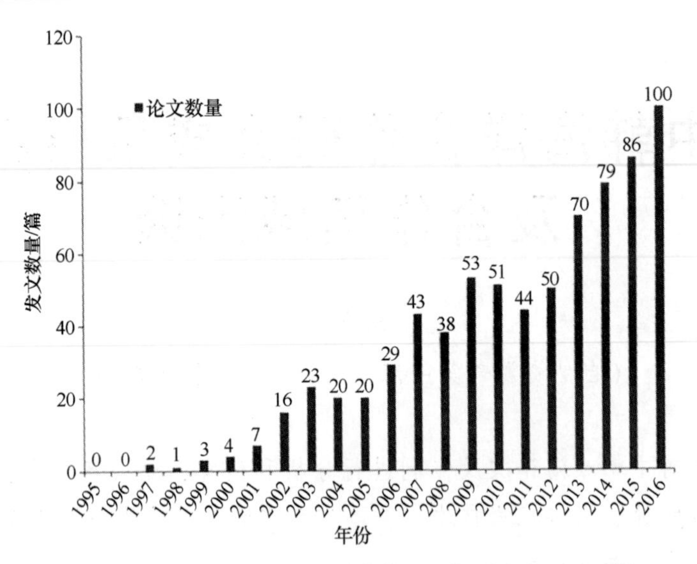

图 1　1995—2016 年中韩海洋合作 SCI 期刊论文（739 篇）

合作和交流的韩国机构主要有韩国海洋技术科学院、韩国资源地质资源研究院、釜山大学、首尔大学、仁荷大学等。

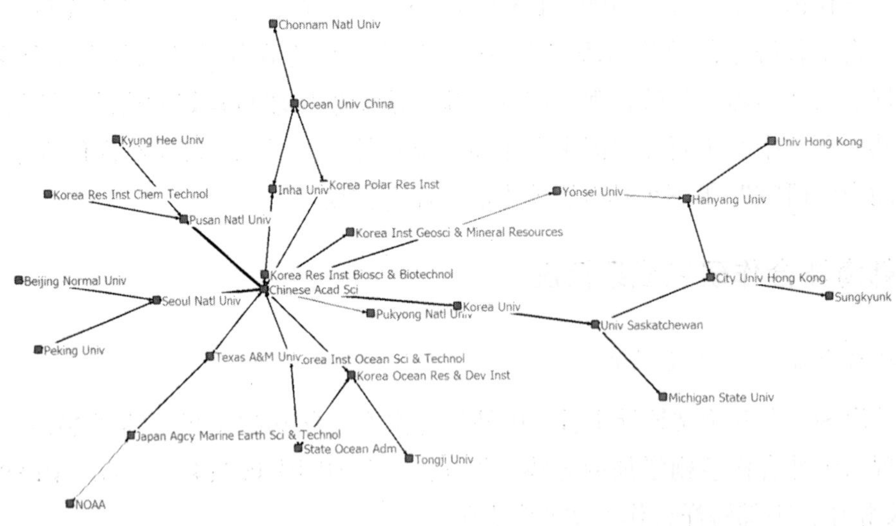

图 2　1995—2016 年中韩海洋合作机构合作关系（前 30，SCI 期刊论文）

1.3　中韩海洋合作主要领域

中韩两国主要在气象与大气学、环境科学、地质学、海洋学、海洋生物学领域合作的较多（图 3）。

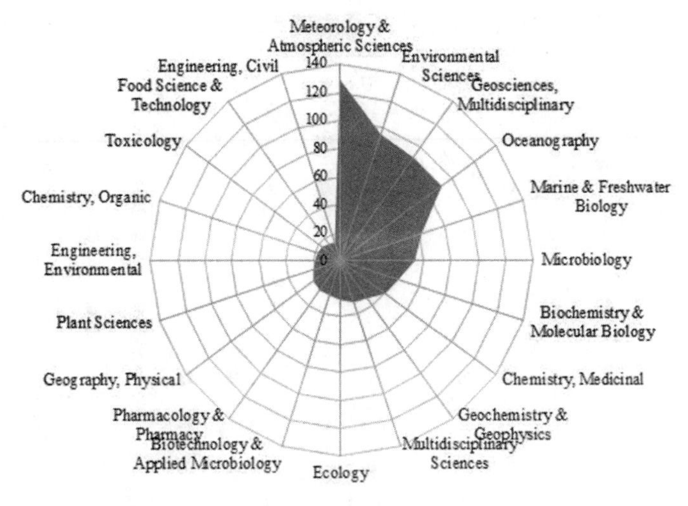

图 3 1995—2016 年中韩海洋合作学科领域（SCI 期刊论文）

从 1995—2016 年的中韩海洋合作 SCI 论文关键词统计来看，主要研究海域为黄海，主要研究内容与沉积物、海绵生物和生物分类相关（图 4）。

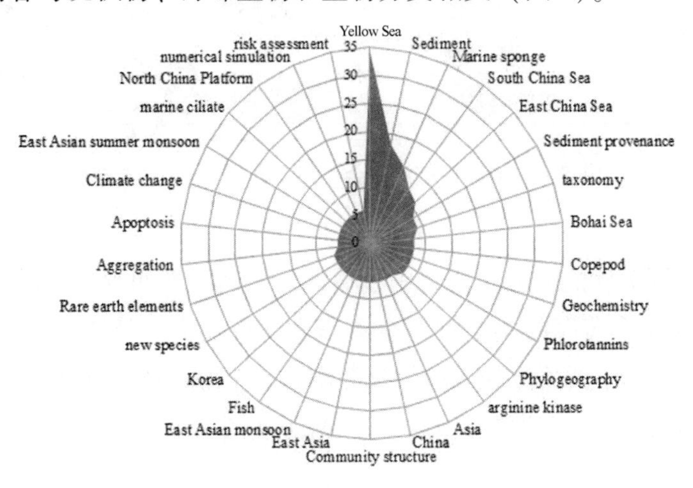

图 4 1995—2016 年中韩海洋合作 SCI 期刊论文关键词

2 中韩海洋合作特点

（1）虽然中韩海洋合作研究论文已经达到每年 100 篇左右，但从自 1995—2016 年期间中韩海洋合作 SCI 论文关键词变化来看，中韩之间似乎没有持续稳定的研究项目的支持，合作研究成果显得比较松散（图 5）。

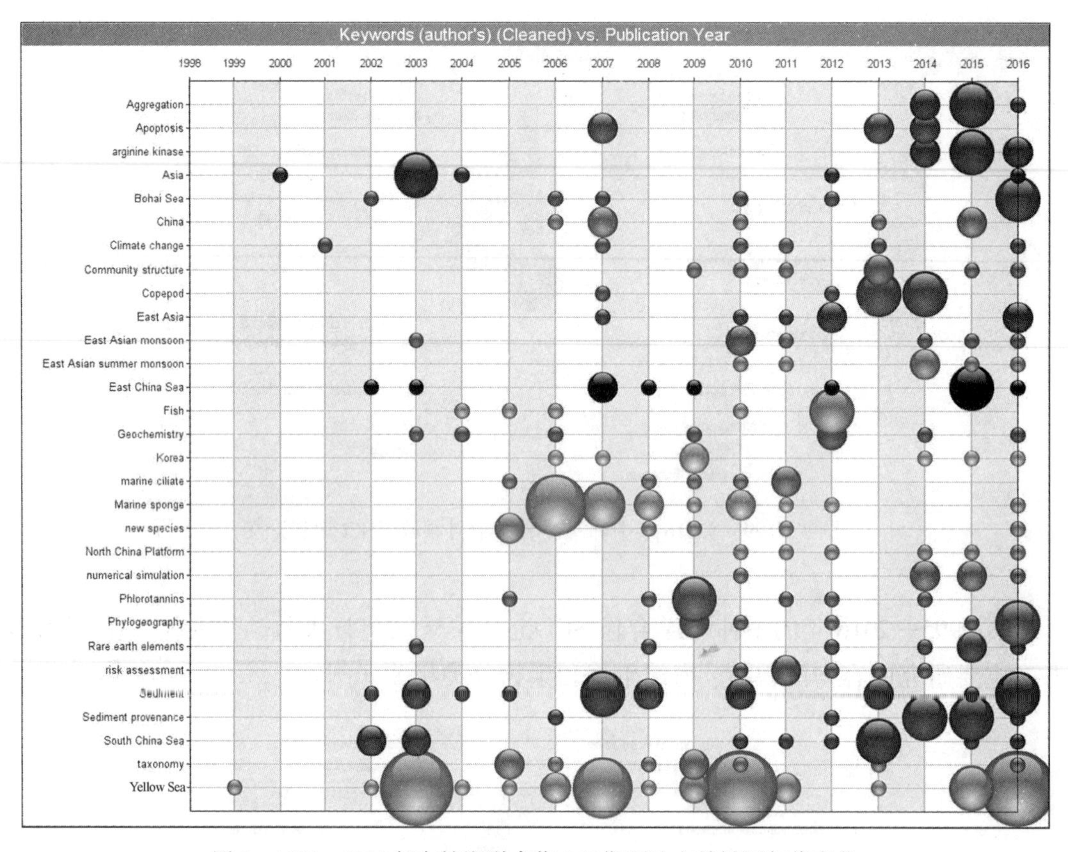

图 5　1995—2016 年中韩海洋合作 SCI 期刊论文关键词年代变化

（2）中韩共同关注的海域主要集中在黄海，但因中韩两国在海域划界问题上存在分歧，近 10 年中韩在黄海的实质性联合调查和研究甚少。从 2012—2016 年的 SCI 论文关键词分布来看，中国关注的海域依次为南海、东海、黄海（图 6），韩国关注的海域依次为韩国称谓的韩国东海、黄海、韩国南海（图 7）。

3　中韩海洋合作需求

21 世纪是被世界各国公认的海洋世纪。海洋与中国历史发展命运之间有密切的关系。在经济全球化的今天，海洋已成为联系各国利益的重要纽带。推动互信，务实合作，这是中韩两国海洋人共同的心愿。

中国共产党第十八次全国代表大会报告提出“海洋强国”建设，2015 年中国政府发布的《推动共建丝绸之路经济带和 21 世纪海上丝绸之路的愿景与行动》，提出了加强海上合作、建设 21 世纪海上丝绸之路的框架思路。2017 年 6 月国家发展改革委和

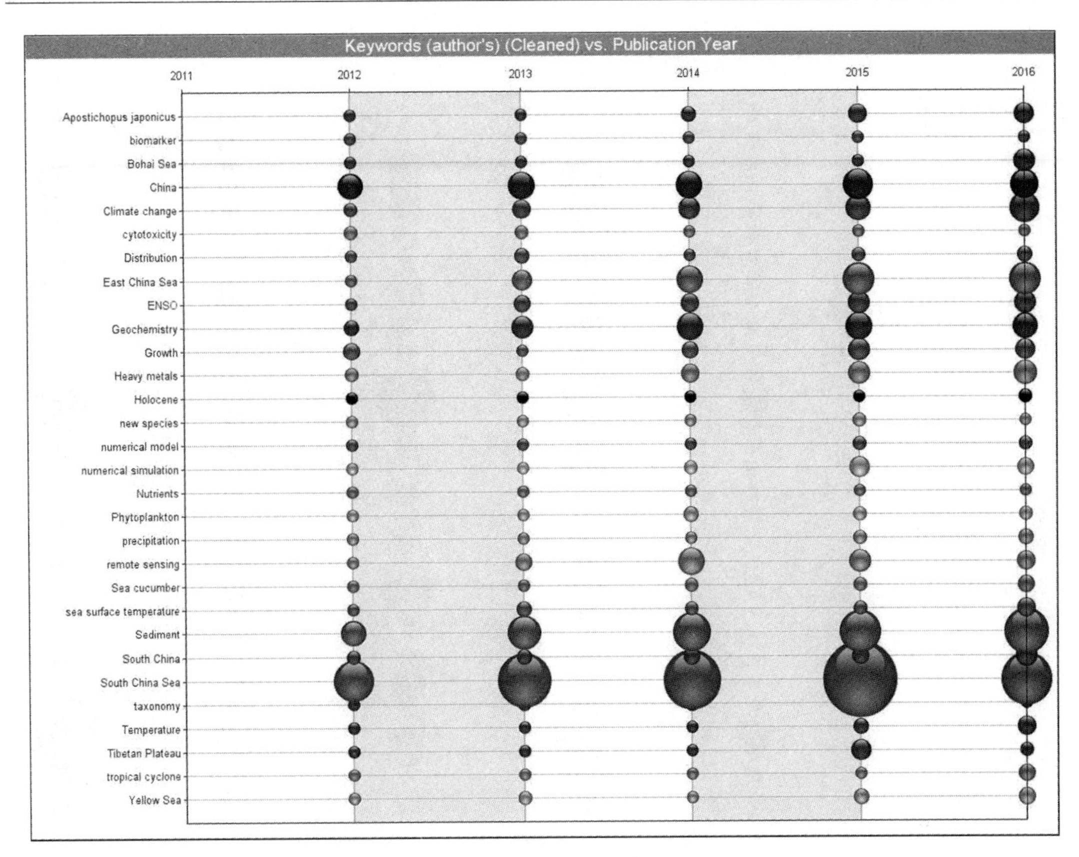

图 6　2012—2016 期间中国涉海 SCI 期刊论文关键词分布

国家海洋局共同编制《“一带一路”建设海上合作设想》，就推进“一带一路”建设海上合作提出中国方案。《全国海洋经济发展“十三五”规划》的目标是，到 2020 年我国海洋经济发展空间不断拓展，综合实力和质量效益进一步提高，海洋产业结构和布局更趋合理，海洋科技支撑和保障能力进一步增强，海洋生态文明建设取得显著成效，海洋经济国际合作取得重大成果，海洋经济调控与公共服务能力进一步提升，形成陆海统筹、人海和谐的海洋发展新格局。

1996 年韩国颁布了《海洋水产发展基本法》，根据该法先后制定了“第一次海洋水产发展规划（2000—2010）”和“第二次海洋水产发展规划（2011—2020）”。这两大规划均被作为海洋水产领域的国家战略实施，所涉及的领域包括海洋科学技术、海洋能源资源、海洋环境和海岸带管理、海洋文化和旅游、水产振兴和海运、港口建设、海洋外交和国际合作交流等方面。为了保证海洋水产发展规划的执行和落实，韩国又制定了各海洋相关领域的中长期发展计划。其中包括“海洋科学技术开发计划”（2004 年）、“新再生能源研发战略 2030”（2007 年）、“海洋生命工程培养基本计划”

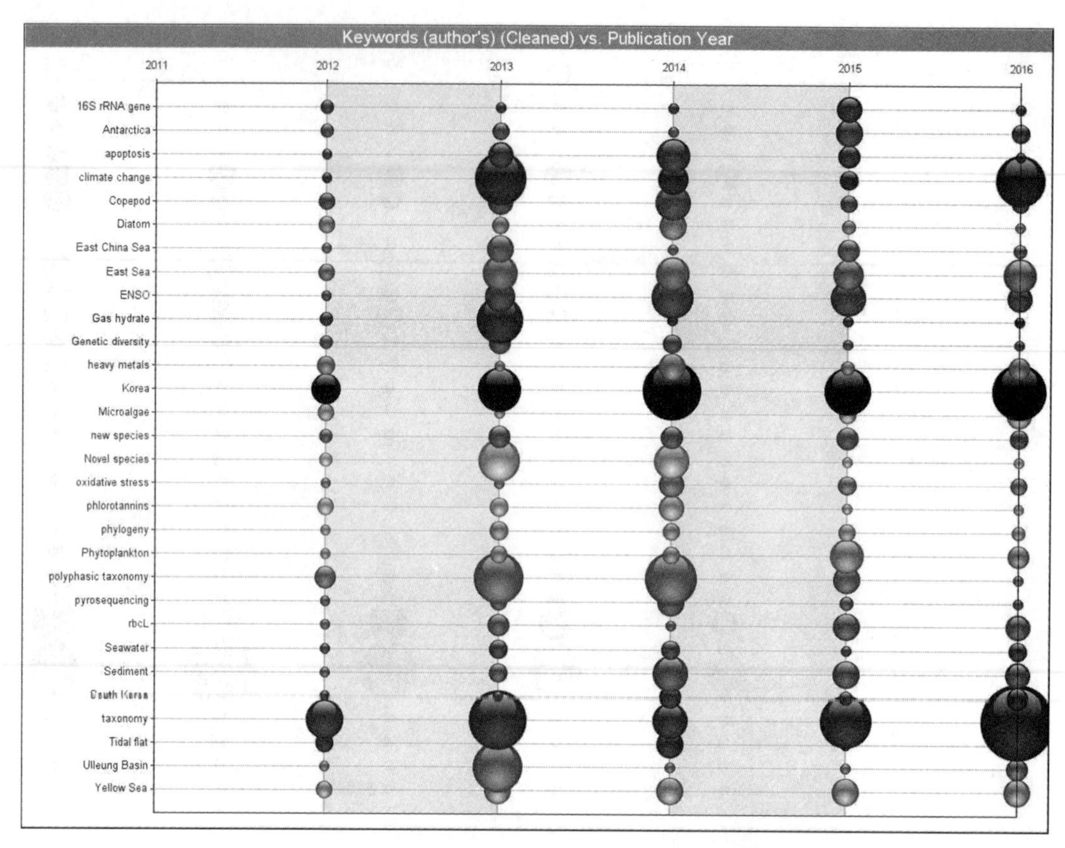

图 7　2012—2016 期间韩国涉海 SCI 期刊论文关键词分布

（2008 年）、“绿色技术研究开发综合措施”（2009 年）、“第四次海洋环境综合计划”（2011 年）、“2020 海洋科学技术计划图”（2011 年）等。韩国通过制定上述国家总体海洋战略规划和具体发展计划，实现了海洋发展战略的法制化，保证了韩国海洋发展战略的长期性和稳定性。

为实现 2020 年步入世界“海洋强国”的计划，韩国在“第二次海洋水产发展规划（2011—2020）”中提出了三大目标和五大重点推进战略。三大目标是：①可持续发展的海洋环境管理；②培育新的海洋产业，升级传统海洋产业；③适应新的海洋秩序，拓宽海洋发展领域。

五大重点推进战略包括：①健康安全地利用和管理海洋；②开发新的海洋基础技术，创造新的发展动力；③扶持高品质海洋文化观光产业；④海运港口产业的先进化；⑤强化海洋管辖权，确保海洋领土。

中韩两国都有建设“海洋强国”和“科技强国”的愿望和规划，中韩在海洋领域进行合作的空间较大。

4　中韩海洋合作领域探索

从两国的涉海 SCI 期刊论文的发文比例可以看出，中国在生态环境科学、地质学、工程学、地球化学和地球物理学领域取得的成果较有优势，而韩国主要在海洋和淡水生物学、气象学和大气科学、渔业领域取得的成果较有优势（图 8）。

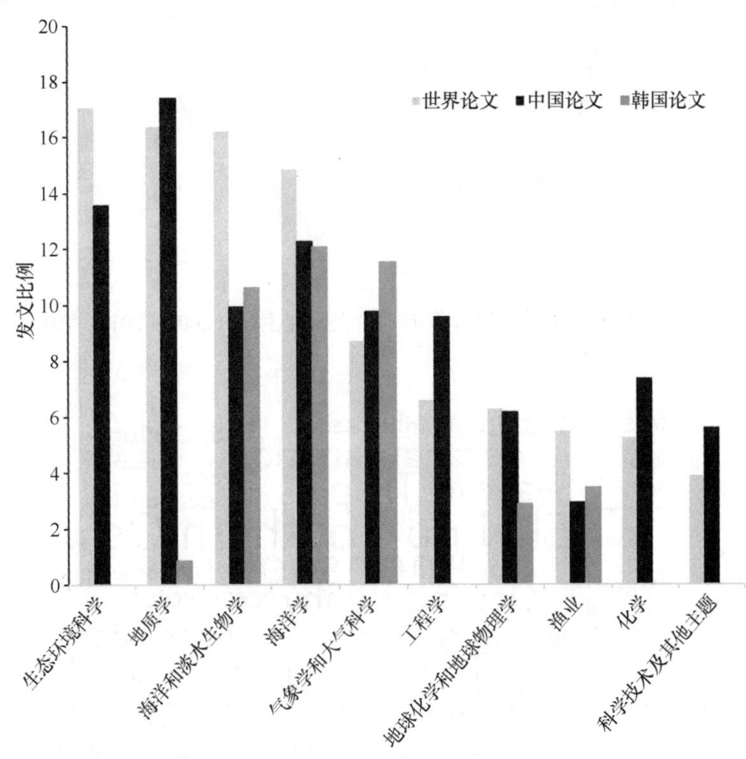

图 8　1995—2016 年中韩涉海 SCI 期刊论文学科方向发文比例对比

根据中韩两国政府的海洋强国建设战略和规划，以及在目前还没有完全解决 EEZ 划界问题和海洋权益维护的背景下，基于文献分析结果，建议在以下领域进行合作。

从 Scopus 数据库中韩海洋合作期刊论文的研究主题可以看出，中韩的海洋合作主要集中在环境、地球、生物科学领域；从关键词云可以了解，中韩两国科学家比较关注气候变化、海-气相互作用等领域的合作（图 9 和图 10）。

综合 SCI 论文、Scopus 收录论文分析专利分析，建议在以下领域进行合作（表 1）。

4.1　海洋调查与研究领域

经过几十年的海洋调查，中韩两国已经基本完成对近海的基础调查，中韩合作调

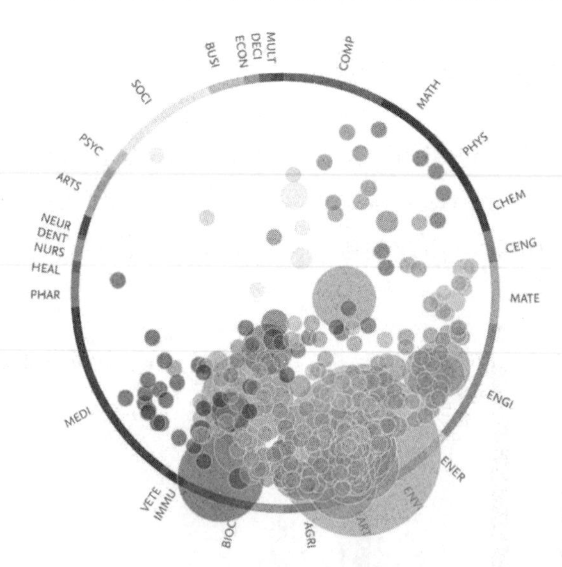

图 9　Scopus 数据库中韩海洋合作期刊论文研究主题（2009—2018：791 篇）

teleconnection Marine risers Arctic Oscillation
paleoceanography decadal variation sea level change
sea salt Sea level Tropics gene
coastal sediment record Climate models
prediction El Nino-Southern Os...
Cambrian rainfall monsoon Surface waters
marginal sea
climate region Oceanography ocean color
Hurricanes surface
summer Sea ice air-sea interaction
Algae ocean El Nino ciliate sediment Shellfish
bay model
provenance Waves tropical cyclone ensemble forecasting
Ships
Atmospheric thermodynamics optical depth
atmosphere-ocean coupling

A A A relevance of keyphrase | declining A A A growing (2009-2018)

图 10　Scopus 数据库中韩海洋合作期刊论文（2009—2018：791 篇）前 50 关键词云

查和研究可以放眼大洋、全球变化和极地。

表 1　建议中韩海洋调查与研究合作领域

海洋调查	洋流、热液、气候变化、海-气相互作用等
应用研究	卫星遥感等
数据利用	数据共享、数据挖掘、数值模拟、计算机仿真等
资源利用	资源开发、探测、环境保护技术等

4.2　应用技术领域

海洋技术既具有鲜明的海洋特质，又是集机械、材料、电子、信息、生物等众多领域之大成的高度综合和交叉的技术领域，其发展水平依赖于国家的科技和经济发展的综合实力。自1995年中韩海洋科学共同研究中心主要推动了中韩海洋基础研究领域的合作，对海洋应用技术领域的合作推动的较少。

1995年1月1日至2016年12月31日，中韩在海洋技术领域相关专利中优先权国家为中国的公开专利共31 281件，优先权国家为韩国的公开专利共6 813件（表2）。海洋技术领域专利作为海洋科学研究的成果，中韩需进一步提高其成果转化率和技术攻关的合作研究。

表2　1995—2016年中韩海洋专利统计

海洋技术领域	全球	优先权	
		中国	韩国
海洋环境监测技术	15 387	6 624	1 280
深海探测与作业技术	5 200	2 287	482
海洋油气资源勘探	28 639	8 209	1 452
海洋生物医药	10 270	3 673	259
海洋能	19 636	7 158	2 631
海洋新材料	9 102	4 468	442

通过对专利的分析发现：中国涉海科研机构专利侧重海洋环境监测传感器、深海技术、生物技术、水产养殖技术；韩国涉海科研机构专利侧重船舶设计、波浪能、生物技术以及水产养殖技术。在海洋高技术领域，中国申请人主体为高校、科研院所，而韩国的申请主体为企业。

海洋强国建设和“海上丝绸之路”建设涉及领域较广，但其中必含海洋应用技术的开发和发展，因此中韩需要在该领域加强合作。中韩两国1995—2016年公开的海洋技术领域的专利近4万项，为满足中韩两国的国家需求，根据实际应用价值需加强技术攻关和技术合作。

4.3　海洋生态文明建设领域

健康的海洋是确保海洋事业科学发展的基础。海洋开发对沿海地区经济社会发展起到了重要的推动作用。但与此同时海洋事业在发展过程中还存在经济规模偏小、资源开发利用程度不高、发展方式比较粗放、科技创新能力不足等矛盾和问题。因此，建议中韩在海洋资源节约、海洋环境保护、海洋生态自然恢复等领域进行合作研究和技术合作。

4.4 区域外海洋合作

中韩的海洋合作领域，可以不局限在中韩周边海域，可以在其他国际关注的海域进行互补性合作。